生命科学前沿及应用生物技术

生物能源概论

张海清　张振乾　张志飞 等　编著

科学出版社

北　京

内 容 简 介

本书是作者收集了近十多年来的大量国内外资料，查阅和参考了相关学科的著作和文献，在与相关专业大学生和研究生的教学过程中，经过反复修改和更新，最终形成的。本书对国内外生物能源产业发展情况、能源植物、沼气、生物质气、生物乙醇和生物柴油等方面的生产技术、发展现状及发展前景等方面的研究情况进行了详细介绍，阐释了各种生物质能技术的机理和工艺原理，简单描述了各种转换技术的工艺过程，介绍了各种技术的国内外发展状况，指出了存在的主要问题和未来的发展方向等。

本书可作为相关专业大学生和研究生的教材，也可作为从事生物能源研究应用的科技人员参考书。

图书在版编目（CIP）数据

生物能源概论/张海清等编著. —北京：科学出版社，2016.6
（生命科学前沿及应用生物技术）
ISBN 978-7-03-048905-0

Ⅰ.①生… Ⅱ.①张… Ⅲ. ①生物能源–概论 Ⅳ.①TK6

中国版本图书馆 CIP 数据核字(2016)第 136488 号

责任编辑：李　悦 / 责任校对：赵桂芬
责任印制：赵　博 / 封面设计：刘新新

科　学　出　版　社 出版
北京东黄城根北街 16 号
邮政编码：100717
http://www.sciencep.com

北京华宇信诺印刷有限公司印刷
科学出版社发行　各地新华书店经销

*

2016 年 6 月第 一 版　　开本：787×1092 1/16
2018 年 1 月第三次印刷　　印张：18
字数：415 000
定价：98.00 元

(如有印装质量问题，我社负责调换)

《生物能源概论》编审人员名单

主　编　　张海清　　张振乾　　张志飞
副主编　　王学华　　廖红东　　宁守检

编写分工

前　言	湖南农业大学	张海清		
第一章	湖南农业大学	张海清	张志飞	王晓玉
第二章	湖南农业大学	王学华	张志飞	王晓玉
第三章	湖南农业大学	张振乾	张海清	张志飞
第四章	湖南大学	童春义		
	湖南农业大学	张海清	张志飞	
第五章	湖南农业大学	张海清		
	湖南大学	廖红东		
	湖南农业大学	张振乾		
第六章	湖南农业大学	张振乾	张海清	
	沈阳大学	宁守检		

统稿审稿　　陈烈臣　　张海清

前　　言

　　进入 21 世纪，能源短缺、环境恶化两个危机同步展现在人类面前。在地球上发现煤炭、石油以来不到 200 年的时间内，人类竟将矿物能源资源几近挥霍一空。据专家估计，全球煤炭只可以再利用 80～100 年，石油只可以再利用 20～30 年。另外，矿物能源的无节制使用，引起了日益严重的环境问题，如全球气温变暖、损害臭氧层、破坏生态圈碳平衡、释放有害物质、引起酸雨等自然灾害。更为严重的是，当前人类对石油、煤炭等化石能源的需求，已经到了非常依赖的程度。需要人们警惕的是，石油不仅仅是一种能源，还是重要的化工原料，高油价向下游传导，农机柴油、化肥、农膜等农业生产资料价格也随之上涨，增加了粮食的生产成本，导致食品类物价上涨，造成今天的结构性物价上涨。然而，国际能源市场充满了不稳定因素，如中东局势造成的油价波动就会影响石油的供给，进而给经济社会带来很大的冲击，对国家安全构成相当大的威胁。

　　应对能源短缺、环境恶化的危机，各国科学家都在努力研究，积极寻找、开发利用新的、清洁的、可持续的替代能源。发达国家在近 10 多年来非常关注以新技术开发利用生物质能源。通过适当的技术和装置可以高效地将生物质转换为气体燃料、液体燃料和电力，可直接替代煤炭、石油和天然气等矿物燃料。有人预言，到 2050 年，生物质能源有可能提供世界 60% 的电力和 40% 的液体燃料，使全球 CO_2 排放量减少 54 亿 t 碳。我国能源 97% 仰赖进口，因此，化石燃料的枯竭问题与主要能源产地的动荡都冲击我国的能源情势，使我国能源的使用安全与成本受到挑战，而化石能源使用产生污染等问题所造成的外部社会成本也越来越必须去面对。在中国的能源消费结构中，煤炭消费量占一次能源消费总量的近 70%。据统计，全国 SO_2 排放总量的 90% 是由燃煤造成的，SO_2 污染已成为主要大气污染源，致使中国 1/3 国土成为酸雨区。要真正实现节能、降耗、减污，必须尽快改变中国的燃料结构。

　　生物质能又称"绿色能源"，是指通过植物的光合作用而将太阳辐射的能量以一种生物质形式固定下来的能源。据推算，每年由植物固定下来的太阳辐射能是目前世界每年能源消耗总量的 10 倍。生物质能是一种清洁能源，具有可再生和环境友好的双重属性。矿物燃料是把原为固定的碳通过燃烧使其流动化，并以 CO_2 的形式累积于大气环境，造成温室效应。生物质中的碳来自空气中流动的 CO_2，如果这两个速度有合适的匹配，CO_2 甚至可以达到平衡，整个生物质能循环就能实现 CO_2 零排放，从根本上解决矿物能源消耗带来的温室效应问题。发展生物质能，既有利于实现能源多元化，缓解能源紧张，又有利于保护生态环境，减少温室气体排放，还可以为农村开辟新兴产业，有效延长农业产业链，提高农业附加值，增加农村就业机会，增加农民收入。因此，建设从能源农林业到生物质能加工业的生物质能产业链可以成为中国解决"三农"问题的一个有力手段。

　　我国对生物质能源利用极为重视，制订了一系列政策和措施支持生物质能源的研发，涌现出一大批优秀的科研成果和成功的应用范例，如户用沼气池、禽畜粪便沼气技术、生物质气化发电和集中供气、生物质压块燃料等，取得了可观的社会效益和经济效益。

2005 年以来，作者收集了大量国内外资料，查阅和参考了相关学科的著作和文献，在与相关专业大学生和研究生的教学过程中，经过反复修改和更新，方完成本书的编撰工作。本书阐释了各种生物质能技术的机理和工艺原理，简单描述了各种转换技术的工艺过程，介绍了各种技术的国内外发展状况，指出了存在的主要问题和未来的发展方向等。本书可作为相关专业大学生和研究生的教材，也可作为从事生物能源研究应用的科技人员参考书。

编著者

2016 年 1 月

目 录

第一章 生物能源概述 1
 第一节 生物能源的概念与内涵 1
  一、生物能源的概念 1
  二、生物质能的生产与转换 2
 第二节 生物质能的能源地位 4
  一、能源的分类与消费 4
  二、开发生物质能源的意义 5
 第三节 生物质能利用的困难及对策 17
  一、生物质能利用的困难 17
  二、发展生物质能利用技术的对策 20
 第四节 生物质能源的发展现状与前景 21
  一、发展现状 22
  二、发展前景 27
  三、中国生物质能源发展政策 29
  四、中国生物质能源发展中存在的主要问题 31
  五、中国生物质能源未来的发展特点和趋势 32
 复习与思考 34
 参考文献 34
第二章 生物质能资源与能源植物 36
 第一节 生物质能的物质基础 36
  一、生物质原料的类型 36
  二、生物质能资源的特点 36
  三、生物质的化学组成 37
  四、生物质燃料的热值 38
 第二节 生物质资源量估算方法 38
  一、农作物资源 38
  二、薪柴资源 39
  三、人畜粪便资源 40
  四、草资源 40
 第三节 我国生物质能资源 40
  一、纤维素类生物质资源 41
  二、淀粉类原料资源 43
  三、糖类原料资源 44

第四节　能源植物……………………………………………………………45
　　一、能源植物的概念………………………………………………………46
　　二、国内外能源植物研究现状……………………………………………51
　　三、开发能源植物的优势及可行性………………………………………52
　　四、植物的光合作用………………………………………………………52
　　五、能源植物的品种改良技术……………………………………………53
　　六、能源植物的转化途径…………………………………………………57
　　七、重要的能源植物………………………………………………………61
第五节　我国能源植物开发利用存在的问题与对策…………………………78
　　一、存在的问题……………………………………………………………78
　　二、对策……………………………………………………………………81
复习与思考………………………………………………………………………82
参考文献…………………………………………………………………………83

第三章　农村沼气技术……………………………………………………………86
第一节　沼气发酵概述…………………………………………………………86
　　一、沼气及其优缺点………………………………………………………86
　　二、沼气技术的运用领域…………………………………………………86
　　三、国内外沼气技术的应用情况…………………………………………87
第二节　农村沼气发酵工艺……………………………………………………96
　　一、沼气发酵………………………………………………………………96
　　二、沼气发酵过程…………………………………………………………97
　　三、农村沼气发酵原料…………………………………………………100
　　四、沼气发酵的基本条件………………………………………………105
第三节　农村沼气发酵工艺及其改进途径…………………………………109
　　一、农村沼气发酵工艺…………………………………………………109
　　二、提高厌氧消化效率的途径…………………………………………118
第四节　农村沼气池管理……………………………………………………122
第五节　沼气设施的综合利用………………………………………………125
　　一、以沼气设施为纽带的生态模式……………………………………125
　　二、沼气的主要用途……………………………………………………130
　　三、沼渣与沼液的综合利用……………………………………………132
　　四、沼气的综合效益……………………………………………………134
复习与思考……………………………………………………………………135
参考文献………………………………………………………………………136

第四章　生物质热化学转换技术………………………………………………139
第一节　生物质热化学转换技术概况………………………………………139
　　一、生物质热化学转换技术的定义……………………………………139
　　二、生物质热化学转换技术发展现状…………………………………139
第二节　生物质气化技术……………………………………………………141

一、生物质气化技术发展简史 141

二、生物质气化原理 141

三、生物质气化的工艺 148

四、生物质气化技术的利用 152

五、生物质气化技术应用面临的问题及对策 154

第三节　生物质热裂解技术 158

一、生物质热裂解液化技术的原理及工艺 158

二、生物质热裂解液化技术核心 165

三、生物油的特性及应用 172

复习与思考 176

参考文献 176

第五章　生物质燃料乙醇 179

引言 179

第一节　乙醇的性质与用途 179

一、乙醇的理化性质 179

二、乙醇的用途 180

第二节　燃料乙醇生产原理 180

一、乙醇生产的主要方法 180

二、发酵法生产乙醇的主要工业原料 181

三、乙醇发酵的生化反应过程 181

四、乙醇发酵的微生物学基础 183

第三节　乙醇发酵的工艺类型 185

一、间歇式发酵法 185

二、半连续发酵法 186

三、连续发酵 186

第四节　非粮食淀粉质原料的乙醇生产 189

一、原料粉碎 190

二、蒸煮糊化 190

三、糖化工艺 190

四、酒母的培养 190

五、乙醇发酵 191

六、乙醇提取与精制 191

第五节　糖蜜类原料的乙醇生产 193

一、糖蜜原料生产乙醇的特点 193

二、糖蜜生产乙醇的工艺流程 193

三、糖蜜的乙醇发酵 194

第六节　纤维素原料的乙醇生产 194

一、水解的基本原理 195

二、纤维素酸水解和乙醇发酵 195

第七节　应用现状和前景 ……………………………………………… 210

复习与思考 ……………………………………………………………… 212

参考文献 ………………………………………………………………… 212

第六章　生物柴油 ……………………………………………………… 216

　第一节　生物柴油的概述 …………………………………………… 216

　　一、生物柴油的发展历史 ………………………………………… 216

　　二、生物柴油的优点 ……………………………………………… 218

　　三、生物柴油的研究和利用现状 ………………………………… 218

　　四、生物柴油与国家能源安全 …………………………………… 227

　第二节　生物柴油的原料资源与选择 ……………………………… 228

　　一、生物柴油的原料资源 ………………………………………… 228

　　二、生物柴油的原料选择 ………………………………………… 235

　　三、符合我国国情的生物柴油原料发展战略 …………………… 240

　第三节　生物柴油原料油加工 ……………………………………… 241

　　一、油料的储藏与预处理 ………………………………………… 241

　　二、原料植物油的制取 …………………………………………… 244

　　三、油脂的精炼 …………………………………………………… 246

　第四节　生物柴油的产品及其制造 ………………………………… 251

　　一、生物柴油的制备方法 ………………………………………… 251

　　二、目前常用的工艺流程 ………………………………………… 253

　　三、新型工艺流程介绍 …………………………………………… 255

　第五节　新一代生物柴油——微藻生物柴油 ……………………… 255

　　一、藻种筛选 ……………………………………………………… 256

　　二、微藻的生长 …………………………………………………… 257

　　三、微藻的生长与培养系统 ……………………………………… 258

　　四、微藻脂质的提取 ……………………………………………… 259

　　五、微藻生物柴油的经济分析 …………………………………… 260

　　六、微藻制备生物柴油的现状与前景 …………………………… 260

　第六节　生物柴油的商业化应用 …………………………………… 262

　　一、生物柴油与生态环境 ………………………………………… 262

　　二、生物柴油的储运 ……………………………………………… 266

　　三、生物柴油作燃料油台架运行 ………………………………… 267

　　四、生物柴油商业化应用经济评价 ……………………………… 268

　　五、生物柴油应用存在的问题 …………………………………… 270

　　六、生物柴油发展的前景展望 …………………………………… 270

　　七、生物柴油发展战略 …………………………………………… 271

　复习与思考 …………………………………………………………… 272

　参考文献 ……………………………………………………………… 273

第一章　生物能源概述

第一节　生物能源的概念与内涵

一、生物能源的概念

生产力的发展使得人类对能源的需求越来越大，严峻的能源问题日益成为全世界关注的突出问题。

科学家指出：地球上亿万年积累的石化能源（石油、天然气、煤炭等），仅能支撑300 年的大规模开采就将面临枯竭。人们终于认识到，化石能源的使用不是无限的。未雨绸缪、利用现代科技发展生物能源是解决未来能源问题的一条重要出路。

生物能源（bioenergy）是指从生物质得到的能源。生物质（biomass）是指由光合作用而产生的各种有机体，包括植物、动物及其排泄物、垃圾及有机废水等几大类。对这些生物质进行加工转换而生产出的电力、气体或液体燃料等二次能源即为生物能源，又称绿色能源（即无污染或低污染能源），是人类最早利用的能源。古人钻木取火、伐薪烧炭，实际上就是在使用生物能源。但是通过生物质直接燃烧获得能量是低效而不经济的。随着工业革命进程的加速，化石能源的大规模使用，生物能源逐步被以煤炭和石油、天然气为代表的化石能源所替代。随着化石能源的日渐枯竭和现代科技发展，生物能源再次引起世界各国的高度重视。生物电能主要是通过种植快速生长的树和草类，并利用这些植物燃烧来发电。近年来，美国和欧洲一些发达国家对大量的能源植物进行了研究和试验，包括象草、桉树、黑洋槐、白杨、柳枝稷、高粱、甘蔗和埃及榕等。生物燃料（biofuel）主要是将生物质进行加工转换而生产出的固体、气体或液体燃料，主要形式有生物炭、沼气、生物氢气、生物柴油和燃料乙醇等。

沼气是微生物发酵秸秆、禽畜粪等有机物产生的混合气体，主要成分是可燃的甲烷。生产沼气的设备简单，方法简易，适合在农村推广使用。我国已有许多地区的农村和畜牧场使用了沼气。沼气的推广使用节约了资源，保护了环境，也提高了农民的生活质量。目前，沼气的规模化生产需要解决的是设备及提高甲烷含量等技术问题。

氢气的燃烧产物只有水，因此氢气是最清洁的能源。氢气的主要生产途径包括生物质热裂解气化和微生物制氢。将生物质原料如薪柴、麦秸、稻草等压制成型，在气化炉（或裂解炉）中进行气化或裂解反应可制得含氢燃料。我国在生物质气化技术领域的研究已取得一定成果。在国外，由于转化技术的提高，生物质气化已能大规模生产水煤气，其氢气含量大大提高。微生物制氢是利用微生物在常温常压下进行酶催化反应制得氢气。生物质产氢主要有化能营养微生物产氢和光合微生物产氢两种。化能营养微生物是一类以各种碳水化合物、蛋白质等有机质为能源和碳源生长的微生物，化能产氢微生物主要是厌氧菌和兼性厌氧菌。产氢微生物在分解利用碳水化合物、蛋白质等有机质时，释放出有机质中的氢和二氧化碳，反应过程还伴随着水分释放氢。光合微生物，如微型藻类和光合作用细菌的产氢过程与光合作用相联系，称光合产氢。目前我国科学家已获得了能高效产氢的微生物，可以小规模地进行生物制氢，但要实现生物制氢的产业化，还有许多技术和经济问题需要解决。

生物柴油是指以油料作物、野生油料植物和工程微藻等水生植物油脂及动物油脂、废餐饮油等为原料油通过酯交换工艺制成的甲酯或乙酯燃料，可代替柴油作为燃料。生物柴油因其环境污染物质释放量少、对环境污染少、使用安全、使用范围广及可进行生物降解而成为当今国际新能源开发的热点。利用生物酶将植物油或其他油脂分解后得到的液体燃料，作为柴油的替代品更加环保。欧洲已专门种植油料作物用来生产生物柴油，形成了一定规模，美国也有生物柴油的小规模生产。生物柴油所遇到的问题是作为原料的植物油成本较高。在我国，已有多个科学家小组在从事生物柴油的研究开发。最近，科学家发现一些微生物也能合成油脂，这也许可以对解决生物柴油的原料问题起到重要作用。

燃料乙醇是目前世界上生产规模最大的生物能源。乙醇俗称酒精，以一定的比例掺入汽油可作为汽车的燃料，不但能替代部分汽油，而且排放的尾气更清洁。我国的燃料乙醇生产已形成规模，主要是以玉米为原料，同时正在积极开发甜高粱、薯类、秸秆等原料生产乙醇，目前产量居世界第三。

尽管从我国或全世界看，生物能源的开发利用都处于刚起步阶段，生物能源在整个能源结构中所占的比例还很小，但是生物能源的发展潜力不可估量。

二、生物质能的生产与转换

（一）生物质能的循环

"万物生长靠太阳"，生物能源是从太阳能转化而来的，只要太阳不熄灭，生物能源就取之不尽。其转化的过程是通过绿色植物的光合作用将二氧化碳和水合成生物质，生物质在使用过程中又生成二氧化碳和水，形成一个物质循环，理论上二氧化碳的净排放为零。生物能源是一种可再生的清洁能源，开发和使用生物能源符合可持续科学发展观和循环经济的理念。因此，利用高技术手段开发生物能源，已成为当今世界发达国家能源战略的重要部分。

生物质能的生产与转换过程如下。

$$CO_2 + H_2O \xrightarrow{\text{太阳能、植物}} (CH_2O) + O_2 \qquad (1\text{-}1)$$

$$(CH_2O) + O_2 \longrightarrow CO_2 + H_2O + 能量 \qquad (1\text{-}2)$$

（CH_2O）为糖、淀粉、脂肪、纤维素、半纤维素、木质素。

（二）生物质的生产与类型

每个叶绿素都是一个神奇的化工厂，它以太阳光作动力，把 CO_2 和水合成有机物，它的合成机理目前人类仍未搞清楚。研究并揭示光合作用的机理，模仿叶绿素的结构，生产出人工合成的叶绿素和建成工业化的光合作用工厂是人类的梦想。如果这一梦想能实现，它将从根本上改变人类的生产活动和生活方式，所以研究叶绿素的机理一直是激动人心的科学活动。

生物质通过光合作用能够把太阳能富集起来，储存在有机物中，这些能量是人类发展所需能源的源泉和基础。生物质能的资源主要包括以下几方面。

1）森林能源是森林生长和林业生产过程提供的生物质能源，主要是薪材，也包括森林工业的一些残留物等。

2）农作物秸秆是农业生产的副产品，也是我国农村的传统燃料。

3）禽畜粪便也是一种重要的生物质能源。除在牧区有少量直接燃烧外，禽畜粪便主要是作为沼气的发酵原料。

4）随着城市规模的扩大和城市化进程的加速，中国城镇垃圾的产生量和堆积量逐年增加。城镇生活垃圾主要是由居民生活垃圾、商业和服务业垃圾、少量建筑垃圾等废弃物构成的混合物，成分比较复杂，其构成主要受居民生活水平、能源结构、城市建设、绿化面积及季节变化影响。

5）草本能源植物也是非常重要的生物质能源资源，类型种类较多，如可以生产燃料乙醇的芝属植物及其他多年生牧草、制糖作物、水生植物、油料植物等。

此外，还有藻类和光合成微生物（如硫细菌、非硫细菌等）等。

（三）生物质能的转换

生物质转换技术多种多样，但它们都有不同的适用对象和适用特殊的需要，在分析采用这些技术时要根据所利用生物质的特点和用户的要求来作出不同的选择。生物质转化技术可分为四大类。

1. 直接燃烧技术

直接燃烧大致可分炉灶燃烧、锅炉燃烧、垃圾焚烧和固型燃料燃烧 4 种情况。炉灶燃烧是最原始的利用方法，一般适用于农村或山区分散独立的家庭用炉，它的投资最少，但效率最低，燃烧效率在 15%～20%。锅炉燃烧采用了现代化的锅炉技术，适用于大规模利用生物质，它的主要优点是效率高，并且可实现工业化生产；主要缺点是投资高，而且不适于分散的小规模利用，生物质必须相对比较集中才能采用本技术。垃圾焚烧也是采用锅炉技术处理垃圾，但由于垃圾的品位低且波动大，腐蚀性强，因此它要求的技术更高，投资更大，从能量利用的角度，它的规模必须较大才比较合理。固型燃料燃烧是把生物质固化成型后再采用传统的燃煤设备燃用，主要优点是所采用的热力设备是传统的定型产品，不必经过特殊的设计或处理；主要缺点是运行成本高，所以它比较适合企业对原有设备进行技术改造时，在不重复投资前提下，以生物质代替煤，以达到节能的目的，或应用于对污染要求特别严格的场所，如饭店烧烤等。

2. 物化转换技术

物化转换技术包括三方面，一是干馏技术；二是气化制生物质燃气；三是热解制生物质油。干馏技术的主要目的是同时生产生物质炭和燃气，它可以把能量密度低的生物质转化为热值较高的固定炭或气，炭和燃气可分别用于不同用途。它的优点是设备简单，可以生物炭和多种化工产品，缺点是利用率较低，而且适用性较小，一般只适用于木质生物质的特殊利用。生物质热解气化是把生物质转化为可燃气的技术，根据技术路线的不同，可以是低热值气，也可以是中热值气。它的主要优点是生物质转化为可燃气后，利用效率较高，而且用途广泛，如可以用作生活煤气，也可以用于烧锅炉或直接发电，主要缺点是系统复杂，由于生成的燃气不便于储存和运输，必须有专门的用户或配套的利用设施。热解制油是通过热化学方法把生物质转化为液体燃料的技术。它的主要优点是可以把生物质制成油品燃料，作为石油产品替代品，用途和附加值大大提高，主要缺点是技术复杂，目前的成本仍然太高。

3. 生化转换技术

生化转换技术主要是以厌氧消化和特种酶技术为主。沼气发酵是有机物质（为碳水化合物、脂肪、蛋白质等）在一定温度、湿度、酸碱度和厌氧条件下，经过沼气菌群发酵（消化）生成沼气、消化液和消化污泥（沉渣）。这个过程就称沼气发酵或厌氧消化。它包括小型的农村沼气技术和大型的厌氧处理污水工程。主要优点是提供的能源形式为沼气（CH_4），非常洁净，具有显著的环保效益；主要缺点是能源产出低，投资大，所以比较适宜于以环保为目标的污水处理工程或以有机易腐物为主的垃圾堆肥过程。利用生物技术（包括酶技术）把生物质转化为乙醇的主要目的是制取液体燃料，主要优点是可以使生物质变为清洁燃料，拓宽用途，提高效率；主要缺点是转换速度太慢，投资较大，成本相对较高。

4. 植物油利用技术

能源植物油是一类储存于植物器官中、经加工后可以提取植物燃料油的油性物质。它通过植物有机体内一系列的生理生化过程形成，以一定的结构形式存在于油脂或挥发性油类等物质中。能源油料植物是一类含有能源、植物油成分的植物种和变种，是一类再生资源。能源油料植物主要包括油脂植物和具有制成还原形式烃能力、可生产接近石油成分和替代石油使用产品的植物。植物燃料油是将能源油料植物油提取加工后生产出的一种可以替代石化能源的燃性油料物质。它的主要优点是提炼和生产技术简单，主要缺点是产油率较低，速度很慢，而且品种的筛选和培育也较困难。

第二节　生物质能的能源地位

一、能源的分类与消费

生物质能是可再生的，在能源分类中将其划为新能源。虽然生物质能是人类已经应用很久的一种古老能源，但是如今所讨论的生物质能利用是指在新的历史时期，如何利用新技术来应用它。能源的大体分类如表1-1所示。

生物质能一直是人类赖以生存的重要能源之一。人类自发现火开始，就以生物质能的形式利用太阳能来做饭和取暖。直到现在，其在全球能源消费中仍占有相当的份额（约15%），仅次于煤炭、石油和天然气，居世界能源消费总量的第4位（表1-2）。

表 1-1　能源的分类

类别		常规能源	新能源
一次能源	可再生	水能	生物质能、太阳能、风能、潮汐能、海洋能
	非可再生	原煤、原油、天然气	油质岩、核燃料
二次能源	焦炭、煤气、电力、氢气、蒸汽、乙醇、汽油、柴油、煤油、重油、液化气、木炭、沼气等		

注：1.一次能源是指从自然界取得后未经加工的能源，它的三个初始来源为太阳光、地球固有的物质和太阳系行星运行的能量；2.二次能源是指经过加工与转换而得到的能源；3.新能源一般是指在新技术基础上加以开发利用的能源；早已被人们广泛利用的能源称为常规能源或传统能源

表 1-2　世界能源使用情况比例分布

能源使用情况	煤炭/%	石油/%	天然气/%	生物质能/%	水电/%	核能/%
世界能源状况	24	34	17	15	6	4
发展中国家一次能源使用情况	23.4	25.8	7.1	38.1	5.1	0.6
发达国家一次能源使用情况	24.5	38.3	22.7	2.8	5.7	5.9

不可再生的化石能源占据目前能源消耗的主导地位，是经济发展的主要物质基础，所以目前的经济方式仍属于化石能源经济，但人们在考虑建立、发展循环经济的时候有必要考虑碳能的循环问题。石油、天然气、煤炭等一次不可再生的化石能源，虽短期内仍是能源主力军，但其总量有限，碳循环慢，满足不了长期能源要求；而可再生的生物质能，循环周期短，清洁，有待充分开发利用，符合客观需要，值得关注。

在发展中国家，生物质能消费量占 40%左右，在个别发展中国家，生物质甚至提供了能源总消费量的 90%。

在发达国家，生物质能也具举足轻重的地位，如美国生物质能占能源消费总量的 4%，澳大利亚占 10%，瑞典占 9%。发达国家生物质能平均消费量达到能源消费总量的 2.8%以上。有关专家估计，生物质能极有可能成为未来可持续能源系统的重要组成部分，到 21 世纪中叶，采用新技术生产的各种生物质替代燃料将占全球总能耗的 40%以上。

二、开发生物质能源的意义

生物能源由于其可再生性，它的发展不仅可以从根本上解决能源危机，而且能改善日益恶化的环境，主要表现：一是能源植物在生长过程中要吸收大量的二氧化碳，减少空气中二氧化碳的浓度；二是生物燃料可以干净地燃烧，便于在环境中分解；三是能源植物的种植对野生动物、生态系统、农田、水土保持和水质有着积极的影响。因此，解决人类环境问题的根本在于能源问题。能源问题解决好了，环境问题也可从根本上解决。而生物能源，由于能够促进生态环境的改善，必将成为一种可持续发展的新兴产业。不仅如此，生物能源革命还将引起农业革命。现代农业在粮食生产方面虽然取得了很大成就，但是，粮食的高产造成全球性粮食激烈竞争，致使农民收入下降，并导致农村地区就业机会减少。而生物能源的发展，将使整个世界经济发展所需能源相当大的一部分转向农村去生产。这不仅能够解决人类所面临的能源危机和环境危机，还能使农村经济重新充满活力。农业和生物能源生产的一体化，将为农村地区带来足够的企业，以缓解农村向大城市移民的浪潮，农村地区的生活水平、生活环境将会进一步提高。大力发展生

物能源产业，可以解决农村能源短缺问题，并且为整个国民经济的发展提供新的能源供给，缓解能源供需矛盾，促进我国能源结构的现代化，为整个国民经济的发展注入新的活力。大力发展生物能源产业，用干净能源取代化石能源，有助于改善我国城乡居民的生活环境及生态系统和自然环境，促进经济与环境的协调发展。

生物质产业的多种功能和对资源的循环利用正是它的魅力所在。在中国，它直扣"三农"、能源和环境三大主题，并起着全局性和实质性的推动作用。我国是一个人口大国，又是一个经济迅速发展的国家，21世纪将面临着经济增长和环境保护的双重压力。因此，改变能源生产和消费方式，开发利用生物质能等可再生的清洁能源资源对建立可持续能源系统，促进国民经济发展和环境保护具有重大意义。

（一）开发生物质能是解决能源供应紧张的有效途径

虽然有关研究报告表明，已查明的世界化石能源原料中煤、油、气储藏量估计为 1×10^{12} t。储藏量中煤占66%，石油占18%，天然气占16%。但石油、天然气这两种能源载体有很大部分集中在政治不稳定地区，而且世界化石能源储量探明的增长速度慢于人类对能源的需求增长。

自19世纪70年代第二次产业革命以来，化石燃料的消费急剧增大。初期主要以煤炭为主，进入20世纪以后，特别是第二次世界大战以来，石油及天然气的开采与消费开始大幅度地增加，并以每年 2×10^8 t 的速度持续增长。虽然经历了20世纪70年代两次石油危机，石油价格高涨，但石油的消费量不见丝毫减少的趋势。对此，世界能源结构不得不进行相应变化，核能、水力、地热等形式的能源逐渐被开发和利用。特别是第二次世界大战后核能发电得到了和平利用，其规模不断得到发展，很多国家现已进入了原子能时代。但从当今世界的能源消费状况来看，前景不容乐观。以1994年为例，世界能源的总消费量以石油换算为 79.8×10^8 t，其中石油占39.3%、煤炭占28.8%、天然气占21.6%。尽管在新能源开发方面正在进行努力，包括水力发电，但比例也仅占5%。

据美国《地理》杂志报道，全世界现在每天消耗石油8000万桶（每7桶合1t）。美国是最大的石油消费国，其后石油消费大国依次为日本、中国、俄罗斯、德国与韩国。

未来全世界的能源消费将稳步增长，到2025年世界一次能源需求将比2001年增长54.0%，其中工业国家的能源消费年均增长1.2%。天然气将是一次能源消费构成中增长最快的能源，年均增长2.2%；石油需求将进一步增加，2020年和2025年世界石油消费量将分别达11 030万桶/日和12 090万桶/日。

现在地球人口约70亿，到21世纪中叶预计将达到100亿人。只从人口增长的数字来看，能源消费的增加将是惊人的。另外，目前的能源消费结构上仍存在着很大的南北差异，即工业发达国家使用量为总能源的3/4，人均消费量美国最高，为世界平均水平的5倍以上。今后的能源消费必须考虑生活提高的对比，我国能源消费的增长程度是可以想象的。

自1993年我国成为石油净进口国以来，我国石油对外依存度到2002年已经达到33%，根据预测，到2020年这个数字很有可能达到50%～60%，与美国目前的58%相当。在2000年，我国一次能源消费 13.7×10^8 t标准煤，占全球总量的11%，而人均能源消费仅为世界经济合作与发展组织（经合组织）国家均值的1/7和世界均值的1/2。2003年，中国已成为仅次于美国的石油消费大国。初步测算，全年能源消费总量为 19.39×10^8 t标准煤，比上年增长 10.1%。在未来 20 年，我国能源需求预计将显著增长，到 2020 年我国的能源需求将达到 31×10^8t 标准煤左右，为当年全球的 13.2%，为美国的 60%、印度的 3.29 倍、英国的 7 倍。

一方面是能源的需求随着经济的发展不断急剧增加，另一方面是全球面临着主要化石能源资源不足的情况。

石油是地球经过几百万年沉积下来的矿藏。专家估计，全世界整体石油总储量为（2700～6500）$\times 10^8$t，实际已经探明的大概为 11 500 亿桶，但以目前的开采速度计算，地球上的石油储量只够满足全世界石油消费 41 年。

而据美国能源部门估计，今后 20 年内，世界石油还能供求平衡，但 20 年后就要面临缺油的局面。只经过一个多世纪的消耗，几百万年形成的这个地球资源宝藏就面临着在几十年内被开采完的命运。根据日本、欧盟等能源机构预计，全球化石能源的枯竭是不可避免的，其峰值将在 2020～2030 年出现，并在 21 世纪内基本开采殆尽。按目前消耗能源的速度计算，地球上的石油在 45 年、天然气在 60 年、煤炭在 150 年内将被耗尽，现在世界能源消费以石油换算约为 80 亿 t/年，按 40 亿人计算，平均消费量为 2t/（人·年）。以这种消费速度，到 2040 年首先石油将出现枯竭，到 2060 年天然气也将终结。节约能源已是人类共同的责任。

与全球能源形势相比，我国一次性能源煤炭、石油和天然气的开采形势更不容乐观。有关专家粗略地估算出，中国石油最终可采资源量为（130～160）$\times 10^8$t，天然气最终可采资源量为（10～15）$\times 10^{12}$m^3。而根据我国的能源储量、构成和消耗速度，2004 年专家们在敦煌召开的"中国大漠光电项目构思会"上共同发出警告，我国在全球将率先面临化石能源枯竭的挑战，在不久的将来，煤炭、石油和天然气等主要能源将会被开采殆尽。

我国各种一次能源资源储量均低于世界平均水平，大约只有世界总储量的 10%，人均占有量不足世界人均值的 1/2。作为世界上最大的发展中国家，中国正处在经济社会的快速发展时期，已经成为世界第二大能源消费国，快速增长的能源需求态势，使能源供应问题在未来越发严重。

地球上的能源终将是有限的，如同只伐树而不植树，森林也会变成荒原一样，如此大量的消费，世界的能源资源也将会枯竭。随着世界人口的不断增加，能源紧缺的时期将会提前到来。因此，21 世纪新能源的开发与利用已不再是一个将来的话题，而是关系人类子孙后代命运、刻不容缓的一件大事。所以，发展可再生能源是解决能源短缺，实现经济、社会可持续发展的重要保证。多年来，欧盟各国对开发利用可再生能源十分重视，而且已经取得明显成绩。现在欧盟各国利用可再生能源发出的电力，已经相当于其全部电力的 1/6。2000 年 12 月，欧盟通过了《可再生能源指令》，要求欧盟各国利用可再生能源的发电量占全部电力消费量的比例要从 1997 年的 14% 提高到 2010 年 22%。可再生能源包括风能、太阳能、地热能、海洋能和生物能等。1997 年，欧盟利用可再生能源发电的总量占全部电力消费量的比例为 13.9%，其中比例最高的国家是奥地利，可再生能源电力占总电力比例高达 73%。

瑞典因为自身的能源需求压力大，所以积极地寻求可再生能源。在欧洲，瑞典是最早利用耕地来种植速生类植物和树木的国家之一，而且种植面积还比较大。瑞典政府还出台了一系列的政策来支持农民种植这类植物，他们利用这类速生植物和树木来获取生物质能源，不仅大大地缓解了国内能源需求的压力，而且由于这类植物和树木的大量种植，瑞典的生态环境得到了一定的改观，增加了农民的收入，促进了生态农业的发展，对国内经济的发展也起到了一定的作用。

美国在佛罗里达州建成了以速生阔叶林为原料的发电厂。英国在西约克郡建造了首座利用特殊培育的柳树为燃料的发电厂，这种柳树 3～4 年便可成材，通过轮作方式，采伐后立即种植，可保证电厂获得持续的燃料供应。

在南美，巴西由于过分地依赖水力发电，在 2001 年发生了严重的电力短缺。巴西政府为了改善这种状况并避免以后发生类似的电力能源危机，开展了对存在的生物质资源及其应用于发电的可行性研究。巴西东北地区的经济主要依赖于制糖工业，每年由于制糖而需要大量的甘蔗，大量的甘蔗残渣则又是一笔巨大的财富，他们利用甘蔗残渣和其他的能源作物联合进行发电。据估计该地区的电力能源潜力巨大，平均每年可达到 40.5TW·h，而每度电力以 0.005 美元计算，将会给该地区带来不错的经济效益。

在我国，能源供给不足再次成为制约我国经济发展的"瓶颈"，研究制定科学的能源发展战略以确保能源安全至关重要。

未来，我国能源安全方面面临的主要挑战：一是能源生产总量和结构如何满足迅速增长的需求，为国民经济发展提供强有力的支撑；二是如何调整能源结构，增加可再生能源和清洁能源的比例。

应对上述挑战，需要按照全面、协调、可持续发展的要求，借鉴国外解决能源问题的有效经验，通过有效的宏观政策引导，建立有利于优化能源结构、节约能源消耗的机制，加快能源技术进步，加强能源管理，妥善解决能源供给所面临的一系列问题。

采用的对策之一是：转变经济增长方式，提高能源利用效率，坚持开发节约并举。

与发达国家相比，我国的能源利用效率很低，每单位能源消耗生产的 GDP 仅相当于发达国家的 1/4 左右。例如，我国的能源消费总量为日本的 1.7 倍，但 GDP 总量仅相当于日本的 28%。我国的能源利用效率低，关键在于产业结构低度化，高耗能的产业如钢铁、电解铝、水泥等比例过高；而低耗能、高附加值的产业如电子信息、精密制造和第三产业比例过低。由于长期以来单纯追求经济增长速度和产品数量，忽视了产品质量和经济效益，形成了以高消耗、高投入、低效益为特征的粗放型增长方式。尽管早已察觉到这个问题，但是由于缺乏有效的机制和政策，这个制约中国经济健康发展的突出矛盾长期未能得到根本解决。

同时要看到，我国节能的潜力巨大。目前主要耗能设备技术落后，高耗能产品的能源单耗比发达国家平均水平高 40% 左右，单位产值能耗是世界平均水平的 2.3 倍。自"九五"以来，节能工作取得了显著成绩，国内生产总值能耗下降了 25%，节能效率达 5.6%。

采用的对策之二是：大力发展煤炭的清洁利用技术，降低石油进口依赖。

我国煤炭储量丰富，在常规化石能源中，煤炭资源占 90% 以上。目前已标明的煤炭保有储量超过 1×10^{12} t，可采储量在 1100×10^8 t 以上。煤多油少是能源储存结构的基本特点。为确立我国的能源安全战略，必须从这一基本条件出发。

目前，在我国的一次能源结构中，煤炭占 67%。想解决石油储量不足和燃料油供给的问题，要立足于从煤炭液化技术找出路。但总体来看，发展煤制油产业在我国虽酝酿已久，但进展缓慢。

根据目前国际石油价格暴涨和中国石油进口剧增的新形势，应当进一步抓紧发展煤制油产业的有关工作，从而使我国的油品供应和价格稳定建立在主要依靠国内生产的基础之上。

此外，在煤炭加工、煤炭高效燃烧及先进发电、煤炭燃烧污染控制与废弃物处理等洁净煤技术领域也要给予高度重视，加快推广，使煤炭资源得到合理有效利用，在未来较长时期中国能源供给中继续发挥主要作用。

采用的对策之三是：大力发展可再生能源，调整优化能源结构。

可再生能源包括水能、太阳能、风能、生物质能、地热和海洋能等，都是可循环利用的清洁能源。20多年来，可再生能源技术发展迅速，目前在全世界能源消费中已占22%左右。风能、太阳能、生物质能等新可再生能源具有清洁、无污染、可再生的特点，符合可持续发展的要求。针对本国和区域环境问题，以及国际温室气体减排日益增加的压力，世界各发达国家都制定并实施了一系列宏大的可再生能源计划和工程。首先，从政策、法律上给予支持，形成了可再生能源迅速发展的根本动力。德国、西班牙为了鼓励风力发电，颁布了《购电法》以吸引投资；英国早期实施"非化石燃料公约"制度，为可再生能源发展创造条件；美国有些州及澳大利亚和日本等国实施可再生能源配额制（renewable portfolio standard，RPS），要求在电力供应中可再生电力的比例要达到一定的程度。以立法的形式强制社会接纳和开发可再生能源，从而为可再生能源的开发利用前景提供保障。其次，制定重大发展计划，切实推动可再生能源发展。欧盟在能源政策白皮书中把可再生能源视为"提高能源竞争力，保证供应安全和环境保护"三大战略目标的关键。

我国可再生能源资源品种齐全，数量多，资源基础雄厚。目前，水电和太阳能热水器已发展成比较成熟的产业，风力发电发展的条件已经具备，太阳能发电、生物质能利用等技术领域也具备了一定的基础。可以预计在未来二三十年内，可再生能源将成为我国发展最快的新型产业之一。我国小型水电（指$\leqslant 5 \times 10^4 kW$的水能资源）的可开发量为$1.2 \times 10^8 kW$，目前仅开发了不到1/4；全国陆地每年接受的太阳辐射能相当于$24\,000 \times 10^8 t$标准煤，如果按陆地面积的1%、平均转换效率20%计，一年可提供的能量达$48 \times 10^8 t$标准煤，比2000年全国商品能源消费量（$13 \times 10^8 t$）多$35 \times 10^8 t$；我国10m高度层的风能总储量为$32 \times 10^8 kW$，实际可开发量为$2.53 \times 10^8 kW$，加上近海（115m水深）风力资源，共计可装机容量达$10 \times 10^8 kW$；生物质能资源也十分丰富，秸秆等农业废弃物的资源量每年约为$3.0 \times 10^8 t$标准煤，薪柴资源为$1.3 \times 10^8 t$标准煤，加上城市有机垃圾等，资源总量近$7 \times 10^8 t$标准煤。此外，还有地热能和海洋能等可供大规模长期开发利用。可以预计在未来二三十年内，可再生能源将成为我国发展最快的新型产业之一。

能源植物通常是指那些具有合成较高还原性烃能力、可产生接近石油成分和替代石油使用产品的植物，以及富含油脂的植物。它们是可再生能源开发唯一的资源对象。科学家预测，它们将成为21世纪的动力源泉。

目前，世界上许多国家都在开展能源植物及其栽培技术的研究，并通过引种栽培建立起新的能源基地，如"石油植物园"、"能源农场"。美国1978年就开始研究能源作物，到目前已筛选了20多种专门的能源作物——快速生长的草本植物和树木，在近几年内可望为生物质能作出重要贡献，现在各种形式的生物质能占美国总消耗能源的4%和美国可再生能源的 45%。欧洲各国如英国、荷兰、挪威等都致力于研究能源植物，对大量的能源植物进行了研究和试验。法国、瑞典等国家利用优良树种的无性系营造短轮伐期能源林。英国利用 $8×10^4 hm^2$ 土地专门发展能源林；瑞典提出"能源林业"的新概念，并把 1/6 现有林作为能源林；印度、菲律宾、泰国都营造了大面积薪炭林；日本制定了本国的生物质能转换计划；芬兰 20 世纪 80 年代的森林能源占全国总耗能的 30%。为发展生物质能，联合国粮食及农业（粮农）组织和世界银行集团向发展中国家提供数亿美元的援助。

我国生物质能源尤其被看好，主要包括农林废弃物、粮食加工废弃物、木材加工废弃物和城市生活垃圾等。其中农业秸秆年产量 $6×10^8 t$，加上薪柴及林业废弃物等，折合能量 $7.5×10^8 t$ 标准煤，但利用率极低。粮食主产区每年都有大量秸秆被白白烧掉，既浪费了资源，又污染了环境。农产品加工和禽畜养殖场废弃物理论上可生产沼气近 $800×10^8 m^3$，相当于 $5.7×10^7 t$ 标准煤。城市生活垃圾处理也可回收大量能源，预计 2020 年城市垃圾年产生量达 $2.1×10^8 t$，其中 30%焚烧发电，60%采用卫生填埋方式，回收填埋气发电，可产生能源 $5×10^6 t$ 标准煤。我国还具有发展能源作物的巨大潜力。以甜高粱为例，其生物能量是玉米的 4 倍，耐瘠薄和抗逆性强，全国都可种植，$1 hm^2$ 甜高粱生物产量可产无水乙醇 5700～6500L。如果我国能达到巴西 2002 年甘蔗乙醇的产量，每年可使农民增收 400 亿元。国际上还有许多利用生物能源的成功范例，如丹麦主要利用秸秆发电，可再生能源占全国能源消费总量的 24%；美国实施生物能源计划，每年将使农民增收 200 亿美元。我国要学习他们的技术和经验，把利用生物能源作为能源安全战略的重要组成部分，积极予以发展。

（二）开发生物质能是缓解环境污染的有效措施

任何能源在其生产、运输、转换、消费过程中，或者其中的一个或几个阶段都会产生环境影响，需要付出代价，这在经济学中称为"环境费用"。根据预测，在未来几十年内，能源消耗的主体依然是化石能源，这将为全球环境带来沉重的负担。

1. 煤炭消费的污染来源

煤炭来自矿井，地下深井采煤所造成的最大环境问题是采煤工人的疾病（黑肺病）。露天采矿造成的环境影响更大，1967 年马里兰地区进行简单的露天采矿，煤矿土地重整每公顷费用达 1075 美元，1970 年增加到 1248 美元。

矿坑或运输中转站附近的煤堆在雨水中会渗出可溶性成分，污染附近的河流、湖泊、海洋和地下水。其中的硫、铁成分可以使水与土壤变酸，影响作物生长，高浓度的金属离子可能进入鱼类等生物体内，进而进入食物链。

采矿的环境影响是地方性的，而运输与燃烧的影响是区域性的或更大范围的。与煤运输有关的影响范围通常超过几百千米，并且在大多数地区并不十分显著，也不易被察觉。在居民区，由采矿和运输产生的严重粉尘污染，引起呼吸道疾病。在煤运输时，柴油机、蒸汽机、卡车等排放的氧化硫、氧化氮、氧化碳和碳水化合物也会引起种种问题。

用煤发电或其直接应用都是一个燃烧的过程。煤的发热量低，当前主要用于燃烧，要获得与重油相同的热值必须使用约 1.5 倍的煤炭。煤的平均灰分约 20%，是重油的 100～300 倍。如果以燃烧时放出相同的热量来计算，则烧煤时排出的烟尘量相当于重油的 150～450 倍。虽然有些煤的硫分低于重油，但是如果以相同的热量进行比较，因为煤的用量大，所以硫氧化物的排出量也就相应增多了。煤中的氮含量比重油高 4～8 倍。此外，煤中还有汞、铅、铜等重金属，铀等放射性物质，卤素和多环芳烃类。

煤的燃烧对环境和健康的影响主要来源于燃烧过程所产生的大量气体和固体废物。气体污染物包括 SO_2、NO_x、CO_2、CO、碳水化合物、多碳有机物等，其他污染物还有粉尘、放射性物质等。这些污染物会导致呼吸道疾病、中毒和癌症发病率增加。据估算，每燃烧 $1.0 \times 10^6 t$ 煤，平均要排放出 $2 \times 10^4 t$ 二氧化硫气体、$20 \times 10^4 t$ 灰渣和 $3 \times 10^4 t$ 烟尘。而在我国每年产原煤 $7 \times 10^8 t$，60%用于直接燃烧。就每单位能源的效能来说，煤是化石燃料中对环境危害最大的，特别是当它在非现代化操作工厂中燃烧时。

另外，使用高烟囱进行废气扩散，将产生较大范围的甚至越境的环境污染。因为煤燃烧排出的 SO_x 和 NO_x 又二次生成硫酸盐和硝酸盐，形成酸雨，破坏生态，而且会对远距离外的地区产生严重污染。中国东南部的酸雨有一些是由中部地区燃烧产生的二氧化硫飘散过去造成的。经合组织（OECD）曾经谴责过英国的酸沉降对北欧的污染。

2. 石油消费的污染来源

开采石油造成的主要环境影响是突发的爆裂渗漏、运输漏油、油罐起火与爆炸。不破敬一郎先生主编的《地球环境手册》列出了近 20 年来的 10 项重大公害事件，其中 4 项与石油消费有关，2 项与核电消费有关，可见石油消费给环境带来的压力是巨大的。

原油在燃烧之前一般先被提炼成多种石油产品，转换过程中会排放大量的有机化学品和其他污染物。一般要制定并严格执行控制这些污染物排放的环境标准。这些石油产品应用时也会有污染物产生，如作为汽车主要燃料的汽油在燃烧时会产生 CO、CO_2、NO_x、碳水化合物等污染气体，后两种气体进一步反应会产生光化学烟雾。

3. 核电消费的污染来源

核燃料的开采、运输，核电的生产，核废物的储存与处置等过程中，都会有中低水平放射性物质产生。核电造成的辐射对人体健康的影响是极小的。核电站没有一氧化碳的排放，没有二氧化硫与烟尘的扩散，占地较小。按常规操作，即使采铀等过程中会有放射性污染，但核电比任何化石燃料对环境的影响都低得多。然而，由于切尔诺贝利核电站事故等的发生，公众对核电有一种恐惧心理，国家也对核能在政治和经济上的影响有所顾虑，再加上核电站的一次投资较大，因此阻碍了核电的大力发展。

但是，核电产生的核废料是令世界核能利用国头痛的事情。从世界各国的情况来看，目前在运输、处理和储存核废料方面尚无绝对安全可靠的办法。

当今世界发达国家的能源构成中，核电已占相当大的比例。许多国家都为核电产生的带有放射性的核废料的"归宿"问题感到头疼。英国是欧洲最大的核废料储存国，安全储存问题已研究了 20 多年。英国政府有关部门前不久作出最终结论，认为英国现有储存核废料的所有方案都具有"危险性和自毁性"。科学家也正在努力研究核废料的环境问题，有的希望通过核聚变来发电而取代目前的核裂变发电，因为其更安全洁净。美国、日本、俄罗斯等也正在研究将核燃料使用后的废料运用加速器嬗变，将它的长放射性变成短放射性，这样也许只将这些废料存放两三年就可以安全排放了。可见，核能利用也不是人们想象的百利而无一害，因为核废料目前还是人类无法回避的环境安全隐患。

4. 水电消费的污染来源

一般认为，在能源工程中水电工程是环境损害最小的。水电不排放大量的污染气体或放射性废物，但产生了其他方面的环境影响。水坝的建设将形成新的水库，在水库及其下游，改变了原有的生态系统。除发电、灌溉外，水库还可以发展养鱼业、旅游业等，带来正的外部影响。但是水库大坝同时会造成河流淤积和下游的水土流失，提高库区的地下水位，引起土壤盐碱化，影响当地的气候，使生物多样性减少，水流速减慢会造成水草生长和寄生虫繁殖等。

5. 绿色能源——生物质能源

可再生的生物质能源则可以很好地协调发展与环境保护的关系，减少化石能源对环境的污染。

生物质能源来自植物通过光合作用生成的有机物，即碳氢化合物（生物质）。它与常规的矿物能源如石油、煤炭等是同类。据估计，地球上每年植物通过光合作用固定的碳达 2.1×10^{22}J，相当于全世界每年耗能量的 10 倍。在太阳能的利用中，唯独生物能源是可以储存、运输和再生的能源。联合国统计数据表明，世界石油储量只能维持到 2035 年，到 2060 年天然气也将消耗殆尽。美国预计大约 30 年内所需能源的 30%将由农民生产出来，到 2050 年植物资源提供全球 3/5 的电力和 2/5 的直接燃料。

矿物燃料燃烧是把原为固定的碳通过燃烧使其流动化，并以 CO_2 的形式累积于大气环境中，造成温室效应。生物质中的碳来自空气中流动的 CO_2，如果这两个速度有合适的匹配，CO_2 甚至可以达到平衡，整个生物质能循环就能实现 CO_2 零排放，从根本上解决矿物能源消耗带来的温室效应问题，详见表 1-3。

表 1-3　几种生物质和化石燃料利用过程中 CO_2 排放量的比较

利用过程	系统效率/%	能量 D[①]/g	CO_2 减少的数量[①]/g	减少率/%
A.工业供热				
简单燃用	15	45.9	75.1	62
生物质锅炉	60	11.4	109.6	90
气化燃烧锅炉	90	7.7	113.3	94
燃煤锅炉[①]	70	121.0		
B.供气（燃气灶）				
生物质气化（低热值）	35	19.7	91.3	82
生物质气化（中热值）	40	17.3	93.7	84
天然气	55	100.0	11.0[①]	10[③]
液化石油气[②]	55	111.0		
C.发电				
气化发电（小型）	12	317.5	630.0	66
气化发电（中型）	17	182.0	765.0	81
生物质[④]	35~45	77.7	869.0	92
柴油发电	38	650.0	297.0[③]	31[③]
燃煤发电[②]	35	947.0		

注：①供热和供电能量的单位分别采用 MJ 和 kW·h；②为参比物；③化石燃料之间的比较；④IGCC（integrated gasification combined cycle），整个煤气化联合循环发电系统

随着全球环境问题的日益严重,各国主要关心的是生物质能对减少 CO_2 排放的作用,另外,发展速生能源作物有利于改善生态环境,不会遗留有害物质或改变自然界的生态平衡,对今后人类的长远发展和生存环境有重要意义。

以生物质资源代替化石燃料,一方面减少了化石燃料的供应量,另一方面减少了 CO_2、SO_2、NO_x 等污染物的排放,改善了环境质量。尤其在我国,发展速生能源作物,结合荒山荒地的治理,具有较大发展前景,也有利于保护生态。新中国成立初期,长江流域大部分地区均有较好的植被覆盖,后来由于几次较大的森林破坏,特别是长期以来掠夺性的、超计划的、以现代化工具为手段的木材采伐,加上一些地区毁林开荒,致使流域内各省森林郁闭度大幅度减少。20 世纪 50~80 年代,长江流域 12 个省区有林地面积年均下降率为 0.6%~0.8%,有林地降为疏林的面积以年均 9.8%的速度增大,上游地区荒山荒坡面积已达到 1.7 亿亩[①],占土地总面积的 11.3%,到 1999 年我国农村集体所有,可开发利用的荒山、荒沟、荒丘、荒滩有 4.7 亿亩,数量大,分布广,发展生物质能源有相当的自然优势。面对即将来临的能源危机,世界各国都将未来能源寄希望于生物质能源。所以,开发利用生物质能源已成为世界能源可持续发展战略的重要组成部分,是实现经济-能源-环境协调发展的重要途径。

(三) 开发生物质能符合社会可持续发展的要求

人类目前的经济增长模式还处在以消耗大量物质资源为基础的粗放型阶段,物质资源的储量再大也有用完的一天,生物质能循环经济是避免矿物资源和碳氢资源枯竭,实现可持续发展的重要措施。

随着人类社会的发展,产生了一系列影响着人类社会与经济发展、危及人类生存的问题:一个是环境污染超出了自然界的净化能力,从而累积酿成一系列自然灾害;另一个是资源枯竭问题。

面对人类危机,人们对已有的社会经济活动有了重新的思考。早在 20 世纪 60 年代,美国经济学家鲍尔丁就提出了一个“宇宙飞船经济理论”。他把地球比作一只在太空中飞行的宇宙飞船,旅途遥远,但可供的资源有限,所以需要合理开发资源,以免过早走向毁灭。这一理论是在人类环境污染最严重的历史背景下提出的(从 1930 年到 20 世纪 60 年代末,世界发生了令人震惊的八大污染事件,其中多数发生在 1950~1960 年),因而引起了广泛关注,并被视为循环经济的思想萌芽和早期理论的代表。通过对经济生活方式的反思,人类越来越认识到当代资源环境问题日益严重的根源在于工业化运动以来的以高开采、低利用、高排放为特征的线性经济模式。因此,提出未来的人类社会应该建立一种以物质闭路循环流动为特征的循环经济,从而实现环境和经济循环良性发展,即可持续发展,循环经济的“3R”原则。

(四) 开发生物质能产业将为中国“三农”问题的解决作出相当的贡献

我国是一个拥有 13 亿人口的农业大国,农业在国民经济中占有相当的比例,占国家财政45%左右。农业提供的原料约占工业原料的40%,约占轻工业原料的70%,直接影响全国 1/4 以上工业总产值的形成;农村市场占全国市场份额的44%以上,农村市场的

---

① 1 亩≈666.67m²

总需求对第二、第三产业，对整个国民经济增长具有重大影响，这种影响还将进一步扩大，将逐步占据主导地位；农村人口占全国人口的 3/4，农村经济对国民经济的贡献份额也达 60% 以上。从某种程度上讲，我国农业的发展制约着国民经济的发展，加大对农业的投入势在必行。目前，我国农业发展仍存在着科技含量较低，产业链短，经营管理水平相对落后等现象。

发展生物质能源，可以为农村开辟新兴产业（秸秆发电、燃料乙醇等），有效延长农业产业链，提高农业附加值，增加农村就业机会，增加农民收入。同时，发展生物质能源可以将原来直接燃烧的农业秸秆、有机废物等转化为高效、清洁的生物质能源，促进农村循环经济的发展。

因此，建设从能源农林业到生物质能加工业的生物质能产业链可以成为中国解决"三农"问题的一个有力手段。

1. 带动农业经济和林业经济

2020 年生物燃油开发量预计为 1900 万 t 左右，初步估算可给国家和地方创产值 1000 亿元。到 2050 年生物燃油开发量如果能达到 1.05 亿 t，将创造 5000 亿元左右的年产值、吸纳 1000 万个以上的劳动力（主要是能源农林业接纳的就业），并为带动农村经济发展发挥极大的作用。达到这部分生物燃油产能的初始投资（主要是产业建设投资，荒地改造和树种等费用相对较低）预计可以控制在 1.0 万亿元以内，年产值与产能投资的比值（大于 1∶2）大于某些常规能源产业的比值（例如，火电年产值与产能投资的比值约为 1∶2.5）。

2. 创造大量就业机会特别是农村地区

可以吸纳 1000 万个以上的劳动力，其中主要是农村劳动力，有利于缓解农村大量劳动力闲置的局面。

3. 为中国的城镇化建设提供有力支持

一方面，中国的城镇化建设提高了人均能源需求量，特别是人均燃油需求量；另一方面，城镇化建设需要与之相伴的产业建设和就业机会的创造（一定程度上还需要增加在农村的就业机会，以缓冲农村向城镇移民的浪潮），能源农林业和生物燃油加工业在这两方面都可以发挥重要作用。

另外，大力发展可再生生物质能，除有利于满足我国自身的能源、生态环境及经济发展需要外，还能降低或避免与他国有关能源的外交摩擦与武装冲突的可能性。

众所周知，能源保障问题关系着一个国家的国家安全，自能源危机以来，世界上国家的关系一直与石油联系起来，也就是所谓的"石油外交"。石油资源与石油消费成了左右国际关系基本走向的决定因素之一，而且 20 世纪围绕石油问题展开的战争屡见不鲜，可见能源问题的重要性。在能源消耗不断增长的今天，能源在国际关系中的地位越来越突出，越发制约着国家行为方式。而恰恰在此时，国际能源供应短期存在着地区冲突、生产能力不够的问题，长期存在着储量枯竭的问题，这进一步加剧了国家间的能源竞争。

石油消费的猛增与石油资源的日益减少会给世界带来两个前景。一个是人类为了延续生存发展，必须寻求与开发新的能源。对日新月异的世界科技创造发明潜力而言，今后勘探出更多新的石油矿藏资源与从其他物质中提炼出取代石油的新能源这种可能性是存在的。另一个前景是随着石油消费的急剧增加与石油矿藏的日益减少，能源消费量巨大的世界大国，在争取石油资源及控制石油运输国际航道方面将会加剧竞争。即使这种竞争不会以从前殖民帝国之间进行武力占领或相互瓜分的形式出现，但事关每个国家的切身利益，这种竞争的不可避免性是可以肯定的。

所以，发展可再生生物质能，使其能支撑国民经济快速、健康、平稳发展，可以把我国从国际传统化石能源竞争的漩涡中解脱出来，并占领未来能源供应的制高点，为民族复兴、国家发展提供动力。

4. 开发生物质能对我国有重要的战略意义

资源相对不足、生态环境恶化、粮食供应紧张是我国在 21 世纪持续发展中将面临的三个最主要瓶颈问题。自改革开放以来，我国经济迅速发展，人民生活水平稳步提高，但随着人口持续增长和人民饮食方式的改变，食物及饲料需求大幅度增加，对能源和化工原料的需求也急速增长；而城乡建设削减了相当大面积的可耕地，石油等一次性矿产资源的储量也迅速下降。按已探明储量和年开采量计算，中国的石油资源有可能在几十年内枯竭。如何保持食物、饲料、能源及化工原料的持续供应，实乃未来经济发展面临的最重大挑战。大力开发新的可再生性资源，是中国在 21 世纪保持持续发展的前提条件。

生物质是地球上数量最丰富的可再生性资源。全球每年光合作用的产物高达（1500～2000）×10^8t，其中80%以上为木质纤维素类物质（如各种草类、树木等都是纤维素、半纤维素和木质素等聚合物的复合物）。目前这部分资源还远未得到充分的开发利用，有些还造成严重的环境污染，如秸秆就地焚烧、农产品加工业排放废物、城市丢弃有机垃圾等。仅我国每年的各种农林废弃物就有近 $10×10^8$t，工业纤维性废渣数千万吨。从化学成分上看，这些木质纤维材料的主要成分均为糖类和芳香族化合物。在自然界中，微生物会将它们降解转化成能源和其他生物质，最终分解成二氧化碳和水，这是自然界碳元素循环的主要环节。现代生物技术的发展已使人们有可能对这一过程加以有效利用，只要利用生物技术等手段将其中一部分转化为燃料、饲料、化工原料等并有效利用起来，便有可能为解决资源不足、环境污染等难题作出巨大贡献。

例如，凡收获1t 大米或玉米，就会有 1.1t 稻草或玉米秸秆，这些农业副产物是牛、羊等草食家畜的食物及饲料来源。牛、羊等反刍动物具有瘤胃，瘤胃微生物能将秸秆中的纤维素及半纤维素转换为可消化的糖类及有机酸。目前科技发展已能将类似的微生物在工厂中大量培养，取其水解酶，补以其他科技手段，就可以将玉米秸秆等转换成鸡猪能消化的含大量蛋白质的饲料。最近 20 多年来，各国在这一领域的科技研究成果已发展到一定水平，如能再大力研究数年，即可望大规模地、有效益地用于生产。但此项研究涉及众多学科，仍有不少难点尚未完全解决。例如，为搞清植物材料的复杂结构和提高纤维素的结晶结构对酶解效率的影响，需要加深对微生物降解木质纤维素机理的认识，要研究破除木质素障碍和降低纤维素结晶度的新方法；由于纤维素酶的比活力低，且易受其产物抑制，需要利用蛋白质工程等现代生物技术对酶分子进行改造等。特别是在国内，由于一直未给予足够的重视，研究多半为分散的低水平重复的或对国外工作的简单模仿，急需在较多的资金支持下开展更深入的基础和工程研究。现代科技的进步已使克服这些困难成为可能。只要有足够的经费支持，认真组织一支强有力的多学科研究队伍，不急功近利，而专注于以国家长远的粮食、资源供应及农民的经济收入为主要目标，再努力奋战数年，化亿万吨不可消化的纤维物质为人类可吃的高营养食物或能源、化工原料是完全可能成功的。中国农村地区有年产数亿吨的纤维废弃物（如稻麦草、玉米秸秆、木屑、废纸、不成材的灌木杂草、果皮等），如能将其中一小部分转换成饲料乃至食物，则可增加的食物供应量就十分可观，足以应付中国今后二三十年饲料、食品需求量不断增加的压力。

自 20 世纪 70 年代出现石油危机以来，美国等西方发达国家曾投巨资开展了纤维素资源降解转化研究，试图以生物工程结合化学工程等手段，将废草、玉米秆等转换成各种产品。美国地广人稀，粮食供应不成问题。美国政府及工业界支持纤维素资源转化研究的主要目的不在于生产粮食，而是以汽车可用的乙醇燃料及石油化工产品为目标，试图用作石油的替代物。玉米秆等经水解酶处理后可产糖类，加酵母菌种则可生产乙醇等化工产品。提炼为无水乙醇后，可直接使用或与汽油混合后用作汽车燃料。目前，美国利用玉米、马铃薯等生产乙醇，以 1∶10 的比例掺入汽油作汽车燃料，1993年有 39 个工厂，年产 11×10^8 gal 乙醇（1gal=3.78541dm^3），每吨玉米可产 40gal 乙醇。这种通过发酵等方法将粮食转化为乙醇等工业原料和能源的技术已被除美国以外的世界其他各国普遍采用，如巴西利用甘蔗大规模生产乙醇作汽车燃料，目前已建 480 多家加工厂，年产乙醇 127×10^8 L，乙醇汽车累计达 530 多万辆；我国东北地区已建成了多家以玉米为主要原料的乙醇加工厂等。近来北京、上海等大城市已全部改用无铅汽油。将铅取出后，汽油燃烧不良，因此需加"含氧物"（oxygenate），乙醇为其中一种。MTBE（methyl tert-butylether，甲基叔丁基醚）及其他的醚类也可作此用。但近来发现醚易于进入地下水，造成井水污染。因此，美国已有停用 MTBE 之说。如果中国大城市也都改用乙醇掺入汽油，则纤维素资源的转化更是急迫而不可迟延。目前国内外多以粮食如玉米等原料来生产乙醇，但在可耕地面积远远低于世界平均水平的我国，这种用粮食转化燃料的做法既不可取，又不能提倡。解决问题的出路应当是利用玉米秆、稻草等为原料来生产乙醇。

再如，制浆造纸工业是国民经济的重要产业，但也是资源消耗和环境污染的大户。中国由于木材资源不足，主要依靠草类造纸。而通常 3t 麦草才能出 1t 纸，另外 2t 都变成污染物排到环境里去了，既浪费了资源，又污染了环境，已到了非改变不可的时候。目前造纸工业借高温强碱等溶解木质素和半纤维素得到纤维，这是污染的主要来源，也是我国环境污染的主要难题。微生物酶解脱木质素被认为是可望从根本上解决此问题的途径，目前各国在大力研究。深入开展制浆造纸过程的生物技术研究，开发生物制浆、生物漂白、酶法草浆改性、废纸酶法脱墨、造纸废液废渣生物转化及制浆造纸与生物产品生产综合工艺等相关生物技术，将给造纸工业带来革命性的影响，创建出资源综合利用、全封闭无排污的新型纤维利用综合产业。

因此，解决资源环境问题，实现可持续发展的最根本途径应是开发利用可再生性的生物质资源,采用清洁生产工艺,生产和使用环境友好产品。生物技术在这些目标的实现中起着关键作用,采用生物质资源的生物综合转化工艺可不造成或少造成环境污染;使用生物质能源没有 CO_2 净产生;生产的产品都是生物可降解的;产生的废弃物可通过生物技术再转化为资源等。随着资源环境问题日趋严重,人们的可持续发展意识已日益增强。尽管目前大多数人还未意识到,但在今后,以可再生性生物质资源取代石油等一次性矿产资源作为重要能源和化工原料的趋势已越来越明显。社会经济发展模式必将逐步由石油导向型向生物质导向型转化,生物质转化利用必将成为未来社会的重要经济支柱。加强基础研究和前期开发工作,迎接这一历史性转变,对中国未来的持续发展具有十分重要的意义。

开发利用生物质能对中国农村更具有特殊意义。中国 80%人口生活在农村,秸秆和薪柴等生物质能是农村的主要生活燃料。尽管煤炭等商品能源在农村的使用迅速增加,但生物质能仍占有重要地位。1998 年,我国农村能源消费总量为 6.3 亿 t 标准煤,其中秸秆和薪柴分别占 35.0%和 23.0%。广大农村的生活用能以生物质能为主的局面在较长的时期内不会改变。生物质能在农村的应用,到目前为止基本上还是沿用着直接燃烧的方式,造成能源资源的浪费,并对环境造成污染。发展生物质能,利用新技术,为农民生活与生产提供优质燃料,不仅是节省能源消耗、改善生态环境的一项重要举措,还是帮助农牧民脱贫致富、实现小康目标的一项重要任务。

第三节　生物质能利用的困难及对策

一、生物质能利用的困难

(一) 生物质能的经济竞争力

生物质由于能量密度低,分布分散,利用过程需增加预处理,或附加的转换设备利用成本较高,因此从经济性的角度考虑,只有当生物质比其他燃料便宜得多时才能有较好的经济性。下面以生物质气化过程的经济性为例,分析生物质能的经济竞争力。

从直观的经济效益出发,生物质气化项目的经济性是否可行取决于该项目的经济收益 P_r 是否大于 0,或者说项目在设备使用年限内是否能回收投资并得到合理的经济回报。项目的经济收益 P_r 可由式1-3表示:

$$P_r=(P_1-P_2)y-(C_1+C_2) \tag{1-3}$$

式中,P_r——气化项目中生物质能的获利能力;

P_1——生物质气化项目源产品的价格,元/MJ;

P_2——生物质的价格,元/MJ;

y——系统转换效率;

C_1——气化系统投资成本,元/MJ;

C_2——生物质气化系统运行成本,元/MJ。

作为一种商业行为,任何生物质项目的投资都要求尽可能快地回收投资,并得到至少和其他传统能源一样高的投资回报,而不同地区、不同经济环境对这些项目的回报要求也不一样。在发达国家，由于有环保的压力和需要，只要较低的经济回报就可以，而在发展中国家，生物质项目除了环保要求外，还必须有较高的经济回收。例如，在中国，由于资金较紧张，大部分生物质气化项目投资要求回收期小于 5 年，因此能商业化的生物质项目必须满足以下要求。

$$R_e = \text{In}/[(P_1-P_2/n-C_2) \times T] \leqslant 5 \qquad (1-4)$$

式中，R_e——生物质项目每年收益与总投资之比；

　　　In——生物质项目的投资，元/MW；

　　　T——设备的运行时间，h/年。

根据中国目前的经济环境和能源价格情况（以华南地区主要能源价格为例）（表 1-4），可以对几种典型生物质气化技术的经济性指标进行估算。从表 1-4 中可见，农村气化供气的经济性较差，特别是 500 户以下的供气项目，纯从经济的角度看都是不可行的。在电力紧张的地区，如果电价达到 138.5 元/GJ[即 0.5 元/（kW·h）]，生物质气化发电项目都有较好的经济性，特别是对于 1MW 以上的项目，经济性更好。

表 1-4　华南地区主要能源价格

能源种类	电力	柴油或液化石油气（LPG）	优质煤	劣质煤	稻草	谷壳	木屑
价格/（元/GJ）	138.5	450.0	14.0	10.0	6.5	6.0	6.0

注：1GJ=1000MJ

从影响生物质项目经济性的角度分析，对生物质项目影响最大的因素是能源价格、投资大小和设备运行时间。农村气化供气经济性较差的主要问题就是投资较大，而规模太小。生物质气化发电的投资也比较高，但由于产出的能源形式——电力价格比较高，因此经济性仍然较好。

从实际应用情况上看，很多生物质气化项目的用户虽然单从经济角度考虑是不可行的，但因为生物质利用项目可以为用户解决很多相关的问题，如可为缺电缺燃料的地区提供电力和洁净燃料，或可为用户解决废料堆放和污染问题（如碾米厂、木材厂等），所以很多生物质项目虽然投资回收期 $R_e \leqslant 5$ 年，其主要项目的获利能力 $P_r \leqslant 0$，但仍为社会所接受，如生物质气化供气项目和小型气化发电项目等。

（二）生物质能商业化的障碍

从目前国内外生物质能利用现状来看，生物质能利用技术商业化程度很低。在国外，接近商业化程度的主要是规模化生物质直接燃烧发电或供热，其他大部分仍处于技术研究或政府扶持推广的阶段，如沼气工程大多是以环境技术而不是能源技术来推广，所以更要特别地支持和优惠，而高效生物质气化发电技术（IGCC）和生物质直接液化等仍处于研究工程方法阶段。

我国因为生物质能仍是非商品能源，所以有关生物质利用技术的商业化程度更低，现大部分沼气工程都是在政府扶持下发展的，如果从商业化角度来看，几乎没有一座大中型沼气工程是完全按商业化方式运作的。生物质集中供气也是在政府扶持下推广的，短时间很难完全实现商品化。比较接近商品化的是甘蔗渣燃用技术设备或废木材燃用设备，但因为它们应用的前提是有大量集中的生物质原料，所以除了榨糖厂，其他利用用户较少。

自 20 世纪 70 年代以来，包括中国在内的许多国家为了推进可再生能源的发展，采取了各种各样的扶持政策，在一定程度上促进了可再生能源的发展。生物质能源转换技术与其他可再生能源技术一样，在其商业化发展过程中面临众多的障碍和问题，概括而言，这些障碍和问题主要来自于资源条件、技术产业化条件、技术的经济运行可行性、融资环境、市场潜力和政府政策引导的力度及公众环境意识与用户消费倾向、信息传播等方面。

这些障碍与我国的国情有关。

1）目前我国正处于经济转轨时期，市场未充分发育，体制不健全。

2）新经济体制正在建立之中，同国外相比，财政、税收、金融体制都有很大不同。

3）我国仍是一个发展中国家，政府不可能拿出很多钱来发展可再生能源。

4）我国生物质资源虽然十分丰富，但大多数地区经济不发达，人民的支付能力有限。

5）虽然生物质能技术有一定的发展，但在总体上尚处于研究与开发阶段，一次性投资大，产业规模小，获利能力低。

6）从技术水平和生产成本来看，距离商业化还有较大距离。

基于国情，制定经济政策不仅要符合我国生物质能源资源、技术和经济的特性，还应符合我国现行财政、金融、税收、价格和经济管理体制的特点。政策的制定应分期、分批逐项进行，要根据技术发展的状况选择比较成熟、产业化发展较快的项目优先安排研究、开发、推广。同时，经济扶持政策必须与市场机制相结合，因为政府的扶持是短期的、有一定时间界限的，而市场的作用才是长期的。

生物质能源政策扶持对象主要有 4 类：投资者、生产者、经销者和消费者。扶持政策类型包括补贴、税收、价格、低息贷款、信用担保、地方性经济激励政策等。对不同对象实施不同类型的扶持政策，可得到不同的效果，达到不同的目的。例如，给予生物质燃料补贴可以提高农民的收入，同时有助于保证农产品的生产能力，促进地区经济发展和当地农民就业水平，减少 CO_2 排放，并增加生物质能源的利用。通过对投资者补贴，可以调动投资者的积极性，有利于扩大规模。对用户补贴，有助于培育市场，反过来促进生产规模的扩大。但在目前状况下，激励政策必须与限制性政策相结合才能从根本上推动生物质能源的发展。另外，生物质能源项目具有强烈的地域性，地方政府的支持是特别重要的。

当前，生物质能源发展的主要制约因素包括如下内容。

1）缺少对生物质能源与常规能源竞争的补贴。在核算各种能源的成本时，缺少全成本定价办法（全成本定价即把与能源生产有关的全部费用考虑进去，如 SO_x 和 NO_x 对环境造成的破坏、特殊物质对健康的影响、CO_2 排放的潜在费用等）。实行全成本定价将会提高化石燃料的成本，相对可再生能源而言，成为鼓励利用的一项措施。在未实行全成本定价之前，常规能源价格低廉，只有对生物质能源进行补贴才能提高其与常规能源竞争的能力。

2）生物质能的输送费用昂贵，通常是就地生产，就地消费。因此，其成本与竞争力在很大程度上受到产地的限制。就成本而言，生物质能在一些特殊市场，如偏远地区具有很强的竞争力。但在偏远地区，生物质电力的入网费昂贵。再如，利用木材和工业废弃物为工厂自身供应能源，既降低了燃料费用，又降低了废弃物处理的费用，在成本上具有较强的竞争力。

3）生物质能源的发电系统不如常规能源可靠，系统控制水平低，出于技术和它的不连续性的考虑，对私人投资来说，要冒一定风险。

4）投入能力有限，商业运行机制不健全。在开发利用方面，传统化石燃料的技资和已经发展起来的基础设施制约了生物质能源的发展。

二、发展生物质能利用技术的对策

目前情况下，石油、天然气和煤炭是燃料的主力军，液体燃料的安全仍然主要依靠煤的转换来解决。随着国家发展和社会进步，化石能源的消耗将越来越大，储量不断减少，据专家预测，2015 年前后将可能发生第三次世界性石油危机，届时我国油气进口依存度将会达到 25%。我国是一个人口大国，又是一个经济迅速发展的国家，21 世纪将面临着经济增长和环境保护的双重压力。因此改变能源生产和消费方式，开发利用生物质能等可再生的清洁能源资源，对建立可持续能源系统，促进国民经济发展和保护环境具有重大意义。中国 80%人生活在农村，秸秆和薪柴等生物质能是农村的主要生活燃料。随着农村经济的发展和农民生活水平的提高，农村对优质燃料的需求日益迫切。传统能源利用方式已经难以满足农村现代化需求，而且由于国际上正在制定各种有关环境问题的公约，限制 CO_2 等温室气体排放。因此，研究新型转换技术，开发新型装备既是农村发展的迫切需要，又是减少排放、保护环境、实施可持续发展战略的需要。

目前，我国已经初步对生物质能转化利用技术在理论上和实践上进行了广泛的研究，部分技术已形成产业化，以沼气利用技术为核心的综合利用技术模式由于其明显的经济和社会效益而得到快速发展，成为中国生物质能利用的特点。将农林固体废弃物转化为可燃气的技术也已初见成效，应用于集中供气、供热、发电方面。另外，有 10 余家单位研究和开发生物质成型燃料技术和设备及生物质酸水解制取乙醇，仅有少数达到工业化生产水平。我国目前开发的生物质利用技术比较单一且分散，没有形成一个完整的生物质资源收集、运输、预处理、转化及利用等方面的技术体系。这些技术的进步同世界先进水平相比仍有较大的差距，特别是在技术设备的产业化和商业化生产方面的差距更为明显。目前国外这些技术基本上都实现了工业化生产，有的如大中型沼气工程和垃圾填埋发电技术等已达到商业化水平；而中国一般都处于商业化的前期，有的还停留在示范阶段。世界科学技术的发展历史证明，产业化和商业化是加速科学技术发展的动力，也是科技研究成果转化为生产力的根本措施。从国外生物质能利用技术的研究开发现状，结合我国现有技术水平和实际情况来看，我国生物质能应用技术将主要在以下几方面发展。

1. 高效直接燃烧技术和设备

我国人多地广，生活用能的主要方式仍然是直接燃烧。开发研究高效的燃烧炉，提高使用热效率，仍将是应予解决的重要问题。把松散的农林秸秆进行粉碎分级处理后，加工成定型的燃料，结合专用技术和设备的开发，在我国将会有较大的市场前景。家庭和暖房取暖用的颗粒成型燃料和推广应用工作，将会是生物质成型燃料的研究开发热点。

2. 生物质能的创新高效开发利用

随着科学技术的高速发展，生物质能的发展将依赖创新技术来实现更大的发展。生物质能新技术的研究开发，如生物技术高效低成本转化应用研究，常压快速液化制取液化油研究，催化化学转化技术研究，以及生物质能转化设备如流化床技术等是研究重点，一旦获得突破性进展，将会大大促进生物质能开发应用。

3. 能源作物的开发

有效降低生物质资源的收集、运输与预处理成本，产业化、商品化、集约化开发。

为了促进生物质能利用技术的发展，中央政府和各级地方政府应制定相应的经济激励政策和限制性政策，支持生物质能的研究和推广。要加强立法，从法律上保证可再生能源的发展（包括生物质能）。例如，在电力法中规定必须允许生物质发电上网，或鼓励发展分散、独立发电系统，或在环境法中限制 CO_2 的排放等。在现阶段，应指定相应的保护政策和经济激励政策，促进生物质能投资的增长。同时对生物质能实行价格和税收优惠，增强其与常规能源的竞争力。另外，为了体现生物质的环境效益，可以对各类能源增收 SO_2、NO_x 和 CO_2 的排污费或实行全成本定价，这样生物质能的环境效益可以在经济上得到体现。

在设立研究开发项目方面，要从长计议，制定长远的战略措施和规划发展生物质能利用技术，明确每一个时期的发展目标，并根据这些目标安排具体研究任务，为今后发展的重大技术做基础研究和技术储备，如对生物质准 IGCC 和 IGCC，以及生物质制油做基础性和前瞻性的研究。

第四节　生物质能源的发展现状与前景

生物质能由于分散性和能量密度较低，其规模利用和高效利用都较困难，因此经济效益较差，这也是目前生物质能不能成为商品能源的主要原因。从经济效益看，不同条件和不同技术方法效益差别很大，在生物质集中的地方，采用大规模直接燃烧利用的效益比较好，而在生物质分散的地区，采用气化利用可以取得较好的效果。而对于沼气技术，在落后地区采用分散式小型沼气池可以取得一定的效益，而对于污水处理宜采用大型沼气技术，但总的来说沼气技术的效益主要是环境方面的，经济性都比较差。对于其他新的生物质能利用技术，包括液化和生物质 IGCC 等，目前仍难有较好的经济效益，仍处于技术研究或工程示范阶段。

2014 年，国家能源局、环境保护部发布了关于开展和加强生物质成型燃料锅炉供热示范项目建设的通知，发展生物质能供热，力推生物质成型燃料锅炉供热示范项目建设，总投资约 50 亿元，建设 120 个生物质成型燃料锅炉供热示范项目。2015 年 3 月的第十二届全国人民代表大会第三次会议上李克强总理强调要大力发展风电、光伏发电、生物质能；2015 年中央 1 号文件出台；全国科技工作会议、全国能源工作会议结束后，"能源发展'十三五'规划"即将出台，将加快实施创新驱动战略的发展思路，全国能源工作会议适应新常态，落实新举措，扎实推进生物质能发展的工作任务。2015 国际生物质能（上海）展览会暨亚洲生物质能大会于 10 月 21～23 日在上海召开，2015 年第五届世界生物能源大会（WCBE, 2015）于 9 月 24～26 日在西安召开，2015 年 8 月 18～19 日在广州·中国进出口商品交易会琶洲展馆举办亚太生物质供热峰会，作为 2015 届欧亚经济论坛卫星会议，为供学术和企业零距离交流与讨论，为精英提供展示研究成果和产品，寻求工业项目技术转移、投资、合作渠道设置了一个高度综合的平台。将围绕当前国内严峻环境污染问题下生物质能源产业的功能发挥、发展趋势、应用领域扩展、技术难点突破、行业标准体系建设、商业模式创新等方面进行广泛深入的探讨与交流，目的是有效地优化能源结构，防治污染，保护环境，加快促进新型城镇化建设，更好地推动生物质能源产业的发展。

达成的重要决议：生物质能虽然不是主要的商品能源，但它在我国生产的一次能源中占 15%左右，居第二位，特别是在农村仍是主要的能源之一，所以在我国的能源体系中有重要的地位。随着社会的发展，农村生物质能的消耗比例会有所下降，但由于它具有分散性和独立性，可以确保能源系统的安全性和灵活性，在未来的能源体系中将显得越来越重要。

一、发展现状

（一）国内现状

中国生物质能源的发展一直是在"改善农村能源"的观念和框架下运作，较早地起步于农村户用沼气，以后在秸秆气化上部署了试点。近两年，生物质能源在中国受到越来越多的关注，生物质能源利用取得了很大的成绩。沼气工程建设初见成效。截至 2005 年年底，全国共建成 3764 座大中型沼气池，形成了每年约 3.41 亿 m^3 沼气的生产能力，年处理有机废弃物和污水 1.2 亿 t，沼气利用量达到 80 亿 m^3。到 2006 年年底，建设农村户用沼气池的农户达 2260 万户，占总农户的 9.2%，占适宜农户的 15.3%，年产沼气 87.0 亿 m^3，使 7500 多万农民受益，直接为农民增收约 180 亿元。生物质能源发电迈出了重要步伐，发电装机容量达到 200 万 kW。液体生物质燃料生产取得明显进展，全国燃料乙醇生产能力达到 102 万 t，已在河南等 9 个省区的车用燃料中推广使用乙醇汽油。

1. 固体生物质燃料

固体生物质燃料分生物质直接燃烧或压缩成型燃料及以生物质与煤混合燃烧为原料的燃料。生物质燃烧技术是传统的能源转化形式，截至 2004 年年底，中国农村地区已累计推广省柴节煤炉灶 1.89 亿户，普及率达到 70%以上。省柴节煤炉灶比普通炉灶的热效率提高一倍以上，极大地缓解了农村能源短缺的局面。生物质成型燃料是把生物质固化成型后用略加改进的传统设备燃用，这种燃料可提高能源密度，但由于压缩技术环节的问题，成型燃料的压缩成本较高。目前，中国（清华大学、河南省科学院能源研究所有限公司、北京美农达科技有限公司）和意大利（比萨大学）两国分别开发出生物质直接成型技术，降低了生物质成型燃料的成本，为生物质成型燃料的广泛应用奠定了基础。此外，中国生物质燃料发电也具有了一定的规模，主要集中在南方地区的许多糖厂，其利用甘蔗渣发电。广东和广西两省区共有小型发电机组 300 余台，总装机容量 800MW，云南也有一些甘蔗渣电厂。中国第一批农作物秸秆燃烧发电厂将在河北晋州市和山东菏泽市单县建设，装机容量分别为 $2 \times 12MW$ 和 25MW，发电量分别为 1.2 亿 kW·h 和 1.56 亿 kW·h，年消耗秸秆 20 万 t。

2. 气体生物质燃料

气体生物质燃料包括沼气、生物质气化制气等。中国沼气开发历史悠久，但大中型沼气工程发展较慢，还停留在几十年前的个体小厌氧消化池的水平，2004 年中国农户用沼气池年末累计 1500 万户，北方能源生态模式应用农户达 43.42 万户，南方能源生态模式应用农户达 391.27 万户，总产气量 45.80 亿 m^3，相当于 300 多万 t 标准煤。到 2004 年年底，中国共建成 2500 座工业废水和畜禽粪便沼气池，总池容达到了 88.29 万 m^3，形成了每年约 1.84 亿 m^3 沼气的生产能力，年处理有机废物污水 5801 万 t，年发电量 63 万 kW·h，可向 13.09 万户供气。

在生物质气化技术开发方面，中国对农林业废弃物等生物质资源气化技术的深入研究始于 20 世纪 70 年代末、80 年代初。截至 2006 年年底，中国生物质气化集中供气系统的秸秆气化站保有量为 539 处，年产生物质燃气 1.5 亿 m^3，年发电量 160kW·h，稻壳气化发电系统已进入产业化阶段。

3. 液体生物质燃料

液体生物质燃料是指通过生物质资源生产的燃料乙醇和生物柴油，可以替代由石油制取的汽油和柴油，是可再生能源开发利用的重要方向。近年来，中国的生物质燃料发展取得了很大的成绩，特别是以粮食为原料的燃料乙醇生产已初步形成规模。"十五"期间，在河南、安徽、吉林和黑龙江分别建设了以陈化粮为原料的燃料乙醇生产厂，总产能达到每年 102 万 t，现已在 9 个省 [5 个省全部，4 个省的 27 个（市）] 开展车用乙醇汽油销售。到 2005 年，这些地方除满足军队特需和国家特种储备外，实现了车用乙醇汽油替代汽油。

但是受粮食产量和生产成本制约，以粮食作物为原料生产生物质燃料大规模替代石油燃料时，也会产生如同当今面临的石油问题一样的原料短缺的现象，因此，中国制定了高起点发展生物质车用替代燃料，加强自主知识产权研发和示范，在不与民争粮、不与粮争地、不破坏环境、不顾此失彼的前提下，大力发展生物质液体燃料的政策。近期不再扩大以粮食为原料的燃料乙醇生产，转而开发非粮食乙醇生产技术。目前开发的以木薯为代表的非食用薯类、甜高粱、木质纤维素等为原料的生物质燃料，既不与粮油竞争，又能降低乙醇成本。广西是木薯的主要产地，种植面积和总产量均占全国总量的 80%，2005 年木薯乙醇产量 30 万 t。从生产潜力看，目前木薯是替代粮食生产乙醇最现实可行的原料，全国具有年产 500 万 t 燃料乙醇的潜力。

此外，为了扩大生物质燃料来源，中国已自主开发了以甜高粱茎秆为原料生产燃料乙醇的技术（称为甜高粱乙醇），目前已经达到年产 5000t 燃料乙醇的生产规模。国内已经在黑龙江、内蒙古、新疆、辽宁和山东等地建立了甜高粱种植、甜高粱茎秆制取燃料乙醇的基地。生产 1t 燃料乙醇所需原料——甜高粱茎秆的收购成本为 2000 元，加上加工费，燃料乙醇生产成本低于 3500 元/t。由于现阶段国家对燃料乙醇实行定点生产，这些甜高粱乙醇无法进入交通燃料市场，大多数掺入了低质白酒中。另外，中国也在开展纤维素制取燃料乙醇技术的研究，现已在安徽丰原生化股份有限公司等企业形成年产 600t 的试验生产能力。目前，中国燃料乙醇使用量已居世界第三位。生物柴油是除燃料乙醇以外的另一种液体生物质燃料。生物柴油的原料既可以是各种废弃或回收的动植物油，又可以是含油量高的油料植物，如麻风树（学名小桐子）、黄连木等。中国生物柴油产业的发展率先在民营企业实现，海南正和生物能源公司、四川古杉油脂化学有限公司、福建卓越新能源发展公司等都建成了年生产能力 1 万～2 万 t 的生产装置，主要以餐饮业废油和皂化油下脚料为原料。此外，国外公司也进军中国，奥地利一家公司在山东威海市建设了年生产能力 25 万 t 的生物柴油厂，意大利一家公司在黑龙江佳木斯市建设了年生产能力 20 万 t 的生物柴油厂。

我国的生物质利用技术主要分为两方面：一是生物质沼气技术；二是生物质热转换与利用技术。这两方面的发展现状差别较大。

（1）生物质沼气利用技术

我国是世界上沼气利用开展得最好的国家，生物质沼气技术已发展得相当成熟，目前已进入商业化应用阶段。污水处理大型沼气工程技术也已基本成熟，目前已进入商业示范和初步推广阶段。但由于沼气技术的主要目标是环境效益，一次投资大，而能源产出小，因此经济效益比较差。

（2）生物质热转换和利用技术

该技术我国是近年来才发展起来的，目前热转换技术中的生物质制油等液化技术研究才刚刚开始，仍处于实验室和小试阶段；而生物质气化已开始进入应用阶段，特别是生物质气化集中供气技术和中小型生物质气化发电技术，由于投资较小，比较适合于农村地区分散利用，具有较好的经济性和社会效益，在小范围内推广有比较好的发展前景。例如，生物质农村集中供气站在全国已建成几百家，最长的已运行 4～5 年，而生物质气化发电已推广 200 多台套，最大的有 1000kW，技术实用性和经济性都处于较高水平。

从实际应用上看，我国和国外差距较大的是生物质的直接燃烧技术。目前我国只有燃用甘蔗渣的锅炉，其他生物质还没有定型的锅炉产品，由于直接燃用技术的限制，生物质直接燃烧用于发电或供热的比例很小，造成农业和林业废弃物的大量浪费。

（二）国外现状

目前，国外的生物质能利用技术主要分两大类：一是把生物质转化为电力；二是把生物质转化为优质燃料，如油、氢等。两大类技术处于不同的发展阶段，而且技术水平相差很远。

生物质能转化为电力主要有直接燃烧后用蒸汽进行发电和生物质气化发电两种。

生物质直接燃烧发电的技术已基本成熟，已进入推广应用阶段，如美国大部分生物质采用这种方法，近年来已建成 350 多座生物质发电站，总装机容量已超过 10000MW，单机容量达 10～25MW，处理的生物质大部分是农业废弃物或木材厂、纸厂的森林废弃物。这种技术单位投资较高，大规模下效率也较高，但它要求生物质集中，数量巨大，只适于现代化大农场或大型加工厂的废物处理，对生物质较分散的发展中国家不是很适用，如果考虑生物质大规模收集或运输，成本也较高。从环境效益的角度考虑，生物质直接燃烧与煤燃烧相似，会放出一定的 NO_x，但其他有害气体比燃煤要少得多。生物质气化发电是更洁净的利用方式，它几乎不排放任何有害气体，小规模的生物质气化发电已进入商业示范阶段，它比较适合生物质的分散利用，投资较少，发电成本也低，比较适合发展中国家应用。大规模的生物质气化发电一般采用 IGCC 技术，适合于大规模开发利用生物质资源，发电效率较高，是今后生物质工业化应用的主要方式，目前已进入工业示范阶段，美国、英国和芬兰等国家都在建设 6～60MW 的示范工程。但由于投资高，技术尚未成熟，在发达国家也未进入实质性的应用阶段。表 1-5 是各种生物质发电技术的情况。

表 1-5　各种生物质发电技术

转化系统		规模大小（电功率）	净效率/%	投资/（美元/kW）
燃烧	CHP[①]	100kW～1MW	60～90（总）	
		1～10MW	80～100（总）	
	直立式系统	20～100MW	20～40（电）	2500～1600
	共燃烧系统	5～20MW	30～40（电）	250+现有电厂费用
气化	CHP			
	柴油机	100kW～1MW	15～25（电）	3000～1000
	汽轮机	1～10MW	25～30（电）	（据系统配置而定）
	直立式	30～100MW	40～55（电）	2200～1100
	BIG/CC[②]			（有商业用时）
降解	湿生物质原料	达到几兆瓦	10～15（电）	

①大型热电联产；②生物质气化联合循环发电技术

　　生物质制取优质燃料这方面的技术主要集中在制取液体燃料和氢燃料两方面。

　　生物质制甲醇和乙醇的技术已基本成熟，进入商业示范的阶段，但由于生产成本很高，不具备竞争力，很难推广。生物质直接裂解制取油料的技术目前仍处于研究和中试的阶段，其产品仍未能具有实际意义，但前景非常好，特别是欧洲国家对这方面非常重视，投入大量的人力、财力开展这方面的工作，期望在近期内能进入工业示范阶段。生物质制取氢燃料的研究在国外也刚开始，主要是随着氢能的利用技术一起发展起来的，该技术目前仍处于研究试验阶段。由于生物质比煤含有更多的氢，因此由生物质制取氢气更合理和经济，同时由生物质制氢气是完全洁净的能源技术，更有发展前途。但其发展速度主要取决于氢能技术的发展情况。

1. 最成功的道路：巴西模式

　　巴西是推动世界生物燃料业发展的先锋。它利用从甘蔗中提炼出的蔗糖生产乙醇，代替汽油作为机动车行驶的燃料。如今巴西的乙醇和其他竞争燃料相比，价格上已具有竞争性。这也是当前生物燃料业发展最为成功的典范。

　　早在 20 世纪 30 年代，巴西人就开始用蔗糖乙醇作为汽车燃料，70 年代由于石油价格的不断上涨，这一技术开始赢得政府的支持。巴西热带地区的光照使得这里非常适合种植甘蔗。现在巴西已经是世界上最大的甘蔗种植国，每年甘蔗产量的一半用来生产白糖，另一半用来生产乙醇。

最近几年，由于过高的汽油价格和混合燃料轿车的推广，巴西燃料乙醇工业更是得到了长足的发展。混合燃料轿车能够以汽油和乙醇的混合物为燃料，自从 2003 年在巴西大众市场销售后，销量节节攀升，目前已经占据了巴西轿车市场的半壁江山。在混合燃料轿车需求的拉动下，巴西燃料乙醇的日产量从 2001 年的 3000 万 L 增加到 2005 年的 4500 万 L，已能满足国内约 40%的汽车能源需求。同时，燃料乙醇工业还为这个失业率高达 10%的国家提供了 100 万个工作岗位。

尽管有人提出种植甘蔗也是一个非常耗能的过程，但研究人员经过仔细计算后得出，每种植 1t 甘蔗耗能大约 25 万 kJ，而 1t 甘蔗生产出的乙醇及用甘蔗渣发电可以得到大约 200 万 kJ 的能量，回报高达 8 倍。这是因为甘蔗是一种非常高产的作物，能有效地将太阳能转化为糖类储存。因此，用蔗糖生产乙醇是目前世界上制造乙醇最便宜的方法，每升的成本大约只有 25 美分。

在未来 4 年中，巴西计划将新建 40～50 家大型乙醇加工厂。为了保证这些加工厂的原料供应，甘蔗的种植面积也在不断扩大。在这些新增的甘蔗种植土地中，一部分来自新开垦的土地，另一部分是由粮食、柑橘或咖啡的种植地及饲养牲畜的草场转化过来的。

巴西生物燃料发展战略当前的成功，并不意味着巴西的蔗糖乙醇会成为世界生物燃料业未来的选择。因为即使只替代目前全球汽油产量的 10%，也需要将巴西现有的甘蔗种植面积扩大 40 倍。虽然巴西人总是说"我们巴西很大"，但他们也清楚不可能"腾"出这么多土地用于种植甘蔗。另外，由于甘蔗的品种有强烈的地域性，巴西的技术路线在别的国家很难走得通，就连非洲、印度、印度尼西亚都无法照搬，更别说主要地处温带的中国了。

因此，巴西模式尽管取得了迄今最大的成功，但却不是未来世界生物燃料业发展的方向，更不适合地处温带、缺少耕地的中国。

2. 临阵救急的"秸秆变油"技术

1923 年，德国从事煤炭研究的费希尔和托普希发明了一种技术，可以将煤炭、天然气等转化为液体燃料。由于液体燃料使用更为方便，这种后来被称为"费-托反应"的技术 80 多年来一直受到业界的重视。

更为重要的是，对于那些煤炭丰富但缺少石油的国家（如中国、美国）而言，"费-托反应"技术对保证国家的能源安全有举足轻重的作用。

但这种技术有一个致命的弱点：成本过高。因此，除非迫不得已，否则人们很少会采用。"费-托反应"技术第一次被大规模采用是在第二次世界大战（以下简称二战）期间，当时被封锁的纳粹德国有 90%的柴油和航空燃油供应归功于这一技术。在种族隔离时期，南非由于受到制裁，开始发展"费-托反应"技术，并最终使国内 30%的燃料来自煤炭的液化。

除了成本过高之外，"费-托反应"技术在将煤炭转化为液体燃料的过程中，会产生大量的二氧化碳，这也使得该技术的推广面临环保的压力。解决的办法之一就是用生物原料替代化石燃料。

"费-托反应"也可以将秸秆、木屑等生物原料转化为液体燃料。德国一家高科技公司采用这种技术，每年已可以生产 1.5 万 t 名为"阳光柴油"的生物燃料。但目前这一工艺仍远远落后于以煤炭、天然气为原料的同类技术，并且成本更昂贵。

荷兰能源研究中心的兹瓦特说："石油价格只有涨到每桶 70 美元以上，才有可能使利用'费-托反应'生产生物燃料的企业赢利"。现在以"费-托反应"为核心技术的能源计划多为企业的示范项目，并得到了国家的资金补贴。例如，在德国用"费-托反应"生产出的生物燃料将被免除针对其他燃料所征收的重税。

3. 未来之"星"：纤维素乙醇

美国是另一个主要的燃料乙醇生产国，但与巴西不同，它用的不是甘蔗而是玉米。尽管有不少反对的声音，但美国燃料乙醇的日产量仍从 1980 年的 100 万 L 增加到现在的 4000 万 L。目前，美国已投入生产的乙醇生产厂有 97 家，另外还有 35 家正在建设当中。这些工厂几乎都集中在玉米种植带。

玉米中用于生产乙醇的主要成分是淀粉，通过发酵它可以很容易地分解为乙醇。这正是用玉米生产乙醇的优势，但这也是人们反对的原因，因为淀粉是一种重要的粮食。美国计划投入 4200 万 t 玉米用于乙醇生产，按照全球平均食品消费水平，同等数量的玉米可以满足 1.35 亿人口一年的食品消耗。

事实上，在整个生物燃料领域，当前最吸引投资者的并不是用蔗糖、玉米生产乙醇，或是从油菜籽中提炼生物柴油，而是用纤维素制造乙醇。

所有植物的木质部分——通俗地说就是"骨架"都是由纤维素构成的，它们不像淀粉那样容易被分解（如果容易被分解，木材就没法保存那么久了），但大部分植物"捕获"的太阳能大多储存在纤维素中。如果能把自然界丰富且不能食用的"废物"纤维素转化为乙醇，那么将为世界生物燃料业的发展找到一条可行的道路。

由于技术上的限制，目前还没有一家纤维素乙醇制造厂的产量达到商业规模，但很多大的能源公司都在竞相改进将纤维素转化为乙醇的技术。最大的技术障碍是预处理环节（将纤维素转化为通过发酵能够分解的成分）的费用过于昂贵。要想用纤维素生产乙醇，预处理环节无法回避。

技术上的不确定性，迫使制造乙醇的大部分投资仍集中在传统的工艺上——通过玉米、蔗糖生产乙醇，但这些办法无法从根本上解决当前各国面临的能源危机。为了保证能源安全，美国前总统布什说，他的政府计划在 6 年内把纤维素乙醇发展成一种有竞争力的生物燃料。

因为发展能源不可能走牺牲粮食的道路，尽管现在技术上还存在障碍，但大部分人仍相信，利用纤维素生产燃料乙醇代表了未来生物燃料发展的方向。美国能源部投入 2.5 亿美元成立了两个生物能源研究中心，负责研究纤维素乙醇。欧盟在其第七个研究与发展框架计划中为纤维素乙醇研究专门预留出 1 亿欧元的经费。BP 公司也宣布将在未来 10 年内用 5 亿美元资助生物能源研究。

在最终的技术线路确定之前，发达国家和世界能源巨头没有把赌注压在某一种技术上，而是更注重基础研究的投资。这值得中国政府和企业学习借鉴，因为任何国家都不可能单靠技术引进发展本国的生物燃料产业。

二、发展前景

（一）国外发展前景

各国对生物质的重视程度差别很大，这主要决定于各国的能源结构和生物质资源的情况，而生物质的发展前景很大程度上取决于各国的重视程度和政策。2000～2010 年是世界各国大力发展生物质能的关键时期，在国际上，主要目标是把生物质转换为电力和运输燃料，以期在一定范围内减少或代替矿物燃料的使用。所以，未来的主要目标是发展高效低污染的生物质 IGCC 和生物质直接液化技术。

2010 年，国际上的发达国家主要把目标集中于大型生物质气化发电技术上，在推广直接燃烧的同时，发展可以进入商业应用的 IGCC 发电系统。例如，美国目前正在进行的 6MW IGCC 项目和 60MW 中热值 IGCC，并计划进入工业示范应用，从 1990 年到 1994 年的 4 年，美国生物质发电量以每年 7%的速度增加，预计到 2020 年将达到 200TW·h（1T=10^{12}）。欧美国家相继开展了生物质气化方面的探索，但商业化项目较少，大多处于示范阶段。整个系统的发电效率可达 45%以上，但由于焦油处理技术与燃气轮机改造技术难度很高，生物质气化发电仍存在很多问题，系统尚未成熟，造价较高，限制了其推广应用。沼气发电在发达国家已收到广泛的重视和积极的推广，沼气并网发电应用，在欧美国家较为普遍，并且比例一直在持续增加。发达国家基本达到了"混合厌氧发酵、沼气发电上网、余热回收利用、沼渣沼液施肥、全程自动化控制"的技术模式，实现发酵原料全方位综合利用。从 20 世纪 70 年代起，一些发达国家便已着手运用焚烧垃圾产生的热量进行发电，垃圾发电在日本、德国、美国发展较快，日本的垃圾焚烧占垃圾处理总量的 85%，垃圾发电量已超过 2000MW，德国已有 50 余座从垃圾中提取能量的装置及 10 多家垃圾发电厂用于热电联产。美国焚烧处理废弃物技术也得到迅速发展，已有 1500 余台焚烧设备，最大的垃圾发电厂日处理垃圾 4000t。

2030 年，生物质发电技术将完全市场化，与常规能源可以进行平等的竞争，所以生物质能所占的比例将大幅度提高，将成为主要的能源之一；同时生物质制取液体燃料也将成熟，部分技术进入商业应用，但生物质液体燃料的商业化程度将取决于石油的供应情况和各国对环境要求的程度。

2050 年，生物质发电和液体燃料将比常规能源具有更强的竞争力，包括环境和经济上的优势，所以生物质能将会是综合指标优于矿物燃料的能源品种，将占有主导地位，其使用量和占有量主要取决于各国各地区生物质的供应情况。

（二）国内发展前景

我国的生物质能耗量一直占比较大的比例，特别是在农村，仍有 30%的能源来自于生物质能。但我国生物质利用技术水平一直较低，大部分为直接燃烧，近年来才开始发展气化技术，所以生物质高效利用技术才刚刚起步。在生物质转换技术上，原来生物质生产固体燃烧已较成熟，但由于成本问题一直很难推广。生物质制液体燃料的研究也已开展，但大部分仍处于实验室小试阶段，根据目前的条件及社会的需求情况，我国的生物质发展将分两个阶段。

2000～2020 年，这一阶段主要是生物质技术的开发和完善阶段，部分经济性较好的技术开始进入商业应用。例如，生物质气化技术由于成本较低，技术逐渐完成，在生物质比较集中和能源供应比较紧张与昂贵的地区可以逐渐进入商业应用，而生物质直接燃烧在生物质废弃物集中且工业用能需求比较大的地方可能被工业、企业采用。但生物质转换技术，如生物质制运输燃料或氢气等技术将仍处于研发阶段，可能某些技术可以进行工程示范应用，但由于价格等经济性问题，生物质制油仍难以与石油产品竞争，因此还难进入市场。

2020～2050 年，这一时期生物质将逐渐成为主要能源之一，主要是随着技术的发展，生物质生产和收集成本降低，生物质利用技术已经成熟和完善，生物质具备了全面与矿物燃料竞争的条件。特别是生物质发电技术，各地区可能建成很多中小型生物质发电系统，形成分散的生物质能源体系。同时生物质制油技术将发展成熟，开始进入商业示范和全面推广的阶段。尤其是随着对环境问题的重视，对矿物燃料必须采取限制手段，这样生物质能将成为最便宜、最有竞争力的能源之一。

我国幅员辽阔，人口众多，人均耕地 1.4 亩，仅为世界人均 5.5 亩的 1/4；人均粮食占有量 318kg，只是美国人均 1213kg 的 1/4。粮食总体上处于紧平衡，长远来看不宜将粮食作为燃料乙醇的主要原料。因此，国家提倡发展非粮食燃料乙醇，并力争实现规模化、商业化生产条件。

我国有大量未利用土地，根据全国土地资源调查办公室统计，我国有荒草地 7.39 亿亩，盐碱地 1.53 亿亩，总量占耕地面积的一半。利用这些土地种植耐干旱、耐贫瘠且适种范围广的薯类、甜高粱等作物，发展非粮食燃料乙醇，潜力巨大。针对这些基本国情，国家提出了"不与人争粮、不与粮争地、原料多元化、实现持续发展"的原则。

薯类作物富含淀粉质，是生产乙醇的原料之一，主要包括木薯、甘薯。薯类作物耐干旱，耐贫瘠，可在坡地、旱地种植。据农业部统计，适于种木薯的广西、云南、海南、广东、福建 5 省区可利用土地有 2 亿亩，可生产 1000 万 t 燃料乙醇；甘薯的适种范围更广，我国甘薯每年种植面积 700 万 hm^2，历年产量在 2.8 万～2.9 万 t（折标粮计），分布在四川、陕西、湖北等中西部地区，因不能及时消化，每年都有大量甘薯烂掉。

甜高粱富含糖分，耐旱涝，耐盐碱，可在盐碱地种植，茎秆中可发酵糖含量高达 18%～22%，是世界公认的能源作物。甜高粱制取乙醇仅用其茎秆，籽粒仍然作为粮食使用（不用于发酵制乙醇）。甜高粱适种范围广，在黄、淮河流域以北的 18 个省区均可种植。据农业部测算，利用现有盐碱地的 1/5 种植甜高粱，即可生产 1500 万 t 燃料乙醇。

从长远看，植物纤维有望成为乙醇生产的战略资源。我国纤维素乙醇研发已取得阶段性成果，且纤维素乙醇研究与国际水平差距不大。加快纤维素乙醇产业化，对解决能源和环境的制约、促进农村经济发展与繁荣意义重大。

秸秆类植物生物质的微生物利用是先把多糖即纤维素、半纤维素降解为可发酵单糖——葡萄糖、木糖等，再将可发酵糖转化为目的产物。纤维素制乙醇具有很大的资源潜力。根据农业部统计，2006 年我国秸秆产量 6 亿 t，除作为肥料、饲料及造纸等工业原料外，约有 3 亿 t 秸秆可作为能源使用。

纤维素制乙醇在技术上还面临着一些技术瓶颈，如高效的秸秆类植物生物质预处理技术，纤维素降解为葡萄糖的酶成本过高，以及缺乏具高转化率利用戊糖、己糖产乙醇的微生物菌种等。

目前，国家正在积极推进相关研发项目，争取尽早掌握技术，使其逐步具备与能源农作物大体相当的竞争力，实现规模化、商业化生产条件。

三、中国生物质能源发展政策

为了确保生物质能源产业的稳步发展，中国政府出台了一系列法律法规和政策措施，积极推动了生物质能源的开发和利用。

1. 行业标准规范生产，法律法规提供保障

21 世纪初，为解决大量库存粮积压带来的财政重负和发展石化替代能源，中国开始生产以陈化粮为主要原料的燃料乙醇。2001 年，国家发展和改革委员会发布了示范推行车用汽油中添加燃料乙醇的通告。随后，相关部委联合出台了试点方案与工作实施细则。2002 年 3 月，国家经济贸易委员会等 8 部委联合制定颁布了《车用乙醇汽油使用试点方案》和《车用乙醇汽油使用试点工作实施细则》，明确试点范围和方式，并制定试点期间财政、税收、价格等方面的相关方针政策和基本原则，以及对燃料乙醇的生产及使用实行优惠和补贴的财政及价格政策。在初步试点的基础上，2004 年 2 月国家发展和改革委员会等 8 部委联合发布《车用乙醇汽油扩大试点方案》和《车用乙醇汽油扩大试点工作实施细则》，在中国部分地区开展车用乙醇汽油扩大试点工作。同时，为了规范燃料乙醇的生产，国家质量技术监督局于 2001 年 4 月和 2004 年 4 月，分别发布了 GB 18350—2001《变性燃料乙醇》和 GB 18351—2001《车用乙醇汽油》两个国家标准及新车用乙醇汽油强制性国家标准（GB 18351—2004）。在国家出台相关政策措施的同时，试点区域的省份均制定和颁布了地方性法规，地方各级政府机构依照有关规定，加强组织领导和协调，严格市场准入，加大市场监管力度，为中国生物质燃料乙醇产业发展和车用生物乙醇汽油推广使用发挥了重大作用。

此外，国家相关的法律法规也为生物质能源的发展提供保障。2005 年，《中华人民共和国可再生能源法》提出，"国家鼓励清洁、高效地开发利用生物质燃料、鼓励发展能源作物，将符合国家标准的生物液体燃料纳入其燃料销售体系"。国家"十一五"规划纲要也提出，"加快开发生物质能源，支持发展秸秆、垃圾焚烧和垃圾填埋发电，建设一批秸秆发电站和林木质发电站，扩大生物质固体成型燃料、燃料乙醇和生物柴油生产能力"。

国家"十二五"规划纲要提出，到 2020 年非化石能源占一次能源消费比重达到 11.4%。单位国内生产总值能源消耗降低 16%，单位国内生产总值二氧化碳排放降低 17%。主要污染物排放总量显著减少，化学需氧量、二氧化硫排放分别减少 8%，氨氮、氮氧化物排放分别减少 10%。

2. 运用经济手段和财政扶持政策推动产业发展

除制定相应法律法规和标准外，自 2002 年以来，中央财政也积极支持燃料乙醇的试点及推广工作，主要措施包括投入国债资金、实施税收优惠政策、建立并优化财政补贴机制等。一是投入国债资金 4.8 亿元用于河南、安徽、吉林 3 省燃料乙醇企业建设；二是对国家批准的黑龙江华润酒精有限公司、吉林燃料乙醇有限公司、河南天冠燃料乙醇有限公司、安徽丰原生化股份有限公司 4 家试点单位，免征燃料乙醇 5% 的消费税，对生产燃料乙醇实现的增值税实行先征后返；三是在试点初期，对生产企业按保本微利的原则据实补贴，在扩大试点规模阶段，为促进企业降低生产成本，改为按平均先进的原则定额补贴，补贴逐年递减。

为进一步推动生物质能源的稳步发展，2006 年 9 月财政部、国家发展和改革委员会、农业部、国家税务总局、国家林业局联合出台了《关于发展生物质能源和生物化工财税扶持政策的实施意见》，在风险规避与补偿、原料基地补助、示范补助、税收减免等方面

为发展生物质能源和生物化工制定了具体的财税扶持政策。此外,自 2006 年 1 月 1 日《可再生能源法》正式生效后,酝酿中的与之配套的各项行政法规和规章也开始陆续出台。财政部 2006 年 10 月 4 日出台了《可再生能源发展专项资金管理暂行办法》,该办法对专项资金的扶持重点、申报及审批、财务管理、考核监督等方面作出全面规定。该《办法》规定:发展专项资金由国务院财政部门依法设立,发展专项资金的使用方式包括无偿资助和贷款贴息,通过中央财政预算安排。

全国人民代表大会常务委员会关于修改《中华人民共和国可再生能源法》的决定 4 月 1 日起施行。修改后的法律明确,国家实行可再生能源发电全额保障性收购制度。修改后的法律规定,国务院能源主管部门会同国务院有关部门,根据全国可再生能源开发利用中长期总量目标和可再生能源技术发展状况,编制全国可再生能源开发利用规划,报国务院批准后实施。国家财政设立可再生能源发展基金,资金来源包括国家财政年度安排的专项资金和依法征收的可再生能源电价附加收入等。

四、中国生物质能源发展中存在的主要问题

尽管中国在生物质能源等可再生能源的开发利用方面取得了一些成效,但中国生物质能源发展还处于起步阶段,面临许多困难和问题,归纳起来主要有以下几个方面。

1. 原料资源结构性短缺限制了生物质能源的大规模生产

我国的耕地面积非常有限,目前以粮食为原料的生物质燃料生产已不具备再扩大规模的资源条件。今后,生物质燃料乙醇生产应转为以甜高粱、木薯、红薯等为原料,特别是以适宜在盐碱地、荒地等劣质地和气候干旱地区种植的甜高粱为主要原料。虽然中国有大量的盐碱地、荒地等劣质土地可种植甜高粱,有大量荒山、荒坡可以种植麻风树和黄连木等油料植物,但目前缺乏对这些土地利用的合理评价和科学规划。目前,虽然在西南地区已种植了一定数量的麻风树等油料植物,但不足以支撑生物柴油的规模化生产。因此,生物质燃料资源不落实是制约生物质燃料规模化发展的重要因素。

2. 生物质能源工业体系尚未完善,研发能力弱,技术产业化基础薄弱

虽然中国已实现以粮食为原料的燃料乙醇产业化生产,但以其他能源作物为原料生产生物质燃料尚处于技术试验阶段,要实现大规模生产,还需要在生产工艺和产业组织等方面做大量工作。以废动植物油生产生物柴油的技术较为成熟,但发展潜力有限。后备资源潜力大的纤维素生物质燃料乙醇和生物合成柴油的生产技术还处于研究阶段,一些相对成熟的技术尚缺乏标准体系和服务体系的保障,产业化程度低,大规模生物质能源生产产业化的格局尚未形成。

3. 生物燃油产品市场竞争力较弱

巴西以甘蔗生产燃料乙醇,1980 年每吨价格为 849 美元,1998 年降到 300 美元以下。中国受原料来源、生产技术和产业组织等多方面因素的影响,燃料乙醇的生产成本比较高,目前,以陈化粮为原料生产的燃料乙醇的成本为每吨 3500 元左右,以甜高粱、木薯等为原料生产的燃料乙醇的成本约为每吨 4000 元。按等效热值与汽油比较,汽油价格达

到每升 6 元以上时,燃料乙醇才可能赢利。目前,国家每年对 102 万 t 燃料乙醇的财政补贴约为 15 亿元,在目前的技术和市场条件下,扩大燃料乙醇生产需要大量的资金补贴。以甜高粱和麻风树等非粮食作物为原料的燃料乙醇和生物柴油的生产技术才刚刚开始产业化试点,产业化程度还很低,近期在成本方面的竞争力还比较弱。因此,生物质燃料成本和石油价格是制约生物质燃料发展的重要因素。

4. 政策和市场环境不完善,缺乏足够的经济鼓励政策和激励机制

生物质能源产业是具有环境效益的弱势产业。从国外的经验看,政府支持是生物质能源市场发育初期的原始动力。不论是发达国家还是发展中国家,生物质能源的发展均离不开政府的支持,如投融资、税收、补贴、市场开拓等一系列的优惠政策。自 2000 年以来,国家组织了燃料乙醇的试点生产和销售,建立了包括燃料乙醇的技术标准、生产基地、销售渠道、财政补贴和税收优惠等在内的政策体系,积累了生产和推广燃料乙醇的初步经验。但是,由于以粮食为原料的燃料乙醇发展潜力有限,为避免对粮食安全造成负面影响,国家对燃料乙醇的生产和销售采取了严格的管制。近年来,虽有许多企业和个人试图生产或销售燃料乙醇,但由于受到现行政策的限制,不能普遍享受到财政补贴,也难以进入汽油现有的销售渠道。对于生物柴油的生产,国家还没有制定相关的政策,特别是还没有生物柴油的国家标准,更没有生物柴油正常的销售渠道。此外,生物质资源的其他利用项目,如燃烧发电、气化发电、规模化畜禽养殖场大中型沼气工程项目等,初始投资高,需要稳定的投融资渠道给予支持,并需要优惠的投融资政策降低成本。中国缺乏行之有效的投融资机制,在一定程度上制约了生物质资源的开发利用。

五、中国生物质能源未来的发展特点和趋势

1. 逐步改善现有的能源消费结构,降低石油的进口依存度

中国经济的高速发展,必须构筑在能源安全和有效供给的基础之上。目前,中国能源的基本状况是:资源短缺,消费结构单一,石油进口依存度高,形势十分严峻。2004 年,中国一次能源消费结构中,煤炭占 67.7%,石油占 22.7%,天然气占 2.6%,水电等占 7.0%;一次能源生产总量中,煤炭占 75.6%,石油占 13.5%,天然气占 3.0%,水电等占 7.9%。这种能源结构导致对环境的严重污染和不可持续性。中国石油储量仅占世界总量的 2%,消费量却是世界第二,且需求持续高速增长,1990 年的消费量刚突破 1 亿 t,2000 年达到 2.3 亿 t,2004 年达到 3.2 亿 t。中国自 1993 年成为石油净进口国后,2005 年进口原油及成品油约 1.3 亿 t,估计 2020 年将进口石油 3.8 亿 t,进口依存度将超过 70%。进口依存度越高,能源安全度就越低。中国进口石油的 80% 来自中东,且需经马六甲海峡,受国际形势影响很大。

因此,今后在厉行能源节约和加强常规能源开发的同时,还需改变目前的能源消费结构,向能源多元化和可再生清洁能源时代过渡已是大势所趋,而在众多的可再生能源和新能源中,生物质能源的规模化开发无疑是一项现实可行的选择。

2. 生物质产业的多功能性进一步推动农村经济发展

生物质产业是以农林产品及其加工生产的有机废弃物,以及利用边际土地种植的能

源植物为原料进行生物能源和生物质产品生产的产业。中国是农业大国，生物质原料生产是农业生产的一部分，生物质能源的蕴藏量很大，每年可用总量折合约 5 亿 t 标准煤，仅农业生产中每年产生的农作物秸秆就折合 1.5 亿 t 标准煤。中国有不宜种植粮食作物，但可以种植能源植物的土地约 1 亿 hm²，可人工造林土地有 311 万 hm²。按这些土地 20% 的利用率计算，每年约可生产 10 亿 t 生物质，再加上木薯、甜高粱等能源作物，据专家测算，每年至少可生产燃料乙醇和生物柴油约 5000 万 t，农村可再生能源开发利用潜力巨大。生物质产品和生物能源产品不仅附加值高，而且市场容量几近无限，这为农民增收提供了一条重要的途径。生物质能源生产可以使有机废弃物和污染源无害化和资源化，从而有利于环保和资源的循环利用，可以显著改善农村能源的消费水平和质量，净化农村的生产和生活环境。生物质产业的这种多功能性使它在众多的可再生能源和新能源中脱颖而出和不可替代，这种多功能性对拥有 8 亿农村人口的中国和其他发展中国家具有特殊的重要性。

3. 净化环境，进一步为环境"减压"

随着中国经济的高速增长，以石化能源为主的能源消费量剧增，在过去的 20 多年里，中国能源消费总量增长了 2.6 倍，对环境的压力越来越大。2011 年起，中国 CO_2 排放量超过美国，居世界第一位。2003 年，中国 SO_2 的排放量超过了 2000 万 t，居世界第一位，酸雨区已经占到国土面积的 30% 以上。中国 SO_2 排放量的 70%、SO_2 排放量的 90%、氮氧化物排放量的 2/3 均来自燃煤。预计到 2020 年，氧化硫和氮氧化物的排放量将分别超过中国环境容量 30% 和 46%。《京都议定书》已对发达国家分配了减排指标，中国是《京都议定书》的签约国，承担此项任务也只是时间早晚的问题。此外，农业生产和废弃物排放也对生态环境造成严重伤害。因此，发展生物质能源，以生物质燃料直接或成型燃烧发电替代煤炭以减少 CO_2 排放，以生物燃油替代石化燃油以减少 CH、NO_x 等对大气的污染，将对改善能源结构、提高能源利用效率、减轻环境压力贡献巨大。

世界顶级学术期刊《自然》杂志的《自然·气候变化》专刊在线发表了全球气候变化研究领域最具权威的学术机构——英国丁铎尔气候变化研究中心的"全球碳计划"2012 年度研究成果。根据最新年度数据，全球 CO_2 排放将进一步增加，预计达到创纪录的 356 亿 t。

研究显示，2011 年全球碳排放最多的国家和地区包括中国（28%）、美国（16%）、欧盟（11%）和印度（7%）。研究发现，尽管总量偏高，中国的人均排放量为 6.6t，与美国的人均排放 17.2t 相差甚远。同时，欧盟的人均排放量降至 7.3t，仍高于中国的人均排放量水平。

4. 技术逐步完善，产业化空间广阔

从生物质能源的发展前景看，第一，生物乙醇是可以大规模替代石化液体燃料的最现实选择；第二，对石油的替代，将由 E85（在乙醇中添加 15% 的汽油）取代 E10（汽油中添加 10% 的乙醇）；第三，FFV（灵活燃料汽车）促进了生物燃油生产和对其石化燃料的替代，生物燃油的发展带动了传统汽车产业的更新改造；第四，沼气将规模化生产，用于供热发电、车用燃料（经纯化压缩）或罐装管输；第五，生物质成型燃料的原料充足，技术成熟，投资少，见效快，可广泛用于替代中小锅炉用煤，热电联产（CHP）能效在90%以上，是生物质能源家族中的重要成员；第六，以木质纤维素生产的液体生物质燃料被认为是第二代生物质燃料，包括纤维素乙醇、气化后经"费–托反应"合成的生物柴油（FT柴油），以及经热裂解（TDP）或催化裂解（CDP）得到的生物柴油。此外，通过技术研发还将开拓新的资源空间。工程藻类的生物量巨大，如果能将现代生物技术和传统育种技术相结合，优化育种条件，就有可能实现大规模养殖高产油藻。一旦高产油藻开发成功并实现产业化，由藻类制取生物柴油的规模可以达到数千万吨。

据专家估计，2020年年生产生物燃油将达到1900万t，其中生物乙醇1000万t，生物柴油900万t。

5. 生物质燃料流通体系和相关政策进一步健全完善

随着生物质产业的进一步发展，现有的以粮食为原料的燃料乙醇销售体系，将会扩大到以甜高粱、甘蔗、麻风树等非粮食作物为原料的液体燃料销售体系，与此相配套的非粮食生物质燃料的收购、调配和销售体系将在全国建立并逐步完善。非粮食燃料乙醇收购价格将由国务院价格主管部门根据有利于促进非粮食生物质燃料发展的原则确定并公布。同时，参照目前已实行的陈化粮燃料乙醇的财政和税收优惠政策，为非粮食燃料乙醇、生物柴油的生产和销售制定财政和税收优惠政策。有关非粮食生物质燃料的生产和销售管理办法、价格及财政税收政策将由国家发展和改革委员会同有关部门制定。

复习与思考

一、名词解释

生物能源，生物质，生物燃料，一次能源，二次能源

二、简答题

1. 生物质能资源主要包括哪些？
2. 生物燃料有哪几种主要形式？
3. 生物质能的转换技术主要有哪几种？各有何优缺点？

三、论述题

1. 试述开发生物质能的重要意义。
2. 试述中国生物质能源未来的发展特点和趋势。

参 考 文 献

车长波, 袁际华. 2011. 世界生物质能源发展现状及方向. 新能源, 31(1): 1-3
戴林, 李景明, Ralph O. 1998. 中国生物质能转换技术发展与评价. 北京: 中国环境科学出版社: 41
邓可蕴, 张鲁江, 贺亮. 1998. 中国农村地区能源形势分析. 农业工程学报, (2): 19-25

顾树华, 段茂盛. 1998. 中国生物质资源概况及其能源利用. 长春: 小型生物质发电技术研讨会

顾树华, 张希良, 王革华. 2000. 能源利用与农业可持续发展. 北京: 北京出版社

国家经济贸易委员会可再生能源经济激励政策研究室. 1998. 中国可再生能源发展经济激励政策研究. 北京: 中国环境科学出版社: 89-118

李际. 1993. 我国农村能源结构发展战略的思考. 中国能源, 2: 26-27

李京京, 白金明, Ralph O. 1998. 中国生物质资源可获性评价. 北京: 中国环境科学出版社: 98

李京京, 贺亮. 1998. 中国农村地区中长期能源需求预测. 农业工程学报, (2): 19-25

李景明, 薛梅. 2010. 中国生物质能利用现状与发展前景. 农业科技管理, 29(2): 1-4

李俊峰. 1999. 中国可再生能源技术评价. 北京: 中国环境科学出版社: 121-192

李滋睿, 屈冬玉. 2007. 现代农业发展模式与政策需求分析. 农业经济问题, 9: 25-29

刘卿, 刘蓉蓉. 2011. 论中美清洁能源合作. 国际问题研究, 2: 29-33

骆仲泱, 刘妮, 高翔, 等. 1999. 中国能源与可持续发展. 宜昌: 中国动力工程学会第二届青年学术年会论文集: 1-20

石元春. 2007. 一个年产亿吨的生物质油田设想. 科学中国人, 4: 34-35

石元春. 2011. 决胜生物质. 北京: 中国农业大学出版社

陶武先. 2004. 现代农业的基本特征与着力点. 中国农村经济, 3: 4-12

王庆一, 王裕佳. 1995. 中国能源年评. 能源政策研究通讯, (1): 2-19

吴创之, 刘平, 罗曾凡, 等. 1997. 中国谷壳气化发电现状. 北京: 中国-欧洲联盟可再生能源技术研讨会: 65-71

吴创之, 郑舜鹏, 阴秀丽, 等. 1999. MW 级生物质气化发电技术. 北京: 全国清洁能源技术研讨会暨成果展示会文集: 314

晓风. 2007. 欧盟通过能源新政策. 可再生能源, 3: 42

严晋跃, 赵立欣, 等. 2009. 中国能源作物. 北京: 中国农业出版社

阴秀丽, 吴创之, 徐冰燕, 等. 2000. 生物质气化对减少 C 排放的作用. 太阳能学报, 21(1): 44

余良晖, 孙婧, 陈光升. 2006. 透视中国能源消费结构. 中国国土资源经济, 7: 7-10

翟辅东. 2003. 我国农村能源发展方针调整问题探讨. 自然资源学报, 18(1): 81-86

张林鹤, 王春香, 王丽君. 2005. 21 世纪清洁能源——生物质能, 4: 8-12

中国工程院重大咨询项目. 2008. 中国可再生能源发展战略研究丛书——生物质能卷. 北京: 中国电力出版社

中华人民共和国第十届全国人民代表大会常务委员会. 2006. 中华人民共和国可再生能源法

庄贵阳. 2007. 低碳经济中国之选. 中国石油石化, 13: 1-2

Searchinger T, Heimlich R, Houghton RA, et al. 2008. Use of U.S. croplands for biofuels increases greenhouse gases through emissions from land-use change. Science, 319: 1238-1240

Smeets E, Faaij A, Iris Lewandowski I. 2004. A quickscan of global bioenergy potentials to 2050. Report NWS, 109: 393-399

Turkenburg WC. 1999. Renewable energy technologies. World Energy Assessment, 59(1): 1-38

World Energy Council. 2010. Survey of energy resources 2010. ELSEVIER, 1: 11

Wu CZ, Huang H, Zheng SP, et al. 2002. An economic analysis of biomass gasification and power generation in China. Bioresource Technology, 83: 65-70

Zhang X, Xu M, Li S, et al. 2006. Biomass gasification for syngas production. American Society of Mechanical Engineers, 359-362

第二章　生物质能资源与能源植物

　　生物质能源自古以来就是人类赖以生存的能源，它在人类社会历史的发展进程中始终发挥着极其重要的作用，在中国近年的能源消费结构中占 15%以上。从环境的观点来看，它是构成自然生态系统的基本元素之一，在能量的转换过程中，不会对地球造成增温变暖影响。自进入 21 世纪以来，世界各国更加重视环境保护、全球气候变化和石油价格不断上升等问题，提出了明确的发展目标，积极制定新的能源发展战略、法规和政策，能源多元化和发展可再生能源已成为世界发展之大势。

　　生物质能是指利用自然界的植物、粪便及城乡有机废物转化成的能源。生物质能是太阳能以化学能形式储存在生物质中的能量形式，它以生物质为载体，直接或间接地来源于绿色植物的光合作用，可转化为常规的固态、液态和气态燃料，替代煤炭、石油和天然气等化石燃料，具有环境友好和可再生双重属性，取之不尽，用之不竭。生物质能通常被认为是在潜在的世界储量最大的可再生能源资源。据估算，全球每年通过光合作用生产 2200 亿 t 生物质（干基），相当于 1537 亿 t 标准煤，相当于目前世界总能耗的 10 倍，而目前作为能源用途的生物质仅占总产量的 1%左右，潜力十分巨大。

第一节　生物质能的物质基础

一、生物质原料的类型

　　按原料的化学性质分，生物质能资源主要为糖类、淀粉和木质纤维素物质。

　　按原料来源分，则主要包括以下几类：①农业生产废弃物，主要为作物秸秆；②薪柴、枝杈柴和柴草；③农林加工废弃物、木屑、谷壳和果壳；④人畜粪便和生活有机垃圾等；⑤工业有机废弃物、有机废水和废渣等；⑥能源植物，包括所有可作为能源用的农作物、林木和水生植物资源等。

　　能源植物包括糖类、淀粉和纤维素类原料，是未来建立生物质能工业的主要资源基础，是今后生物质能资源发展的主要方向。

二、生物质能资源的特点

　　与矿物能源相比，生物质在燃用过程中对环境污染小。

　　生物质能蕴藏量巨大，而且是可再生的能源。只要有阳光照射，绿色植物的光合作用就不会停止，生物质能也就永远不会枯竭。

　　生物质能源具有普遍性、易取性，几乎不分国家、地区，它到处存在，而且廉价、易取，生产过程极为简单。

　　可再生能源中，生物质是唯一可以储存与运输的能源，这给其加工转换与连续使用带来一定的方便。

生物质挥发组分高，碳活性高，易燃。在 400℃左右的温度下，大部分挥发组分可释出，而煤在 800℃时才释放出 30%左右的挥发组分。将生物质转换成气体燃料比较容易实现。生物质燃烧后灰分少，并且不易黏结，可简化除灰设备。

提倡生物质能开发利用，有助于改善生态环境。大力开发生物质能，就要积极植树、种菜，绿化大地，美化环境，净化空气，保持水土，减少风沙。在用科学方法利用生物质的热能后，剩余部分还可还田，改良土壤，提高肥力。

生物质能源也有弱点，从质量密度的角度来看，作为燃料与矿物能源相比不具优势，是能量密度较低的低品位能源。它质量轻，体积大，给运输带来一定难度，并且风、雨、雪、火等外界因素为它的保存带来不利影响。

三、生物质的化学组成

糖类和淀粉类原料的化学组成相对简单，主要由葡萄糖单糖或多糖组成。

广泛利用的生物质主要属于纤维素类，不同来源的生物质其化学组成也不尽相同。

农作物秸秆主要化学元素组成：碳 40%～46%、氢 5%～6%、氧 43%～50%、氮 0.6%～1.1%、硫 0.1%～0.2%；经完全燃烧，灰分 3%～5%、磷 1.5%～2.5%、钾 11%～20%。

薪柴化学元素组成：碳 49.5%、氢 6.5%、氧 43%、氮 1%；经完全燃烧，灰分少于 1%，还有少量钾和其他微量元素。

纤维素类生物质在燃烧过程中，各元素发挥了不同的作用，形成相应的氧化产物。

1）碳（C）是燃料中的主要元素，其含量多少决定着燃料发热值的高低，含碳量越高，发热量越多。燃烧后变为 CO_2 或 CO。1kg 纯碳完全燃烧约释放 33 913kJ 的热量。纯碳不易燃烧，含碳越高，燃点越高，点火越难。碳以两种形式存在：一种是它与氢和氮组成化合物，燃烧时以挥发物形式析出燃烧；另一种是固定碳，挥发物析出后在更高的温度下才能燃烧。柴草中固定碳的含量比煤炭少得多，前者为 12%～20%，后者为 80%～90%，因此柴草易点燃和燃尽。

2）氢（H）常以碳氢化合物形式存在。1kg 纯氢燃烧可放出 142 300kJ 的热量。氢的燃烧产物是水蒸气，汽化潜热要带走一部分热量（22 600kJ），实际放热为 119 700kJ。氢含量越多，越容易燃烧。

3）硫（S）作为燃料是一种有害物质。1kg 纯硫燃烧放出 9210kJ 热，生成 SO_2 或 SO_3。其在烟气中若与水蒸气发生化学反应生成亚硫酸（H_2SO_3）或硫酸（H_2SO_4），腐蚀金属，污染大气，危害人体，影响植物生长。

4）磷（P）可燃，燃烧后生成五氧化二磷（P_2O_5），是草木灰中的磷肥。

5）钾（K）可燃，燃烧后生成氧化钾（K_2O），是草木灰中的钾肥。

6）氮（N）和氧（O）。氮不能燃烧，氧可助燃。它们不产热，会降低燃料的发热量（吸热）。

农作物秸秆和薪柴还含有一定量的水分和少量的其他矿物质。水分在燃烧过程中产生水蒸气，吸收热量（称为汽化潜热），随烟气跑掉，带走一部分热量；其他矿物质有

SiO_2、Al_2O_3、CaO、Fe_2O_3 等，它们是灰分。在纤维素生物质中，稻草与稻壳含灰量较大，超过 10%；其他纤维素生物质含灰量通常小于 3%。

四、生物质燃料的热值

生物质燃料主要有农作物秸秆、薪柴、野草、畜粪和木炭等，通常它们都含有不同比例的水分。1kg 生物质完全燃烧所放出的热量称为它的高位热值。水分在燃烧过程中变为蒸气（燃料中氢燃烧时也生成水蒸气），吸收一部分热量，称为汽化潜热。高位热值减去汽化潜热值得到的热量，即为 1kg 生物质的低位热值。国内在燃用生物质过程中计算它的发热量时，常常取（如果不特别注明）低位热值这个数据（表 2-1）。

表 2-1　常见燃料热值表

燃料	热值/（kJ/kg）	燃料	热值/（kJ/kg）	燃料	热值/（kJ/kg）	燃料	热值/（kJ/m³）
煤炭	5 000	石油	41 868	液化天然气	35 588	焦炉气	18 003
焦炭	28 470	汽油	43 124	油田伴生气	41 868	城市煤气	16 747
洗精煤	26 377	柴油	42 900	液化石油气	50 242	甲烷	35 822
洗中煤	8 374	油渣	37 681			沼气	20 934
		重油	41 868			氢	10 780
		乙醇	26 780			一氧化碳	12 628
		煤油	43 004			电	3600[kJ/(kW·h)]

注：同一种燃料随产出情况的不同，其所含可燃成分也不尽一致，其热值在一定范围内变化；表中所列数值多为近似平均数，是参考值；热量单位国际上用焦耳（J），国内有的文献中还有用卡（cal）的，它们的换算关系是 1cal=4.1868J；热量计算中还常常出现"标准煤"（煤当量）的字样，我国定义的标准煤量值（世界各国尚未统一）是热值 29 300kJ 为 1kg 标准煤；目前我国将原煤换算成标准煤，按平均热值 20 900kJ/kg 计算，换算系数为 0.714，原油按 41 868kJ/kg 计算，换算系数为 1.429，天然气按 38 979kJ/m³ 计算，换算系数为 1.33，水力发电的热功当量计算，1kW·h 水电等于 3600kJ，换算系数为 0.123；标准煤的符号为 1kg 标准煤——1kgce；1t 标准煤——1tce

由于水分在转变成蒸气时吸收热量，因此每种生物质都含水量不同导致其低位热值不一样，含水量越大，其低位热值越小。

第二节　生物质资源量估算方法

生物质资源很分散，并且随自然条件、生产情况的变化而变化，难以准确地统计出来，目前只能用估算的方法较粗略地计算它的数量。

一、农作物资源

农作物秸秆资源量是以农作物产品的产量进行推算的，并且得先宏观确定产品与秸秆的质量比值，如产出 1kg 玉米，估计就有 2kg 玉米秸秆，其草谷比（产率）为 2。农作物秸秆资源量用式 2-1 估算：

$$Sn=\sum S_i d_i \qquad (2-1)$$

式中，Sn——秸秆资源量，万 t；

i——资源品种编号，1，2，3，…，n；

S_i——第 i 种作物产量，万 t；

d_i——第 i 种农作物草谷比（产率），kg/kg。

表 2-2 列出常见农作物的经验草谷比。

表 2-2　常见农作物的草谷比（kg/kg）

作物种类	草谷比	作物种类	草谷比	作物种类	草谷比
稻谷	1.0	花生	2.0	麻类	1.0
小麦	1.0	油料	2.0	糖类	0.1
玉米	2.0	高粱	1.0	其他	1.0
豆类	1.5	棉花	3.0		
薯类	1.0	杂粮	1.0		

二、薪柴资源

薪柴的来源有 3 种情况：①森林采伐木和木材加工的剩余物，可用作燃料的量按原木产量的 1/3 估算；②薪炭林、用材林、防护林、灌木林、疏林的收取或育林剪枝，按林地面积统计放柴量；③四旁树（田旁、路旁、村旁、河旁的树木）的剪枝，按树木株数统计产柴量。我国不同地区和不同林地的取柴系数和产柴率见表 2-3。

表 2-3　不同地区和不同林地的取柴系数和产柴率

林种	南方地区		平原地区		北方地区	
	取柴系数	产柴率/（kg/hm²）	取柴系数	产柴率/（kg/hm²）	取柴系数	产柴率/（kg/hm²）
薪炭林	1.0	7500	1.0	7500	1.0	3750
用材林	0.5	750	0.7	750	0.2	600
防护林	0.2	375	0.5	375	0.2	375
灌木林	0.5	750	0.7	750	0.3	750
疏林	0.5	1200	0.7	1200	0.3	1200
四旁树	1.0	2kg/株	1.0	2kg/株	1.0	2kg/株

假设有一片较大的地域范围，里面有几个区域，②和③中各种林木在不同的区域里拥有不同的情况，统计这片地域范围的薪柴资源量可用式 2-2 估算：

$$Sx=[\sum\sum（F_{ij}y_{ij}Q_{ij}+T_{ij}X_{ij}\ Y_{ij}）]+\ 1/3W \qquad （2-2）$$

式中，Sx——统计地域范围的薪材资源量，万 t；

i——范围内的区域数，1，2，3，…，n；

j——i 区域内有薪炭林、防护林……共 m 种林地，1，2，3，…，m；

F_{ij}——在 i 区域内 m 种林地各占不同的面积，万 hm²；

y_{ij}——某种林地的产柴率（每公顷一年产柴量），kg/hm²；

Q_{ij}——该种林地可取薪柴面积系数（取柴系数）；

T_{ij}——在 T 区域内 m 种四旁林产柴率（每株一年产柴量），kg/株；

X_{ij}——第 i 区第 j 种四旁树株数，万株；

Y_{ij}——第 T 区第 j 种四旁树取柴系数；

W——地域范围内年原木产量；

1/3——从原木到加工成才剩余物的比例。

三、人畜粪便资源

人畜粪便资源量以人口数、禽畜存栏数、年平均排泄量为基础进行估算，在计算儿童、幼畜的粪便资源量时，要乘以成幼系数。常用人、畜粪便排泄量中干物质量及成幼系数见表 2-4。统计公式如下：

$$C=\sum P_i A_i + \sum R_i A_i B_i \tag{2-3}$$

式中，C——人、畜粪便资源量，万 t；

i——人、猪、牛……类别数，1，2，3，…，n；

P_i——i 种生产资源的成人、成畜数量；

A_i——i 种生产资源的成人、成畜年粪便排泄量，kg/年；

R_i——i 种生产资源的儿童、幼畜数量；

B_i——i 种生产资源的儿童、幼畜的成幼系数。

表 2-4　人、畜粪便排泄量中干物质量及成幼系数

人、畜粪便	干物质量/（kg/年）	成幼系数	人、畜粪便	干物质量/（kg/年）	成幼系数
人	33	0.9	马	550	0.7
牛	1100	0.7	水牛	1460	0.7
羊	180	0.8	鸡、兔	37	0.9
猪	220	0.8			

四、草资源

草资源量受气候、地表状态、放牧情况、割收方式等诸多因素的影响，变化较大。统计一片地域范围的年产草量时，可将此地域范围分成几种草地类型，如湿地、岭坡、山间等，分类统计后再叠加，可用式 2-4 进行估算：

$$D=\sum G_i H_i \tag{2-4}$$

式中，D——草资源量，万 t；

i——范围内的草地类型数量，1，2，3，…，n；

G_i——i 种类型草地面积，万 hm²；

H_i——i 种类型草地当年每公顷面积平均产草量，t/hm²。

第三节　我国生物质能资源

生物质能来源于植物，地球上植物的光合作用每年生产大约 $2.2×10^{11}$ t 干生物质，相当于全球能源消费总量的 10 倍左右。一般来说，可作能源开发利用的生物质能资源是纤维素类废弃物和有机废水，包括农业生产副产物（如秸秆、玉米芯、稻壳等）、原木采伐及木材加工剩余物（如枝杈、树皮、锯末、树叶等）、农副产品加工废弃物和废水、人畜粪便、城镇有机垃圾与污水、水生植物等。

近年来，为生产生物质液体燃料，发达国家开始大规模发展能源植物，大量的淀粉、糖类和油料生物质已广泛用于生物质能工业，特别是作为燃料乙醇或生物柴油的生产原料。例如，巴西推广利用甘蔗等糖类原料生产燃料乙醇；美国则利用玉米作为燃料乙醇的生产原料；德国大量转化菜籽油为生物柴油。

我国是农业大国，生物质能资源十分丰富，主要为淀粉类、糖类和纤维素类生物质。淀粉和糖类是我国乙醇生产常用的原料，陈化粮是目前我国生产乙醇燃料的主要淀粉类原料；纤维素类生物质则是我国农村的传统能源。2010 年，我国仅农作物秸秆资源量就达 7.4 亿 t；薪柴消耗量为 2.13 亿 t，实际上当年理论上可供给的薪柴量为 1.43 亿 t，薪柴量供需缺口约 0.7 亿 t，存在薪柴过度采樵的问题；我国禽畜粪便资源年产干物质总量约 1.36 亿 t，其中集约化养殖产生的禽畜粪便干物质量约为 0.37 亿 t。据 2005 年统计，全国工业废水年排放总量约为 261 亿 t（未含乡镇工业），废水中含有机物约 500 余万 t。随着城市规模的扩大和小城镇建设的加快，城镇生活垃圾以每年 8%～10%的速度递增，估计全国可利用的生物质能资源总量可达 7 亿 t 标准煤以上，至少有相当于 7 个大庆油田的能源产出量。发展生物质能，有效利用部分生物质能，至少能够形成一个"绿色大庆"，这是科学技术部中国生物技术发展中心主任王宏广在中国首届绿化博览会绿色论坛上介绍的。

利用荒地、南方草地、盐碱地等发展生物质能，不仅不会与人争粮、与粮争地，而且可以将用于进口石油的 500 亿～700 亿元从国外石油商手中转给农民。

一、纤维素类生物质资源

纤维质是利用太阳能以纤维形式储存的生物能。纤维素类生物质主要指各种植物残体及其利用过程中产生的固体废弃物，包括农作物秸秆、薪柴、粪便、工业和生活固体有机废弃物和垃圾等。纤维素类生物质的主要成分为纤维素、半纤维素和木质素。纤维素是由葡萄糖单糖分子聚合成的大分子，只是糖苷键构象不同，为β-1，4-葡萄糖苷键，经水解成为葡萄糖单糖。

不同生物质中纤维素、半纤维素和木质素的含量不同，表 2-5 给出了部分生物质原料的组成。通常，纤维素是最大的组成部分，占总质量的 40%～50%，半纤维素占 20%～30%，木质素（也称木素）占 20 %～30 %。

表 2-5　生物质原料的基本组成

原料	纤维素/%	半纤维素/%	木质素/%	原料	纤维素/%	半纤维素/%	木质素/%
硬木	40～55	24～40	18～25	麦秸	30	50	15
软木	40～50	25～35	25～35	树叶	15～20	80～85	0
玉米芯	45	35	15	报纸	40～55	25～40	18～30
草	25～40	35～50	10～30				

1. 农作物秸秆

农作物秸秆是我国主要的生物质资源。目前我国每年的秸秆产量大约是 7.4 亿 t，秸秆还田大约 2 亿 t，作为饲料大约 1 亿 t，烧柴取暖和炊事大约 1 亿多 t。我国作物秸秆资源没有得到很好利用，有的就地焚烧，污染大气，有的构成火灾隐患。如果利用 70%

纤维质原料生产燃料乙醇，按 6t 秸秆生产 1t 燃料乙醇计，可年产燃料乙醇 8000 多万 t，开发潜力巨大。

国内已有的沼气发酵和秸秆气化技术用得怎样呢？目前在沼气发酵中，不仅秸秆转化率很低，而且严重影响产气率，技术不稳定，实际上主要依靠家畜粪便和高浓度有机废弃物生产沼气；而秸秆气化集中供气系统产生的燃气热值低，焦油问题严重，投资大，运转时间短，成本高，在国内主要还是依靠国家政策补贴进行推广。

另外，虽然饲料粮的短缺引起了人们对秸秆蛋白质饲料的重视，但生产技术尚未过关，产品质量及其稳定性有待突破。

秸秆及木质纤维素资源高效转化是一个世界性的科技难题，现有技术的投资和成本均很高，距大规模经济实用尚有相当大的距离，需要进一步从基础研究开始寻找新的突破口。

秸秆有很好的利用前景。中国人多耕地少，资源短缺，秸秆焚烧污染严重及"三农"问题等为秸秆高值化基础研究提出了紧迫的社会经济要求。如果能将秸秆在农村就地变为国家急需的工业原料，实现产业化，吸纳农村劳动力，将给农民带来可观的收入。如果每年能转化一半的秸秆，就会产生一个巨大的新兴产业；如能创建以秸秆为原料的新型生态工业，实行种植业、养殖业、农副产品加工业、秸秆生态工业相结合的高级阶段的生态农业生产模式，农用生物柴油燃料、寡糖植保素生物农药、秸秆有机肥、秸秆生物饲料等作为秸秆转化的产物，则有望形成比传统"石油农业"劳动生产率更高、可持续发展的新型农业。

建立秸秆收集网络、保证秸秆资源供应是直燃发电项目实施过程的一个关键环节。与国外农场式的农作物种植模式完全不同，中国大部分家庭的种植面积很小，土地大都复耕，种植种类变化大。这意味着收集秸秆的难度较大，而且收集运输过程本身需要消耗大量能量，经济性有待检验。

中节能生物质能公司的试运行项目起到了很好的示范作用。宿迁秸秆直燃发电示范项目已在当地形成了一条完整的农民—贩草户—草场—秸秆电厂产业链，即农民将秸秆销售给贩草户，贩草户将收购的草出售给草厂，草厂经过加工打包然后运输到电厂销售。

苎麻和芦苇是湖南省重要的经济作物。经检测，苎麻原麻纤维素含量高达 72%，半纤维含量达到 20%，苎麻麻骨的纤维素为 33.09%，半纤维素为 23.1%，木质素为 26.42%、果胶为 2.25%，是生产燃料乙醇的理想纤维质原料之一。芦苇纤维素含量达到了 31%，加上戊聚糖等有效糖成分达到了 66.7%～79.5%，湖南具有可生产芦苇面积 300 多万亩，现有芦苇面积 150 多万亩，主要分布在益阳、常德和岳阳的洞庭湖区，年产量 100 多万 t，按 5t 原料生产 1t 燃料乙醇计，可年产燃料乙醇 20 万 t 以上。

2. 薪柴

我国森林覆盖率为 13.4%，现有林木蓄积量达 $108 \times 10^8 \text{m}^3$。目前薪柴实际消费量大于可供资源量，存在过度采伐问题。

3. 禽畜粪便

全国禽畜粪便资源可获得量为 3.2 亿 t，很少用于能源消费，主要用于肥料，少量用作沼气原料，大量排入水体，是环境的主要污染源。

4. 城市有机垃圾

到 2020 年，我国城市垃圾资源量将达到 2.8 亿 t。充分利用垃圾的资源价值，变废为宝，是今后中国大多数城市需要解决的问题之一。

5. 工业有机废弃物

工业有机废弃物可分类为工业固体有机废弃物和工业有机废水两类。在我国，工业固体有机废弃物主要来自木材加工厂、造纸厂、糖厂和粮食加工厂等，包括木屑、树皮、蔗渣、谷壳等。工业有机废水资源主要来自食品、发酵、造纸等行业。我国的木材加工生产线都是跑车带锯制材生产线，锯材规格质量较差，合格率仅为 50%左右。如按平均原木出材率为 70%、锯材利用率为 60%计算，1995 年全国木材剩余物的数量应为 $3700 \times 10^4 m^3$，约占木材生产总量的 55%。由粮食加工行业排出的谷壳量达 4000 万 t，除小部分用于酿酒、饲料和能源外，其余绝大部分沦为废弃物，成为该行业的环境负担。

二、淀粉类原料资源

淀粉属于碳水化合物，是由成百上千个葡萄糖分子通过 α-1，4-糖苷键聚合而成的大分子，是植物通过光合作用固定储存太阳能的载体，主要存在于植物的种子或根茎中，为其繁殖和各类生理活动提供能量。

淀粉类生物质是生产的主要原料，包括薯类、粮谷类、野生植物类和农产品加工副产品等。薯类原料主要有：甘薯（又名红薯、地瓜、番薯）、马铃薯（又名土豆、洋芋）、木薯等。粮谷类原料有：玉米、高粱、大麦、小麦、稻谷等。野生植物类有：橡子、金刚头、土茯苓、芭蕉芋等。农产品加工副产品主要有：米糠、麸皮、各种粉渣等。

上述原料均含有较高的淀粉组分，鲜料一般含 75%的水分，淀粉量则达 12%~25%；干料一般含 11%~14%的水分，淀粉含量在 60%~70%。如果仅从原料特性来看，都是非常理想的燃料乙醇生产原料。但是作为燃料乙醇生产的原料，必须考虑其资源潜力，即可利用量和可持续性。

近年来，我国农业生产连年丰收，实现了农产品供给由长期短缺到总量基本平衡和结构性过剩。

2010 年，我国总人口为 12.76 亿人，其中农村人口 7.96 亿人，城镇人口 4.8 亿人。如果按农村人均消费成品粮 240kg/年和城镇人均消费成品粮 80kg/年计，我国 2010 年粮食消费量约为 2.3 亿 t 成品粮，可粗略折算为 3.3 亿 t 毛粮。作为粮食消费的谷物主要为水稻和小麦，部分为玉米、高粱和薯类。而 2010 年我国粮食总产量为 4.52 亿 t 毛粮，这就是说尚有 1.2 亿 t 的粮食剩余，可作为食品加工、饲料和能源转化的原料。我国主要粮食品种中，玉米的 68%用作饲料，13%用于食用消费，仅 8%用于工业深加工；小麦的 88%用于制粉消费，仅 2%用于工业消费；稻谷的 84%用于口粮消费，7%用作饲料，仅 1%用于工业消费。

薯类是我国主要农作物之一，2010 年薯类总产量为 3563.1 万 t，产区分布于全国各地。甘薯多产于四川、河南、山东及南方各地,是重要的乙醇生产原料;木薯主要产于云南、广西、贵州等亚热带省区,淀粉含量较高,是一种很好的乙醇生产原料;马铃薯(土豆)主要产于北方,以食用为主,一般很少作为燃料乙醇的生产原料。我国淀粉类野生植物资源较丰富,但种类繁多,单一品种产量有限,而且收集困难,目前很少用作燃料乙醇的生产原料。

水稻和小麦都是高淀粉含量原料,是我国的主要粮食品种,2010 年产量分别为 18 429 万 t 和 10 715 万 t,大部分食用,少量作为白酒生产原料,很少用于乙醇生产。不过最近著名科学家袁隆平教授提出用产量高但口感差的籼米作为燃料乙醇生产的原料。据报道,中国的超级水稻单位面积产量可达到 17t/hm^2。

玉米和高粱也是我国的主要粮食品种,淀粉含量高,在 70%左右。2010 年玉米产量为 11 409 万 t,高粱产量估计在 1150 万~1350 万 t。玉米和高粱的主要产区在东北和华北地区。在我国,玉米和高粱主要用作粮食、饲料和食品加工原料,也是一种比较理想的乙醇生产原料,特别是生产白酒。目前我国燃料乙醇生产所用的原料主要是玉米,基本很少用高粱作为原料。

虽然我国已实现丰年有余的历史性转变,然而粮食深加工转化问题未能得到很好解决。粮食虽然增产,但并未形成“增产—消费—刺激再生产”的良性循环。为了稳定农村和农业,国家出 400 亿元巨资建库存粮,每年拿出 100 多亿元补贴,财政不堪重负。针对目前粮食供给相对过剩、粮价下跌、农民收入增长缓慢问题,《国民经济和社会发展第十个五年计划纲要》提出,要通过加工转化、扩大出口等多种方式解决粮食等农产品阶段性“供过于求”问题。发展燃料乙醇,可有效解决玉米等粮食作物的转化,形成一个长期、稳定、可控的粮食消费市场,使国家又拥有了一个可靠的粮食调控手段,有助于增加和稳定农民收入,实现农业生产的良性循环,为农业的产业化探索一条新途径。目前,我国汽油年消耗量 5000 万 t 左右,按理论推算,即使全部使用 10%的乙醇汽油,玉米消耗量仅占我国玉米产量的 15%左右,约 1600 万 t,不会对粮食供应产生根本性冲击。

三、糖类原料资源

糖类生物质作为能源的用途主要是用于生产燃料乙醇。目前研究得最多的糖类原料为甘蔗,巴西就是利用其盛产甘蔗的特点,构筑了庞大的燃料乙醇产业,对世界生物质液体燃料的发展产生了深刻的影响。甘蔗属于光合能力最强的 C$_4$ 作物,是迄今为止生物产量最高的栽培作物,除作为糖料外,它还作为生产能源的作物被加以利用。能源甘蔗包括能源专用和能糖兼用两类品种,平均生物产量高达 180~200t/(年·hm^2)。在我国,直接用于生产乙醇的糖类原料较少,主要是利用甘蔗和甜菜糖厂制糖所产生的糖蜜来生产乙醇,所以这类乙醇生产设施大多属于糖厂的综合利用系统。

我国的甘蔗主要在南方各地种植,如云南、广西和广东等地,占全国产量的 90%以上。2010 年,我国甘蔗产量为 7566 万 t,甘蔗糖产量为 551.6 万 t。据计算,其糖蜜中应残存糖分约 400 万 t。甜菜的主要产地为东北三省和新疆,产量只有 1100 万 t,全部用于生产食糖,产糖 101.5 万 t。据计算,其糖蜜中应残存糖分 75 万 t。

2000 年以前，蔗农种植甘蔗为其致富脱贫曾起了较大作用。近年来，因为受到化学合成甜味剂及进口糖的冲击，国内食糖供大于求，致使一些糖厂停产，造成个别地区蔗农卖甘蔗难的局面。在南方地区发展燃料乙醇，可利用引进高产能源甘蔗和甜菜，糖和乙醇生产并举，以价格、市场调整二者产量，做到稳定甘蔗种植面积和蔗农收入，调动农民积极性，实现经济、社会、生态三方面效益的提高。

中国发展生物燃油的资源潜力主要取决于用作种植能源植物的土地资源面积和单位面积产量。

能源农业可利用的土地资源有：947 万 hm^2 的宜耕土地后备资源，按 60% 的垦殖率计入；2003 年有 72.24 万 hm^2 高粱种植面积，按 80% 的甜高粱推广率计入；在全国 800 万 hm^2 盐碱化耕地中，用中国已开发成功的技术加以改造的面积约为 167 万 hm^2，按 80% 的利用率计入，总计 759.6 万 hm^2 土地可用于能源农业。按种植甜高粱计（种植普通甘蔗的生物燃油亩产量与之接近），则可生产生物乙醇约 2850 万 t，生物柴油 1425 万 t。上述所利用的土地与规划中的农业用地并无多大冲突。也就是说，按照粮食生产中长期计划预测，粮食部门所需的耕地面积并无增加，因为提高单产的潜力足以满足中国粮食需求的增加。

与上述能源农业用地无重复计算，能源林业可利用的土地资源有：林业用地中 5700 万 hm^2 的无林地面积（部分用于发展用材林等），按 60% 计入；1470 万 hm^2 的退耕还林地，按 80% 计入（现有退耕还林地相当部分用作果园，但考虑到水果的市场需求有限，而且中国尚有 212 万 hm^2 宜园土地后备资源，故考虑了较高的百分比）；5393 万 hm^2 的宜林荒山荒地，按 40% 计入，总计 6753 万 hm^2 土地可用于能源林业。按种植黄连木计（种植麻风树的生物柴油亩产量略低一些），则可生产生物柴油 20 260 万 t。根据中国林业发展的中长期规划，以上划归能源林业用地的土地与规划中的林业用地的冲突较小。

能源植物资源能有这样的潜力，一是要适当利用中国现有农林业用地和宜耕土地后备资源（0.552 亿 hm^2，约占耕地和林业用地总面积的 14%），二是要合理开发中国的宜林荒山荒地（0.216 亿 hm^2，占宜林荒山荒地面积的 40%），三是要利用一定的易改造盐碱化耕地（0.013 亿 hm^2，约占盐碱化耕地面积的 17%），三部分面积合计 0.78 亿 hm^2（与之相比，中国现有耕地 1.3 亿 hm^2，林业用地 2.6 亿 hm^2）。这些土地资源可为中国未来的本土资源替代燃油开发提供坚实的原料来源。

此外，技术研发还将开拓新的资源空间。工程藻类的生物量巨大，一旦高产油藻开发成功并实现产业化，由藻类制生物柴油的规模可以达到数千万吨，因为中国有 5000 万亩可开垦的海岸滩涂和大量的内陆水域。美国能源部国家可再生能源实验室运用基因工程等现代生物技术，已经开发出含油超过 60% 的工程微藻，每亩可生产 2t 以上生物柴油。青岛海洋大学十几年来承担了 30 多项国家及省部级海藻育苗育种生物技术研究，拥有一批淡水和海水藻类种质资源，积累了丰富的海洋藻类研究开发经验。如果能将现代生物技术和传统育种技术相结合，优化育种条件，就有可能实现大规模养殖高产油藻。

第四节　能　源　植　物

大规模开发利用生物质能源必须有充足的原料资源作为保障，仅依靠现有生物质资源并不能满足未来能源需求，发展能源植物是必经之路。用新技术开发利用能源植物不仅可替代部分石油、煤炭等化石燃料，而且有助于减轻温室效应、促进生态良性循环，成为解决能源与环境问题的重要途径之一。

一、能源植物的概念

能源植物（fuel/energy plant）（又称"石油植物"、"柴油植物"或"燃料植物"）通常是指那些具有合成较高还原性烃能力、可产生类似石油成分、可生产替代石油使用或作为石油补充产品的植物及富含油脂的植物。能源植物通过光合作用固定二氧化碳和水，将太阳能以化学能形式储藏在植物中。除直接燃烧产生热能外，还可转化成固态、液态和气态燃料。

（一）能源植物的系统法分类

能源植物最基础的分类是植物系统分类法，将其分为界、门、纲、目、科、属、种。绝大多数能源植物都属于种子植物，有能源利用价值的主要分布于被子植物门。被子植物又称为硬木植物（hardwood），与裸子植物相比，其再生性（resprout）较强，易于去木质化（delignification）而有利于转化。裸子植物称为软木植物（softwood），一般没有适合专门用于能源生产的种类。同一科的植物在生长习性、生育期和化学成分组成方面有相似性，了解能源植物的科（family）是很重要的（表2-6）。在孢子植物中，有些微藻

表 2-6　能源植物的主要种类

科名	植物属种
禾本科（禾亚科）Gramineae，subfamily Agrostidoideae	玉米（*Zea mays*）、大麦（*Hordeum vulgare*）、小麦（*Triticum aestivum*）、柳枝稷（*Panicum virgatum*）、甘蔗（*Saccharum sinensis*）、甜高粱（*Sorghum bicolor*）、芒草（*Miscanthus sinensis*）、虉草（*Phalaris arundinacea*）
禾本科（竹亚科）Gramineae，subfamily Bambusoideae	芦竹（*Arundo donax*）、印度刺竹（*Bambusa bambos*）、刺竹（*Bambusa blumeana*）、牡竹（*Dendrocalamus strictus*）、刚竹（*Phyllostachys viridis*）、毛竹（*Phyllostachys pubescens*）
豆科 Leguminosae	大豆（*Glycine max*）、紫花苜蓿（*Medicago sativa*）、油楠（*Sindora glabra*）、紫穗槐（*Amorpha fruticosa*）
大戟科 Euphorbiaceae	木薯（*Manihot esculenta*）、蓖麻（*Ricinus communis*）、续随子（*Euphorbia lathyris*）、绿玉树（*Euphorbia tirucalli*）、麻风树（*Jatropha curcas*）、油桐（*Aleurites fordii*）
杨柳科 Salicaceae	毛枝柳（*Salix dasyclados*）、蒿柳（*Salix viminalis*）、杨树（*Populus*）
菊科 Compositae	向日葵（*Helianthus annuus*）、菊芋（*Helianthus tuberosus*）
胡颓子科 Elaeagnaceae	沙棘（*Hippophae rhamnoides*）、沙枣（*Elaeagnus angustifolia*）
十字花科 Cruciferae	甜菜（*Beta vulgaris*）、油菜（*Brassica campestris*）
茄科 Solanaceae	马铃薯（*Solanum tuberosum*）
旋花科 Convolvulaceae	甘薯（*Ipomoea batatas*）
桃金娘科 Myrtaceae	桉树（*Eucalyptus* spp.）
棕榈科 Palmae	油棕榈（*Elaeis guineensis*）
漆树科 Anacardiaceae	中国黄连木（*Pistacia chinensis*）
无患子科 Sapindaceae	文冠果（*Xanthoceras sorbifolia*）
山茱萸科 Cornaceae	光皮树（*Cornus wilsoniana*）
莎草科 Cyperaceae	油莎豆（*Cyperus esculentus*）
卫矛科 Celastraceae	扶芳藤（*Euonymus fortunei*）
柽柳科 Tamaricaceae	柽柳（*Tamarix chinensis*）
藜科 Chenopodiaceae	梭梭（*Haloxylon ammodendron*）
漆树科 Anacardiaceae	火炬树（*Rhus typhina*）
壳斗科 Fagaceae	橡子（*Nassarius glans*）
桑科 Moraceae	大麻（*Cannabis sativa*）

（microalgae）含有极其丰富的烃类或脂类物质（表2-7），也是当今最有开发前途的生物质能源之一。国外在研究含油微藻及其应用方面已有多年的历史了，主要利用废水和矿质养分较高的水资源，其光能利用率和生产力很高，分别达到5%和50（hm²·年）。含油微藻的培养目的主要是为了生产生物柴油（biodiesel），其转化技术及设备研究经过 10 多年的攻关，目前已取得了长足的发展。由于含油微藻高效的生产能力，可在废弃地及其他没有农业利用价值的土地上利用废水甚至高含盐的水大规模培养，因此有很好的应用前景。

表 2-7　部分微藻含油量

微藻	含油量/（%，干重）
布朗葡萄藻（*Botryococcus braunii*）	25～75
小球藻（*Chlorella* sp.）	28～32
隐甲藻（*Crypthecodinium cohnii*）	20
细柱藻（*Cylindrotheca* sp.）	16～37
杜氏盐藻（*Dunaliella salina*）	23
等鞭金藻（*Isochrysis* sp.）	25～33
单肠藻（*Monallanthus salina*）	>20
小球形绿色藻（*Nannochloris* sp.）	20～35
微拟球藻（*Nannochloropsis* sp.）	31～68
南极冰藻（*Neochloris oleoabundans*）	35～54
菱形藻（*Nitzschia* sp.）	45～57
三角褐指藻（*Phaeodactylum tricornutum*）	20～30
裂壶藻（*Schizochytrium* sp.）	50～77
融合微藻（*Tetraselmis* sp.）	15～23

（二）能源植物的光合途径分类

1. 光合作用原理

光合作用的初产物为葡萄糖，生物质是初产物及其各类衍生物的总称，包括糖类、淀粉、纤维素、半纤维素、木质素、蛋白质和脂肪等。一般说来，生物质能利用的原料主要为糖类、淀粉和木质纤维素类物质，所以生物质的化学分子可表示为 $n(C_6H_6O_5)$，光合作用的生物质合成可用如下化学反应方程式表示：

$$6CO_2 + 3H_2O \xrightarrow{\text{光合作用、太阳能}} C_6H_6O_5 + O_2 \longrightarrow n(C_6H_6O_5)\text{（生物质）} \quad (2\text{-}5)$$

生物质能源利用则完全是一个逆过程，即

$$n(C_6H_6O_5)\text{（生物质）} \longrightarrow CO_2 + H_2O \quad (2\text{-}6)$$

事实上所有生物质，不管是否被人类作为能源利用，都将最终被分解产生二氧化碳和水，进入自然界的碳循环中去，也就是说，自然界的碳素始终处于固定和释放的循环中。可见，人类对生物质的能源利用无非是加速了循环频率而已，而不会像矿物能源那样造成二氧化碳等温室气体的急剧增加。

根据植物的光合途径，能源植物主要属于 C_3 和 C_4 类型（表 2-8），迄今为止未见有景天酸循环（CAM）类型的能源植物的报道。一般来说，与 C_3 植物相比，C_4 植物的光补偿点低，而光饱和点高，在相同的光照辐射强度下，C_4 植物的光合速率大，水分利用率也较高，所以 C_4 能源植物有更好的应用前景。但是 C_4 植物达到其最大光合速率要求的温度比 C_3 植物高，因而在低温环境更适合种植 C_3 类型。欧洲多年研究表明，C_3 光合途径的根茎植物较 C_4 植物在生物量上表现出明显的差距，在水分、养分利用效率上也只能达到 C_4 植物的一半。然而在高纬度地区，光合作用受低温和光照影响，C_3 途径的根茎植物却明显优于 C_4 根茎植物。

表 2-8 不同光合途径能源植物的生理特性

光合作物特征	作物分组			
	1	2	3	4
光合途径	C_3	C_3	C_4	C_4
最大光合时辐射强度/[cal/(cm^2·min)]	0.2～0.6	0.3～0.8	1.0～1.4	1.0～1.4
最大 CO_2 交换速率/[mg/(dm^2·h)]	20～30	40～50	70～100	70～100
光合作用的反应温度				
最适温度/℃	15～20	5～30	25～30	10～35
适应范围/℃	15～45	20～30	10～35	25～35
最大生长速率/[g/(m^2·天)]	20～30	30～40	30～60	40～60
水分利用效率/(g/g)	400～800	300～700	150～300	150～350
主要种类	马铃薯、甜菜、小麦、大麦、向日葵	大豆、向日葵、红麻、甘薯、木薯、芦竹	高粱、玉米、甘蔗	高粱、玉米、柳枝稷、芒草（Miscanthus）

2. 根据能源植物生活周期分类

根据植物的生活周期（life cycle），可将能源植物分为一年生（annual）、两年生（biennial）和多年生植物（perennial）三类。生活周期指植物从种子萌发到形成下一代种子的整个过程。一年生植物在一年内完成其生活周期，相当多的能源植物属于此类，如玉米、小麦、甘薯、高粱、菊芋、油菜、大豆、续随子、向日葵等。两年生植物完成其生活周期需要两年时间，如甜菜，这类植物中农作物种类少，能源植物也很少。多年生能源植物需三年或以上完成其生活周期，此类中能源植物较多，又分为草本（herbaceous）和木本（woody）植物两类。草本多年生能源植物主要是禾本科根茎类（rhizomatous），如柳枝稷（Panicum virgatum）、芒草和藕草（Phalaris aguyldinacea）等，此外菊芋可通过块茎（stem tuber）繁殖进行多年生长；多年生木本能源植物主要是木质纤维素类（如杨树和柳树等）和木本油料植物类（如麻风树和文冠果等）。

3. 根据化学成分组成及其利用分类

能源植物的转化利用与其化学组分是密切相关的，其某一组分将是转化利用的主要原料成分，或者说其主要组分体现着该植物区别其他类型植物的主要特征，依此将能源植物分为糖料植物（sugar crop）、淀粉植物（starch crop）、油料植物（oil crop）、含油微藻植物（oil microalgae）和木质纤维素植物（lignocellulosic crop）5 类。当前，也有根据能源植物的转化利用目的产物，将能用于生产乙醇的能源植物称为乙醇植物（ethanol crop），依此类推，也有柴油植物（biodiesel crop）等，这些概念已在生物质能研究和应用领域有一定的应用。但不宜以这种方法对能源植物进行分类，因为同一种能源植物的多用途性很强，很难区分这一分类的界限。例如，甜菜的块茎含糖量很高，可用于生产乙醇，但其整株又是十分优良的沼气生产原料。更复杂的是，随着生物质能转化技术的不断提高，以木质纤维素为主的植物几乎可以转化为上述各种能源产品。

（1）糖料植物

该类植物富含可溶性糖，主要用于生产燃料乙醇。与其他原料相比，可溶性糖原料转化为乙醇的化学过程较简单，生产成本最低。这类作物主要为甘蔗、甜高粱和甜菜等。巴西主要利用甘蔗生产燃料乙醇，是世界上乙醇产量和消费量最大的国家之一。和甘蔗相似，甜高粱茎秆含糖量较高，但比甘蔗的适应性和抗逆性强，当前被认为是适宜于我国发展的非粮食乙醇作物。

（2）淀粉植物

这类植物富含淀粉，也主要用于生产燃料乙醇。以淀粉原料生产乙醇已有很长的历史，主要包括小麦、大麦、玉米、籽粒高粱等禾谷类作物和甘薯、木薯、马铃薯等薯类作物。美国当前主要以玉米淀粉生产燃料乙醇，2008年乙醇产量超过了巴西，排世界第一。我国2007年以前建成的燃料乙醇工厂，以玉米和小麦为主要原料。由于我国粮食安全的重要性，此类作物中，木薯被认为是当前适宜于华南边际地作为生产乙醇原料生产的非粮食作物。

（3）油料植物

油料植物指富含油脂的高等植物，提取油脂后通过脂化过程形成脂肪酸甲酯或脂肪酸乙酯类物质，即生物柴油（biodiesel）。油菜、向日葵、蓖麻和大豆是最主要的产油作物，已经在商业化生产水平上实现了以生产生物柴油为目的的大田种植。目前美国主要以大豆为原料，欧洲主要以油菜籽为原料，巴西主要以蓖麻籽和油棕榈为原料生产生物柴油。在木本植物中有大量种类属柴油植物，也属于非粮食范畴而受到广泛重视，如麻风树、油棕榈、中国黄连木、文冠果和油桐等，但是多数种类和栽培技术需要进一步改良以提高油脂产量。

（4）含油微藻植物

富含烃类或脂类物质的微藻也可用于生产生物柴油，国外在研究含油微藻及其应用方面已有多年的历史。培养含油微藻主要利用废水和矿质养分较高的水资源，其光能利用率和生产力很高，分别达到5%和50t dm/ha/y。其转化技术及设备研究经过10多年的攻关，目前已取得了长足的发展。由于含油微藻高效的生产能力，可在废弃地及其他没有农业利用价值的土地上利用废水甚至高含盐的水大规模培养，因此有很好的应用前景（和晶亮和徐翔，2008；高振等，2013）。

（5）木质纤维素植物

这类植物富含木质纤维素，转化应用范围很广泛，用于生产固体颗粒燃料（pellet，briquette），或获得热能、电能、沼气（biogas）、生物质烯气和生物油类（bio-oil）等。以木质纤维素原料生产燃料乙醇的工艺日益成熟，其将成为主要原料生产二代生物乙醇。

因其主要成分为木质纤维素，单位面积上的生物产量很高，是自然界中最丰富的生物质资源，因此被称作生物质作物（biomass crop），也是其他用途如生物炼制（biorefinery）的主要原料。木质纤维素类能源植物多数都是多年生植物，生物质产量高，生产成本低，抗逆性强，生态适应范围广，有利于保持水土，增加土壤有机质含量。从 20 世纪 80 年代中期开始，欧美国家加强了对多年生木质纤维素能源植物的研究和应用。以生物质产量、抗逆性、水肥利用、种植成本和生态效应等作为评价标准，广泛认为根茎植物和短期轮伐木本作物（short rotation woody crop，SRWC）是未来理想的能源植物类型。我国人均土地资源十分有限，由于木质纤维素植物更适宜在边际土地上种植，可以预见这类植物将是我国最重要的能源作物。

短期轮伐木本作物是快速生长以专门应用于能源的木本生物质作物，以生产木质纤维素为主，其适宜的特征为快速的幼年期生长、广泛的地区适应性和较高的抗病虫害能力，一般 3～10 年轮伐一次。当前欧美国家重视的短期轮伐木本作物主要为硬木类的杨树（*Populus* spp.）、柳树（*Salix* spp.）、桉树（*Eucalyptus* spp.）、银槭（*Acer saccharinum*）、枫树（*Liquidambar styraciflua*）、悬铃木（*Platanus occidentalis*）和刺槐（*Robinia pseudoacacia*）。在美国特定地区有应用潜力的还有桤木（*Alnus* spp.）、乌桕（*Sapium sebiferum*）和牧豆树（*Prosopis* spp.）等。与木本植物相比，草本植物耐旱，收获成本较低，对环境负面影响较小。美国于 1984 年开始筛选能与传统农业生产相适应的草本木质纤维素类能源植物。以生物量最大化和应用生物技术选育优良品种为研究目标，研究了有潜力的草本植物 35 种，其中包括 18 种根茎植物，结果认为柳枝稷是最具有潜力的能源植物；1991 年，其生物能源原料发展计划（BFDP）将柳枝稷作为模式作物，集中研究其生产技术以迅速达到最大产量。目前，一些研究机构仍在致力于寻找生物量更高的草本能源植物，如象草（*Pennisetumpurpureum* Schum.）、狼牙根（*Cynodon dactylon* L.）和百喜草（*Paspalum notatum* Flugge）等。根茎能源植物在欧洲的研究开始于 1960 年左右，由于初期研究结果展示了一个很有前景的研究方向，因此 1989 年启动了在北欧范围内的芒草研究项目。经过多年评价研究，普遍认为三倍体芒草'奇岗'（*Miscanthus×giganteus*）是最有潜力的能源作物之一。为适应不同地区的气候条件，欧洲还深入研究了根茎植物藕草、柳枝稷和芦竹（*Arundo donax*）（表 2-9）。

表 2-9　适宜于欧洲的 4 种根茎能源植物的特性（Lewandowski et al.，2003）

特性	柳枝稷	芒草	芦竹	藕草
光合途径	C_4	C_4	C_3	C_3
抗旱能力	良好	不耐长时间干旱	良好	良好
耐涝能力	较弱，不宜淹	耐较长时间水淹	较好	良好
耐寒能力	不耐寒	不耐寒	耐寒	耐寒
光周期类型	短日性	长日性	不详	长日性
遗传多样性	基因型多种质资源丰富	原产地有遗传多样性种质资源不足	种质资源集中于南欧	遗传多样广泛种质资源丰富
适宜种植区	中欧，南欧	中欧，南欧	地中海地区	北欧
定植成本	低成本	高成本	成本较高	低成本
灰分 *w/w*（DM）%	4.5～10.5	1.6～4.0	4.8～7.8	1.9～11.5
热值/（MJ/kg）	17.0	9.2～17.1	4.8～18.8	16.9～19.3

我国有非常丰富的速生或耐旱灌木和多年生草本植物资源，如柽柳（*Tamarix chinensis*）、紫穗槐（*Amorpha fruticosa*）、柠条（*Caragana microphylla*）、沙枣（*Elaeagnus angustifolia*）、沙棘（*Hippophae rhamnoides*）、梭梭（*Haloxylon ammodendron*）等，以及芒（*Miscanthus* spp.）、芨芨草（*Achnatherum splendens*）、羽茅（*Achnatherum sibiricum*）、沙芦草（*Agropyron mongolicum*）、小叶樟（*Deyeuxia angustifolia*）和菊芋（*Helianthus tuberosus*）等，对这些潜在的能源植物资源进行综合筛选评价，与国外引进的植物进行比较，确定我国不同生态地区适宜的能源作物种类是当前很迫切的研究内容。

目前，世界上许多国家都开始开展能源植物或石油植物的研究，并通过引种栽培建立新的能源基地，如"石油植物园"、"能源农场"等，以此满足能源结构调整和生物质能源的需要。专家认为，生物能源将成为未来可持续能源的重要部分，因此，能源植物具有广阔的开发利用前景。

二、国内外能源植物研究现状

自从诺贝尔奖获得者、美国加利福尼亚大学化学家卡尔文于 1986 年在加利福尼亚种植了大面积的油脂植物并获得成功以来，在全球迅速掀起了一股开发研究油脂植物的浪潮，在世界各地相继发现了一些"柴油树"、"酒精树"和"蜡树"。目前，发达国家用于规模生产生物柴油的原料有大豆（美国）、油菜籽（欧洲共同体、加拿大）、棕榈油（东南亚）。日本、爱尔兰等国用植物油下脚料及食用回收油作原料生产生物柴油。欧美许多国家结合本国特点制定了生物柴油发展纲要，在推广使用上出台了相关的优惠政策，推动生物柴油生产。许多国家对投放市场的生化柴油都采取了免税政策和低税率政策，以鼓励民众推广和使用生物柴油，保护生态环境。

我国是利用能源植物较早的国家，但基本上局限在直接燃烧、制碳等初级阶段，热能利用率很低，造成了植物资源的极大浪费，而且造成了比较严重的环境污染。"七五"期间，四川省林业科学研究院等单位对攀西地区野生小桐子（麻风树 *Jatropha carcas* L.）的适生立地环境、栽培技术、生物柴油提取与应用等进行了较为深入的研究，利用野生小桐子果实提取生物柴油也获得了成功。中国科学院"八五"重点项目"燃料油植物的研究与应用技术"完成了金沙江流域燃料油植物资源的调查研究，建立了小桐子栽培示范区。湖南省在"八五"期间完成了光皮树制取甲脂燃料油工艺及其燃烧特性的研究；"九五"期间完成了国家重点科研攻关项目"植物油能源利用技术"，同时，还从南非、美国和巴西引进了能源树种绿玉树（*Euphorbia tirucakki*）优良无性系，开展了"能源树种绿玉树及其利用技术的引进"研究。研究内容涉及油脂植物的分布、选择、培育、遗传改良等及其加工工艺和设备。

我国政府对生物燃料也非常重视，并制定了多项指导性政策促进其发展。早在 2001 年颁布的《全国国民经济和社会发展第十个五年计划纲要》中即提出要发展各种石油替代品，并将发展生物液体燃料确定为国家产业发展方向。"十二五"规划提出，到 2015 年燃料甲醇产能要达到 400 万 t。而截至 2014 年年底，燃料甲醇产能为 310 万 t，年产量维持在 200 万 t。2015 年甲醇燃料年产量 250 万 t 左右，相比 2014 年增长 25%。"十三五"规划中，力争"十三五"末生物质燃料甲醇产量达 500 万 t，也就是说在未来五年内，燃料甲醇需保持年增长率在 25%左右。目前国内已拥有 11 个燃料甲醇发展项目，共涉及产能 255 万 t/a。

三、开发能源植物的优势及可行性

能源作物应具备以下特征：①高效的太阳能转化，最大可能地利用生长季，截获最多的阳光，高效地将太阳能转化为生物质；②高效的水分利用，在世界上大部分地区尤其在我国，水是限制作物生产的最重要因子；③高效的能量产出，收获时达到较高的干物质产量及较高的能量含量（即每千克干物质所含能量，以 MJ/kg 等表示）；④高抗逆能力，人类对粮食的需求使耕地承受巨大压力，能源作物生产应主要利用废弃地、盐碱地、干旱地、山坡地及寒地等边际地；⑤低生产成本，在生产与收获周期用最少的种子、肥料、机械、农药、干燥和劳力等成本，达到较高的正向能量平衡；⑥环境友好，其生产及利用转化过程对生态环境负面影响最小，甚至能改善生态环境。

当前人类赖以生存的粮食和畜牧业的饲料是生产生物质能源最直接的原料。但是从全球尤其是我国粮食需求和人均土地资源较少的严峻形势来看，这些作物不可能成为主要的能源作物，发展非粮食能源作物是无需置疑的方针。这里的"非粮食"是广义的概念，除如小麦和水稻等狭义的粮食作物外，还包括人类食用的糖类和油料等，以及用于生产动物性食品的饲料粮食。

能源作物开发的可行性依据有以下几方面。

1）资源丰富：我国幅员辽阔，地域跨度大，水热资源分布多样，能源植物资源种类丰富多样，约有 3 万种维管植物，仅次于印尼和巴西，其中有经济价值的植物约 15 000 种，具有能源开发价值的约 4000 种。

2）可再生性：能源植物通过光合作用固定二氧化碳和水，将太阳能以化学能形式储藏在植物中，这种能量形式是可再生的。

3）二氧化碳零排放：酸雨、温室效应等已给人们赖以生存的地球带来了严重的后果。生物质能燃料燃烧所释放出的 CO_2 大体上相当于其生长时通过光合作用吸收的 CO_2，几乎没有 SO_2 产生。因此使用大自然馈赠的生物质能源，几乎不产生污染，这是气、油、煤等常规能源所无法比拟的。

4）可种植面积大：我国南方约有 3 亿亩荒山荒坡，北方有 15 亿亩盐碱地，利用荒山荒坡和盐碱地、荒滩、沙地种植能源植物，既不占用宝贵的耕地资源，又可提供大量的生产原料，还有利于改善生态环境，增加农民收入。

四、植物的光合作用

照射到叶片表面的阳光在光合作用过程中有能量耗损，光合有效辐射（400～700nm）只占日光能量的 53%，经过反射和透射约损失 30%，被吸收的实际光能只有总入射光的 37%，再加上叶绿体光反应过程中部分激发能以荧光和热能形式耗散而降至 28%，在光能转化为化学能时损失 68%，剩下的 9%因光呼吸和暗呼吸消耗部分光能，最终的净光能利用效率只有不到 5%，所以提高能源植物光能利用效率的研究非常有潜力。

不同的植物其光能利用效率不同，如 C_4 植物光能利用率较 C_3 高，即使同一种植物，其光能利用率在不同生育时期或同一天都会随着环境条件的变化（温度、光照、水分、营养等）而变化，只有光合作用各个分过程之间、光合作用与环境之间的复杂关系（即光合控制）达到协调和统一，才能实现光能最大利用率。

提高光合效率的可能途径：①基因工程，引入抗逆基因，C_3 植物中导入 C_4 植物关键酶基因；②延长日同化时数和叶片功能期，增加生物质产量；③改善源库关系，增加库容量和活力，提高同化物向库的运转能力；④减少光抑制和光氧化的发生；⑤提高非叶光合器官的光合速率。

五、能源植物的品种改良技术

事实上，地球上的植物种质资源非常丰富，但在已知的 200 多种能源植物中，比较理想、完全符合能源植物条件的物种却很少。有些植物确实有生产某种生物质的能力，但生长缓慢，生物量小，有些则含有某种有害物质，在能源利用过程中可能造成环境问题，这就需要加强能源植物资源调查、筛选和驯化的工作。

现代科学研究表明，通过控制植物的光合和代谢过程，或利用遗传育种和生物工程技术改变现有能源植物品种的性状及其代谢过程，可以提高能源植物的产量和品质，减少有害成分的生成量。在法律、道德和物种保护条例允许的范围内，通过各种现代植物育种手段改变植物的遗传性状，能改善能源植物的光合作用、呼吸作用、抗逆性及其他生理代谢过程，培育出符合生产要求的能源植物优良品种。现代植物遗传改良技术大致可分为 5 类，即杂交育种、物理诱变、化学诱变、细胞工程和基因工程。在具体的遗传操作上，这些方法和技术往往都是相互渗透，共同发挥作用的。

1. 杂交育种

杂交育种是指以基因型不同的植物种或品种进行交配或结合形成杂种，通过培育选择获得新品种的方法。杂交育种是选育新品种的主要途径，是近代育种工作最重要的方法。由于杂交引起基因重组，后代会出现组合双亲控制的优良性状基因型，产生加性效应，并利用某些基因互作形成超亲类型新个体，为培育选择提供了物质基础。杂种后代群体通过培育、鉴定、选择等步骤，获得优良单系，再经过无性繁殖就形成新品种。

杂交育种按性质可分为有性杂交育种和无性杂交育种。在有性杂交育种中，根据亲缘关系的远近，又可分为品种间杂交和远缘杂交。一般杂交育种是指品种间杂交育种。按育种不同要求可采用简单杂交、回交和复式杂交等方式。

杂交育种主要考虑亲本应具有重要目标性状的基因，选择育种值大的性状。考虑亲本间性状基因互补，选生态地理上相距远的、双亲配合力高的作亲本并配制组合等。

2. 物理诱变育种

典型的物理诱变剂是不同种类的射线，常见的有 X 射线、γ射线和中子，此外还有紫外线和β射线。X 射线和γ射线都是能量较高的电磁波，能引起物质的电离。当物体某些对辐射敏感的部位受到射线撞击而发生离子化时，可以引起 DNA 链断裂，当修复不能恢复到原状时就会出现突变。如果射线击中染色体则可能导致断裂，在修复时可能造成缺失、重复、倒位和易位等染色体畸变。中子不带电，但与生物体内的原子核撞击后，使原子核变换产生γ射线等出现能量交换，从而改变 DNA 和染色体。

X 射线是一种波长为 10～100nm 的电离射线，是最早的诱变射线。

β射线是电子或正电子射线束，由 ^{32}P 和 ^{35}S 等放射性同位素直接产生。透过植物组织的能力弱，但电离密度大。当同位素溶液进入组织和细胞后，β射线进行内照射而产生诱变作用。

γ射线是一种波长更短的电离射线，其波长为 0.01～0.1nm，^{60}Co 和 ^{137}Cs 是目前应用最广的γ射线源。

3. 离子注入诱变育种

离子注入是近 30 年来在国际上蓬勃发展和广泛应用的一种材料表面改性高新技术。其基本原理是：用能量为 10～1000keV 量级的离子束入射到材料中去，离子束与材料中的原子或分子将发生一系列物理的和化学的相互作用，入射离子逐渐损失能量，最后停留在材料中，并引起材料表面成分、结构和性能发生变化，从而优化材料表面性能，或获得某些新的优异性能。此项高新技术由于其独特而突出的优点，已经在半导体材料掺杂，金属、陶瓷、高分子聚合物等材料的表面优化上获得了极为广泛的应用，取得了巨大的经济效益和社会效益。

离子注入诱变育种就是利用离子注入进行生物诱变育种的一种新的育种技术。离子束与生物的相互作用不仅有物理的和化学的，而且会引起强烈的生物效应，从而促使生物产生各种变异（其中有许多是自然条件下极为罕见或难以产生的），可以从中选出所期望的优良变异，经过培育而成为一种新品种。自 20 世纪 90 年代以来，我国科技工作者把离子注入应用到生物诱变育种中去，取得了一系列引人注目的科技成果。近两年来，我国在花卉离子注入诱变育种研究与开发方面也取得了重要的进展。

在离子注入诱变育种过程中，不仅离子束的能量对生物体有重要的作用，而且离子本身最终停留在生物体内，对生物体的变异有重要的影响，这是它与一般用γ射线等进行的辐射育种和利用太空中强烈的宇宙射线进行的太空育种的主要区别与突出优点。离子注入诱变育种的主要优点概括起来有以下几点：①变异率高，一般要比自然变异率高 1000 倍以上；②变异谱宽，即变异的类型多，能够产生自然界里从未见过的新类型；③变异稳定快，可以大大缩短育种周期；④离子注入诱变育种技术稳定可靠，简便易行。

4. 太空育种

太空育种是将农作物种子搭载于返回式地面卫星或飞船，借助太空超真空、微重力及宇宙射线等地面不可模拟的环境变化使种子发生变异，经过地面几代选育获得稳定的遗传性状，从而培育出新的农业品种来。

我国自 1987 年以来先后利用返回式卫星、神舟号飞船搭载了 70 多种植物种子，主要涉及粮棉油及蔬菜、瓜果等作物。我国已经把太空育种列为国家 863 计划项目，将我国航天高科技与农业遗传育种技术相结合，综合了宇航、遗传、辐射、育种等学科知识的高新技术。目前，世界上只有美国、俄罗斯和中国成功地进行了卫星或宇宙飞船搭载的"航天育种"研究。我国的"航天育种"研究已经居世界先进水平。据介绍，自 1986 年以来，我国 23 个省市的 70 多家科研单位参加了多学科研究，先后搭载了水稻、小麦、大麦、萝卜、茄子、谷子、甘草、百合、青椒、花生等多种植物进行航天试验，还曾搭载过多种微生物、家蚕等品种。已经过卫星搭载的试管苗有兰花、欧洲树莓、美国加州无核提子和美国红栌。

搭载的种子经过多年地面选育，已培育出水稻、小麦、青椒、番茄、莲子的新品种，有的产品已初具产业化规模，取得了良好经济社会效益。例如，经航天诱变育种培育出的'航育 1 号'水稻新品种株高降低 14cm，生长期缩短 13 天，增产 5%~10%，累计已推广 30 万亩。'华航 1 号'水稻新品种穗大、粒多、结实率高，可增产 10%，亩产达 500kg 以上，已推广 100 万亩以上。江西广昌利用航天育种培植出特大粒白莲种'卫星 3 号'，每粒莲子 2.4g 以上，比常规品种可增产 60%，目前成了江西广昌的品牌和脱贫致富的产业。

"神舟 3 号"搭载的水稻种子返地种植后产生的突变株，生物量增加约 30%，穗数增加 37%。

5. 物理高压育种

近年来，中国科学院地球化学研究所利用 750atm（1atm=101.325kPa）净水高压处理已萌动种子方法来对一些植物进行品种改良，取得了初步的结果，并培育了几个优质的品种。

6. 化学诱变育种

化学诱变育种是目前公认的最有效和应用较多的是烷化剂和叠氮化物两类。烷化剂中仍以 EMS（甲基磺酸乙酯）诱变效果较好，硫酸二乙酯和乙烯亚胺等类型的化合物应用较多，叠氮化合物则以叠氮化钠的研究和应用较多。

烷化剂是指具有烷化功能的化合物，带有一个或多个活性烷基，该烷基转移到一个电子密度较高的分子上，可置换碱基中的氧原子，碱基被烷化后，DNA 在复制时会发生配对错误，产生突变。叠氮化钠是动植物的呼吸抑制剂，可使复制中 DNA 的碱基发生替换，从而导致突变体的产生，是目前诱变率高且安全的一种诱变剂。

与物理诱变剂相比较，化学诱变剂的特点有：诱发突变率较高，而染色体畸变较少，并且诱变范围广，对处理材料损伤轻，有的化学诱变剂只在 DNA 的某些特定部位发生变异。大部分有效的化学诱变剂较物理诱变剂的生物损伤大，容易引起生活力和可育性下降。

自 20 世纪 30 年代人们发现用秋水仙碱诱导多倍体的方法以来，专家在植物倍性育种方面进行了较多的探索，形成了一些人工多倍体商业品种。

一般而言，用秋水仙碱诱导成的多倍体植株往往是同源四倍体，如果将其与二倍体对照杂交，便可获得三倍体植株，如人工获得的三倍体西瓜、香蕉等，无籽或少籽是它们的显著特征。另外，在倍性育种过程中，育种学家发现：①在一些远缘杂交不亲和的组合中，如果将其中之一加倍，远缘杂交往往变得容易进行，而且所获得的异源多倍体在生长量及抗逆性方面往往有突出表现；②在用各种射线诱变育种时，多倍体材料的诱变率大大高于二倍体对照。由此可见，在人工诱导植物多倍体的基础上，如能结合其他育种手段，可培育出高质量的植物新品种，大有潜力可挖。

7. 细胞工程育种

（1）植物原生质体培养

采用纤维素酶和果胶酶混合液，在较高渗透压的条件下处理根尖、叶片组织、培养的愈伤组织或悬浮培养细胞，使细胞壁被酶所消化，从而可获得大量的无壁球形原生质体，并可通过原生质体培养再生新的植株。在原生质体培养的基础上，可以进行原生质体融合的体细胞杂交及基因工程研究。通过特定的载体，如质粒、病毒、噬菌体或脂质体等，将外源遗传物质（DNA）引入受体——原生质体中，再通过原生质体和细胞的培养获得转基因植株。

（2）花药（花粉）培养和单倍体育种

我国在烟草、小麦、水稻、小黑麦、玉米、辣椒、茄子等十几种农作物或重要经济作物的花药培养中获得了大量的单倍体植株，分别培育出烟草及水稻新品种。

（3）体细胞的无性系变异及筛选

从培养的植物细胞再生出来的新植株表现出高度的遗传变异，可以从这些变异系中选择具有益农艺性状的作物新类型。借助植物的细胞工程技术，该技术可以从多途径上用于植物的改良研究。

8. 基因工程育种

应用体外的 DNA 来改变生物的遗传性状。

（1）优质丰产及综合性状改良育种

基因工程育种的主要目标就是优质丰产，其 20 世纪 90 年代前在农作物上的广泛应用主要是提高农作物产量，近期则侧重于提高品质，如美国科学家据此提高马铃薯淀粉含量达 20%～40%，最高达 40%～60%。目前改良作物产品质量的基因主要有：控制果实成熟的基因；谷物种子储藏蛋白基因；控制脂肪合成基因；提高作物产量基因等。世界上有 43 种农作物品种得到改良，如水稻、番茄、马铃薯、瓜类、烟草等。

在解决目前能源危机的过程中，转基因技术将扮演重要角色，因为转基因农作物是提取乙醇等替代燃料的重要原料。

由于石油价格居高不下，美国等国家对乙醇的需求量激增，这就要求农作物产量以前所未有的速度增长。41 年来，北美的农作物产量已经翻了一番，但人们不会再有那么多时间实现下一个翻番。要实现增产目标，除了扩大种植面积以外，转基因技术将成为唯一的选择。

据报道，为了提高转基因技术水平，杜邦公司的种子部门已经把 9%～11%的收益用于研发新产品，这个部门聘用的科学家数量将增加 25%。科学家希望通过提高农作物抵御病虫害和抗杂草的能力来提高产量，并希望转基因技术能够使农作物更适于提炼乙醇。

转基因种子的研发时间目前已经比以往缩短了一半。目前市场上销售的转基因种子中有 87%是近 4 年才培育出来的，而未来转基因种子的研发时间还将进一步缩短。

转基因农作物的市场影响力正在不断增加。仅以玉米为例，据美国农业部统计，美国 2006 年种植的玉米中有 61%是转基因玉米，而 2005 年这一数字仅为 52%。据涅波尔估计，随着市场对转基因玉米的需求不断增长，这一比例最终将增至 95%左右。

（2）抗性基因工程育种

基因工程的发展为培育抗病虫的作物提供了新的手段，从而开辟了植物抗病虫育种的新时代。

转基因作物能减少杀虫剂和农药的用量，降低杀虫剂和农药及其残留物对食物链、水体造成的污染，从而有利于保护生态环境。

（3）抗逆基因育种

随着生物技术的发展，现在已经有能力通过遗传工程方法来培育耐除草剂的作物品种。基因工程在抗旱育种上的应用为克服干旱提供了新思路。美国斯坦福大学把仙人掌基因导入小麦、大豆等作物，育成抗旱、抗瘠的新品种（雪莲的抗寒基因）。我国在抗逆基因分离、克隆和转化等方面的研究有新进展，已克隆了耐盐碱相关基因，通过遗传转化已获得了耐 2%NaCl 的烟草，耐 1%NaCl 的苜蓿和耐 0.8% NaCl 的草莓。

人工选育能源植物的基本条件是：种子资源丰富、生物质产量稳定、繁殖育种容易、光合效率高、生长周期短、大田管理粗放、抗逆性强等。

六、能源植物的转化途径

能源作物和其他生物质可被转化为液体、气体和固体能源，还包括直燃发电和供暖。已在 10 多年前发达国家就根据未来市场的要求，把生物质转化技术作为重点科技研发领域。当前很多转化技术都已应用于大规模商业生产阶段，实现了生物质能源工业生产和应用。采用热化学（thermochemical）转化及合成技术可生产传统和现代的液体燃料，较先进的气化技术通过综合循环发电产生电能，已在欧洲、南美和北美的许多国家得到开发应用。长期的目标是通过气化和合成工艺生产氢气、甲醇、氨和运输用的燃料。生物转化技术利用微生物和酶过程产生糖类，进而形成乙醇等燃料或化工产品。热电联产（combined heat and power，CHP）技术已相当成熟，其能量转化率已超过 98%，欧洲国家正在将这一技术更加综合化，将实现热电固体燃料和燃料乙醇生物质的多元化联产（bioenergy combine）。

（一）液体燃料

在石化能源资源中，石油的可开采资源量最少，液体燃料将是最为缺乏的。由生物质转化的液体燃料主要包括生物乙醇、生物柴油和生物质裂解油。

1. 乙醇

生物质经液化、糖化、发酵和蒸馏得到乙醇溶液，进一步脱水使乙醇含量大于 99.5%（V/V），再加上适量变性剂（无铅汽油）即为燃料乙醇。车用乙醇汽油是把变性的燃料乙醇和汽油以一定比例混配形成的一种新型汽车燃料。乙醇是一种具有较高辛烷值的含氧化合物，按合适的比例调入汽油中会提高汽油的辛烷值，降低汽车尾气中一氧化碳和碳氢化合物的排放量。乙醇是世界上使用量最大的替代石油的生物燃料，已有很多国家将乙醇作为汽油的调和组分，其中巴西和美国乙醇用量最大。我国是世界上第三大燃料乙醇生产和消费国，已在部分地区使用了 E10 汽油，其中乙醇含量为 10%（V/V）。

生产燃料乙醇的能源作物有糖料作物、淀粉作物和木质纤维素作物。以糖类和淀粉类生物质为原料生产燃料乙醇时，在液化阶段生物质材料经前处理与水、α-淀粉酶混合后进入发酵罐液化，此过程经历低温（95℃）和高温（120～150℃）两个阶段，其中高温阶段的作用是减少糖化醪里的细菌；在糖化阶段，待糖化醪冷却后加入葡糖糖化酶，使液化的淀粉转化为可发酵的糖；然后进入发酵阶段，醪液中加入酵母菌发酵，产生乙醇和 CO_2，发酵时间约 48h，发酵后醪液中包含 15%～20% 的乙醇、生物质材料中不能发酵的固体和酵母菌细胞；在分馏阶段，醪液进入分馏塔分馏，得到浓度达 90% 的乙醇，蒸馏剩余物进入发酵罐重新利用；最后是脱水阶段，对 90% 的乙醇进一步脱水，得到燃料乙醇。在能源作物生产乙醇中，由可溶性糖和淀粉转化为乙醇的理论计算公式如下：

可溶性糖转化为乙醇的产量（L/hm²）=可溶性糖含量（%，干基）×原料干物质产量（t/hm²）×0.51（糖类转化为乙醇的系数）×0.85（转化效率）/0.79（乙醇比例，g/mL）×10　　(2-7)

淀粉转化为乙醇的产量（L/hm²）=淀粉含量（%，干基）×原料干物质产量（t/hm²）×1.11（淀粉转化为糖类的系数）×0.51（糖类转化为乙醇的系数）×0.85（转化效率）/0.79（乙醇比例，g/mL）×10　　(2-8)

以木质纤维素类为原料生产的乙醇被称为第二代生物乙醇，其生产技术工艺已逐渐成熟，由于原料广泛，将有很大的发展前景。与传统原料生产乙醇不同的是，首先要对木质纤维素原料进行前处理，即脱去木质素，降低纤维素的结晶度，提高原料的疏松性以增加各种酶与纤维素的有效接触，从而提高酶效率。一般木质纤维素植物所含的 75%～90% 纤维素和半纤维素可水解为糖类而转化为乙醇，如木质纤维素植物柳枝稷大约可转化 5000L/hm² 乙醇，如将甜高粱中的可溶性糖、淀粉、纤维素和半纤维素都转化为乙醇，在籽粒成熟期可达到 4867～13 032L/hm² 乙醇产量。当前该项技术应用的主要障碍是生产成本过高。综合多项研究结果，预计纤维素生产乙醇的成本将从当前的 22 欧元/GJ，降为 2025 年的 8.7 欧元/GJ。在能源作物生产中，由纤维素和半纤维素转化为乙醇的理论计算公式如下：

纤维素和半纤维素转化为乙醇的产量（L/hm²）= 纤维素和半纤维素含量（%，干基）×原料干物质产量（t/hm²）×1.11（纤维素和半纤维素转化为糖类的系数）×0.85（纤维素和半纤维素转化为糖类的效率）×0.51（糖类转化为乙醇的系数）×0.85（糖类转化为乙醇的效率）/0.79（乙醇比例，g/mL）×10。　　(2-9)

2. 生物柴油

生物柴油是以包括植物油、动物油脂和废餐饮油等在内的各种油脂为原料，经一系列加工处理过程而生产的液体燃料。生物柴油作为车用燃油已有较长的历史了，当前已成为迅速增长的运输用替代燃油之一。

以植物油生产生物柴油主要是用化学方法将植物油脱甘油甲酯或乙酯化（transesterification），

即在植物油中加入一定量的甲醇或乙醇,在催化剂和230~250℃条件下进行酯交换反应,生成脂肪酸甲酯或脂肪酸乙酯,再经洗涤、干燥得到生物柴油。它是生物质利用热裂解等技术得到的一种长链脂肪酸的单烷基酯,属含氧量极高的复杂有机成分的混合物,几乎包括所有含氧有机物种类,如醚、酯、醛、酮、酚、醇和有机酸等。生物柴油可以任意比例掺混于矿物柴油中,甚至100%的生物柴油都可用于当前的柴油发动机,具有燃烧充分,抗爆性好及储存、运输、使用安全等优良性能。

(二)生物油

生物质快速热裂解生成的液体燃料被称为生物质裂解油,也称为生物油或裂解油。裂解或称热裂解(pyrolysis),是在无氧条件下对含碳物质的热降解(thermal degradation),即切断大分子中的化学键而形成小分子物质。主要原料为木质纤维素类,其反应产物为气体、液体和固体物质(木炭,char),各成分的含量受反应温度和时间影响而不同。为获得最大量的不同目标产品,需要精确控制反应条件。快速热解技术是使生物质在隔绝空气、常压、中温(450~550℃)、快速加热(升温速率10^4~10^5K/s)、短气相停留时间(小于5s)的条件下,迅速断裂为短链分子,在快速冷却的反应条件下,有利于形成生物油。生物质快速热解液体收率可高达70%~80%(w/w)。在隔绝空气条件下于干馏釜中加热生物质,制取乙酸、甲醇、木焦油抗聚剂、木馏油和木炭等产品的方法也称干馏。根据温度不同,干馏可分为低温干馏(500~580℃)、中温干馏(660~750℃)和高温干馏(900~1100℃)。

相对于气化和直燃,由生物质形成的裂解油易于运输,而且中温反应条件下不易形成灰熔(ash melting),碱金属容易存留在木炭中,可利用一年生能源植物和农作物秸秆。但它的高含水量、高含氧量、高黏度和低热值等性质大大阻碍了其作为碳氢燃料的广泛使用。

(三)气体燃料

1. 生物质燃气

在大于700~800℃的高温和适量氧气等气化剂存在的条件下,生物质热裂解生成的气体的比例(>80%)远大于液体和固体产物。将这种生物质置于高温环境,通过热分解将其转化为燃料气体和化学原料气体(synthetic gas,合成气体)等气态物质的过程称为生物质气化(gasification),产生的气体称为"生物质燃气"或"燃气",主要成分为CO、H_2和CH_4等。气化的方法很多,主要有常压气化(0.1~0.12MPa)和加压气化(0.5~2.5MPa)。温度控制有低温(700℃以下)、高温(700℃以上)和灰熔点以上的高温熔融。生物质燃料的热值为中等(15~20MJ/m^3N),适合用于驱动各种引擎和涡轮机。生物质气化发电是当前生物质能利用的重点研发领域之一。我国在这一领域的研究及应用较早,在20世纪60年代就开发了60kW的谷壳气化发电,目前主要使用的是160kW与200kW谷壳发电两种。近年在进行1MW的生物质气化发电系统研究和应用。

2. 沼气

沼气(biogas)是有机物质在一定温度、湿度、酸碱度和厌氧条件下,经过沼气菌群发酵而获得的混合物,其主要成分是CH_4(methane)和CO_2,浓度分别为50%~60%和30%~40%。由于其生产原料主要是人、畜、禽粪便和农作物秸秆,沼气在我国广大农村的废弃物再利用、提供清洁可再生能源方面有重要作用。其他原料如水葫芦、水花生等具水域污染性的水草，由于具有繁殖速度快、产量高、组织鲜嫩、能被沼气菌群分解利用等特点，也逐步成为生产沼气的原料。而且沼气发酵技术作为能源回收途径，也通常用来处理工业有机废弃物。

当前沼气纯化技术和应用发展很快，高纯度的沼气就相当于天然气，已用于驱动车辆，也完全可以进入天然气管网。同时，研究开发和利用沼气作为燃料电池的燃料也有了一定的发展。随着沼气用途的不断扩展，社会对沼气的需求量越来越大，促进了沼气的大规模工业生产。在国外，生产沼气的原料已不再以废弃物为主，专门用于生产沼气的能源作物得到了惊人的发展。目前应用于沼气发酵的能源作物主要有玉米、小麦、甜菜、小黑麦、黑麦、甜高粱、向日葵和柳枝稷等。这些作物在籽粒成熟前被整株收获后进行青贮，然后通过厌氧发酵形成沼气。其栽培和储藏的方式与饲料作物基本相似，但是工厂的沼气生产可降解约80%的纤维素，远高于动物降解纤维素的比例（40%～59%）。在澳大利亚对5种作物共16个品种及6个草类植物的沼气产量进行了比较，结果发现蜡熟期收获的整株玉米沼气产量最大（7500～10 200m^{3}N/hm^2）。

3. 氢气

利用微生物自身的代谢作用可将生物质转化为氢气（hydrogen），包括厌氧细菌或兼性厌氧菌产氢和光合成细菌进行光合成产氢。厌氧细菌产氢过程可通过丙酮酸产氢、甲酸分解产氢、NADH/NAD$^+$平衡调节产氢3条途径实现。生物制氢的原料主要是工农业有机废弃物和工业污水，如以牛粪堆肥为天然厌氧产氢微生物来源，接种于处理过的玉米秸秆，在厌氧条件下反应能成功制得氢气。随着产氢技术的不断发展，木质纤维素类能源作物将成为生物制氢的主要原料。

（四）固体燃料

木质纤维素类生物质经压缩成型或炭化工艺后能提高容重和热值，改善燃烧性能，这种技术称作"压缩致密成型"或"致密固化成型"，被压缩后的物质称为生物质颗粒（pellet, briquette）。在欧美，生物质颗粒已实现商业化的生产和应用，其方便应用的程度可与燃气、燃油媲美，与之配套的高效清洁燃烧取暖炉灶已在居民社区非常普及。

目前主要固化成型技术有三大类，即螺旋挤压、活塞冲压和压辊式成型。工艺过程主要包括原料粉碎、干燥混合、挤压成型、冷却和包装等几个环节。原料的种类、粒度、含水率、成型方式、成型模具的形状和尺寸等因素对成型工艺过程和产品的性能都有一定的影响，具体的生产工艺流程及成型机构和原理也有一定的差别。

（五）直燃发电和供暖

生物质直燃（direct combustion）是通过高效率的锅炉技术燃烧木质纤维素原料进行大规模发电或供暖，欧美国家的热电联产技术已广泛得到应用。直燃发电包括生物质燃烧蒸汽发电和生物质混烧发电两种形式。生物质燃烧蒸汽发电是利用直接燃烧生物质所得到的蒸汽来进行发电的技术。从短期的角度来看，对煤炭发电进行改良的煤炭、生物质混烧（co-firing）发电是成本最低的生物质发电。欧美不少国家以木材加工的废弃物质为燃料，英国则以养鸡厂的废弃物质为燃料开始了商业化的发电。发达国家还以工厂所产生的甘蔗渣、黑液为燃料进行蒸汽发电和热电联产。柳树、杨树和柳枝稷等木质纤维素类能源植物也是直燃发电的原料。

七、重要的能源植物

从广义上来说，植物都是生物质能源，但真正具有开发价值的植物必须具备 3 个条件：一是能人工种植；二是加工成本低；三是加工能耗低。

目前发现符合以上要求的作物有 4 个。

一是甘蔗。但目前用甘蔗生产乙醇比生产蔗糖经济效益要低很多，是不可取的。二是甘薯。甘薯产量高，生产周期短，营养成分高于木薯，但淀粉含量比木薯低，更适用于加工食品，若用于生产燃料乙醇，经济效益明显下降。三是甜高粱。甜高粱粗生易种，产量高，是生产燃料乙醇的理想原料，但其最适宜种植区域在黄淮以北地区，发展受到一定限制。四是木薯。广西等地的生产实践证明，木薯产量高，原料成本低，加工技术基本成熟，经济可行，是足以与甜高粱媲美的生产燃料乙醇的热带生物质能源作物，可在短期内大力发展。

过去中国生产生物能源的主要原料是玉米，还有少量陈小麦。正在开发的原料有油菜籽、木薯、甘薯、马铃薯、甜高粱、甘蔗、甜菜、糖蜜、秸秆、木本油料、林业弃置物、废弃油脂、米糠、纤维素等。以玉米为原料生产燃料乙醇的技术成熟，目前在国内综合效益最好。以薯类为原料生产燃料乙醇的综合效益目前在国内居第二位，其中又以木薯效益最好。用糖质原料生产燃料乙醇的综合效益居第三位，在糖质原料中又以甘蔗为首。以小麦为原料生产燃料乙醇的成本比较高，国内现在仅有河南天冠公司一家利用少部分小麦为原料生产燃料乙醇。油菜籽生产生物柴油具有独特的优势，是理想的生物柴油原料。木本油料作物生产生物柴油的潜力非常大，目前作为生物柴油原料开发利用较为成熟的有麻风树、黄连木、光皮树、文冠果、油桐等树种。稻糠、棉籽和农作物秸秆、林木等纤维物质都可用来生产生物燃料。随着石油资源的减少和生产技术的成熟，以上这些资源将陆续进入商业生产领域。

（一）甜高粱

甜高粱（sweet sorghum）也称糖高粱、芦粟、甜秫秸或甜秆，属粒用高粱的一个变种，学名为 *Sorghum bicolor*（L.）Moench。甜高粱与帚高粱（*Sorghum dochna*）、宿根高粱（*Sorghum halepense*）及苏丹草（*Sorhgum sudanensis*）近缘。甜高粱起源于非洲，据记载于公元 4 世纪传到中国，各地均有零星种植，长江中下游尤为普遍。甜高粱生长速度快、生物产量高、茎秆糖分含量高，具有粮秆兼收的特性。一般鲜茎秆产量为 45～75t/hm²，还可产籽粒 3～6t/hm²。在华北地区，早、中、晚熟品种地上部生物产量干重达到了 13.2～35.2t/hm²。

甜高粱茎秆中汁液丰富，开花后可累积大量的可溶性糖。榨汁率（juice rate）可达 60%～70%，汁液含糖分 13～20°Brix。茎秆中含有 43.6%～58.2%（干基）的可溶性糖和 22.6%～7.8%（干基）的不可溶性糖。种植试验表明，以甜高粱的可溶性糖转化为乙醇的产量最高可达 6150L/hm²。若茎秆中的纤维素和半纤维素也转化为乙醇，则比玉米籽粒和茎秆所得到的乙醇要多 30%～40%。

华北早、中、晚熟品种两年研究结果表明，籽粒成熟期时茎秆和叶中可溶性糖含量分别为 30.4%～50.3%（干基）和 7.0%～15.2%（干基）；茎秆、叶中可溶性糖总产量为 4.1～10.5t/hm²（干基），其中茎秆中可溶性糖占 88.5%～95.5%；叶中纤维素和半纤维素含量为 16.6%～20.9%（干基）和 16.2%～19.2%（干基），木质素仅为 1.5%～3.0%（干基），纤维素和半纤维素的总产量可达 4.2～12.7t/hm²。经计算，可溶性糖和不可溶性糖可形成的乙醇产量分别为 2252～5414L/hm² 和 2154～6591L/hm²，如考虑籽粒产量（2.2～5.7t/hm²），不同熟期的品种乙醇总产量可达到 4867～13 032L/hm²，即 3.8～10.3t/hm²。

甜高粱有较强的抗旱、耐涝、耐瘠薄和耐高温的能力，适合在全国各地边际地土壤上种植，尤其是含盐量为 0.2% 左右的盐碱地上有可观的生物产量，其耐旱性比一般农作物强。因此，普遍认为甜高粱是我国最有前景的能源作物。

甜高粱的应用前景非常广阔，目前应用较多的是用来制糖，现在我国已有一些实例，其产品均符合国家有关标准。在南方的甘蔗产区，甜高粱作为糖厂的补充原料，可使榨季提前 2～4 个月；此外，甜高粱也是酿酒的理想原料，有资料表明，按每亩甜高粱产 3000～5000kg 秆来算，可酿制出 60 度的白酒 150～300kg，用来制乙醇，可生产 233～267L。

甜高粱秆渣既是很好的饲料，又是优质的造纸、制纤维板原料。甜高粱籽粒可作为粮食，叶片直接喂鱼，用于养殖；茎秆制糖、制酒、制乙醇，酒糟作为饲料喂奶牛、羊、鹿。

目前，世界上许多国家已把甜高粱作为种植领域的佼佼者争相发展。在我国，随着种植结构的进一步调整，甜高粱这一高能作物也必将在神州大地上逐渐"甜"起来。

2006 年，由清华大学、中国粮油集团公司、内蒙古巴彦淖尔市五原县政府共同完成的甜高粱秸秆生产乙醇中试项目喜获成功。中试结果显示：发酵时间为 44h，比目前国内最快的工艺缩短了 28h；精醇转化率达 94.4%，比目标值高出 44 个百分点；乙醇收率达理论值的 87% 以上，比目标值高出 7 个百分点。该成果的取得，意味着我国以甜高粱秸秆生产乙醇的技术取得重大突破。

用边际土地种植的农作物生产的乙醇汽油是一种新型清洁燃料，是国际能源替代战略和可再生能源的发展方向。我国于 2001 年开始在河南、黑龙江、辽宁等 9 省区试点推广乙醇汽油。2006 年 12 月国家发展和改革委员会（发改委）明令禁止以粮食生产乙醇的项目，并限制原有的以粮食制乙醇企业的产能，鼓励发展以甜高粱秆、甘蔗、木薯、桐油树、海藻等非粮食植物生产乙醇汽油的技术。

内蒙古河套地区计划建设 3 万 t/年的绿色生物燃料乙醇生产基地。专家预测未来 3～5 年，我国的东北、华北、西北和黄河流域部分地区共 18 个省市区的 2678 万 hm² 荒地和 960 万 hm² 盐碱地将成为甜高粱的生产基地，加上我国每年产生 7 亿多 t 作物秸秆，这些地区将成为我国生物燃料乙醇工业丰富的原料基地。

和玉米比较，以甜高粱茎秆为原料，原料成本可降低 30%～50%；乙醇产品吨成本可降低 500 元。

和以玉米为原料生产乙醇比较，以甜高粱茎秆为原料，每生产 1 万 t 乙醇可节约 20 000

亩土地资源。甜高粱还额外有每亩 600～800 斤[①]的粮食产量。

醇甜系列：甜高粱可在盐碱地种植，用甜高粱茎秆制取乙醇，不与农民争粮食，不与粮食争耕地，是一个了不起的创举。

美国俄克拉荷马州立大学最新推出一种用高粱秆生产生物燃料的方法，俗称"本地化"处理法，可使农场主在自家的田地里有效生产乙醇。大批高粱可以就地发酵生成绿色燃料——乙醇。

俄克拉何马州立大学农学院的生物系统工程师丹尼尔·贝尔玛介绍说，只需将高粱秆挤压出汁，然后在汁中加入酵母菌，让其发酵，就可以得到乙醇。

（二）能源甘蔗

利用能源甘蔗生产乙醇，最经济、有效的措施是进行高光效、高生物量甘蔗育种，能源甘蔗品种是乙醇生产的技术核心。巴西早在 20 世纪 70 年代就投资 39.6 亿美元实施生物能源计划，育成了'SP71-6163'和'SP76-1143'等能源甘蔗品种；美国 1979 年制定了"UPR 计划"（无性繁殖作物的基因改良计划），选育出生物量达 240～270t/hm^2，总可发酵糖量（包括纤维素、半纤维素和木质素）干重达 48～55t/hm^2 的非食用甘蔗新品种'US67-22-2'；80 年代中期，印度和美国联合实施"IACRP 计划"（印美甘蔗协调研究计划），利用热带种和野生蔗杂交培育出乙醇产量达 12m^3/hm^2 的能源甘蔗品种'IA3132'。

我国的能源甘蔗研究起步较晚，但发展较快。福建农业大学甘蔗综合研究所在国内首倡能源甘蔗研究。在主持国家"九五"甘蔗育种科技攻关项目期间，进行了"高光效、高生物量育种"的攻关研究，确立了利用甘蔗复合体（saccharum complex）的遗传多样性和高光效特性，通过甘蔗属种间远缘杂交，创制高度分离的育种群体，采用先进的光合效能活体测定技术、分子标记技术和细胞工程技术与常规育种相结合，以总生物量、总可发酵糖量为育种目标，创制能源甘蔗新材料，并通过了一系列中间试验和技术经济指标的评价。通过自育和引进，已获得一批能源甘蔗新品种（系），接近或超过了美国第二代能源甘蔗品种的水平。国家"十五"计划、863 计划、948 行业重大项目、国家攻关引导项目、农业部跨越计划、农业结构调整重大技术研究专项、农业部"南方地区能源农业技术试点和产业化示范"、福建省重大科技项目"能源专用甘蔗新品种选育"、福建省跨越计划"能源甘蔗新品种（系）的中试与产业化"等对能源甘蔗的继续研发予以了立项资助。

与多种能源作物相比，土地单位面积产量以甘蔗为最高，产乙醇量也名列前茅，以甘蔗为原料制燃料乙醇的技术完全可行，加工费也是以甘蔗为最低。但从经济收益方面考虑，产糖与产燃料乙醇比较，则当前产糖效益会高于产乙醇，因为产糖 1t 只需甘蔗 8～10t，而产乙醇需 13.5～15t，但两种产品近年售价较接近，虽加工费产糖高于产乙醇，但原料费占生产成本是主要的。因此，单从经济效益考虑则产糖优于产乙醇，但糖的消费量有限，放开发展可能会出现供大于求，然而燃料乙醇则消费量很大，可以大力发展。

甘蔗是世界很多地方都可以生长的作物，传统上都将用它作为生产糖和乙醇的原料。除此之外，它还是潜在的纤维素原料。现在已培育出一些高产的"能源型甘蔗"杂交品

---

① 1 斤=500g

种。澳大利亚利用新培育的优良甘蔗，通过对甘蔗中的糖分进行发酵，每吨甘蔗可生产90L乙醇。在巴西，已有 12 个效益最好的乙醇厂，其种植的甘蔗产量已达到 $89t/hm^2$，每吨甘蔗的乙醇产量为 79L，相当于每公顷土地每年的乙醇产量超过 7000L。

近几年，我国西南部地区（广西、云南、贵州等省区）种蔗为致富脱贫起了较大作用，可是因为化学合成甜味剂及进口糖的冲击，出现食糖供大于求的现象，关停了一些糖厂。这些地区可借鉴巴西 25 年来发展甘蔗燃料乙醇的经验，糖与乙醇并举，以价格、市场调整二者使用导向，做到稳定种蔗面积和蔗农收入，调动农民积极性，实现经济、社会、生态三方面效益的提高。

（三）油料植物

植物油主要来自大豆、油菜籽等油料作物，油棕、黄连木等油料林木果实，工程微藻等水生植物，餐饮废油等也是重要的资源。在生物质能利用领域，植物油主要用于生产液体燃料——生物柴油，是优质的石油、柴油代用品。

选择能源油料植物种类的原则有以下几方面。

1) 要有较高含油量。含油量是选择能源油料植物的决定性指标。不含油成分，含量达不到利用程度，当然谈不上油料植物的开发利用，含量的高低又决定了能源、油料利用价值的大小。因此，在确定选择能源油料植物指标体系时，油的含量应为首推的指标。

2) 要有较大的能源植物油生产潜力。能源植物油生产潜力决定了能源油料植物的开发利用价值和前途。潜力越大，开发利用的价值越高，开发利用的可行性越大。能源植物油生产潜力的决定因素如下：①种的分布面积范围。分布面积越大，其适应的区域越大，供开发利用的区域范围越广。同时，如果从野生资源利用的角度考虑，分布面积范围决定着收获量的大小。②种应有良好的结实性状或较高的单位面积产量。单位面积产量要通过驯化以后的正规生产性栽培才能获得。在野生种还没有进入到这一生产性过程时，只能用种的结实性状来作为选择野生利用种的生产指标，结实性状好的种，通过驯化栽培，可成为高产性状，为单位面积产量打下基础。③要有容易繁殖的特性。包括种子的发芽率、发芽的难易程度及无性繁殖的可能性和难易程度。

3) 要有一定的生态适应幅度。生态适应性确定了种应选用的适宜环境，而生态幅度的大小决定了种适宜区域的大小，没有一定的适应区域，所选种类的生产潜力得不到发挥。但是野生种在没有通过系统研究前，其生物学、生态学特性是不完全清楚的，对其生态适应性的认识也只能局限于其目前生长的环境特征上，以此作为它驯化初期的种植区域。以当前常出现的生态环境和分布幅度来衡量其生态适应性和生态适应幅度。

4) 要具有植物燃料油的燃烧特性，或易于加工研制成植物燃料油的成分结构。植物燃料油的研究利用历史短，目前利用的植物油为相似于当前化石燃料油结构或燃烧特性的植物油，或者容易酯化成单酶类或加工成烃类的油和提炼醇类物质的植物油。因此，在油成分的目标选择上，首先要考虑这一指标。当然，随着植物燃料油研究利用水平的提高和相关科学技术的发展，可以预言经过一段时间以后，会有更多的、不同组成结构的油成为植物燃料油研制的原料。因此，在这个指标上，既要着重考虑油与目前燃料油结构的相似性，便于马上加入使用的行列，又要予以适当放宽，收集更多的能源油料资源，以增加能源油料开发利用的后劲。

从 20 世纪中期开始，世界上许多国家和地区就开始了生物柴油植物油原料选择利用的研究，选择了一些可利用的植物种类，并建立了一批生物柴油原料利用基地。70 年代末 80 年代初，美国进行了大量燃料油植物的研究和开发，并集中研究了富含乳汁的燃料油植物资源，选定了 12 种产烃类物质的植物（如续随子和绿玉树等）进行栽培试验，并在加利福尼亚州南部建立了"生物燃料油林场"。1990 年海湾战争爆发后，美国开始重视生物燃料油复合型生产原料的研究。1999 年，美国能源部组织法国、荷兰、德国、奥地利和马来西亚等多国科学家对油棕、藻类、部分热带植物进行了研究，得出的结论是：到 2050 年全球液体燃料油 80%将来自木本、草本栽培油料植物和藻类。目前，发达国家用于规模生产生物燃料油（生物柴油）的原料油有大豆油（美国）、油菜籽油（欧洲）、棕榈油（东南亚）。

我国幅员辽阔，地处温带和亚热带，植物资源丰富，含油植物有 400 多种，其中主要有油菜、花生、大豆、棉（籽）、向日葵、芝麻、蓖麻、油桐、油棕、光皮树、椰子、桉树、油茶等。但是有能源用途的植物油料资源非常有限。2001 年，我国油料作物的产量仅 5000 万 t 左右，其中豆类 2050 万 t，花生 1440 万 t，油菜 1130 万 t，芝麻 80 万 t。这些油料植物是我国食用油的主要来源，不可能用于能源用途。所以，发展我国的生物燃料油工业必须在不与食用油资源争地的前提下大力发展油料植物资源。为此，我国科技工作者重点研究和探讨了一些野生油料植物及其能源利用的可行性。

研究的结果已证实，可作为生物柴油原料的种类资源（包括种和变种）共 151 科 697 属 1554 种，其中可提供利用器官或组织的油脂含量在 10%以上的有 138 科 1159 种，而且随着植物燃料油研究的深入，研制、利用水平的不断提高，可用于制取生物柴油的植物种类肯定也会不断增加。光皮树耐贫瘠，抗干旱，适于在石灰岩山地生长，籽粒油量较高，是比较理想的生物燃料油生产原料。绿玉树、小桐子、黄连木等木本植物都具有较高的单位面积经济产量或生物量，以其作为生物柴油的原料，经济上是可行的。

1. 油菜

油菜主要有白菜型油菜、芥菜型油菜和甘蓝型油菜三大类。其中甘蓝型油菜种子含油量较高，一般在 42%左右，高的达 50%以上。由于其化学组成与柴油很相似，是提炼生物柴油的理想原料，被称为能源油菜。油菜抗性强，耐寒，耐湿，耐肥，适应范围广。我国黄淮流域、西北、东北等适宜种油菜区域的耕地面积在 15 亿亩以上。长江流域和黄淮流域的油菜为冬油菜，仅利用耕地的冬闲季节生长，品种改良后并不影响水稻包括双季稻等主要粮食作物的生长，这样适宜种油菜的冬闲田有 4 亿亩以上。据估计，在不与粮争地的前提之下，我国有 2670 万 hm^2 耕地可用于发展能源油菜，按当前平均菜籽产量 1.6t/hm^2、含油率 40%计，每年通过能源油菜种植可为生产 1700 万 t 生物柴油提供原料。特别值得一提的是，油菜种植时，每生产 1t 菜籽将产生 2t 秸秆。规模化种植时，如果能结合微生物油脂发酵技术，充分利用油菜秸秆资源，不仅可以使单位耕地面积得油率提高 70%以上，而且具有显著的环境效益。

我国油菜专家王汉中研究员于 2005 年 5 月提出了"实施油菜生物柴油计划，建造永不枯竭的'绿色油田'的战略性建议"，即经过 15 年左右的努力，将我国能源油菜的种植面积扩大到 4 亿亩，亩产提高到 200kg，含油量提高到 50%，年生产生物柴油 4000 万 t

（相当于建造一个永不枯竭的绿色大庆油田），同时生产高蛋白饲用饼粕 4000 万 t，此建议在全国引起了较大反响。实施油菜生物柴油计划既可为我国的能源安全作出重大贡献，又可保障我国的食物安全，还有利于农民增收，意义重大。

高蓄能能源油菜新品种——'中油 036 号'的培育，为我国炼制生物柴油迈出关键性的一步。因为菜籽油转化为生物柴油的比例为 1∶1，有了高含油量品种做支撑，在不影响我国粮食生产的前提下，可利用整个长江领域 4 亿亩以上的冬闲田发展能源油菜生产，若国家、科技进步和投入三要素均能到位，经过努力，我国能源油菜的亩产量提高到 200kg、含油量提高到 50% 是完全可能的。由于受气候等因素的影响，长江流域中游地区属于油菜的低含油量区。专家介绍，如果这个新品种拿到青海等高海拔地区种植，其含油量有可能达到 56%。近几年高油油菜的发展迅速，如湖南农业大学油料所在 2015年推出的"湘杂油 553"等品种，含油量就高达 48% 以上，以该品种为材料将会大大加快非食用的生物柴油专用品种培育进程。中国是世界上最大的油菜生产国，目前油菜种植面积为 1.2 亿亩，亩产量为 110kg，菜籽含油量为 41% 左右，年总产 1300 万～1400 万 t，面积和产量均接近世界 30%。

陈锦清率领的研究小组正在开展如何通过转基因技术提高油菜中油脂含量的研究。在我国长江流域，油菜含油量基本在 37% 至 43% 之间徘徊，而陈锦清研究小组利用堵住光合产物向蛋白质、淀粉等其他代谢途径分配，使更多底物（即生物合成各种成分的原材料）用于油脂合成，提高油脂含量，以及防止裂角、延长油脂合成时间来提升油脂含量的研究思路，培育出的第二代转基因油菜"超油 2 号"，含油量达到 54.8%。 转基因技术应用在食物方面要求标识，受到很大限制；而应用在能源作物上，不受基因标识的限制，具有很大的发展空间。因此，转基因技术在培育能源作物，发展能源农业方面将大有作为。

2. 麻风树

（1）概述

麻风树（*Jatropha curcas* L.）为大戟科（Euphorbiaceae）麻风树属植物，又名黄肿树、小油桐、芙蓉树、假花生、膏桐、吗哄罕、桐油树、南洋油桐、小桐子、臭油桐、黑皂树、木花生、油芦子、老胖果等，英文名 physic nut 或 purging nut。野生麻风树在中国国内分布于中国的广东、广西、海南、云南、贵州、四川等地。国外分布于非洲的莫桑比克、赞比亚等国，澳大利亚的昆士兰及北澳地区，美国佛罗里达的奥兰多地区、夏威夷群岛地区等均有分布。我国栽培的麻风树属植物共有 5 种，为麻风树、棉叶麻风树（*Jatropha gossypiifolia* L.）、佛肚树（*Jatropha podagrica* Hook.）、琴叶珊瑚花（*Jatropha pendifolia* L.）和珊瑚花（*Jatropha multifida* L.）。其中麻风树种植面积较大，资源较为丰富，可作为能源植物进行开发，其余 4 种均作为观赏花卉栽培。麻风树染色体 2*n*=22，分布于热带或亚热带地区，中美洲的墨西哥和加勒比海西印度群岛的麻风树数量多，且存在于多种生活环境中，形态变异大，因此中美洲是最被认同的麻风树起源中心。

麻风树种内变异丰富，国外报道较多的有 4 个变种，即非洲佛得角变种、尼加拉瓜变种、尼日利亚变种及墨西哥无毒变种。非洲佛得角变种分枝较多，叶片和种子较小，种子平均长约 1.7cm，千粒重约 682g。尼加拉瓜变种的分枝更多，果实更圆，种子大于佛得角变种，长约 2.03cm，千粒重 878g，但结果数少于佛得角变种，因此两个变种在总产量方面相差不大。墨西哥韦拉克鲁斯等州发现的无毒变种，千粒重 524~901g，种子中缺乏佛波酯，可用于开发食用油等。麻风树传入我国已有 300 多年，各地麻风树的性状也存在比较大的差异，其中一些性状极可能是由遗传差异造成的，如种子大小、性状、含油量、果实着生方式、叶片形状、株型、抗寒性能等。

麻风树富含脂肪类、萜类、黄酮类、香豆素类、甾醇类和生物碱等物质，这些物质主要存在于种子、树皮、叶、根和乳汁中。麻风树的脂肪类物质主要分布在种子中，种子含油率量为 30%~40%，种仁油脂含量可达 62%~70%，以不饱和脂肪酸为主，流动性好，是生产生物柴油的优质原料。

（2）生产现状及潜力

1）抗逆性和对边际地的适应性。

麻风树耐干旱瘠薄，在石砾质土、粗质土或石灰岩裸露地均能生长。通常生长于丘陵、河谷和荒山坡地，一般于园边作为绿篱栽培，有的处于半野生状态生于平地路旁的灌木丛中，以散生或小面积纯林形式分布。

2）分布及产量。

麻风树广泛分布于热带和亚热带地区，如中美洲和西印度群岛的洪都拉斯、哥斯达黎加、古巴、圣卢西亚岛、格林纳达和佛罗里达等；南美洲的阿根廷、哥伦比亚、厄瓜多尔、秘鲁和委内瑞拉等；非洲的佛得角、贝宁、埃及、乌干达、赞比亚和津巴布韦等；亚洲中南半岛的缅甸、泰国、马来西亚和印度等；澳洲的昆士兰和北澳等。目前麻风树在我国大部分为野生，主要分布在广东、广西、云南、贵州、四川、台湾、福建及海南等省区。广西主要产于南宁、崇左、百色、河池、钦州、北海、防城港、玉林、贵港、博白、容县、苍梧、凭祥、平果、田东、田阳、田林、右江、德保、靖西、梧州、那坡、乐业、凌云、凤山、天峨、大化、都安等地；四川主要产于攀枝花、盐边、米易、盐源、德昌、西昌、会理、金阳等地；海南主要产于澄迈、檐县、东方、白沙、乐东、保亭、陵水、崖县等地；贵州主要产于红水河和南、北盘江流域，以罗旬、望漠、贞丰及册享较多；云南的西部、西南部、中部及元江、金沙江、红河、澜沧江、南盘江和怒江等流域均有栽培。

我国麻风树自然分布面积约 1.1 万 hm^2，其中四川现有成林面积 0.13 万 hm^2，近几年造林约 0.67 万 hm^2；贵州自然分布面积约 100hm^2，近年来新造麻风树林面积已超过 1.55 万 hm^2。一般情况下，麻风树 3 年可长成 3m 左右的植株，种子繁殖的树木在 3~4 年后、扦插繁殖的在 1 年后可结果，5 年后均进入盛果期，可连续收获 20~30 年。一棵成熟的麻风树 1 年结果 3 次，每次产种子 5~15kg。生长环境及土壤肥力状况不同，麻风树产量有较大差异。在非洲佛得角产量为净种子 0.8~2.3t/hm^2，在非洲马里为 2~2.4t/hm^2。我国一般种植 3~4 年的麻风树年产种子可达 3~7.5t/hm^2。华南植物园和西双版纳植物园种植试验结果表明，种植 3~4 年的麻风树年产种子可达 4.5t/ hm^2；在土地肥沃、排灌条件良好的地方种植，产量可高达 12t/hm^2 左右。

（3）制备生物柴油

据石油产品质量检验部门测试，利用麻风树种子脂肪生产的生物柴油，闪点、凝固点、十六烷值、硫含量、热值和黏度等均符合甚至优于国家生物柴油标准（GB/T 20828—2007），多数指标达到欧盟标准Ⅲ。

目前，用麻风树种子油制备生物柴油多以酸（浓硫酸）或碱（NaOH、KOH）为催化剂，在均相下通过酯交换方法合成。若采用浓硫酸作催化剂，对设备要求很高，还对有机物有炭化作用，易发生副反应而使反应体系颜色加深、后处理过程复杂。若采用碱作催化剂，原料油和醇必须经过严格脱水，否则易形成乳状物，不易分离，而且原料油中的游离酸对碱性催化剂的活性有很大损害。不论是酸或碱作为催化剂，在后处理过程中会排出大量污水，不易处理，环境污染风险大。因此，开发新型催化剂，降低生产成本并解决环境污染问题是目前生物柴油领域研究的热点之一。利用酶法来提炼生物柴油已成为继萃取、酯交换提炼生物柴油之后的一个重要研究方向。

3. 光皮树

（1）概述

光皮树（*Swida wilsoniana*（Wanger.）Sojak.）属山茱萸科（Cornaceae）梾木属的落叶乔木，又名光皮梾木、花皮树、马光林和狗骨木等。光皮树高 5～18m，胸径可达55cm，树冠伞形。其果实的果肉和种仁均含有较多的油脂，出油率为 30%左右。光皮树油有两大特点，一是光皮树全果油酸和亚油酸占总含油量的 78%，所生产生物柴油的理化性能如冷凝点和冷滤点良好；二是以果实为原料，通过冷榨或浸提直接加工制取油脂原料，加工成本低廉，出油率高。光皮树具有喜钙耐碱、耐干旱瘠薄、萌芽力强等适生特性，可在造林难度大的石灰岩山地种植，作为重要的生物柴油原料也得到了广泛关注。

（2）分布及产量

光皮树广泛分布于黄河流域以南地区，集中分布于长江流域至西南各地的石灰岩区。垂直分布于海拔 150～1130m 的疏林中。从行政分区看，光皮树产于陕西、甘肃、浙江、福建、河南、湖北、湖南、江西、贵州、四川、广东和广西等省区。

光皮树实生苗栽植后 6～8 年可结果，采用嫁接苗栽植后 2～3 年结果，12 年左右进入盛果期，盛果期 50 年以上，寿命可达 200 年以上。大树每年平均产量为 50kg/株以上，高产可达 150kg/株。

（3）品质特点及利用途径

光皮树干全果含油率为 33%～36%，出油率为 25%～30%，平均大树产油 15kg/株。所榨出的原油为深绿色，脱色后成淡黄色，澄清透明。其全果精炼油含不饱和脂肪酸77.8%，其中油酸38%、亚油酸38.5%，油质好，气味清香。利用光皮树果实榨油食用已有 100 多年的历史，其被国家有关部门鉴定为一级食用油。

我国在"八五"期间就开展了野生光皮树油制取生物柴油的研究，大量研究表明，光皮树油生产的生物柴油理化性质好，与 0 号石化柴油燃烧性能相似，是一种安全（闪点＞105）、洁净（灰分＜0.003）的生物燃料油。

光皮树还是水土保持的优良树种，可作为山区及河滩地的防护林树种，具有良好的生态效应。光皮树干直挺秀、树皮斑斓、树冠舒展、叶茂荫浓，初夏时节满树银花，是理想的树姿优美的行道树和庭荫树。若作为用材林培育，其树干通直，木材细致均匀，纹理直，坚硬，易干燥，可供建筑和雕刻之用。

4. 桉树

（1）概述

桉树是桃金娘科（Myrtaceae）桉树属（*Eucalyptus*）树种的统称。桉树种类繁多，有 522 种和 150 个变种。为常绿植物，一年内有周期性的老叶脱落现象，以高大乔木为主，少数是小乔木，极少数呈灌木状。森林类型包括干旱硬叶乔木林类型、湿润硬叶乔木类型、稀树草原类型、干旱硬叶乔木类型和高山草甸类型。桉树天然林主要分布于大洋洲的澳大利亚大陆，19 世纪引种到世界各地。国际上当前常用于建植桉树人工林的树种包括巨桉（*Eucalyptus grandis*）、赤桉（*Eucalyptus camaldulensis*）、蓝桉（*Eucalyptus globulus*）、亮果桉（*Eucalyptus nitens*）、细叶桉（*Eucalyptus tereticornis*）、尾叶桉（*Eucalyptus urophylla*）和多枝桉（*Eucalyptus viminalis*）等。我国目前可用作能源林生产的桉树树种主要为巨尾桉（*Eucalyptus grandis×Eucalyptus urophylla*）、尾巨桉（*Eucalyptus urophylla× Eucalyptus grandis*）和尾叶桉等，均适合采用短期轮伐方式种植。

桉树具有较高的燃烧值，而且生长迅速，生物质产量高，轮伐期短，因此桉树作为热带和亚热带的生物能源来源具有显著的优势。桉树生态适应性广泛，引种后生长量往往大于或相似于原产地，目前全球桉树人工林面积已达 1344 万 hm^2，亚太地区为 609 万 hm^2。巴西是引种栽培桉树较早的国家，在育种和生产方面处于世界领先水平。目前巴西桉树人工林已达到 360 万 hm^2，占世界桉树人工林面积的 27%，仅次于种植面积为 550 万 hm^2 的印度，为世界第二位，其年生长量超过 1 亿 m^3。澳大利亚目前有桉树人工林 60 万 hm^2，预计 2020 年将增加到 80 万～90 万 hm^2。由于生产成本投入少，生物质产量潜力高，被认为是适宜美国东南部和希腊的能源作物。我国从 1890 年开始引种桉树，1973 年开始比较系统试验，经过二三十年的大面积推广造林，现在其已成为我国三大造林树种之一，主要分布在广东、广西、云南、海南、福建、四川、湖南和江西等省区，我国桉树人工林面积已达 170 万 hm^2，仅次于印度和巴西，居世界第三位，桉树当前已被认为是我国南方有潜力的能源作物树种之一。

（2）利用途径

1）植株组成成分和能量品质

相关研究介绍，桉树枝干含水率为 30%～60%，干物质灰分含量为 2.4%。蓝桉树皮占树干的 13.8%，树干密度为 0.49g/cm^3，树干、枝和叶总燃烧值分别为 19.1MJ/kg、18.7MJ/kg 和 18.6MJ/kg，树干、枝和叶净热值分别为 18.0MJ/kg、17.6MJ/kg 和 17.5MJ/kg。赤桉树皮占树干的 17.6%，密度为 0.51g/cm^3，树干、枝和叶总燃烧值分别为 19.0MJ/kg、18.3MJ/kg 和 18.3MJ/kg，树干、枝和叶净热值分别为 17.9MJ/kg、17.2MJ/kg 和 17.2MJ/kg。桉树的灰分含量为 0.52%，碳和氢含量分别为 48.3% 和 5.9%，氮和硫含量分别为 0.15% 和 0.01%。

在广东种植的桉树（*E. leizhouensis* No.1，*E. urophylla* × *E. grand*）的灰分含量在不同器官中的顺序为树皮＞叶＞根＞枝＞主茎，热值（gross caloric values）在不同器官中的大小顺序为叶＞枝或主茎＞根＞树皮，无灰热值（ash free caloric values）在不同器官中的大小顺序为叶＞枝＞主茎或根＞树皮，4.5 年龄的雷林 2 号桉（*E. leizhouensis* No.1）总能值（total retained energy）为 1482.91GJ/hm^2，*E. urophylla* × *E. grand* 总能值为 1515.06GJ/hm^2。

2）生物质能源用途

桉树作为典型的木本类木质纤维素能源植物，毫无疑问是用于生产固体颗粒燃料、发电和供热的适宜原料，也是生物油类、二代燃料乙醇和生物炼制的原料。根据美国南部的研究结果，桉树生产和运输成本为 55.1～66.1 美元/t（种植地点到加工厂的距离为 48.3km），当考虑土地投资成本时，生产和运输成本为 65.0～79.4 美元/t。由于原料成本低于 66 美元/t 时，纤维素乙醇生产就是可行的，因此认为美国南部适宜种植桉树发展燃料乙醇。在桉树用于乙醇发酵方面，重点研究同步糖化发酵（simultaneous saccharification and fermentation，SSF）工艺，研究了以 *Eucalyptus globulus* 为原料采用 SSF 工艺生产乙醇的前处理和酶水解（enzymatic hydrolysis）。热压水（hot-compressed water）技术是桉树等木本原料用于糖化时的低成本前处理工艺。

3）其他用途

20 世纪后期，随着精油制剂工业的发展，国际市场的需要大大地刺激了桉油工业的发展，桉油工业出现了历史上最繁荣的时期。桉油产品的最终用途可分为医药精油、工业精油及香料精油 3 类。

5. 续随子

（1）概述

续随子（*Euphorbia lathyris* L.）属大戟科（Euphorbiaceae）大戟属植物，一年到二年生草本，又名千金子、黄鼠树、千两金、菩萨豆、小巴豆、打鼓子、拒科子、拒冬实和降龙草等，英文名 caper spurge，moleweed，moleplant，gopherweed 等。在我国，续随子主要作为药用植物在南北各地零星种植，种子、茎、叶等均可入药。大戟科植物约 300 属，8000 种以上，多数种类有毒，以盛产油料、橡胶、药材、鞣料、淀粉和木材等重要经济植物著称，是一个具有重要经济价值的植物类群。大戟属是大戟科中种类最多、分布最广的一个属，我国约有 80 种，广布于全国，主要在亚热带和暖温带，以西南的横断山区和西北的干旱地区为主，包括草本、灌木和乔木等生态型。续随子染色体基数 x=10。续随子全株地上部分微被白霜，有乳汁，抗逆性强，耐旱，耐瘠薄，其种子主要含油酸、亚油酸和硬脂酸等 C_{16}～C_{18} 的脂肪酸成分，是一种适合在干旱少雨地区或山地等边际地种植的能源植物。

（2）品质特性和利用途径

续随子茎叶的白色乳汁内含类似于原油的碳氢化合物，占 30%～40%，经提炼可以燃烧。种子含油率高达 45%～50%，主要成分为 C_{16}～C_{18} 的油酸、棕榈酸、亚油酸等（Calvin，1978）。脂肪酸组成与理想柴油替代品的分子组成相类似，是我国发展生物柴油的理想原料之一。

1）生产生物柴油

续随子每年可生产干物质 25t/hm^2，总能量值达 $1.67×10^4$MJ，人们认为续随子经人工筛选和培育，可发展成为生产石油替代品的一种极有前途的能源植物。20 世纪 80 年代起，美国加利福尼亚州已普遍建立了续随子种植园，北美西部的荒漠地区也广泛种植。适当的播种密度及灌溉等条件对续随子作为能源植物的发展是至关重要的，干物质收获量可达 20t/hm^2，含碳水化合物 5.9%，种子产量为 2.5t/hm^2，含油率为 48%。

2）药用

续随子在我国传统上主要作为中药材，其种子、茎、叶及茎中的白色乳汁均可入药，有逐水消肿、解毒杀虫、破血散瘀，治疗二便不通、血瘀闭经，致泻和抗肿瘤等作用。临床报道还可治疗血吸虫病晚期腹水、毒蛇咬伤、疥癣癞疮、痈肿及疣赘等症。药理实验证明，鲜草对急性淋巴细胞性及粒细胞型、慢性粒细胞型、急性单核细胞型白血病白细胞均有抑制作用。同时对毒蛇咬伤有良好的治疗效果。种子浸液可制成化妆品，对色斑的形成有抑制作用。

3）其他用途

续随子种子含油率达 45%以上，工业上可用于制肥皂及润滑油等。其种子浸提液还可作农药，用以防治蟆虫或蚜虫等。其油粕可作肥料施于作物根部，同时可防治地老虎、蝼蛄等害虫，驱除田鼠等啮齿类动物。另外，续随子植株较强健，茎叶挺拔浓绿，草姿美丽，有一定观赏价值。

随着中国大力发展生物柴油产业，柴油植物越来越受到人们的关注，目前已查明的中国柴油植物有 151 科 697 属 1554 种，其中种子含油量在 40%以上的柴油植物就有 154种，分布广，适应性强。可用作建立规模化柴油植物原料基地的乔灌木树种有 30 多种，如无患子科的文冠果，大戟科的续随子、麻风树，山茱萸科的光皮树等。但大多数的柴油植物是野生或半野生的，都需要大规模快繁种苗。采用传统育苗技术需要消耗大量的种子，人们若将种子用作育苗，势必会大大减少提取生物柴油的产量。续随子通过采用植物非试管高效快繁技术已快繁成功，不用种子繁殖，极大地节约了生物柴油的生产原料，节约了生产成本，节约了项目建设用时间，加快了发展生物柴油的产业化进程。李长潇研究员发明的该技术是目前其他任何苗木快繁技术都无法比拟的，它克服了植物组织培养试管快繁和常规育苗技术的全部缺点，具有可操作性强、普及率高、节约成本、工厂化生产供苗、成活率高、繁殖率高等优越性，是人类结束应用了近 2000 年的常规育苗技术的替代高新技术；是目前唯一保持高效快速优点，以最低成本繁殖多种经济植物，将植物组织培养试管快繁从实验室解放出来走向田间，在植物无性繁殖领域中有重大贡献的创新技术新体系；也是极易形成产业化的一项重大科技成果。现在，有些国家已经开始兴建柴油植物林场、柴油植物农场，专门种植柴油植物来满足能源结构调整和生物质能源的需要，一旦柴油植物大量栽培种植起来，生物柴油将会源源不断地为人类社会的发展做贡献。

（四）草本植物

欧洲一些国家早期大量种植草本植物作为生物质能加以利用，但这类植物生长周期长，往往种植几年才有收获。另外，草本植物木质素含量高，转化难度大，并且茎秆多含营养物质，燃烧后会污染空气。

一年生的草本植物种植成本高，耗能大，不适合大规模的推广利用。因此，世界各国的科学家多年来一直在寻找理想的能源植物，即多年生、成熟快、干物质产量高、光合效率高、碳和氮的固定效率高、抗病虫害、生态安全的植物。

多年的研究表明，原产我国及东南亚国家的芒属（Miscanthus）植物即是这种理想的能源植物。目前已被欧洲、美国、日本等国家和地区作为能源植物加以研究、试验和开发利用，广泛用于造纸、建筑材料、发酵，但用于制取清洁燃料的研究刚刚起步。

1. 柳枝稷

（1）概述

柳枝稷（Panicum virgatum L.）属禾本科（Gramineae）黍亚科（Panicoideae）黍属，为多年生暖季型的根状茎 C_4 类草本植物。多数柳枝稷染色体数目为四倍体（$2n=4x=36$）或八倍体（$2n=8x=72$）。根状茎和种子均可用于繁殖，但以种子繁殖比以根状茎繁殖成本要低得多，是其生产中的主要形式，也是比三倍体芒草优越的特征。柳枝稷起源于北美大陆的美国中部大平原，是北美高草平原（N36°～N55°）的优势物种，可分为低地生态型（lowland）和高地生态型（upland）两大主要类型。低地生态型柳枝稷主要分布于北美南部，适应于低纬度地区，生境为洼地和水分充沛的区域，主要品种有'Alamo'和'Kanlow'等。高地生态型主要分布于美国中部和北部地区，适应较高海拔和较高纬度的干旱环境，主要品种有'Cave-in-Rock'和'Blackwell'等。

长期以来，柳枝稷是一种优良的牧草作物，将其作为能源作物开发研究始于美国。1984 年美国能源部启动了草本能源植物研究项目（HECP），5 年内对 35 种草本植物进行了评估研究，结论认为柳枝稷是其中最具开发潜力的植物。柳枝稷作为能源作物开发利用具有以下几个主要特点：①生长迅速，生物质产量高，且种植年限长达 10～15 年，生产成本低。以干物质产量 15t/hm^2 计算，年均净能量产量为 60GJ/hm^2，生产的可再生能源是其能源消耗量的 5.4 倍。②对水分和养分的利用效率高，适应性强。③生物质的品质好，作为火力发电燃料燃烧效率高。④由于宿根的多年生特征，且根量较大，种植柳枝稷还有助于改善土壤结构和恢复生态环境。1996 年美国启动了生物能源原料发展计划（BFDP），由橡树岭国家实验室（ORNL）负责组织全美多家研究机构联合攻关，就柳枝稷的品种评价与筛选、适应性、栽培技术及加工利用技术等开展了一系列的深入研究。目前，柳枝稷已被引种到欧洲地区，作为能源作物进行开发利用研究。

（2）品质特点及利用

1）主要物质组成

柳枝稷成熟收获后，风干的生物质的主要化学成分为水分 12%、碳 42%、氢 5.0%、氧 35.4%、氮 0.77%、硫 0.18%和灰分 4.6%。柳枝稷干生物质木质纤维素含量较高，不同品种的整株纤维素含量为 32.1%～33.7%，半纤维素含量为 26.1%～26.3%，木质素含量为 17.4%～18.4%，这 3 种成分在茎秆中的含量大于在叶片中的含量（表 2-10）。

表 2-10　柳枝稷不同品种纤维素、半纤维素、木质素含量（%）

品种	部位	纤维素	半纤维素	木质素
Alam	整株	33.48	26.10	17.35
	叶片	28.24	23.67	15.46
	茎秆	36.04	27.34	17.26
Blackwell	整株	33.65	26.29	17.77
Cave-in-Rock	整株	32.85	26.32	18.36
	叶片	29.71	24.40	15.97
	茎秆	35.86	26.83	17.62
Kanlow	叶片	31.66	25.04	17.29
	茎秆	37.01	26.31	18.11
Trailblazer	整株	32.06	26.24	18.14

2）燃烧发电或供热

当前柳枝稷生物质主要应用于燃烧发电或供热。柳枝稷热值接近 16 000kJ/kg，燃烧时每千克干生物质释放出 CO_2 1525g、N_2O 0.0893g、CH_4 0.144g、SO_x 0.172g、NO_x 3.366g 及 CO 4.122g，而燃烧等量煤相应的气体排放量分别为 CO_2 2085g、N_2O 0.0313g、CH_4 0.022g、SO_x 17.16g 和 CO 0.25g。此外，柳枝稷燃烧所释放出的 CO_2 量，可以被其在生长过程中通过光合作用所同化的 CO_2 量相抵消。因此，采用柳枝稷生物质燃烧发电，可以减少大气中 CO_2 等有害气体的排放，有利于缓解温室效应。但生物质在单独燃烧过程中容易造成锅炉积灰和结渣，同时其结构疏松需要较大的储存空间。将柳枝稷以 5%～20% 的比例与原煤混合后燃烧发电，不仅能有效地减轻锅炉的积灰和结渣现象，还能达到显著降低有害气体排放量的效果，提高柳枝稷的热效能。将柳枝稷应用于火力发电的前景十分诱人，若将其以 5% 的比例与原煤混合燃烧，生产 35MW 的电量需要消耗 20 万 t 左右柳枝稷，以大规模种植的干生物质产量为 10t/hm^2 计算，相当于需要种植的面积约为 20 000hm^2。

3）制备液体燃料

柳枝稷是生产纤维素乙醇等液体生物燃料的优良原料。目前具代表性的纤维素乙醇生产工艺主要有美国能源部国家可再生能源实验室（NREL）、加拿大渥太华 Iogen 公司和日本新能源产业技术综合开发机构（NEDO）的工艺技术。根据目前的生产工艺水平，1t 柳枝稷干生物质大约能生产 378.5L 纤维素乙醇，所需的能量产投比约为 1∶4.4，远高于玉米的 1∶1.2，这其中主要是蒸汽和电力的能量消耗，因此进一步对生产工艺中的各个环节进行改进和优化，努力降低生产成本是当务之急。

4）高温热裂解

柳枝稷生物质在 600～1050℃ 高温下裂解，可以生产出焦炭、可冷凝气体和非冷凝气体。其中可冷凝气体主要由乙醛、乙酸和一些高分子质量化合物组成，非冷凝气体主要是 CO、CO_2 及 C_1～C_3 的小分子烃类化合物等。由于受生物质原料含水量和密度等因素的影响，热裂解消耗的活化能与柳枝稷生物质的成熟度呈正相关。在不同裂解温度下，热裂解气体的组成有所差异。在低于 750℃ 的温度下裂解时，可冷凝气体产量增加而非冷凝气体产量降低。裂解温度低于 900℃ 时，非冷凝气体中 CO_2 的比例下降，CO 和小分子烃类化合物比例增加。当裂解温度高于 900℃ 时，非冷凝气体中小分子烃类化合物的比例下降，CO 和 CO_2 比例上升。但非冷凝气体在热裂解气体中所占的比例与生物质的成熟度也具有正相关性。由于 CO 和小分子烃类化合物及可冷凝气体成分可以作为燃料或化工产品利用，因此采用成熟度较好的柳枝稷生物质，在相对较低的高温下进行热裂解是非常有利的。为了降低生物质的运输成本和储存成本，可以设计牵引式的热裂解设备，实现在原材料产地进行热裂解转化；另一途径是先在田间直接将生物质气化为热解油，然后将热解油运输至工厂储存或加工成燃料。

2. 芒草

（1）概述

芒属植物（*Miscanthus* spp.）属禾本科（Gramineae）高粱族（Andropogoneae Dumort）甘蔗亚族（Saccharine Griseb），是根茎类多年生的 C_4 类草本植物。该属共有 23 种，其有能源利用价值的主要有荻（*Miscanthus sacchariflorus*）和芝（*M. sinensis*）以及三倍体品种'奇岗'（*Miscanthus×giganteus*）。芒草植物主要分布于中国、日本、朝鲜半岛等东亚及东南亚地区，具有良好的生态适应性。我国共有 8 种。通常所说的芒草是对芒属植物的一种泛称，或是特指目前在欧洲和北美地区作为能源作物广泛栽培的'奇岗'。目前不少研究机构和生物技术公司正在研究利用常规杂交、多倍体培育和基因工程等手段对芒属植物进行遗传改良，培育适合于在不同气候条件、地区进行商业化大规模种植的新品种。湖南农业大学易自力教授研究团队历经 10 余年，搜集了中国登陆地区 1200 余份有居群代表性的野生芒属种质资源，建立了国内第一个"芒属植物种质资源圃"，确定了我国芒属植物现代分布区系；建立了芒属植物的转化体系，并获得了世界上第一个转基因品种；创建了国内第一个芒属植物专业网站；与中科院北京植物所合作共建了芒属植物标本数据库；在内蒙古、山东、河南、湖南、海南建立了五个国内芒属植物试验基地。建立了芒属植物远缘杂交技术和杂种分子鉴定技术体系，以野生的芒（*M. sinesis*）与南荻（*M. lutarioriparius*）进行种间杂交，首次培育出了湘杂芒 1、2、3 号人工杂交新品种。杂交品种比之野生亲本有明显优势。杂交新品种的纤维素和半纤维素占干物质的 80%左右；矿物质含量低，燃烧充分，CO_2 净效应为零，无有害气体释放，有利于缓解温室效应，并有助于保持水土；湘杂芒品种的平均亩产量在 2500kg 以上，平均亩产比高产亲本高出 36%以上，比低产亲本高出 80%以上。芒属植物的生物质既可以直接作为火力发电厂的燃烧原料，也可经过生物发酵转化成燃料乙醇，作为汽车等的动力原料。若得到推广，不仅能在一定程度上缓解我国能源短缺的压力，还可在生态环境保护等方面取得一定效益，为我国的"低碳"生活目标添砖加瓦。

'奇岗'是荻和芒通过种间杂交产生的一个异源三倍体（$2n=3x=57$），起源于日本。1935 年'奇岗'作为一种观赏园艺植物从日本引种到欧洲，并在欧洲大陆成功栽培和推广。20 多年前，北欧地区对'奇岗'进行了大量的田间试验，发现其干生物质年平均产量超过 $20t/hm^2$，对水分和养分利用率较高，能够在低成本投入下连续多年实现较高生物质的产出，具有作为能源作物开发利用的巨大潜力。10 多年来由欧洲国家合作开展了"欧洲芒改良计划"研究项目，为扩大欧洲地区芒属植物的遗传基础提供了核心种质和育种技术。近年来，美国也将'奇岗'引入北美地区作为能源作物进行栽培。

（2）品质特点及利用

1）植株的主要物质组成及能源特性

延迟至次年早春收获时，'奇岗'生物质中的矿质元素和灰分含量降至最低，氮为 0.2%～0.6%、钾为 0.5%～1.3%、氯为 0.1%～0.5%和灰分为 1.6%～4.0%，延迟收获可以有效地提高生物质的加工品质。

2）发电和供热

目前'奇岗'在欧美国家主要是作为火力发电和供热的燃料。与玉米和小麦等的秸秆相比，'奇岗'生物质中的矿质元素含量非常低，不易产生灰融、结碴，有利于生物质的充分燃烧。丹麦已经成功地将'奇岗'生物质以 50%或 20%的比例与煤混合燃烧发电。15 年前丹麦每年以'奇岗'等草本植物生物质为燃料产生的热电联产能力已达 4000 万 W。英国也建立了数座完全用芒草生物质作为燃料的发电厂，如 Elean 发电厂。芒草作为发电燃料燃烧时每小时排放的 CO_2 要比煤等传统燃料减少 1t 左右，同时 SO_2 等其他有害气体的排放量也大幅度减少。根据英国政府的新能源政策，到 2020 年该国能源供应中利用可再生能源生产的必须占到 15%。据估计，为了实现这一目标，英国大约需要种植 12.5 万 hm^2 的'奇岗'等能源植物。此外，由于欧盟禁止采用煤作为家庭取暖的燃料，因此将'奇岗'秸秆加工成固体颗粒作为家庭壁炉烤火的燃料，在北欧已经成功得到广泛应用。

3）燃料乙醇

同时，'奇岗'是一种纤维素和半纤维素含量很高的植物，因此近年来不少研究者将其视为第二代生物燃料——纤维素乙醇的主要生产原料来源之一。随着纤维素分解技术的进步和乙醇发酵成本的降低，用'奇岗'生物质生产液体燃料将更有潜力。

（五）海藻

除了陆地外，辽阔的水域也是开发"生物能源"的宝地，某些海洋藻类已被证明可以产生油类物质。美国可再生能源国家实验室运用现代生物技术，已经开发出含油超过 60%的工程微藻，每亩产品可生产 2t 以上生物柴油。中国科学院植物研究所和中国科学院水生生物研究所的专家介绍了国际上运用基因工程技术研究开发油藻的情况，认为可以借鉴美国的经验和教训，用较短的时间，通过基因工程开发出高产的油藻品种。青岛海洋大学十几年来承担了 30 多项国家及省部级海藻育苗育种生物技术研究，拥有一批淡水和海水藻类种质资源，积累了丰富的海洋藻类研究开发和产业化的经验。我国有 5000 万亩可开垦的海岸滩涂和大量的内陆水域，只要将现代生物技术和传统育种技术相结合，优化育种条件，大规模养殖高产油藻将可能实现。

目前美国正在进行大规模试验，在美国的西海岸已找到并培育出了一种巨型海藻，其生长速度极快，对这种海藻进行加工可以得到石油类似物质。

植物油脂包括草本植物油、木本植物油及水生油料植物油。在草本植物油方面，我国油菜、大豆和其他主要油料作物近年来开发出一批高产、高含油率的品种，但按目前的生产技术水平，如果将其作为生物柴油原料，产量低、成本高、经济性差，同时还可能与其他农作物争夺土地。因此，我国不能像欧盟国家和美国那样，靠政府大量财政补贴支持农民生产油菜和大豆作为生物柴油原料，而应当因地制宜，结合退牧还草，尊重农民意愿，开发和种植经济性好的高产油料作物，如整体出油的油草。

在木本油料树种即木本植物油原料资源利用方面，专家认为这是我国今后 10 年或更长时间内最主要的生物柴油植物原料。中国地域辽阔，木本油料树种资源丰富，但现有的资源没有充分开发利用。我国南方几千年来一直种植油桐、油茶及其他的木本油料树种，但由于原有的市场大幅萎缩，木本油料植物种植面积缩减。专家认为，我国应当依托生物柴油产业这一广阔的市场，开发利用各种高产、经济性好的油料林木资源。目前，应结合退耕还林，充分开发利用现有资源，大量种植油料林木，只摘油果不砍树，这样既有利于保护生态，又可用油果榨出油来生产生物柴油，从而促进农业产品结构调整，提供就业机会，增加农民和林区职工收入。

在水生油料植物方面，专家认为藻类的生物能量巨大，一旦高产油藻开发成功并实现产业化，我国生物柴油产业规模将达到数千万吨。

（六）薪炭林

薪炭林是我国森林发展的一个战略林种，以生产燃料为主要目的，是缓解我国薪材供求矛盾和农村能源短缺的重要措施。我国传统薪炭林的主要类型有栎类薪炭林、松类薪炭林、杨柳类薪炭林、豆科乔木薪炭林和灌木薪炭林等。随着薪炭林生产的发展、技术的进步、经验的积累，从树种选型到培育方法，乃至经营管理等诸方面，已形成了一整套较先进的薪炭林营造技术。这为发展薪炭林，扩大林草覆盖面积，保护植被，减少水土流失，缩小沙化、碱化地域，减少沙尘暴现象，扩大生物质燃料来源提供了十分有利的条件。

1. 薪炭林的类型

目前，我国薪炭林可以划分成 5 种类型。

1）短轮期平茬采薪型（纯薪型）。此种类型是我国薪炭林基本的、主要的经营类型。其特点是造林后 3～5 年就可以采薪利用，有计划地轮伐，通常 3～5 年为一个轮伐周期。经营的基本目标就是生产薪柴，以满足经营者和社会需要（作商品薪柴）。

2）材薪型。该类型是以生产薪柴为主，兼生产少量用材的薪炭林，即在一块林地上，种植用材树和薪柴树两个树种，用材树占 1/5，薪材树占 4/5。薪材树实行短轮伐，平茬采薪；用材树仅做抚育性修枝采薪，促其成材，兼顾解决烧柴与用材的需要。这种经营类型，宜在条件较好的地方造林。

3）薪草型。这种类型适于在北方干旱或半干旱地区营造。由于水、热条件有限，树木早期生长较慢，当地又有发展畜牧业的习惯，实行灌（木）草引带种植，增加饲草早期产量，以利于畜牧业的发展，用来弥补树木早期生长缓慢的不足。

4）薪材经济型。此种薪炭林以生产燃料为主要目的，在经营期内兼收果、核、种子、叶等食料或加工原料，增加经济效益。所用树种有沙棘、山杏、桉树等。经 7～8 年树木老化，砍伐收薪材，萌生更新，再度生长、结实，周而复始。

5）头木育新型。在路、河、沟、塘边栽植萌生力强的乔木，当长高后，距地面约 2.5m 高处砍去树冠，萌发新枝，隔 4～5 年砍伐一次，获得较多薪柴，树干长成用材。其树种有柳树、桉树、刺槐、铁刀木等。

2. 发展薪炭林的途径

1）人工营造薪炭林。人工营造薪炭林是当前发展薪炭林的主要途径，是在宜林荒山漫岗上规划发展薪炭林，在现场勘察的基础上，进行设计、施工，人工植苗或直播营造薪炭林。

2）封山育林。是指欲封山地原来已有具备薪炭林树种条件的天然种源或者是成林本身符合薪炭林树种条件，即可封育为薪炭林经营。

3）改造残次林。各地区有不少林木由于乱砍滥伐、过度樵采，破坏了林木的正常生长，加上土地条件差等原因而形成了一些残次林，难以再成林成材，可通过补植薪炭林树种等措施改为薪炭林。暂保留原有树木，待补植树木长起来后，再陆续砍去无抚育前途的小、老树，对有明显恢复生机的原来树木保留，可望其长成小径木。

4）退耕还林。连续频繁的农业生产导致了大面积的耕地退化，土壤肥力逐年下降，已成为制约我国农业生产的主要因素之一。国家已出台了退耕还林计划，各省区要每年有计划地安排一定比例的耕地实行退耕还林，逐步改善土壤结构，恢复耕地的土壤肥力。在这些耕地上营造薪炭林不但可实现退耕还林的目的，而且将为生物质能产业提供可靠的资源保障。

3. 薪炭林营造原则

1）树种选择是否适宜，关系着营造薪炭林的成败与经济、社会、生态效益的高低，必须认真对待。薪炭林的树种应是生长快、萌生力强、热值高、适应性强、多效益、有根瘤菌、燃烧性能好的乔、灌木树种。

2）薪炭林主要以取得高产生物量为主要目标。为实现这一目标，既要有速生高产的单株优势，又要靠群体优势。因此要合理密植，一般每公顷应植树 4500~7500 株，根据不同树种和生产密植的经验酌定植树株数。

3）提前整地，增加土壤通透性和蓄水保墒能力，为林木根系发育创造良好的条件。根据地形地貌确定整地方式：地势平坦可以机（蓄）耕全垦整地；有较大坡度的进行水平槽整地、反坡梯田整地；坡度较陡的采用"鱼鳞坑"整地。不管哪种整地方式，活土层要大于 35cm。整地一般在雨季前、雨季初期进行为好，土质松，墒情好，省力，省工，省时，工效高，多蓄水保墒。

4）要使用优良种源的良种，选择有水源的土地育种，施足有机底肥和化肥，培育壮苗，选用 1~2 级苗造林。有些树种可直播造林，如柠条、山桃、山杏、胡枝子等，每穴播 5~8 粒种子，不需间苗，群体共生，以利于增加生物量。

5）抚育管护是成林的保证。荒山造林多灌木杂草，与幼树争水争肥，所以要进行除草松土，每年 1~2 次，抚育 2~3 年，保证幼苗成林。要建立护材组织与护林制度，实行封山管护，防止人畜危害。

6）造林后，一般 3~5 年开始采薪，以后 3~4 年为一个轮伐周期，合理确定逐年采薪面积和区段。采薪时间安排以树木落叶后至翌年树木发芽前的休眠期为宜。平茬采薪后，萌生更新。一次造林，多年采薪，多年收益。

7）枯枝落叶在林地上形成地被层，减缓降雨形成的地表径流，防止水土流失，涵养水源，增加土壤有机质。枯枝落叶地被层有利于维护林地生产力。

8）封护采薪迹地，严禁牲畜进林，保证萌生新株再长成林。

4. 我国薪炭林发展状况

从"六五"计划起，把发展薪炭林列入全国造林计划，"七五"计划开始，在全国开展了 50 个薪炭林试点县建设，"八五"计划又新增 50 个薪炭林试点县，全国薪炭林试点县达到 100 个，分布在全国 29 个省（自治区、直辖市），并在科学研究与推广、宏观管理等方面做了大量工作，实现了全国薪炭林建设的稳步发展，建成了一大批薪炭林基地，涌现出不少先进典型。据统计，1981～1995 年全国累计营造薪炭林 $494.8 \times 10^4 hm^2$，年生物量达到 2000 万～2500 万 t，相当于 1143 万～1429 万 t 标准煤。

1995 年，我国决定全面推进"森林能源工程"建设，为我国薪炭林的发展提出了新的目标和要求：根据我国国民经济发展和农村能源需求状况，用 20 年左右时间，在我国严重缺柴地区植树造林，增加森林能源基地面积 $1200 \times 10^4 hm^2$，建立起布局科学、结构合理的农村能源体系。整个工程分三期进行，1996～2000 年为一期工程，2001～2010 年为二期工程，2010 年以后为三期工程。一期工程，即"九五"计划期间发展薪炭林 $300 \times 10^4 hm^2$，年均 $60 \times 10^4 hm^2$；二期工程建设任务为营造薪炭林 $600 \times 10^4 hm^2$；三期工程建设任务为营造薪炭林 $300 \times 10^4 hm^2$。

第五节　我国能源植物开发利用存在的问题与对策

一、存在的问题

开发利用能源植物是一项远有前景、近有实效的事业。它减少了人们对化石能源的依赖，对环境保护、经济增长、社会稳定、自然资源利用的可持续发展起着重要的作用。但由于尚处在发展初期，还存在许多急需研究解决的问题。

1）我国对能源植物缺乏长期、系统、深入的研究，因此获得的自主知识产权项目较少。

2）能源作物种类资源十分丰富，但可规模利用的资源量少，分布稀散，要收集起大量的原料作商业能源利用比较困难，其费用十分高。

3）科研机构投入人力、物力进行研究取得初步成果的时候，未得到企业界的响应，因此很难形成规模效益。

4）在燃料短缺的农村地区，森林资源过度开采，植物被破坏，生态环境恶化，有机物的水分偏多（50%～95%），给加工带来困难，限制了生物能源的应用范围。

（一）甜高粱

1. 种质资源和品种

据统计，至 1995 年全国保存了收集于我国不同省份的甜高粱资源 77 份，农业科研单位利用这些材料先后创造了许多新的类型。我国先后还从国外引进了不少资源，估计目前各研究和开发机构保存有 3000 多份甜高粱资源。实际上不少资源材料仍散落在民间，继续收集和保存这些资源对能源甜高粱育种有重要的意义。目前，我国已收集和保存的材料中仅有少部分作为育种材料或生产用品种，有必要深入研究评价其各种性状，尤其是筛选利用其与抗性有关的基因是能源作物育种的基础。另外，虽然甜高粱在中国的种植历史很长，但以能源为育种目标研究的规模和深度都是不足的。现在栽培应用的甜高粱品种主要属饲用类，一般生物量较大，存在抗倒伏性和抗病虫性较差的问题，更重要的是，要加强其对盐碱、干旱和瘠薄等的抗性，结合不同能源利用途径对品质的要求，培育专用的甜高粱品种。

2. 倒伏

甜高粱生产中普遍存在不同程度的倒伏现象，从而引起干物质积累少、产量及含糖量降低、不利于收割等一系列问题。倒伏的主要原因是植株太高和茎秆细而弱，因此育种上必须降低植株高度和增加茎秆直径。在生产中，除选用茎秆机械强度大、根系发达、粗茎、重心低的品种外，研究化学控制产品及其应用技术，对控制倒伏有较好的效果。

3. 抗逆栽培技术

虽然甜高粱有抗旱、耐盐的特点，但甜高粱的节水抗盐机理及栽培技术研究不足，其生态效应的研究报道更少，迄今为止还没有发现我国对甜高粱抗旱或抗盐碱基因型筛选的报道。加强对我国不同农业生态地区甜高粱可持续、高产低耗、抗逆栽培技术的研究，对甜高粱作为能源作物大面积种植有着至关重要的作用。

4. 收获和运输

甜高粱茎秆体积大，以鲜活体状态运储将大大增加原料成本，不利于工业化生产。而且甜高粱与甘蔗不同，它除了有茎叶之外还有果穗，因高度不齐穗籽只能靠人工收获，劳动强度较大导致成本过高。因此，必须对饲料收获机或甘蔗收获机做适当的改良，设计出一种同时收获茎秆和籽粒的甜高粱收割机。

5. 储藏

甜高粱成熟后，茎秆不易储藏，其中可溶性糖极易转化。而且甜高粱成熟期相对集中，收割期较短，数量巨大的茎秆不可能在短时间内加工完毕，原料储藏困难是甜高粱制取乙醇难以规模化生产的主要原因之一。国内外许多学者对甜高粱的储藏进行了大量的研究，并提出了将茎秆去叶切成短段冷藏、用塑料薄膜覆盖并充以二氧化硫储藏、茎秆湿储藏和茎秆冷冻储藏等方法，但由于各地的环境条件不相同，试验结果也不甚一致。用饲料收割机收获的甜高粱茎秆糖分损失很快，粉碎后堆在一起极易发热变质，而整株茎秆能储藏一个星期，乙醇产量没有显著损失。欧盟对甜高粱的茎秆储藏试验结果表明，在一般露天条件下，整株存放每日减少的糖分占干重的 0.17%，劈开的茎秆糖分每日减少 5.6%，切段储藏在可溶性糖变化方面几乎同整株相似。甜高粱茎秆如果在夏末初秋温度较高时收获，储藏时间不能超过 48h，48h 后出汁率就会下降。有研究认为，甜高粱在高低温交替的地面储藏 20 天以后，糖分有显著的下降；在温度比较恒定的窖存情况下，糖分无显著变化，可以延长储藏期至一个月之久或更长。添加防腐剂后，茎秆汁液中总糖含量变化不大,茎秆汁液至少可储藏一个月。甜高粱品种茎秆汁浓缩至 4～5 倍时,可以抑制汁液中大多数微生物的活动,使其糖分损失较少或不受损失。还有报道称,甜高粱茎秆汁液浓缩至 66°Brix,就可以储藏较长时间。这些储藏方法都有较高的成本,甚至在企业经营上不可行,最经济的方法是减少储藏。一方面,可根据加工企业对原料的需求,利用早、中、晚熟品种搭配布局延长收获期。根据在北京对不同熟期甜高粱品种的研究,早熟品种可于 8 月中旬收获。另一方面,应加强对中、晚熟品种延迟收获的研究,以减少储藏并延长加工期。在北京的研究表明,中、晚熟品种延迟至 12 下旬收获时,由甜高粱茎秆可溶性糖和淀粉形成的乙醇量比籽粒成熟期减少了 15%～20%,由纤维素和半纤维素形成的乙醇量基本不变。在南方,甜高粱具有多年生的习性,籽粒成熟收获穗籽后,在秋末温度虽然较低,茎秆在地里仍可保持绿色,霜冻之前收获茎秆不致蒲心(髓质少汁),虽然出汁率有所下降,但锤度可能比收穗时高。在东北或西北地区,由于秋后空气温湿度下降快,冬天温度和湿度足够低,延迟收获的茎秆很有可能保存至第二年早春,可溶性糖含量应不会显著下降,但是当前没有对这些问题进行细致而系统研究的报道。

6. 在发酵沼气上的应用

甜高粱生物质产量高,生物质中可溶性碳水化合物的比例也较高,应是发酵沼气的理想原料。当前甜高粱育种、栽培、收获和应用都以生产乙醇为主,以生产沼气为目的的研究及应用也是很重要的领域。

(二)桉树

国外在选育可作为能源植物的桉树新品种研究方面取得了较大进展。我国现有桉树品种需要根据具体能源用途进行可行性分析,必要时需引进国外优良品种,填补我国桉树作为能源植物的使用不租。

在我国目前的采伐模式下,80%～90%树木积累的营养元素将随采伐带出人工林生态系统。在桉树人工林经营过程中,对施肥的重要性认识不足,只重"栽"不重"管",随着产量不断提高,土壤养分收支不平衡的现象日趋明显,导致林地土壤理化性状不断恶化。热带土壤在桉树造林后,肥力呈下降趋势,土壤明显酸化。在桉树种植 6～10 年后,土壤中有机质和全氮下降了 10%,全磷减少了 15%～21%,速效磷降低了约 1/3,pH 降低了 0.22～0.25。0～60cm 土层的土壤容重随连栽代次的增加而升高,尤其是 20～40cm 土层的土壤容重从次生林的 $1.29g/cm^3$ 上升到第 4 代林的 $1.72g/cm^3$;非毛管空隙度与毛管空隙度的比值也有降低趋势,毛管持水量下降;有机质也随桉树代次的增加而严重下降,桉树人工林土壤养分较次生林有不同程度的降低。

(三)柳枝稷

1. 进一步选育具有生物质产量高、抗逆性强的新品种

研究表明,某些低地型品种与高地型品种的杂交后代表现出较强的杂种优势,增产幅度可以超过 18%左右。但目前柳枝稷的抗逆性育种还尚未引起足够的重视。我国的宜耕土地资源非常有限，发展种植柳枝稷等能源作物必须尽可能地利用盐碱地、山坡荒地等边际土地，因此加强能源作物的抗逆育种研究具有十分重要的现实意义。另外，生物质中所含的木质素对木质纤维素降解为单糖及单糖发酵等过程均有抑制作用，因此通过常规育种技术或基因工程技术选育低木质素含量的新品种也是今后一个非常重要的育种方向。

2. 研究柳枝稷栽培、管理和收获等低成本生产技术

在柳枝稷生产栽培过程中经常出现比较严重的缺苗现象，使单位面积的生物质产量无法达到预期水平。造成这种现象的主要原因有：①柳枝稷的种子具有较强的休眠特点，容易导致播种后种子发芽率下降；②种子的播种深度不适宜；③苗期未能有效地防除田间杂草，柳枝稷幼苗被杂草覆盖而死亡。此外，不合理的收获时间及收获方式也将导致生物质产量和品质下降，从而导致其生产成本增加。

（四）‘奇岗’

1. 品种单一

‘奇岗’是目前在欧美各国大面积种植的唯一芒草品种，种植单一品种不利于满足不同用途的需要。大面积种植单一品种还增加了病虫危害的发生概率。‘奇岗’是一个三倍体品种，无法通过有性杂交方法进行遗传改良。

2. ‘奇岗’的抗寒性和抗旱性研究

在气候比较寒冷的地区如北欧，该品种的年平均干生物质产量通常只有 $10t/hm^2$ 左右，且第一年的地下根状茎在这些地区不能安全越冬，使其推广种植的区域受到较大的限制。对于水资源较缺乏的地区，利用遗传改良培育抗旱能力强的芒草新品种是一种最有效的解决途径。目前国内外科研机构包括农业生物技术公司，正在充分发掘和利用各种野生芒属植物中优异的基因资源，选育高产、优质、抗逆性强的新品种，特别是可利用种子繁殖的三倍体新品种，有利于提高种苗繁殖系数，降低种植成本。此外，利用基因工程等现代生物技术将优异的外源抗逆基因导入到芒草植株中，培育抗逆性强的转基因芒草新品种，也是目前的一个主要研究方向。

3. ‘奇岗’的种苗繁殖和移栽定植成本较高

由于‘奇岗’不能产生可育的种子，只能靠地下根状茎分蘖繁殖或利用植物组织培养繁殖，但这两种方法的繁殖系数均比较低，种苗的生产成本高。按目前的栽培密度 $1\sim2$ 株/m^2 计算，种苗繁殖成本为 3000～6000 欧元/hm^2。

二、对策

矿物能源的生产与利用对生态环境的损害是中国环境问题的核心，大量直接燃烧化石能源造成的城市大气污染和温室效应已成为中国社会可持续发展的严重阻碍，由于中国特殊的人口和资源条件限制，中国的发展不能也不可能重复西方的老路。只有运用先进的科学技术，利用中国日益成熟的广大农村市场，大力发展可再生能源，才是具中国特色的城市经济繁荣、健康和可持续发展之路。

1. 选择优良种植材料，建立"能源油料植物林"基地

要生产植物燃料油，建立"能源油料植物林"基地是必由之路。基地生产具有易于实现良种化、集约栽培、规模化、产量高等特点，比起从野生植物中采收油源具有许多的长处。建立基地所选用的材料必须是对其生物学、生态学和生产特性都比较清楚的种类，做到因地制宜，适地适种，切忌盲目。建立基地的种类可以从栽培驯化后的半野生种或已驯化的栽培种中选用。

2. 开辟多种利用途径，实现资源的综合利用

在没有获得更多的驯化栽培种以前，或者是"能源油料植物林"基地没有投入生产以前，能源油料的原料来源仍是野生的和半野生的油料植物。因为这些资源从种类资源到它们的分布区域和结实特性都具有很大的蕴藏量和生产潜力，合理开发利用这些资源，对能源油料生产和农村经济发展都具有十分重要的作用。野生或半野生能源油料植物油的种类、品种多，油组成成分复杂，除能满足能源油料生产的需要以外，还适合于食用、工业用和民用等多种用途，应该进行综合利用，挖掘这些资源的潜在价值。例如，桉属的一些种类在进行树干造纸和纤维板利用的同时，枝叶可用来提炼桉叶油，用于燃料油生产。

3. 增加能源森林与能源农业产量

研究开发高产、多功能的薪炭林树种、草种能源作物及其栽培工艺技术，对重要的、能源价值高的植物进行快速无性繁殖，建立经济实用的树、灌、草立体栽培模式。

4. 大力开发能源植物

对全国绿色能源植物资源普查；筛选培育抗逆性强、繁殖快速、速生高产的新品种；建立能源植物示范林，研究栽培工艺和生产开发技术；进行提炼工艺、理化和燃料特性及综合开发利用的研究。开展生物质能高品位转换利用，并大力发展能生产"绿色石油"的各类植物，如油棕榈、大戟科植物等，为生物质能利用提供丰富的优质资源，加速生物质能利用技术的更新换代。

5. 国家尽早制定相关政策，鼓励清洁的可再生能源产业发展

鼓励生物质能的研究和开发，而且给予适当的财政支持，刺激其发展，如加强立法，通过税收及其他经济手段将能源的外部社会成本和环境成本计入能源成本中，以增强生物质能源的竞争力；加强协调农业、生态环保和生物质能利用之间的平衡和谐。

复习与思考

一、名词解释

高位热值，汽化潜热，低位热值，能源植物，生物质能资源

二、简答题

1. 按化学性质分，生物质原料分为哪几种类型？
2. 按原料来源分，生物质原料分为哪几种类型？
3. 简述生物质能资源的特点。
4. 纤维素类生物质的化学组成如何？简述各元素在燃烧过程中的作用。
5. 简述农作物秸秆资源的估算方法（写出估算公式）。
6. 简述我国生物质能资源的基本情况及其开发潜力。
7. 按化学类别分，能源植物可分为哪几种类型？并举例说明。
8. 提高能源植物的光合效率有哪些可能的途径？
9. 能源植物的品种改良有哪些技术？
10. 人工选育的能源植物应符合哪些基本条件？
11. 选择能源油料植物种类的原则。
12. 我国薪炭林划分为哪几种类型？发展薪炭林有哪些基本途径？
13. 简述我国开发能源植物的优势及可行性。

三、论述题

1. 为什么说甜高粱是我国近期具有很大发展潜力和价值的生物能源作物？
2. 谈谈你对我国发展能源油菜的看法。
3. 试述我国能源植物开发利用存在的问题与对策。

参 考 文 献

曹文伯. 2005. 甜高粱茎秆贮存性状变化的观察. 中国种业, 4-43

茶正早, 等. 1999. 海南岛桉树林土壤肥力的研究. 桉树人工林长期生产力管理研究(余雪标等). 北京: 中国林业出版社

陈放, 徐莺, 唐琳, 等. 2009. 麻风树生物柴油研究和开发进展. 生物产业技术, (5): 54-60

陈少雄, 刘杰锋, 孙正军, 等. 2006. 桉树生物质能源的优势、现状和潜力. 生物质化学工程, (S1): 119-128

方文培, 胡文光. 1990. 中国植物志　第五十六卷. 北京: 科学出版社

高士杰, 刘晓辉, 李继洪. 2008. 甜高粱育种应重视的几个问题. 可再生能源, 26(3): 82-83

高振, 尹丰伟, 郑洪立, 等. 2013. 小球藻藻渣的营养成分分析. 中国饲料, (6): 14-20

郭兴强, 于永静, 吕润海, 等. 2009b. 调环酸钙——青鲜素复配剂对甜高粱节间生长的调控效应. 中国农业大学学报, 14(5): 29-34

郭兴强, 于永静, 谢光辉, 等. 2009a. 调环酸钙——青鲜素复配剂对甜高粱株高和倒伏的影响. 中国农业大学学报, 14(1): 73-76

和晶亮, 徐翔. 2008. 未来能源安全的柱石——来自微藻的生物柴油. 河南工程学院学报, (2): 67-71

黄剑坚, 韩维栋. 2006. 我国主要木本能源植物的研究现状及利用前景. 广东林业科技, (4): 105-110

贾良智, 周俊. 1987. 中国油脂植物. 北京: 科学出版社

金慧, 刘荣厚. 2007. 不同温度条件对甜高粱茎秆汁液酒精发酵的影响. 安徽农业科学, 35(19): 5684-5685

金梦阳, 李加纳, 付福友, 等. 2007b. 甘蓝型油菜含油量及皮壳率的 QTL 分析. 中国农业科学, (4): 677-684

金梦阳, 马冲, 危文亮, 等. 2007a. 新型能源植物续随子的核型分析. 中国油料作物学报, 29(2): 213-215

黎大爵, 廖馥荪. 1992. 甜高粱及其利用. 北京: 科学出版社

李昌珠, 等. 2004. 生物柴油——绿色能源. 北京: 化学工业出版社

李昌珠, 蒋丽娟, 李培旺, 等. 2005. 野生木本植物油——光皮树油制取生物柴油的研究. 生物加工过程, 3(1): 42-44

李昌珠, 赵江红. 2007. 生物油料能源树种——光皮树. 湖南林业, (2): 18

李远发, 胡灵, 王凌晖. 2009. 油茶资源研究利用现状及其展望. 广西农业科学, (4): 450-454

李正茂, 邓新华, 李党训. 1996. 光皮树经济性状及生物质液体燃料开发研究构想. 湖南林业科技, 23(2): 11-13

梁仰贞. 2007. 光皮树栽培技术. 特种经济动植物, 3: 38-39

马金双. 1997. 中国植物志——续随子. 北京: 科学出版社

马金双, 吴征镒. 1992. 国产大戟属新资料. 云南植物研究, 14(4): 362-372

梅晓岩, 刘荣厚, 沈飞. 2008. 甜高粱茎秆汁液成分分析及浓缩贮藏的试验研究. 农业工程学报, 24(1): 218-223

欧文军, 李开绵, 王文泉. 2008. 小桐子基因组DNA的提取及ISSR-PCR反应体系的优化. 中国农学通报, (5): 409-413

漆小雪, 兰生葵, 梁干君. 2008. 麻风树及其栽培技术. 林业科技开发, (4): 106-108

祁述雄. 2002. 中国桉树. 北京: 中国林业出版社

丘华兴, 陈炳辉, 曾飞燕. 2008. 值得注意的中国南部植物, 广西植物, (6): 721-723

日本能源学会. 2007. 生物质和生物能源手册. 史仲平, 华兆哲译. 北京: 化学工业出版社

沈飞, 刘荣厚. 2006. 不同种植时期对甜高粱主要生物性状及成糖的影响. 安徽农业科学, 34(12): 2681-2683

孙秀梅, 张兆旺, 曹艳花. 2003. 千金子炮制的历史沿革与现代研究. 中成药, 25(12): 981-983

谭林方, 王瑞, 杨松, 等. 2008. 固体碱催化制备麻风树籽油生物柴油及其工艺优化研究. 贵州大学学报, (4): 411-415

田宜水. 2006. 我国农业生物质能发展战略思考. 中国能源, (9): 16-18

田宜水, 张鉴铭, 陈晓夫, 等. 2002. 秸秆直燃热水锅炉供热系统的研究设计. 农业工程学报, (2): 87-90

汪彤彤, 刘荣厚, 沈飞. 2006. 防腐剂对甜高粱茎秆汁液贮存及酒精发酵的影响. 江苏农业科学, 3: 159-161

王冰, 张德连. 1996. 续随子的核型分析. 中药材, 19(9): 435-436

王秀娟, 熊智, 朱晓琴. 2008. 麻风树应用研究进展. 西南林学院学报, (2): 49-53

王彦红, 马金双, 刘全儒. 1999. 八种国产大戟属植物的核型报道. 植物分类学报, 37(4): 394-402

王艳秋, 朱翠云, 卢峰, 等. 2004. 甜高粱的用途及其发展前景. 杂粮作物, 24(1): 55-56

王莹, 张峰龙, 贾茹珍, 等. 2007. 甜高粱茎汁酒精发酵研究与应用进展. 可再生能源, 25(1): 51-55

向玉龙. 2008. 不同密度、海拔及母岩对光皮树生长的影响. 湖南林业科技, 5(5): 33-34

谢光辉, 郭兴强, 王鑫, 等. 2007. 能源作物资源现状与发展前景. 资源科学, (5): 74-80

徐大平, 张宁南. 2006. 桉树人工林生态效应研究进展. 广西林业科学, 135(4): 179-187, 201

薛恒钢, 周颂东, 何兴金, 等. 2007. 中国大戟属13种15个居群的核型报道. 植物分类学报, 45(5): 619-626

杨利民, 韩梅. 1994. 一种多用途植物——续随子的利用价值. 生物学通报, 29(8): 46-47

杨钦周. 2007. 岷江上游干旱河谷灌丛研究. 山地学报, (1): 1-31

殷亚方, 孟平, 尹昌军. 2001. 国外桉树人工林资源和木材加工利用现状. 世界林业研究, 14: 35-41

于曙明, 孙建昌, 陈波涛. 2006. 贵州的麻风树资源及其开发利用研究. 西部林业科学, (3): 14-17

余雪标. 1999. 不同连栽代次桉树林土壤性质的变化. 桉树人工林长期生产力管理研究(余雪标等). 北京: 中国林业出版社: 94-103

臧国长, 马祥庆, 蔡丽萍. 2007. 我国桉树人工林施肥研究进展. 福建林业科技, 34(4): 253-258, 269

张顺恒. 2009. 桉树人工林经营的生态问题和对策. 现代农业科技, 16: 203-208

张樟德. 2008. 桉树人工林的发展与可持续经营. 林业科学, 44(7): 97-102

郑科, 郎南军, 彭明俊, 等. 2007. 麻风树化学成分及利用研究进展. 西北林学院学报, (5): 140-144

郑万钧. 1985. 中国树木志　第二卷. 北京: 中国林业出版社

中国-联合国开发计划署绿色能源减贫项目. 2007. 绿色中国, 6: 19

中国农业科学院作物品种资源研究所. 1998. 全国高粱品种资源目录(1991-1995). 北京: 中国农业出版社: 111-125

Antonopoulou G, Gavala HN, Skiadas IV, et al. 2008. Biofuels generation from sweet sorghum: fermentative hydrogen production and anaerobic digestion of the remaining biomass. Bioresource Technology, 99: 110-119

Aravanopoulos FA. 2010. Breeding of fast growing forest tree species for biomass production in Greece. Biomass and Bioenergy, 34(11): 1531-1537

Ayerbe L, Tenorio JL, Ventas P, et al. 1984a. *Euphorbia lathyris* L. as an energy crop—Part Ⅰ.Vegetative matter and seed productivity. Biomass, 4(4): 283-293

Ayerbe L, Tenorio JL, Ventas P, et al. 1984b. *Euphorbia lathyris* L. as an energy crop-Part Ⅱ. Hydrocarbon and sugar productivity. Biomass, 5(1): 37-42

Bassam NEI. 2010. Handbook of Bioenergy Crops: A Complete Reference to Species, Development and Applications. London: Earthscan Ltd

Billa E, Koullas DP, Monties B, et al. 1997. Structure and composition of sweet sorghum stalk components. Industrial Crops and Products, 6: 297-302

Binkley D, Stape JL. 2004. Sustainable management of eucalyptus plantations in a changing world. Borralho N, Pereira JS,

Marques C, et al. Eucalyptus in A Changing World, Aveim. Portugal: IUFRO: 11-15

Calvin M. 1978. Chemistry, population, resources. Interdisciplinary Sci. Rev, 3: 233-243

Calvin M. 1980. Hydrocarbons from plants: analytical methods and observations. Nature, 67: 525-533

Calvin M, Nemethy EK, Redenbaugh K, et al.1982. Plants as a direct source of fuel. New trends in research and utilization of solar energy through biological systems. Experientia Supplementum, 43: 24-28

Dolciotti I, Mambelli S, Grandi S, et al. 1998. Comparison of two sorghum genotypes for sugar and fiber production. Industrial Crops and Products, 7: 265-272

Hamelink C, Hampson A, Wink DA, et al. 2005. Comparison of cannabidiol, antioxidants, and diuretics in reversing binge ethanol-induced neurotoxicity. J Pharmacol Exp Ther, 314: 780

Ingram GC, Goodrich J, Wilkinson MD, et al. 1995. Parallels between UNUSUAL FLORAL ORGANS and FIMBRIATA, genes controlling flower development in *Arabidopsis* and *Antirrhinum*. Plant Cell, 7: 1501-1510

Keshwani DR, Cheng JJ. 2009. Switchgrass for bioethanol and other value-added applications: a review. Bioresource Technology, 100: 1515-1523

Kline KL, Coleman MD. 2010. Woody energy crops in the southeastern United States: two centuries of practitioner experience. Biomass & Bioenergy, 34(12): 1655-1666

Kumar M, Gupta RC. 1992. Properties of *Acacia* and *Eucalyptus* woods. Journal of Materials Science and Letters, (21): 1439-1440

Lee SH, Inoue S, Teramoto Y, et al. 2010. Enzymatic saccharification of woody biomass micro/nanofibrillated by continuous extrusion process II: effect of hot-compressed water treatment. Bioresource Technology, 101(24): 9645-9649

Lewandowski I, Clifton-Brown JC, Scurlock JMO, et al. 2000. Miscanthus: European experience with a novel energy crop. Biomass and Bioenergy, 19: 209-227

Lewandowski I, Scurlock JM, Lindvall E, et al. 2003. The development and current status of perennial rhizomatous grasses as energy crops in the US and Europe. Biomass and Bioenergy, 25: 335-361

Linde-Laursen IB. 1993. Cytogenetic analysis of miscanthus giganteus, an interspecific hybrid. Hereditas, 119: 297-300

Pan-utai W, Laemsak N, Sirisansaneeyakul S, et al. 2010. Ethanol production from Eucalyptus biomass by a simultaneous saccharification and fermentation process. Kasetsart: Proceedings of the 48th Kasetsart University Annual Conference

Rattunde HFW, Zerbini E, Chandra S, et al. 2001. Stover quality of dual-purpose sorghums: genetic and environmental sources of variation. Field Crops Research, 71: 1-8

Romani A, Garrote G, Alonso JL, et al. 2010. Bioethanol production from hydrothermally pretreated *Eucalyptus globulus* wood. Bioresource Technology, 101(22): 8706-8712

Venendaal R, Jorgensen U, Foster CA. 1997. European energy crops: asynthesis. Biomass Bioenergy, 13: 147-185

Vinther FP, Eiland F, Lind AM, et al. 1999. Microbial biomass and numbers of denitrifiers related to macropore channels in agricultural and forest soils. Oil Biology and Biochemistry, 31(4): 603-611

Visser I. 1996.Co-combustion of Miscanthus and coal *in*: Chartier P, Ferrero GL, Henius UM. Biomass for Energy and Environment: Proceedings of Ninth European Bioenergy Conference, Copenhagen, Denmark, 24-27 June 1996. New York: Pergamon: 1460-1461

Visser P, Pignatelli V. 2001.Utilisation of *Miscanthus in*: Jones MB, Walsh ME. Miscanthus for Energy and Fibre. London: James & James

Zhao YL, Dolat A, Steinberger Y, et al. 2009. Biomass yield and changes in chemical composition of sweet sorghum cultivars grown for biofuel. Field Crops Research, 33(1-2): 55-64

第三章　农村沼气技术

第一节　沼气发酵概述

一、沼气及其优缺点

1. 沼气

沼气，顾名思义就是沼泽里的气体，是有机物质在一定条件（隔绝空气）下经过微生物发酵而生成的以甲烷为主的可燃气体。人们经过沼泽地时，脚踩下去，可见有许多小气泡浮出水面，经点火便见到蓝色火焰，这就是沼气。由于这种气体最初在沼泽地带发现，故名为沼气。在农村的粪池或鱼塘中，往往也可以看到这类气泡浮出水面，点火即燃烧，这些都是池底有机物质经厌氧发酵而生成的沼气。

沼气的理化性质：沼气是一种混合气体，其主要成分是甲烷(CH_4)，占总体积的50%～70%，其次是二氧化碳（CO_2），占25%～45%。除此之外，还含有少量的氮气（N_2）、氢气（H_2）、氧气（O_2）、氨气（NH_3）、一氧化碳（CO）和硫化氢（H_2S）等气体。由于沼气含有少量硫化氢，因此略带臭味。甲烷（CH_4）、氢气（H_2）和一氧化碳（CO）是可以燃烧的气体，主要是利用这部分气体的燃烧来获得能量。

2. 沼气的优缺点

缺点：其特性与天然气相似。空气中若含有 8.6%～20.8%（按体积计）的沼气时，就会形成爆炸性的混合气体。

优点：沼气中因含有二氧化碳等不可燃气体，其抗爆性能好，辛烷值较高，是一种良好的动力燃料。每立方米纯甲烷的发热量为 34 000kJ，每立方米沼气的发热量为 20 800～23 600kJ，即 $1m^3$ 沼气完全燃烧后，能产生相当于 0.7kg 无烟煤提供的热量。沼气还可作内燃机的燃料及生产甲醇、甲醛、四氯化碳等的化工原料。经沼气装置发酵后排出的料液和沉渣，含有较丰富的营养物质，可用作肥料和饲料。

二、沼气技术的运用领域

人畜粪便、垃圾都是人类社会的抛弃物，处理不当有碍卫生。人们将粪便、秸秆、杂草、垃圾等有机物，置入沼气池内，在厌氧菌的作用下发酵产生沼气，沼气可以像天然气一样由管道传输，可以用来烧饭、点灯、发电及熔碳燃料电池，是一种理想干净的能源。发展沼气不但可以变废为宝，提取能源，而且可以净化环境，将粪便和垃圾加以集中处置，从而大大减少传染病的流行机会。同时，建设沼气工程还是优化生态环境、形成一种最佳生物链的先决条件。沼气池里排出来的肥渣可以喂蚯蚓，蚯蚓长大了可用来喂猪和鸡，猪粪、鸡粪又可作为生产沼气的原料，肥水还可当肥料，增加农业产量。

沼气技术的应用领域可分为 4 类：农业废物，工业废物，城市下水道污水，城市垃圾。

农业沼气的开发：绝大多数沼气池建在农村，是单个体积为 $7\sim40m^3$ 的小型池，发酵原料主要为畜粪、人粪和其他农业废物，所建沼气池主要用于炊事、照明等。

工业沼气的开发：甘蔗、水果、咖啡等农副产品加工产生的高浓度有机废物，肉类、奶类加工产生的废水，造纸工业和石油化工废水都可用沼气技术加以处理。其中使用最多的是酒精厂废醪和咖啡加工后废壳、废水的消化。

城市下水道污水沼气的开发：在城镇下水道污水厌氧处理方面，已有 33 个国家有研究应用报道，其中近一半是实验室试验项目，其余是生产规模的应用，发酵罐单体容积为 $200\sim3300m^3$。

城市垃圾沼气的开发：利用城市垃圾卫生堆埋场技术，可从垃圾中获得沼气。其投资运行费用低，并可以回收能源。据理论计算，1t 垃圾在堆肥场发酵 $10\sim20$ 年可产 $400m^3$ 沼气，实践中可回收 $100\sim200m^3$。

由垃圾开发沼气，第一是降低了垃圾堆埋场的运行管理费用，第二是减少了石油进口，第三是减轻了大气污染。沼气经过净化后，可用作市镇汽车的燃料，减轻汽车尾气污染；如作为城市煤气，则为市民提供了一种廉价的气体能源。

三、国内外沼气技术的应用情况

（一）国外应用情况

沼气已受到世界各国的重视，无论是工业发达的国家，还是发展中的国家，都十分重视发展沼气。1896 年在英国埃克塞特市用马粪发酵制取的沼气点燃街灯是人类首次开发应用经济型生物能源。1936 年英国首先在泰晤士河畔的废水工厂中应用厌氧消化技术，并将回收的沼气作为补充能源。1950 年亨盖特创造了厌氧技术，以后经过许多科学家的研究，逐步建立起厌氧发酵制取沼气的工艺。

1. 拉丁美洲

拉丁美洲已有 28 个国家和地区不同程度地开展了沼气技术的研究与应用，是发展中国家采用卫生堆埋场技术的先行者。智利和巴西已有 5 座堆埋场进行沼气开发。

2. 美国

美国俄克拉何马州一家沼气工厂饲养了 75 000 头牲口，每天用 200t 动物粪便作为产沼气原料，大量生产沼气，并通过地下管道将沼气和天然气一起输送出去，作为工业动力能源。

3. 欧洲

欧洲国家沼气工程的补贴主要有两种，一种是建设补贴，另一种是终端产品补贴，以终端产品补贴为主，建设补贴为辅，没有单纯的建设补贴。沼气工程的发展主要取决于政策环境、产品补贴价格，最终取决于沼气工程的赢利能力。德国、丹麦、瑞典、意大利的沼气产品补贴价格高，政策优惠，沼气工程能够赢利，沼气发展迅速。英国、法国、西班牙由于对终端产品补贴价格低，程序繁琐，沼气工程不能赢利，因此发展缓慢。

1997 年欧盟制定了《可再生能源发展战略白皮书》，目前德国、奥地利、丹麦、瑞典等国以国内法的形式落实了欧盟对可再生能源的要求，制定了相应的促进可再生能源（包括沼气）发展的法律法规。欧洲主要的沼气公司如表 3-1 所示。Linde 公司 2005 年有4 个新工程试运行：一个在葡萄牙，处理 4 万 t 湿有机废弃物；一个在意大利，处理液态粪便、有机固体和液态有机废弃物；另两个在西班牙，处理湿厨余垃圾（处理能力分别为 40 000t 和 75 000t）。截至 2006 年年底，Linde 已经建有 40 座沼气工程，营业额达到1.6 亿欧元。Valorga 公司有 10 多座沼气工程，年处理 100 多万 t 废弃物生产沼气，该公司与中国的合作伙伴签署了两个沼气工程，已在 2008 年运行，一个在上海，处理 227 500t新鲜废弃物及 41 000t 有机废弃物；另一个在北京，处理 10.5 万 t 分选后的厨余废弃物。Schmack Biogas AG 公司擅长农业沼气工程，已经建了 180 多座沼气工程，市场已经从德国国内拓展到意大利和美国。2006 年欧盟沼气产量为 5346.8ktoe（1ktoe 为 1000t 石油当量，1t 石油当量相当于 2000m³ 沼气），其中填埋气为 3116.2ktoe，市政和工业污泥沼气工程为 949.5ktoe，分散农场沼气工程、市政固体废弃物沼气工程和集中联合发酵沼气工程为 1281.1ktoe。德国为欧洲最大的沼气生产国，英国人均沼气产量第一。

表 3-1 欧洲沼气行业代表性公司

公司	国家	发酵原料类型	沼气工程数量	总处理能力/（t/年）
Linde AGW ies-baden	德国	湿和干	40	1 000 000
Biotechnische，Abfallverwertung	德国	湿	25	624 500
Kompogas AG	瑞士	干	32	530 000
Organic Waste Systems	比利时	干	14	750 000
Schmack Biogas AG	德国	湿	180	1 000 000
Valorga International SAS	法国	干	19	1 000 000

德国是当今世界上沼气工程技术发展和实践应用最为成功的国家之一，是欧洲国家中发展中小型农场沼气工程的典型代表。2000 年颁布的《可再生能源优先法》及国家鼓励沼气发电上网的一系列配套政策的出台，为广大农场主建设沼气工程并通过发电上网增加收入创造了极好的法律环境。2004 年德国国会对《可再生能源优先法》进行了修订，除了优惠上网电价外，装机低于 70kW 的沼气工程还可获得 15 000 欧元的补助金及低息贷款，使小型农场沼气发电上网更有吸引力。2004～2008 年德国沼气工程新建 2141 座，是 2000～2003 年建设数量的 2 倍多。到 2005 年年底，德国在沼气行业大约投资 6.50 亿欧元用于沼气工程建设。2004 年德国沼气工业的出口达到 2700 万欧元，约占行业总产值 10%。2009 年进行了第二次修订，在增加小规模沼气工程基本补贴的同时，对以能源作物为原料和开展热电联产等余热利用方式的工程给予额外补贴，对以粪污（至少 30%）和生物垃圾（餐饮和市政垃圾）为原料的沼气工程给予额外补贴。2009～2011 年德国沼气工程新建 3419 座。2011 年新建了 1310 座沼气工程。到 2011 年年底，德国沼气工程总数达到 7215 座，发电装机 2904MW，发电量 19.4TW·h，占全国用电量的 3%，销售收入 70 亿欧元，出口占 10%，提供 52 900 个工作岗位。2009 年版的修订也起到了一些负

面效应，如青贮原料的大量使用造成了能源作物与粮食作物争地，土地租金上涨。该版法案规定，只要原料中含30%粪污就可以获得补贴，结果使得81%的沼气工程获得了粪便原料补贴，但是处理的粪污量却只有20%。针对这些问题，又对《可再生能源优先法》进行了第三次修订，形成了2012版《可再生能源优先法》。为了适应新形势，一些设备制造企业对新法案快速反应，首先开始开发适合高比例粪便发酵原料（产气率低）小型沼气工程（小于75kW）的发酵工艺与设备。其次是对现有沼气工程进行扩产，沼气工程施工建造企业自己建设并运营沼气工程，减少对沼气工程建造市场的依赖。德国沼气协会估计，到2020年沼气工程总装机将达到9500MW，在供热能源消费中的份额将达到14%，预计将使德国减少 CO_2 排放量约8600万t。

奥地利沼气工程从2002年《绿色电力法》颁布以来发展迅速，2001~2002年沼气工程数量翻倍。2003~2005年新建了100多座沼气工程，其中15.5%的工程发电装机小于100kW；72%在100~500kW；大于500kW的占12.5%。对沼气工程，国家没有财政支持，在特定条件下，联邦州政府和环境部对小型农场沼气工程给予支持。在欧盟资助的农村发展项目范围内（BMLFUW，2003，83）或在国家技术促进项目内（BGB.l INr. 149/2002），政府补贴可以达到沼气工程投资的40%。2006年对法案进行了修订，由于条款的退步，导致整个投资停止，继续发展和技术进步也相应停止，农场沼气工程没有变化。由于这些原因，2008年又进行了修订，2010年又提高了上网电价。截至2010年年底，奥地利有551座沼气工程，其中农场沼气工程300座，填埋气工程62座，工业废弃物沼气工程25座，污泥处理沼气工程134座，有机废弃物沼气工程30座。每年沼气产量大约4亿 m^3，发电装机大约92.97MW，年发电大约650GW·h，沼气发电量占全国用电量的1%。

英国的垃圾填埋气开发量大，因为沼气是填埋气的有力补充，2011年沼气工程增加了1/3，达到78座，装机75MW。沼气工程的发展，主要原因是新的可再生供热法案（RHI）的激励。小于200kW的可再生能源热生产商或生物甲烷生产厂，包括2009年7月15日以后建的沼气工程，燃烧沼气包括生物甲烷补贴7.1便士/（kW·h），预计RHI也将适用于大于200kW的工厂。进一步与可再生能源发电组合激励，2009年7月15日以后，新建的<5MW的沼气工程包括在这项补贴政策中，补贴政策包括两部分，一是发电补贴，二是上网补贴。政策意味着自用电也可以获得补贴。发电补贴：装机<250kW，14.7便士/（kW·h）；装机<500kW，13.6便士/（kW·h）；装机<5MW，9.9便士/（kW·h）。上网补贴：2012年12月从3.2便士/（kW·h）增加到4.5便士/（kW·h）。2012年7月英国政府宣布，装机<500kW的上网补贴冻结，装机>500kW的减到8.96便士/（kW·h），通知规定从2014年4月起每年递减5%。另一项激励政策是基于绿色证书的可再生能源责任系统（ROCS），适用于装机大于5MW的工程。证书颁发给有资格的可再生能源生产商和供应商，这些生产商和供应商每年以证书形式（资格合同）将这些能源供给消费者。到2015年4月，沼气工程运营商可以获得2ROC/（MW·h），2015~2016将减到1.9ROC/（MW·h），2016~2017进一步减到1.8ROC/（MW·h）。2014年，基于长期合同（不同补贴电价合同）的新的购电价格方案将引入，可再生能源责任系统2017年结束前，生产商可以在这两个系统中选择。

目前，法国利用农业或食品工业废料生产沼气尚处起步阶段，沼气对可再生能源的贡献很小，沼气占初级能源的比例只有0.1%。2006年7月新上网电价的颁布是法国沼气发展的重要转折点。新电价的执行期为 15 年，简化了上网手续，上网技术更方便易行。法国沼气生产相对稳定，大部分沼气来自填埋气（140.8ktoe）、市政和工业废水（75ktoe），其他沼气只有 4ktoe。2011 年沼气工程总数 218 座，其中农场沼气工程 48 座，填埋气工程 20 座，工业废弃物沼气工程 80 座，食物废弃物沼气工程 10 座，污泥处理沼气工程 60 座，所有沼气工程都是发电上网。2011 年年底，35 座农场沼气工程正在建设，平均装机 470kW，以前平均装机 200kW。2009 年 8 月 3 日法国颁布 2009/26 方案，法案设定了可再生能源开发目标：到 2020 年可再生能源将达到能源消耗的 23%，也就是说，到 2020 年沼气发电装机将达到 625MW。为了支持沼气的发展，法国制定了沼气发展激励政策：①上网电价补贴。2006 年制定了上网电价，从 2011 年 3 月起上网电价增加 20%。②建设补贴。地方支持能源环境最优项目，平均补贴投资 30%，计划了 3 亿欧元给农业部门用于建设补贴。因为补贴价格不高及沼渣沼液利用困难，法国沼气发展仍然滞后。

欧洲《可再生能源法案》2009/28/CE 于 2011 年 3 月 3 日转换成意大利法案，法案规定了达到欧洲目标的工具、机制和激励措施，设定了普通框架和一些急需的补贴标准。对于小于 1MW 的发电厂，保证 15 年的上网价格 [28 欧分/（kW·h）] 已在 2012 年执行。新的法律框架包括：①优先考虑标准：效率、农场大小、热电联产工程，着重当地原料及农场与沼气工程业主的协议。②激励措施将考虑投资、管理、原料购买费用、生物质原料来源。③资金保证支持新的区域供热网络。④对于装机小于 1MW 的农场沼气工程，国家、地方累计支持最高达总投资的 40%。⑤鼓励高产的热电联产。⑥交通工具的证书系统。⑦进入天然气管网的特别激励措施。从 2013 年起，利用有机物的小于 1MW 的生物质能电厂，上网电价减半到 0.14 欧元/（kW·h），利用有机副产品的生物质能电厂，视其原料购买价格上网电价减少 36.4% 到 0.178 欧元/（kW·h）；相反，利用废弃物（包括家庭废弃物）的沼气工厂，补贴价格提高 20% 达到 0.216 欧元/（kW·h）。目前的法律激励了农场沼气的生产，沼气工程数量从 2010 年的 352 座（装机 342MW）增加到了 2011 年的 475 座（装机 418MW）。沼气工程数量的增加主要得益于农场沼气工程的增加，几乎翻倍，从 114 座（54.3MW）增加到 225（127.6MW），2012 年急剧增加，因为投资者利用了还未修改的补贴政策。

丹麦沼气发展开始于 20 世纪 70 年代，第一座沼气工程主要是为了获取能源，以应对能源危机。丹麦以集中式混合原料沼气工程著名，被看作是能源生产、粪便和有机废弃物处理、养分再分配的工厂。目前有 21 座集中式沼气工程，60 座农场沼气工程，5 座工业废弃物处理沼气工程，64 座污水处理厂污泥处理沼气工程。丹麦主要通过以下措施促进沼气工程的发展：①建设补贴。丹麦所有沼气工程都得到了补贴，20 世纪 80 末年代补助 30%～40%，90 年代末到 2010～2012 年补助 20%。②法律规定。对粪便处理利用有严格规定，收取粪便及废弃物处理费。③上网电价补贴。丹麦的沼气每千瓦时保证 10 欧分电价，热电联产增加能源价格。④税收优惠。沼气作为可再生能源，其收益免国税。2009 年制定了政府绿色增长计划，规划粪便用于产沼气的比例从目前的 5% 到 2020 年达到 50%，沼气与天然气享有进入天然气管网进行输配的同等权利，沼气生产商与天然气供应商具有平等的挣钱机会。2012 年 3 月丹麦政府已经同意国会多数党提议的修改沼气工程上网价格，增加到 1.15 丹麦克朗/（kW·h），这项议案在 2012 年执行，补贴既适用于集中式沼气热电联产工程，又适用于进入天然气管网的工程。在下一个 8 年补贴将逐步减少到 0.10 丹麦克朗/（kW·h）。集中式沼气热电联产工程可以加入自由竞价市场，并获得额外沼气补贴，也可以获得固定上网电价 1.15 丹麦克朗/（kW·h）的支持。

葡萄牙国家"能源"项目支持沼气生产，进一步支持由国营或私营企业进行。通常以研讨会的形式推广支持沼气技术。在葡萄牙有几个地区如 Lourinq、Leiria 和 RioMaior 猪场高度集中，有 4 座集中沼气工程在运行。在中部、南部大约 60 座农场沼气工程在运行。

西班牙沼气发展的主要动力是废弃物处理和环境保护。沼气工程建设补贴在 20 世纪 80 年代末就已经实行。生物质能发电和沼气发电得益于《皇家法案 436/2004》。该法案规定了不同来源的可再生能源价格。经营者有两种方法出售电，一种是直接将电卖到市场，另一种是将电卖给电网公司。对于前一种情况，另给参考价的 40% 作为奖励；对于后一种情况，皇家法案每年设定的电价相当于参考电价的 90%，20 年后降到 80%。2005~2006 年沼气产量增加了 17.4ktoe，2006 年达到 334.3ktoe，主要是填埋气增加（占总沼气的 75.3%），这些增加主要得益于沼气发电，2006 年沼气发电达到 674.9GW·h，热电联供从 36.7GW·h 增加到 84.4GW·h。西班牙可再生能源行动计划 2005~2010 规定，29.4% 的电来自可再生能源，5.75% 的交通燃料采用生物燃料，并将沼气生产看作是很有潜力、但还远未充分开发的技术。随着《皇家法案 661/2007》的修订，混烧生物质能或沼气发电厂可以获得额外补贴，以帮助完成可再生能源目标。纯烧生物质能或沼气至 500kW 的发电厂上网电价 13 欧分/（kW·h）；>500kW，10 欧分/（kW·h）。上网电价持续期 15 年，15 年后上网电价减到 7 欧分/（kW·h）。另外，在不同自治区，可以从公共机构获得建设补贴，如在卡塔卢尼亚，可以补贴建设投资的 20%。从《皇家法案 661/2007》修订以后，西班牙沼气工程开始发展。但是法案颁布 3 年后，只建了 6 座沼气工程，装机 3.5 MW。新法案没有起到激励作用，主要因为以下障碍：①上网电价方面。一是上网电价低；二是对装机小的工程没有更高的上网电价；三是缺乏额外补贴补充上网电价；四是热回收的补贴低，投资热回收没有利润。②上网方面。对电力公司没有约束；沼气工程开发者必须承担所有上网设备投资；沼气工程掌握在电力公司手上，很少能盈利。③管理方面。涉及部门太多，获得执照、许可复杂，走完所有程序需要 3~6 个月甚至更多。

瑞典沼气能源不上缴 CO_2 排放税，且中央政府向投资减排温室气体的地方政府或企业实行补贴，对购买以沼气作燃料的汽车给予很大的税收减免。农业部门对能源植物和无害有机物作为原料产生的消化残余物很感兴趣，目的在于将营养物质还田并减少对化肥的依赖。这几个因素增加了沼气作为汽车燃料的市场价值，瑞典是利用沼气作汽车燃料最普遍的国家。瑞典对可再生能源制定了宏伟目标，到 2020 年 50% 的能源来自可再生能源，10% 的交通工具使用可再生能源。由于上网电价低，瑞典的沼气主要用于供热，大约占 53%，其次是提纯后作车用燃料，占 26%，沼气发电只占 4%，火炬燃烧占 14%。2009 年年底，瑞典有 230 座沼气工程，其中农场沼气工程 12 座，填埋气工程 37 座，工业废弃物沼气工程 4 座，污泥处理沼气工程 136 座，混合发酵沼气工程 21 座，有 40 座沼气提纯工程。瑞典沼气发展激励政策主要有以下几方面：①税收优惠。沼气作汽车燃料免税（包括能源税、二氧化碳税、硫税、氮氧化物税费），并且汽车购置税低 40%。②可再生能源配额制。每发 1MWh 电，可再生能源生产者可获得一个许可证，许可证价格大约 1.5 欧分/（kW·h），电售价一般是 1.5~9 欧分/（kW·h），因此沼气发的电售价一般是 3~12.5 欧分/（kW·h）。除一些重工业以外，所有消费者需要通过购买发电许可证购买一定比例的可再生能源电。许可证的费用摊到消费者中，发电许可证持续到 2030 年。另外，加油站每销售 2500m³ 燃料，必须提供 1 份可再生能源证书。③建设补贴额。2009 年提出补贴沼气工程及提纯投资的 30%，单个工程最大补贴额 180 万瑞典克朗（三年期间）。补贴由农村发展项目支持，该项目 2009~2013 年总经费 2 亿瑞典克朗，要求沼气工程发酵原料中粪便至少占一半，消化残余物储存不泄露。另外，补贴加气站加气泵投资的 40%。

荷兰在有机废水厌氧消化领域处于世界领先地位，但其农场沼气工程发展缓慢。在荷兰，沼气和热能的价格低。2004 年 6 月一个有利的提案被提出，农产品可以用于联合消化，且没有排斥消化残余物作肥料。最近的财政激励是沼气发电补贴，从 2005 年 1 月起，粪便厌氧消化沼气发电荷兰政府补贴 9.1 欧分/（kW·h）。2005 年联合消化沼气工程还不到 10 座，2007 年年初已经达到 50 多座，但是集中式沼气工程大规模的发展仍然存在困难。欧盟《可再生能源法案 2009/28/EC》规定，荷兰到 2020 年，可再生能源占化石能源的比例要达到 14%。由于成功实施了发电环境质量补贴项目（MEP）及交通工具强制混合燃料政策，可再生能源占最终能源消耗比例从 1990 的 1%增长到 2009 年的 4.2%。2006 年终止了这一项目，可再生能源份额增长在 2010~2011 年停止。2007 年 10 月 16 日，荷兰女王比阿特丽克斯签署了荷兰可再生能源上网电价补贴法律——可再生能源激励计划（SDE），该法律于 2008 年生效，该计划规定从 2008 年 4 月 1 日起，生物质发电≤50MW 及混合发酵沼气发电合同电价 12 欧分/（kW·h）（包含补贴），合同期 12 年，合同期总预算 2.89 亿欧元；污泥、污水处理沼气及填埋气发电 5.8 欧分/（kW·h），合同期 12 年，合同期总预算 1 亿欧元。2011 年对可再生能源激励计划（SDE）进行了修订，称为 SDE′，将每年的补贴预算从 40 亿欧元消减到 15 亿欧元。在新可再生能源激励计划（SDE′）中，政府分配补贴资金完全不同，而且相当复杂。基于"先来，先获得"的原则分为 4 个阶段。①第一阶段，政府补贴 9 欧分/（kW·h）（70 欧分/m³ 气），仅补贴给赚钱小于 9 欧分的技术，如沼气（绿气）、水电、废弃物发电。②如果第一阶段实施后有剩余资金，第二阶段将放开，政府补贴 11 欧分/（kW·h）（97 欧分/m³ 气），将补贴海岸风电和基于肥料的气（fertiliser-based gas）。③第三阶段，如果还有剩余资金，政府补贴 13 欧分/（kW·h）（114 欧分/m³ 气）。④第四阶段，也是最后阶段，政府补贴 15 欧分/（kW·h）（132 欧分/m³ 气），将对所有发酵过程产生的能源开放。这种补贴计划，实施越晚，补贴越高，但也面临没有补贴的风险。在荷兰，有 130 座沼气工程和 16 座生物甲烷工程在运行。相比德国、瑞典等欧洲国家，荷兰的沼气发展仍然缓慢，主要有以下原因：①原料取决于生产者。没有沼气工程时，原料可以免费获得，建好沼气工程后，原料价格可能很高。②荷兰对肥料有严格限制。如果土地有最大施肥量，若超过需要量，必须花钱去掉多余的肥料。③获得许可的时间漫长，并且有严格的规定需要遵守。④天然气价格便宜。天然气生产价格只有 3~4 欧分/m³，沼气很难与之竞争。

芬兰没有真正的国家沼气发展促进项目，主要是"沼气中心"在促进沼气的利用，Joensuu 大学也正在进行一些厌氧消化的研究，可以获得研发和示范项目的资助。与其他欧盟国家相比，芬兰电价和燃料价格相当低，由于农场分散，沼气工程建设费用高，公众倾向于填埋气收集。因为运输和气味问题而对大型沼气工程集中处理废弃物的兴趣低，小型农场沼气工程可能会得到发展。目前的法律允许采用如堆肥等廉价的方式处理畜禽粪便，畜禽粪便沼气工程几乎没有。在 Vaasa 的 Stormossen 沼气工程处理市政固体废弃物，每年生产大约 170 万 m^3 沼气。

4. 非洲

根据 2007 年的 *Biogas for A Better Life* 报告显示，在非洲占 24%的农村家庭只需满足两个基本要求就有条件发展沼气池：足够的原料和沼气运行需要的水。需要强调的是，非洲地区有牛存栏 2.77 亿头。该报告认为沼气技术在非洲的潜在市场估计为 1850 万户。出于环保和卫生目的，在布隆迪、博茨瓦纳、布基纳法索、科特迪瓦、埃塞俄比亚、加纳、几内亚、莱索托、纳米比亚、尼日利亚、卢旺达、津巴布韦、突尼斯、摩洛哥、坦桑尼亚、南非和乌干达已经建设了一些大中型沼气工程，利用的原料包括屠宰场的废弃物、工业废物、动物粪便和人类排泄物。南非撒哈拉以南非洲地区沼气技术的应用水平发展较好，主要是因为这里的经济发展水平较高，且有一些大学具备较高的研究能力。非洲地区一些家庭的经济条件和购买力似乎妨碍了沼气技术在该地区大多数国家的广泛传播，一些国家已经采用了政府补贴计划，如卢旺达和埃塞俄比亚、坦桑尼亚等。

自 2008 年以来，一些非政府国际组织，如人道主义与发展中国家合作研究所（HIVOS）、荷兰发展组织（SNV）、德国技术合作公司（GIZ）、荷兰外交部（DGIS）、壳牌基金会、温洛克国际和中国农业部沼气科学研究所（BIOMA）等与非洲当地政府建立了合作伙伴关系，为非洲地区户用沼气池项目提供技术支持和经费。

由荷兰 SNV 资助并负责实施的非洲沼气合作项目（ABPP）是目前非洲最大的沼气技术推广项目。ABPP 旨在为塞内加尔、布基纳法索、埃塞俄比亚、坦桑尼亚、乌干达和肯尼亚 6 个国家建立在商业上可行的户用沼气池提供技术支持。该项目在 2008 年启动，其目标是截至 2013 年在非洲发展 7 万口户用沼气池，并在示范工作区域内优化其管理和制度水平。SNV 活跃在非洲西部和中部的 9 个国家：贝宁、布基纳法索、喀麦隆、刚果、加纳、几内亚比绍、马里、尼日尔和塞内加尔。而在非洲的东部和南部地区，SNV 主要活跃在埃塞俄比亚、肯尼亚、莫桑比克、卢旺达、苏丹南部、坦桑尼亚、乌干达、赞比亚和津巴布韦。SNV 的沼气项目已经从亚洲扩大到了非洲地区。非洲沼气合作项目框架中，卢旺达是 6 个国家中第一个参与其中的国家。

喀麦隆自 2009 年开始发展沼气项目，而贝宁的沼气项目始于 2010 年。2005 年在肯尼亚内罗毕举行的非洲沼气项目倡议会议，来自 27 个非洲国家的 135 名代表出席了会议，会议承诺由温洛克提供技术支持，于 2020 年前在非洲发展 200 万口沼气池。

1984 年以来，中国政府通过农业部沼气科学研究所（BIOMA）为非洲地区政府机构的技术员和政策执行者提供技术支持。BIOMA 在非洲不同地区安装有沼气池，并在中国成都举行了 47 期关于沼气/可再生能源技术的国际培训班，60%的参会人员来自非洲地区。

据 SNV 网站显示，荷兰政府在 2012 年为 SNV 提供的沼气项目基金是 7000 万欧元，在 2013 年为 6000 万欧元，2014 年和 2015 都是 5500 万欧元，从 2016 年开始经费将有明显削减，督促 SNV 发展成为一个独立的、有竞争力的非政府组织。

（二）国内应用情况

中国于 20 世纪 20 年代初期由罗国瑞在广东省潮梅地区建成了第一个沼气池，随之成立了中华国瑞瓦斯总行，以推广沼气技术。在近百年的发展历程中，大致划分为以下 4 个大的发展阶段。

1. 初始发展阶段（20 世纪 20 年代末至 70 年代初）

20 世纪 60 年代初期，按照毛泽东主席关于"沼气又能点灯，又能做饭，又能做肥料，要大力发展，要好好推广"的指示及国务院批转农业部等部委"关于当前农村沼气建设中几个问题的报告"的精神，各地快速建造大量的农村沼气池，但由于当时技术不成熟，管理不到位，建设成本较高和服务跟不上等，导致不少户用沼气池和沼气工程在短期内报废，每年的报废量远大于新建量。70 年代初我国的沼气用户快速发展到 200 多万户，但运行很短时间后多数报废；70 年代中期各地再次掀起发展沼气热潮，累计发展了 700 多万户，但在 80 年代初又回落到 400 万户以内。这种"两起两落"的发展经历，严重挫伤了农民建池及各级政府投入的积极性。

2. 技术成熟阶段（20 世纪 80 年代至 2000 年）

这一阶段我国沼气技术获得重大突破，沼气工艺不断完善，综合效益开始显现，影响逐步扩大。研究推广了多种沼气池类型，开发出安全、方便、实用的进出料装置，采用了混凝土浇筑施工工艺，制定了一系列沼气池建设国家标准。同时，将沼气技术与农业生产技术结合起来，形成了以南方"猪—沼气—果"和北方"四位一体"为代表的农村户用沼气发展模式。到 2000 年年底，全国农村户用沼气池达 980 万户。同时，畜禽养殖场大中型沼气示范工程建设开始起步。

3. 快速发展阶段（2001～2006 年）

这一阶段国家对沼气建设的投资力度逐步加大，仅中央便投资 61.2 亿元专项资金用于沼气建设与发展，支持户用沼气池建设 1327 万户，各类沼气工程建设 4258 处。中国共产党第十六次全国代表大会第五次中央委员会全体会议将"大力普及农村沼气，积极发展适合农村特点的清洁能源"写入《中共中央关于制定国民经济和社会发展第十一个五年规划的建议》。到 2006 年年底，全国沼气用户累计达到 2200 万户，建成养殖场大中型沼气工程 5278 座和生活污水净化沼气池 13 万多处，年产沼气近 90 亿 m³。

4. 建管并生阶段（2007 年以来）

农业部和国家发改委先后共同印发了《全国农村沼气服务体系建设方案》和《关于进一步加强农村沼气建设管理的意见》，提出了"强化前期工作、明确管理责任、加快建设进度、严格资金管理、加强质量监管"等具体要求，以加强沼气建设规范管理。各地在项目实施过程中，坚持项目行政领导责任制和法人责任制；坚持就业准入制度，实行持证上岗，积极开展沼气生产工人职业技能培训和鉴定工作；坚持建设标准和技术标准，规范建设；坚持招投标制度，对主要建筑材料和关键设备实行公开招标，集中采购；坚持项目公开公示制度等。

这些举措极大地促进了农村沼气的健康快速发展。截至 2011 年年底，全中国已推广了将近 4000 万处户用沼气池，同时在全国各地建立了大中小各种沼气工程 8 万多座，其中大中型沼气工程就达到了 14 000 多座，形成年产沼气 160 多亿 m^3 的生产能力，占 2011 年当年中国天然气消费量的 7%～8%。2013 年，中央政府投入 30 亿元用于沼气的发展。

（三）我国沼气产业存在的问题及发展前景

1. 我国沼气产业存在的问题

（1）工艺技术落后，效率普遍不高

原料主要是畜禽粪便、秸秆废料。以能源作物作为发酵的原料、鼓励种植能源作物的意识还不强。我国大部分地区还是采用水压浮罩式发酵罐，和几十年前比起来没有太大的改进。沼气产气率受搅拌和温度的影响比较大，有明显的季节差异性，不能稳定产气，且机械化、自动化程度不高。

（2）发展战略定位低，经济效益差

我国的沼气工程以解决畜禽粪便、生活污水等环境污染问题为主要目的，而没有把开拓沼气市场，把沼气发展成可以和天然气、石油地位相当的燃料商品当作战略目标，定位比较低。国外的沼气不仅用于供热和发电，而且用作汽车燃料。同时，单纯为了环保而不追求经济收益是行不通的，沼气产业发展过度依赖政府资金投入，企业的积极性不高，自主独立性不强。

（3）法律和政策体系不够健全和完善

尽管沼气在我国的应用已有近百年的历史，但是相关政策法规的制定步伐比较滞后。目前存在的一些关于沼气发展的法律偏向于建议性，执行起来不具有强制性，许多企业不愿意投入经费和技术进行沼气的开发。缺乏完善的法律保障，不利于沼气事业的蓬勃发展。

（4）社会化服务建设滞后

一个地区沼气池修建好后，该地区没有可以提供切实帮助的服务站点及专业技术人员。将沼气除杂净化后并入天然气管道的一系列后续问题，如收费问题、服务问题等还没有得到解决。我国还没有建立起完善的社会服务体系，这些都将影响沼气产业化的发展。

2. 发展前景

我国是一个资源大国和人口大国，有着发展沼气产业的天然优势。据统计，我国农村 2010 年秸秆产量约为 7.2 亿 t，除用于造纸、作为饲料、还田之外，可作为能源利用的秸秆为 4.7 亿 t。预计到 2030 年，我国农作物秸秆产量将达到 10.5 亿 t，折合标准煤 5.48 亿 t；禽畜粪便 3.87 亿 t，折合标准煤 1.73 亿 t，有机废水、垃圾等其他机废弃物资源也相当丰富。如果将其利用起来，将大大减少石油、天然气等化石燃料的使用。如果发展能源作物作为发酵原料，我国耕地、林地、草地上生长的各类生物质都是可以得到

充分利用。据《可再生能源中长期发展规划》预计，2020 年中国约 8000 万户（3 亿人）农村居民的生活燃气主要使用沼气，年生产量为 300 亿 m^3。

目前，中国已经制定了一系列有利于沼气发展的法律、政策和中长期发展规划，中央政府在 2003～2012 年的 10 年中已经投入将近 350 亿元。截至 2010 年年底，年产沼气 140 亿 m^3，相当于天然气年产量的 16%；可作为有机肥利用的沼渣产量接近 4 亿 t，相当于 470 万 t 硫酸铵、370 万 t 过磷酸钙和 260 万 t 氯化钾，减少二氧化碳排放 5000 多万 t。在相关资金、政策支持下，我国沼气产业进入了一个新的发展时期，主要有以下几个特点：一是从注重数量向提高质量转变；二是从以户用沼气为主向养殖场大型沼气工程和联户沼气工程、秸秆沼气工程、农村中小学校园工程方向发展；三是从单一性燃气用能向"三沼"（沼气、沼渣、沼液）综合利用方向发展；四是从重建设轻管理向建、管、用并重发展；五是沼气抽排服务设备从简易的抽排工具向进出料、运输、喷洒、灌溉等多功能用途方向发展。同时，我国经济快速发展，随之而来的各种工业废弃物及生活污水都可以作为产沼气的原料；随着天然气等化石燃料供应紧张，对环保型能源的呼声日益高涨，沼气的优越性彰显无疑，一旦沼气被商品化生产，市场前景广阔。

第二节　农村沼气发酵工艺

一、沼气发酵

沼气发酵是指有机物质（为糖类、脂肪、蛋白质等）在一定温度、湿度、酸碱度和厌氧条件下，经过沼气菌群发酵（消化）生成沼气、消化液和消化污泥（沉渣），这个过程就称为沼气发酵或厌氧消化。

沼气发酵产生的三种物质应用价值都很高。沼气以甲烷为主，可作燃料，是一种清洁能源。消化液（沼液）含有可溶性氮、磷、钾速效肥分，是优质肥料。消化污泥（沼渣）的主要成分是菌体、难分解的有机残渣和无机物，是一种优良迟效有机肥，并有改良土壤的功效。

沼气发酵有 4 个特点。

（1）沼气微生物自身耗能少

沼气发酵过程中，沼气微生物自身生长繁殖需要的能量少。在有机物质（基质）相同的条件下，厌氧消化所释放的能量仅为耗氧消化所释放能量的 1/30～1/20。由于获得的能量少，因此沼气微生物自身生长繁殖较慢，生成的污泥量也较少，对于基质来说，则有大约 90% 的 COD（化学需氧量）被转换成沼气。由于沼气微生物生长缓慢，因此降低了基质的分解速度，基质的滞留时间也就较长，所以需要较大的发酵容器。

（2）沼气发酵能够处理高浓度有机废物

好氧条件下，一般只能处理 COD 在 1000mg/L 以下的有机废水，而沼气发酵处理的废水 COD 可以高达 10 000mg/L 以上。例如，酒糟废液中 COD 通常在 3 万～5 万 mg/L，这种废水可以不经稀释直接进行沼气发酵。

（3）能处理的废物种类多

COD即化学需氧量，表示用化学方法使有机物彻底氧化时所消耗氧的数量，单位是g/kg。在试验或环境监测中，常以它来表示废水中有机物浓度，单位是mg/L。

除了人、畜粪便，各种农作物的有机废物外，各厂废物，如豆制品厂废水、合成脂肪酸的废水等都可用来进行沼气发酵。但沼气发酵只能去除90%以下的有机物，要达到国家排放标准，沼气发酵处理后的废液仍需再进行好氧处理。

（4）沼气发酵受温度影响较大

沼气发酵受温度影响大。温度高，则处理能力强，即沼气产气率高。实际上，对不同发酵温度，有其相适应的菌群。一般分为高温（50～60℃）、中温（30～35℃）和常温（自然温度）三种。高温发酵处理能力最强，中温次之，但这两类发酵都需要输入一定热能来维持其所需的恒定发酵温度。

二、沼气发酵过程

早在19世纪人们就已经知道沼气的产生是一个微生物学过程。1965年美国微生物学家Hungate教授创立了严格厌氧微生物培养技术，人们逐步开始认识到沼气发酵的本质，揭示了沼气发酵的微生物学原理：沼气发酵过程由多个生理类群的微生物在无氧条件下共同参与完成，是微生物为适应缺氧环境，利用不同类群的不同分解作用，构成完整的生化反应系列，逐步将有机物降解，最终形成甲烷、氢气和二氧化碳，即沼气。

1. 沼气发酵微生物

在沼气发酵过程中，复杂的有机物是在不产甲烷菌和产甲烷菌两大菌群共同作用下转换成沼气的。

（1）不产甲烷菌

它主要包括一些好氧菌、兼性厌氧菌和厌氧菌，也就是通称的发酵细菌、产氢和产乙酸细菌。它们的主要作用是将复杂的有机物质降解为简单的小分子有机物，供产甲烷菌将其转化成沼气的基质。不产甲烷菌可分为纤维素分解菌、半纤维素分解菌、淀粉分解菌、脂肪分解菌和蛋白质分解菌等。

不产甲烷菌的作用是为产甲烷菌提供营养。原料中的碳水化合物、脂肪和蛋白质等有机物不能被产甲烷菌直接吸收利用，要先通过不产甲烷菌的液化作用（胞外酶水解）将其转化为可溶性的简单化合物（如乙酸、丙酸等），作为产甲烷菌的发酵基质，同时为产甲烷菌创造适宜的氧化还原条件，和甲烷菌一起共同维持发酵液的合适pH。

（2）产甲烷菌

根据它们的形态可分为杆状菌、球状菌、螺旋状菌和八叠球菌四大类（图3-1）。产甲烷菌有四大特点：①严格的厌氧，对氧气和氧化剂非常敏感；②要求中性偏碱的环境条件；③菌体倍增的时间长；④只能利用比较简单的有机化合物作为基质。几乎所有甲烷菌都能利用H_2和CO_2，代谢产生CH_4。在自然界沼气发酵中，乙酸是形成甲烷的关键底物之一，大约有72%的甲烷来自于乙酸。

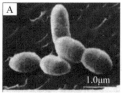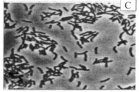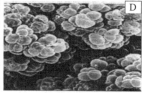

史氏甲烷短杆菌　　　　　亨氏甲烷螺菌　　　　　布氏甲烷杆菌　　　　　马泽氏甲烷八叠球菌

图 3-1　甲烷菌 4 种形态

产甲烷菌广泛存在于水底沉淀物和动物消化道等极端厌氧的环境中。产甲烷菌对氧高度敏感，使其成为难于研究的细菌之一。例如，甲烷八叠球菌暴露于空气中时会很快死亡，其数量半衰期仅为 4min。在厌氧污泥微生态颗粒中，产甲烷菌在颗粒核心，很容易得到低氧化还原电位环境保护。

1916 年俄国人 B·Π·奥梅良斯基分离出了第一株甲烷菌（但不是纯种）。中国于 1980 年首次分离甲烷八叠球菌成功，目前已分离到了十几株产甲烷菌。据美国俄勒冈州产甲烷菌收藏中心的 D.R.Boone 博士报道，该中心已收藏产甲烷菌 215 株，分属于 3 目，6 科，16 属，55 种。根据所利用主要产甲烷前体物质的不同，可分为食氢产甲烷菌和食乙酸产甲烷菌两个类群。食氢产甲烷菌包括甲烷杆菌目和甲烷球菌目的全部及甲烷微菌目的一些属，它们除以 H_2/CO_2 生成甲烷外，多数还可利用甲酸盐生成甲烷。例如，甲烷杆菌属、甲烷短杆菌属、甲烷球菌属和甲烷螺菌属等是消化器中 H_2 的主要消耗者。食乙酸产甲烷菌主要为甲烷八叠球菌属和甲烷毛发菌属。相对于其他菌来说，食乙酸产甲烷菌的代谢和生长速率缓慢，是沼气发酵过程的限速步骤，也是发酵液因乙酸积累导致酸化的主要原因。

通过对以上沼气发酵各微生物类群的讨论，可以认识到沼气发酵过程是多种细菌协同完成的微生物学过程。因此，要提高沼气发酵的效率，首先应注意所进原料与微生物之间的一致性，这在利用难降解有机物为原料时尤其重要。例如，用底污泥作为接种物来处理含酚废水则启动慢，其原因是需要一定时间使与进料相适应的微生物群体繁殖起来。其次要注意活性污泥中产甲烷菌的数量，特别是食乙酸产甲烷菌的数量。因为在通常情况下，发酵性细菌和产氢产乙酸菌的繁殖速度较快，而产甲烷菌特别是食乙酸产甲烷菌繁殖较慢，在沼气池启动和运转过程中往往成为限制因子。此外，为厌氧消化微生物创造良好生长条件，如合适的温度、pH 等，防止有毒物质进入，特别是控制负荷以维持酸化和甲烷化速度的平衡，都是消化器正常运转的重要因素。

2. 沼气的微生物发酵机制

在严格控制厌氧的条件下，经过一系列微生物的作用，最终把有机物转化成以甲烷、二氧化碳为主的沼气，该过程称作沼气发酵，又名厌氧消化。参与沼气发酵的五大微生物类群分别是发酵性细菌、产氢产乙酸菌、耗氢产乙酸菌、食氢产甲烷菌、食乙酸产甲烷菌。

农村沼气发酵的主要原料有人、畜、禽粪便，农作物秸秆和各种有机废水（如酿酒、食品、屠宰废水和生活污水等）。它们的主要成分是碳水化合物（多糖）、脂肪和蛋白质等，大多是不溶于水的固形物。固形物变为沼气的整个过程一般可分为 3 个阶段（图 3-2），即水解（液化）阶段、产酸阶段和产甲烷阶段。其中水解阶段和产酸阶段又可合称为不产甲烷阶段。因此，沼气发酵过程也可分为两个阶段，即不产甲烷阶段和产甲烷阶段。

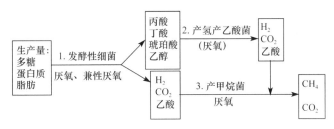

图 3-2 沼气发酵的 3 个阶段

第一阶段是水解阶段。由厌氧和兼性厌氧的水解性细菌或发酵性细菌将纤维素、淀粉等糖类水解成单糖，并进而形成丙酮酸；将蛋白质水解成氨基酸，并进而形成有机酸和氨；将脂类水解成甘油和脂肪酸，并进而形成丙酸、乙酸、丁酸、琥珀酸、乙醇、H_2和CO_2。本阶段的水解性细菌主要包括 *Clostridium*（梭菌属）*Bacteroides*（拟杆菌属）、*Butyrivibrio*（丁酸弧菌属）、*Eubacterium*（优杆菌属）和 *Bifidobacterium*（双歧杆菌属）等专性厌氧细菌；兼性厌氧菌包括 *Streptococcus*（链球菌属）和一些肠道菌等。

第二阶段是酸化阶段。由产氢产乙酸菌群将第一阶段产生的各种有机酸分解成乙酸、H_2和CO_2。产氢产乙酸菌群在甲烷发酵中的生理功能是将第一阶段的发酵产物，如丙酸等三碳以上的有机酸、芳香族酸和醇类等氧化分解成乙酸和分子氢。

第三阶段是产甲烷阶段。产甲烷菌把一些简单的有机物，如乙酸、甲酸、氢和二氧化碳等转换成甲烷。和液化阶段相比，这一阶段进行得较快。不过不同的基质，生成甲烷的速度也不同。在形成的甲烷中，约有 30%来自 H_2 的氧化和 CO_2 的还原；另外 70%左右则来自乙酸盐。在甲烷发酵的 3 个阶段中，产甲烷菌产生甲烷是关键所在；产甲烷菌是自然界碳素循环中厌氧生物链的最后一个成员，对自然界物质循环起着重要的作用。在这个阶段中合成甲烷主要有 3 种途径。

（1）由醇和二氧化碳形成甲烷

$$2CH_3CH_2OH + CO_2 \longrightarrow 2CH_3COOH + CH_4 \tag{3-1}$$

$$4CH_3OH \longrightarrow 3CH_4 + CO_2 + 2H_2O \tag{3-2}$$

（2）由挥发酸形成甲烷

$$2CH_3CH_2CH_2COOH + 2H_2O + CO_2 \longrightarrow 4CH_3COOH + CH_4 \tag{3-3}$$

$$CH_3COOH \longrightarrow CH_4 + CO_2 \tag{3-4}$$

（3）二氧化碳被氢还原形成甲烷

$$CO_2 + 4H_2 \longrightarrow CH_4 + 2H_2O \tag{3-5}$$

在整个发酵体系中，各个类群的细菌并不是相互割裂、彼此独立的，它们相互依赖共同完成发酵过程。非产甲烷细菌为产甲烷细菌提供生长和产甲烷所需的基质，创造适宜的氧化还原条件，并清除有毒物质；产甲烷菌为非产甲烷细菌清除代谢废物，解除反馈抑制，创造热力学上的有利条件，产酸菌得以正常生长存在，并且两类细菌共同维持环境中适宜的 pH。

液化阶段是由水解反应来完成的，反应速度较慢，所以沼气发酵速度主要受液化阶段的制约，尤以农作物秸秆类原料时，固形物含量高，可溶性成分少，液化过程更显缓慢。因此，对这类原料，一般在入池前要进行切碎堆沤预处理，以提高其液化速度。

某些工业废水，如酒糟废液、合成脂肪酸的废水等，其可溶性有机物较多，在入池发酵前已完成了液化阶段，因此它们的发酵速度极快，原料滞留时间缩短到几十小时或几个小时，可获得很高产率。

三、农村沼气发酵原料

1. 农村沼气发酵原料的分类与碳氮比

在沼气发酵过程中，沼气菌群需要吸取充足的营养和能量才能进行正常的生长、繁殖和代谢活动，旺盛不间断地生产沼气，因此充足的发酵原料是生产沼气的物质基础。

（1）原料分类

农村沼气发酵原料十分广泛且丰富，如农作物秸秆、人畜禽粪便、城镇工业废物和生活污水等。根据原料的化学性质和来源，一般分为富氮原料、富碳原料和其他原料三大类。

1）富氮原料。在农村，这类原料主要指人、畜、禽粪便，这类原料颗粒较细，氮素含量较高，其碳氮比（含碳量与含氮量之比，用 C/N 表示）一般都小于 25∶1，因此不必进行预处理，分解和产气速度较快。

2）富碳原料。这类原料主要是各种农作物秸秆，其碳素含量较高，碳氮比一般在 30∶1 以上。农作物秸秆通常由木质素、纤维素、半纤维素、果胶和蜡质等化合物组成，分解和产气速度较慢。因此，使用这种原料时，在入沼气池前要进行预处理，以提高产气速度。

3）其他原料。除上述两类主要原料外，农村的一些水生植物，如水葫芦、水花生、水草等，由于繁殖速度快，产量高，组织鲜嫩，能被沼气菌群分解利用，因此也是沼气发酵的一种好原料。

乡镇工业有机废物废水也含有机物，是沼气发酵的好原料，但由于其来源不同，化学成分、发酵产气潜力等差异较大，因此其发酵工艺不尽相同。

（2）原料的碳氮比

沼气微生物的生长、繁殖和代谢需要各种物质，除水分外，主要是碳元素、氮元素和少量无机盐等。碳元素为微生物生命活动提供能源，是形成甲烷的主要物质；氮元素则是构成微生物细胞的主要成分。所以，正常的发酵要求一定的碳氮比，但不严格。农村常用沼气发酵原料的碳氮比见表3-2。

过去的实践认为，发酵原料的碳氮比以（13～30）∶1 为宜。碳氮比大于 30∶1，效果不佳，但小于 13∶1 仍可正常发酵。例如，广东省佛山市人粪便沼气发电站利用集粪场改造而成，总池容积为1300m³，总装机容量为130kW，池容产气率为 0.15～0.3m³/（m³·天），每立方米沼气发电 1.4kW·h 左右，运行正常，并上网向外送电。这就表明，沼气发酵原料的碳氮比固然重要，但更值得注意的是沼气菌群较强的适应能力，要重视培养好相适应的菌种。

表 3-2 农村沼气发酵原料碳氮比

原料名称	碳元素占原料质量比例/%	氮元素占原料质量比例/%	碳氮比（C/N）	原料名称	碳元素占原料质量比例/%	氮元素占原料质量比例/%	碳氮比（C/N）
干麦草	46.0	0.53	87：1	鲜牛粪	7.3	0.29	25：1
干稻草	42.0	0.63	67：1	鲜马粪	10.0	0.42	24：1
玉米秆	40.0	0.75	53：1	鲜猪粪	7.8	0.60	13：1
树叶	41.0	1.00	41：1	鲜羊粪	16.0	0.55	29：1
大豆茎	41.0	1.30	32：1	鲜人粪	2.5	0.85	29：1
野草	14.0	0.54	26：1	鸡粪	25.5	1.63	15.6：1
花生茎叶	11.0	0.59	19：1				

（3）粪草比

人畜粪便与农作物秸秆是农村最主要的发酵原料，也是产气性质区别较大的两类原料。根据我国农村实际，采用较多的混合原料是粪便+秸秆。因此，需要确定适宜的粪草比，即投入的发酵原料中粪便类原料的质量与秸秆类原料的质量之比。过去的实践表明，粪和草的比例不同，发酵产气效果差异很大。建议粪草比一般要大于 2：1，不宜小于1：1，为了加快启动速度，提高产气量，可以采取添加适量氮元素化肥的办法来解决。

（4）原料预处理

农作物秸秆碳素含量高，其 C/N＞30：1。秸秆难于消化，其中的木质素是一种很难被细菌分解利用的物质，而纤维素的分解也比较慢。秸秆表面有一层蜡质，不容易被沼气微生物所破坏，必须进行预处理，常用的预处理方法有以下几种。

1）切碎或粗粉碎。不仅可以破坏秸秆表面的蜡质层，而且增加了发酵原料与细菌的接触面，出料和施肥时的操作，可以加快原料的分解利用，一般可以将产气量提高 20%左右。

2）堆沤处理。堆沤处理是先将秸秆进行好氧发酵，然后再将堆沤过的秸秆下沼气池进行厌氧发酵。秸秆类原料进行预先堆沤有富集菌种、减缓酸化、加速沼气发酵等好处。

秸秆堆沤的方法有高温堆肥（地面堆沤、半坑式堆沤和坑式堆沤）和秸秆上直接泼石灰水、粪水堆沤两种。后者方法简便，热能损耗较少，有富集发酵菌的作用，但需要较长的时间，分解液流失比较严重。

2. 农村常用沼气发酵原料的产气特性

（1）原料产气量

原料产气量是指原料中的单位总固体（TS）在一定发酵条件下生产的沼气总量，一般用升/千克，即 L/kg（或 m^3/t）表示。由于是单位质量的产气量，故又可称为产气率。单位总固体也可用挥发固体（VS）或化学需氧量（Chemical oxygen demand，COD）或生化需氧量（biochemical oxygen demand，BOD）来表示，但都需要一定的测试手段，其中 COD只在污水处理中应用，VS 和 BOD 多用于试验计算，实际生产中少用。原料不同，产气量也不同，即使原料相同，在不同的发酵条件下，其产气量也有很大差异，中国沼气学会发酵学组对几种常用原料的产气量进行了测试，其结果见表 3-3。掌握原料的产气量，可根据原料、用气人数等预先算出沼气池的池容大小，这样便于建池和发酵备料工作。

表 3-3　农村常用原料的产气量

原料	单位总固体产气量 I (L/kg)	甲烷含量/%	说明
麦秸	425	60.0	
稻草	409	61.0	
玉米秸	412	59.0	
高粱秸	386	63.0	
青草	455	63.0	发酵温度为 35℃,发酵周
树叶	252	58.0	期秸秆为 90 天,粪便为
人粪	426	68.0	60 天
猪粪	425	65.0	
马粪	297	63.6	
牛粪	205	59.0	
鸡粪	310	67.0	

需要注意的是:①不同的发酵原料,其产气潜力不同;②同一类发酵原料,由于来源、存放时间等条件的不同,其有机物含量会有所变化,产气潜力也有一定的变化;③日常用发酵原料产沼气潜力为 0.38~0.62m^3/kg(干重),产甲烷潜力为 0.2~0.32m^3/kg(干重)。一般来说,产气潜力大的发酵原料能够生产更多的沼气。在日常的沼气发酵中,原料不可能完全分解,即使分解的原料也有一部分转化为污泥和菌体及其他产物而不能变成沼气。所以,实际的原料产气量比理论产气量(即按巴斯维尔公式计算的产气量)要低。在中温发酵条件下,猪、牛粪实际产气量占理论产气量的 70%左右,稻草占 44%左右。农村家用水压式沼气池用猪粪、牛粪、稻草、青草、酒糟等原料混合发酵。湖南省宁乡县农村能源办公室 1981~1982 年的测试结果显示,冬春季的实际沼气产气量占理论产气量的 20%左右,夏秋季实际沼气产气量占理论产气量的 50%左右。

(2)原料产气速度

原料产气速度是指原料在一定发酵条件下产生沼气的速度。一般以某段时间的沼气产量占总产气量的比例(%)来表示。在相同条件下,原料自身组分不同,其产气速度自然也有差异。掌握原料的产气速度,对合理配料和日常管理有指导意义。秸秆类原料木质纤维含量高,碳氮比高,分解速度慢,产气速度慢。粪便类原料碳氮比低,分解较快。

在温度为 20℃的条件下,每千克总固体的产气量为 35℃时的 60%左右。几种常用原料的产气速度的实测值见表 3-4。从中可以看出,富氮原料比富碳原料产气速度快。

表 3-4　几种常用原料产气速度实测值

原料类别	原料产气速率(占总产气量的比例)/%					
	10 天	20 天	30 天	40 天	50 天	60 天
人粪	40.7	81.5	94.1	98.2	98.7	100.0
猪粪	46.0	78.1	93.9	97.5	99.1	100.0
马粪	63.7	80.2	89.0	94.5		100.0
牛粪	34.4	74.6	86.2	92.7	97.3	100.0
青草	75.0	93.5	97.8	98.9		100.0
干麦草	8.8	30.8	53.7	78.3	88.7	93.2

注:发酵温度为 35℃,浓度为 6%和 2%(发酵学组测试数据)

根据各种原料的产气率与产气速度，在发酵原料备料中注意搭配使用，这样既能获得较高的产气量，又利于均衡产气。

（3）发酵料液浓度

沼气发酵料液浓度表示方法较多，如总固体（TS）浓度，挥发固体（VS）浓度，化学需氧量（COD）浓度和生化需氧量（BOD）浓度等，由于后三者需要测定，应用不方便。因此，农村一般采用总固体浓度来表示和计算料液浓度。总固体（或干物质）浓度是指原料的干料质量占发酵料液总质量的比例（%）。在沼气发酵中保持适宜的发酵料液浓度，对提高产气量、维持产气高峰是十分重要的。沼气池最适宜的发酵浓度，随着季节的交替（即发酵温度不同）而相应地变化，夏季浓度以 6%～10%为宜，低温季节浓度则以 10%～12%为佳。北方地区适当高些，南方地区可以低些。总之，确定一个地区适宜的发酵料液浓度，要在保证正常沼气发酵的前提下，根据当地不同季节的气温、原料的数量和种类来决定。适宜的发酵料液浓度不但应获得较高的产气量，而且应有较高的原料利用率。农村常用发酵原料的总固体含量可参见表 3-5。

表 3-5　农村常用发酵原料的总固体含量表

发酵原料名称	干物质含量/%	含水量/%	发酵原料名称	干物质含量/%	含水量/%
干稻草	83.0	17.0	猪粪	18.0	82.0
干麦草	82.0	18.0	牛粪	17.0	83.0
玉米秆	80.0	20.0	人尿	0.4	99.6
青草	24.0	76.0	猪尿	0.4	99.6
人粪	20.0	80.0	牛尿	0.6	99.4

3. 原料不确定性带来的问题及解决途径

（1）原料不确定性带来的问题

沼气的原料存在不确定性，同时其数量不能够保持稳定供应，这个问题会给沼气生产带来麻烦，给沼气工程投资带来风险。

1）企业生命周期的影响。由于沼气工程尤其是大中型沼气工程往往是依附于养殖场、工厂等建起来的，发酵原料的数量是随着排泄废弃物的主业的产量变化而变化的，沼气工程受主业影响较大。

2）养殖业不确定的影响。畜禽粪便是很好的沼气发酵原料，来源广泛，可以就地取材。但是畜禽养殖受多重因素的影响：一是畜禽疾病影响养殖业发展，最近几年中，众所周知的禽流感、口蹄疫、猪链球菌曾导致一些养殖场养殖量下降甚至停止养殖；二是突发事件，如三聚氰胺事件对奶牛的养殖曾造成影响；三是畜禽的市场价格波动对养殖业的影响很大，轻者可能导致养殖数量减少，重者造成养殖场倒闭；四是随着农村经济的发展和农民收入的增加，有的地方农户家庭养猪已呈下降趋势。

3）工程的规模不合理。工程规模不合理的原因主要有 3 个方面，一是设计不合理，有的工程在设计时过分依赖理论上的畜禽排放量，忽略了畜禽粪便的收集率，忽略了圈养和非圈养粪便收集率的差别，结果实际收集到的粪便少于设计的数据，造成工程规模偏大；二是部分沼气工程业主为了多争取国家的补助经费，盲目扩大沼气工程规模，结果造成原料供应不足；三是有的沼气工程在可行性研究和设计阶段就忽略了原料的不稳定性，从而造成了沼气工程的先天性不足。

4）原料市场价格的影响。随着"世界上只有放错地方的资源，而没有真正意义上的废物"理念的深化和资源化治理有机污染技术的进步，各种有机废弃物不再是废弃物，而是可以变钱的宝贝，这也给沼气发酵原料带来一定影响。由于农产品和肥料价格不断攀升，而能源价格由于金融风暴一再走低，因此一些养殖场虽然已经建起了沼气工程，但却把畜禽粪便直接出售，仅把污水进入沼气工程发酵产沼气，从而使沼气工程不能满负荷运转。

（2）对策

1）沼气生产专业化。在农村层面，可采取以村为单位建立沼气供应站的办法，把原料的收集、购进、储存、沼气工程的运行管理等工作交给专门的人员来做，实行集中供气，集约化地制取沼气。可以有专门的人员去考虑和解决沼气发酵原料的来源问题、价格问题、运输问题、储存问题和预处理问题等，避免了各家各户为发酵原料犯愁。北京市最近几年发展了一批以村为单位的沼气集中供气站，取得了明显的效果。

2）推广可拆卸装置。目前的沼气工程建成后不可改变，一旦主业停产，沼气工程便随之报废。如果把沼气工程设计为可拆卸式的，一旦原料供应中断以后，可以将发酵罐体等主要设备进行拆卸、转让或搬迁。近几年我国已经拥有的搪瓷拼装罐和软袋式沼气发酵装置（如红泥塑料等），为那些因原料供应中断而停用的沼气工程提供了减少投资损失的有效路子。软袋式沼气工程可以在工程停用后把部分设备转让给其他沼气工程项目使用。搪瓷拼装罐沼气工程所使用的是一种可拆卸式装置，如果沼气工程停止使用，发酵罐体可以进行拆卸、转让或搬迁到其他地方使用，这种情况下虽然不能收回全部设备投资，但却可以降低损失。

3）培育原料供应链。培育一批专门从事沼气发酵原料供应的专业户或企业，由专业化的队伍或企业来从事沼气发酵原料的收集和经营，实行有偿服务。由于是专业化从事沼气发酵原料的收集，可以找到既便宜又适合沼气发酵的原料，这些企业除了收集和销售沼气发酵原料之外，还可以对收集来的原料进行分析，科学配方，使其更加有利于沼气工程发酵。通过培育沼气发酵原料的收集、运输、储存、测试分析和按需配方，沼气工程装料、换料等一系列活动，建立起沼气发酵原料的供应链，既能解决沼气工程发酵原料不确定所带来的沼气工程价值不稳定的问题，又能创造巨大的商机。可借鉴饲料等行业的一些办法，建立沼气工程的原料供应链。也可通过扩大沼气物业化管理服务体系的业务范围，在保留现有沼气工程进出料服务内容的基础上，把沼气发酵原料的收集、运输、储存、分析、配方、配送等工作一并承担起来，彻底消除沼气工程业主对发酵原料的后顾之忧。

4）推广替代原料。我国最适合作为沼气工程替代原料的是农作物秸秆。农作物的生产相对于畜禽粪便来说，数量的稳定性要好得多。我国每年秸秆产量达到 7 亿 t，如果全部用于制取沼气，每年可生产 2000 亿～3000 亿 m^3 沼气，还有大量的沼渣沼液作为有机肥还田。在技术层面，利用农作物秸秆制取沼气的技术已经成熟。秸秆虽然可以作为沼气发酵原料，但与人畜粪便不同的是必须要进行预处理，要解决其在发酵装置中的流动性、结壳、堵塞问题，料与水的融合及进出料问题等。尤其要注意的是，我国广大农村的沼气工程习惯于用人畜粪便作为发酵原料，改用秸秆为原料时，必须充分考虑秸秆与粪便的性质差异并采取相应的措施。山东省农业科学院筛选了对秸秆进行分解并制取沼气的优势菌群，并研制出了专门的"秸秆分解与冬季产气菌剂"，对秸秆分解有明显效果。

5）实行工程多体化。尽量避免将大中型沼气工程设计和建设成为单一罐体，可做成两个以上，如果发酵原料充足时所有罐体全部使用，如果原料少时则只用一部分罐体。这样可以有效减轻原料不确定对沼气发酵过程造成的影响。不依赖单一来源，根据丹麦的经验，沼气供应站的沼气发酵原料来源可以是多渠道的，在工程投入运行前，就同多家畜牧养殖场签订原料供应合同，也是避免单一原料来源的不确定性造成沼气工程运行不稳定的好办法。

6）根据主业确定沼气工程生命周期。对于依赖单一原料来源的沼气工程来说，沼气工程的生命周期受制于主业的生命周期。在主业生命周期的不同阶段修建沼气工程，应采取不同的对策。在主业的导入期和成长期可根据主业的规模配套所需的沼气工程；在成熟期应尽可能选择可拆卸的沼气工程设备；在主业的衰退期投资沼气工程是不恰当的，即使有废弃物需要处理，也只能采用简易的办法，如软袋式装置等，不宜按高标准、高档次的要求投资沼气工程。

四、沼气发酵的基本条件

尽管微生物发酵产生沼气的现象在大自然中随处可见，但是人工制取沼气要取得成功并得到较高的产气量，则必须充分认识沼气发酵的条件，并很好地去满足它。

1. 严格的厌氧环境

沼气发酵微生物包括产酸菌和产甲烷菌两大类，它们都是厌氧性细菌，尤其是产生甲烷的甲烷菌是严格厌氧菌，对氧特别敏感，它们不能在有氧环境中生存，即使有微量的氧存在，也会使发酵受阻，因此严格的厌氧环境是沼气发酵生产沼气的先决条件。厌氧程度一般用氧化还原电位来表示，常温沼气发酵条件下，适宜的氧化还原电位为−350～300mV。

建造一个不漏水、不漏气的密闭沼气池（罐）是人工制取沼气的关键。沼气池刚修好投料时，料液和气相中都有氧气；另外，沼气发酵启动或投入新料时，会带入一部分氧气，但由于池内存在一部分好氧菌和兼性厌氧菌，会很快地消耗溶解掉氧，使池内保持厌氧环境。

2. 接种物-菌种选择与富集培养

沼气发酵是一种微生物过程，需要一定数量的沼气发酵细菌。沼气发酵能否启动快、产气好，与高活性菌种数量有密切的关系。如果沼气发酵初期的菌种不够，可能会发生两种情况：一是启动十分缓慢，经较长时间产气仍然不高；二是产甲烷菌数量少（菌种质量不高），繁殖倍增时间长，而酵解细菌和发酵细菌却繁殖很快，导致产酵作用很快，产甲烷菌接应不上，容易造成缓积累，发酵液 pH 下降，出现产气慢和沼气中甲烷含量少的情况。从表3-6的试验结果可以看出接种量对产气的明显影响。

表 3-6   接种物数量对产气量的影响

原料	接种量/%	沼气量/mg	甲烷量/%	每克人粪产气量/mg
人粪 50g	10	1 435	48.2	28.70
人粪 50g	20	4 805	56.4	96.10
人粪 50g	50	10 093	66.3	201.86
人粪 50g	150	16 030	68.7	320.60

注：发酵温度为 28℃，产气量为 28 天累计；接种物为沼气池发酵残渣，其产气量已扣

　　沼气菌种来源广泛，沼气池的沼渣沼液、粪坑底部的沉渣、屠宰场阴沟污泥等都是良好的接种物。有时需要的接种量较大，一时难以采集到，可以采用富集培养方法：选择活性较强的污泥，加入要发酵的原料，使之逐渐适应，然后逐步扩大到需要的菌种量。接种量的大小直接影响发酵启动的快慢。对农村沼气发酵来说，采用下水道污泥作为接种物时，接种量一般为发酵料液的 10%～15%；当采用老沼池发酵液作为接种物时，接种数量应占总发酵料液的 30%以上；若以底层污泥作接种物时，接种数量应占总发酵料液的 10%以上。

3. 合理配料

　　原料是沼气发酵生产沼气的物质基础，配料的一般原则是：①必须投入产甲烷数量多的发酵原料。②作物秸秆含纤维素多，消化速度慢，产气速度慢，但持续产气时间长（如玉米秸秆产气持续时间可达 90 天以上）；人的粪便等原料，消化速度快，产气速度快，但持续时间短（只有 30 天）。因此，应做到合理搭配进料使产气均衡和持久。③要有合适的碳氮比。含碳量高的原料，发酵慢；含氮量高的原料，发酵快。鲜粪和作物秸秆的质量比为 2∶1 左右，以使碳氮比为 30∶1。鉴于我国农村畜牧业的发展，牲畜粪便日益增多，为方便进、出料和充分利用畜便资源，目前提倡以纯粪便作为沼气发酵原料。

4. 料液 pH

　　沼气发酵适宜的 pH 为 6.8～7.5。一个正常发酵的沼气池，一般不需调节 pH，靠其自动调节就可达到平衡。沼气发酵过程中，pH 有其变化规律，初期由于酸菌活动，生成大量有机酸，形成缓积累，使 pH 下降，但只要池内有足够的菌种，就能快速转化有机酸，这样就能使下降的 pH 回升到正常值。农村沼气发酵的温度较低，发酵速度较慢，pH 的变化不像高温沼气发酵那样明显。一般情况下，pH 的变化幅度不会超出适宜范围。

　　影响 pH 变化的因素主要有：①发酵原料中含有大量有机酸，如果在短时间内大量向发酵装置内投入这类原料，就会引起发酵装置内 pH 的下降，但如果向正常运行的发酵装置内按发酵装置可承受的负荷投入原料，有机酸会很快被分解掉，因而不会引起发酵装置的酸化，所以不必对进料的 pH 进行调整；②发酵装置启动时投料浓度过高，接种物中的产甲烷菌数量又不足，或在发酵装置运行阶段突然升高负荷，使产酸与产甲烷的速度失调而引起挥发酸的积累，导致 pH 下降；③进料中混入大量强酸或强碱，会直接影响发酵液的 pH。

　　如果原料配制不当，且接种物质量又差，就可能导致有机酸大量积累、pH 下降而自身调节不了的现象。当 pH 低于 6.5 时，即表示沼气发酵受到抑制，调节提高 pH 的办法

有几种：①稀释发酵液中的挥发酸，提高 pH；②农村采用加草木灰和适量氨水调节 pH；③用石灰水、Na_2CO_3 溶液或 NH_4HCO_3 溶液调节 pH。当用石灰水调节时，用量一定要严格控制，不能直接加入石灰，需要加入石灰水的澄清液，并要将石灰水与发酵液混合均匀，避免强碱对沼气细菌活性的破坏。所加石灰水浓度不可过大，否则会与池内的二氧化碳结合生成碳酸钙，抑制沼气细菌的厌氧代谢，使甲烷产量下降。

5. 发酵温度

发酵温度是影响沼气发酵的重要因素，沼气发酵速度的高低很大程度上取决于温度。在一定温度范围内，温度越高，产气速度也越高（表 3-7），这由沼气微生物的代谢活动随温度上升而愈旺盛所致。因此，在相同的发酵条件下，冬季产气低，夏季产气高。有试验证明，在 15～35℃内，在一个发酵周期中，每吨原料的产气总量大致相等。15℃时一个发酵周期为 12 个月，而 35℃时一个发酵周期仅需 1 个月，也就是 35℃时 1 个月的产气总量相当于 15℃时 12 个月的产气总量。

表 3-7　农村沼气池在不同发酵温度下产气率的对比

发酵原料	发酵温度/℃	产气率/ [m^3/ (m^3·天)]
稻草+猪粪+青草	29～31	0.55
稻草+猪粪+青草	24～26	0.21
稻草+猪粪+青草	16～20	0.10
稻草+猪粪+青草	12～15	0.07
稻草+猪粪+青草	8 以下	微

沼气发酵一般分成 3 个温度区域：①10～28℃的常温发酵区；②30～38℃的中温发酵区；③45～60℃的高温发酵区。当处理含病原菌和寄生虫卵的料液时，采用高温可取得理想的卫生效果。中温发酵和高温发酵需要对发酵容器进行保温，且需补充热源，农村一般无法采用。

常温厌氧工艺由于污泥活力明显低于中温和高温，其反应器负荷也相应较低。但对于某些温度较低的废水，由于使废水升温可能需消耗太多的能，因此常温工艺也是可供选择的方案。农村沼气池都属常温发酵，发酵温度随气温变化而变化。气温、地温和池温有着密切关系，直接影响池温（发酵液温度）的不是气温而是地温，而地温又随着气温变化。从维持比较稳定的发酵温度考虑，在气温较低的地区，农村沼气池应适当建深一点。由于农村沼气池都是埋地式水压池，因此沼气池温度实际上受地温影响，尽管短时间内气温变化大、变化快，但由于大地热容量大，地温不会随着气温变化而明显变化，而是相对稳定，变化比较慢也比较小。浙江省杭州市曾对现场沼气池做过观测，1月底最低气温在–10℃左右，而池温仍在 11℃左右，7 月底最高气温在 33℃左右，而地温在 22℃左右。这就说明埋地式沼气池在稳定沼气池发酵温度方面有良好作用。

同时，沼气发酵温度的突然上升或下降，对产气量都有明显的影响。一般认为，温度突然上升或下降 5℃，产气量显著降低，若变化过大则产气停止。但温度恢复后，能迅速恢复原状。倘若沼气池的装料接近最大负荷，温度下降对甲烷菌活力的影响要大于对产酸菌的影响，导致产酸和产甲烷之间的严重不平衡，使正常发酵失调。同样，一个 35℃下正常发酵的沼气池，若将温度突然上升至 50℃，则产气迅速恶化。

因此，农村沼气池必须采取适当的保温措施。例如，将沼气池建于背风向阳处，发酵间建于冻土层以下；进出料口不要修得过大，避免发酵间的水大量溢到进出料口，受到外界冷空气的影响使水温降低；进料口、出料口和水箱都要加盖，冬季还要在沼气池表面覆盖柴草、塑料膜或塑料大棚等保温，三结合沼气池要在畜圈上搭保温棚，以防粪便冻结；利用太阳能加温保温是一种非常经济有效的办法；采用覆盖法进行保温或增温时，其覆盖面积都应大于沼气池的建筑面积，从沼气池壁向外延伸的长度应稍大于当地冻土层深度。采取保温措施，可以保证比较稳定的发酵温度。

6. 搅拌

搅拌对沼气的正常发酵也是十分重要的。我国农村沼气发酵的原料以秸秆、杂草和树叶等为主，在不搅拌的情况下，发酵料会成三层：上层浮壳，中层清液，下层沉渣。这种情况不利于沼气微生物与发酵料的均匀接触，妨碍发酵产气。搅拌可以使发酵原料均匀分布，增加微生物与原料的接触面，加快发酵速度，提高产气量，同时还可以破除池内浮壳。搅拌方式有人工搅拌、机械搅拌、气搅拌和液搅拌4种。后3种需要一定的设备，多在大中型处理工业有机废水的沼气工程中应用（图3-3）。人工搅拌方式比较适合农家小型沼气池，这种搅拌适于间断进行，间隔多长时间搅拌一次可视具体情况而定。

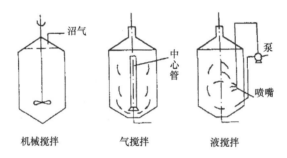

图 3-3　几种大中型沼气常用的搅拌方式

7. 发酵液碱度

碱度与 pH 不是一回事。碱度是指发酵液吸收质子的能力，通俗地说，碱度是指发酵液中和过酸或过碱的缓冲能力。碱度通常用与发酵相当的 $CaCO_3$ 浓度（mg/L）来表示。正常沼气发酵的碱度在 3000～8000mg/L（以 $CaCO_3$ 计）。碱度测定需要一定设备，一般在工业沼气中应用。

8. 添加剂和抑制剂

能促进有机物质分解并提高产气量的各种物质统称添加剂。进料时加入一定数量的纤维素酶可起到加速物质分解、提高产气量的作用。添加黑曲霉可提高下水污泥的产甲烷能力，使甲烷产量提高 1.4～1.6 倍。在沼气发酵液中加入 5mg/kg 稀土元素（R_2O_3），可提高产气量 17%以上。浓度为 100～200mg/L 的钠、200～400mg/L 的钾、100～200mg/L的钙和 75～150mg/L 的镁，都能刺激发酵过程。添加少量的活性炭粉末可提高产气量 2～4 倍。在碳的浓度为 500～4000m/L 时，产气量的增加与浓度成比例，且气体中的甲烷含量增加，挥发性固体减少。在牛粪的沼气发酵中添加尿素能得到较高的产气速度，较大的产气量和分解率；添加 $CaCO_3$ 可促进沼气的产生和提高沼气中的甲烷含量；用油饼作为有机氮，所产沼气中甲烷和氢的比例有所提高。上海工业生物研究所采用 0.25%～0.5% 的甲醇和 0.25%～0.5% 乙酸钠，可较大幅度提高产气量。

对微生物活动有抑制作用的物质称为抑制剂。沼气池内挥发酸浓度过高（中温发酵 2000mg/kg 以上；高温发酵 3600mg/kg 以上）时，对发酵有阻抑作用；氨态氮浓度过高时，对沼气发酵菌有抑制和杀伤作用；各种农药，特别是剧毒农药都有极强的杀菌作用，即使微量也可使正常的沼气发酵完全破坏。其他很多盐类，如钠、钾、钙、镁金属离子浓度增加至 3500～5500mg/L、2500～4500mg/L、2500～4500mg/L 和 1000～1500mg/L 时则产生中等强度的抑制；当浓度更大时，如达到或超过 8000mg/L、12 000mg/L、8000mg/L 和 3000mg/L 时，对消化过程产生强烈的抑制作用。

9. 沼气池内的气压

压强高，则产气缓慢，反之则产气较快，压力会影响气体的组成成分，也会影响产气量。储气压力保持在 980.7Pa（100mm H_2O）的比对照为 6864.9Pa（700mm H_2O）的总产气量高 15%，主要原因是甲烷菌对压力变化极为敏感。在进料、出料和沼气消耗时，沼池中的压力发生变化，对甲烷菌的生命活动有抑制作用。甲烷菌能适应较大的静水压力，但它需要工艺来稳定压力。

稳定压力的方法：①保留足够的贮气空间；②进料和出料的速度尽量保持一致，所进新鲜原料和所排出的废料体积应相等；③大型沼气池应设置贮气装置。例如，我国农村推广的一种分离式浮罩沼气池，可保持比较稳定的气压。

第三节　农村沼气发酵工艺及其改进途径

一、农村沼气发酵工艺

（一）沼气发酵工艺类型

由于可用来进行沼气发酵的有机废水废物种类多，温度差别大，进料方式不同等，形成的发酵工艺类型也较多（表 3-8）。

1. 按发酵温度

（1）常温发酵

常温发酵也称为自然温度发酵，是指在自然温度下进行的沼气发酵，发酵温度不受人为控制，受气温影响而变化，发酵产气速率随四季温度升降而升降，夏季产气高，冬季产气低。所需条件最简单，我国农村户用沼气池基本采用这种工艺。

（2）中温发酵

发酵温度维持在 35℃±2℃内，中温发酵中微生物比较活跃，有机物降解较快，产气率较高，这类发酵适合于温暖的废水废物处理，与高温发酵相比，产气率要低些，但维持中温发酵的能耗较少，沼气发酵能总体维持在一个较高的水平，产气速度比较快，料液基本不结壳，可保证常年稳定运行。这种工艺因料液温度稳定，产气量比较均衡。

表 3-8　沼气发酵工艺类型

分类依据	工艺类型	适用范围
发酵温度	常温发酵	农村户用沼气池
	中温发酵	大中型沼气工程
	高温发酵	食品工业废水，养殖业
进料方式	批量发酵	干发酵装置，城市垃圾
	半连续发酵	农村沼气池
	连续发酵	大型畜牧场粪污，城市污水，工厂废水
装置类型	无搅拌式	小型沼气池
	全混合式	禽畜粪便，城市浮泥
	塞流式	大中型畜禽粪污沼气工程
作用方式	二相发酵	高分子有机废水，有机废物
	单相发酵	农村全混合沼气发酵装置
发酵料液状态	液体发酵	工业废水，城市污水
	固体发酵或干发酵	水源紧张、原料丰富的地区
	高浓度发酵	农业废弃物，城市垃圾

（3）高温发酵

高温发酵工艺指发酵料液温度维持在 45～60℃内，实际控制温度多在 53℃±2℃。该工艺的特点是微生物生长活跃，有机物分解速度快，产气率高，滞留时间短。采用高温发酵可以有效地杀灭粪便中各种病原菌和寄生虫卵，具有较好的卫生效果，从除害灭病和发酵剩余物肥料利用的角度看，选用高温发酵是较为实用的。

高温发酵要维持消化器的高温运行，能量消耗较大。在我国绝大部分地区，这种工艺必须采用加热和保温措施，会影响到工程投资和增加运行的能耗。用粪便发酵产生的沼气烧锅炉来加温沼气发酵料液，维持高温发酵，能取得较好的效果。利用各种余热和废热进行加温是一种化废为宝的好办法。例如，利用工厂里的余热加温及利用发酵原料本身所带的热量来维持发酵温度。

2. 按进料方式

（1）连续发酵工艺

这类发酵工艺的特点是连续定量地添加新料液，排出旧料液，以维持稳定的发酵条件，维持稳定有机物的消化速度和产气率。优点：发酵装置不发生意外情况或不检修时，均不进行大出料；沼气池内料液的数量和质量基本保持稳定状态，产气量也很均衡，工艺流程先进；无大换料等原因造成的沼气池利用率上的浪费，原料消化能力和产气能力提高。不足之处：发酵装置结构和发酵系统比较复杂，造价也较昂贵，要求有充分的物料保证，否则就不能充分有效地发挥发酵装置的负荷能力，也不可能使发酵微生物逐渐完善和长期保存下来。

它适于大型的沼气发酵工程系统，如处理来源稳定的大型畜牧场粪污、工业废水和城市污水等。

（2）半连续发酵工艺

这类沼气发酵工艺是在沼气发酵装置初始投料发酵启动时一次性投入较多的原料

（一般占整个发酵周期投料总固体量的 1/4～1/2），经过一段时间，开始正常发酵产气，随后产气量逐渐下降，此时就需要定期添加新料液，排出旧料液，间歇补充原料，以维持比较稳定的产气率。这种工艺比较容易做到均衡产气和计划用气，能与农业生产用肥紧密结合，适宜处理粪便和秸秆等混合原料。工艺流程：备料—新池检验或旧池检修—配料—拌料接种—入池堆沤—加水封池—发酵产气—定期或不定期换料。

我国广大农村的三结合沼气池（猪舍、厕所、沼气池连为一体）多属这类工艺，就是将猪圈、厕所里的粪便随时排入沼气池，在粪便不足的情况下，可定期加入铡碎并堆沤后的作物质秸秆等纤维素原料补充碳源。

（3）批量发酵工艺

其特点是成批原料投入发酵，运转期间不添加新料，当发酵周期结束后出料，将残留物全部取出，再重新投入新料发酵。优点：投料启动成功后，不再需要进行管理，简单省事。缺点：产气分布不均衡，高峰期产气量高，其后产气量低，因此所产沼气适用性较差。不足之处：批量发酵的产气率不稳定，开始产气率上升很快，达到产气高峰后维持一段时间，以后产气率逐渐下降。

它用于研究一些有机物沼气发酵的全过程，农村小型沼气干发酵装置和处理城市垃圾的"卫生坑填法"均采用这种发酵工艺。

3. 按沼气发酵阶段

（1）二步发酵工艺（二步法）

根据沼气发酵 3 个阶段的理论，把沼气发酵过程分为产酸和产甲烷两个阶段，根据条件不同，将沼气发酵中产酸和产甲烷两过程分别在两个装置中进行，给予最适条件（图 3-4）。水解、产酸池通常采用不密封的全混合式或塞流式发酵装置，产甲烷池则采用高效厌氧消化装置，如污泥床、厌氧过滤等。"上一步"的产物给"下一步"进料，以实现沼气发酵全过程的最优化，因此它的产气率高，甲烷含量也高。一般第一级发酵装置主要是发酵产气，装置安装有加热系统和搅拌装置，以利于提高产气量，产气量可占总产气量的50%左右；未被充分消化的物料进入第二级消化装置，使残余的有机物质继续彻底分解，一般不需要搅拌和加温。但若采用大量纤维素物料发酵，仍需设备搅拌。

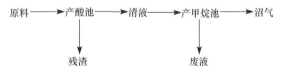

图 3-4　沼气二步发酵工艺

（2）一步沼气发酵工艺（一步法）

它的特点是沼气发酵的全过程均在同一个发酵条件相同的沼气池中进行。该工艺流程的装置结构比较简单，管理比较方便，因而修建和日常管理费用相对比较低廉。从充分提取生物质能量，杀灭虫卵和病菌的效果及合理解决用气、用肥矛盾等方面看，该工艺很不完善，产气效率也比较低。我国广大农村的沼气池属这一类。

（二）几种常用的发酵类型

1. 半连续发酵工艺

（1）工艺流程

我国农村家用水压式沼气池一般采用半连续发酵工艺。其工艺特点是：启动时，一次投入较多的原料，产气后用气，经过一段时间，当产气量下降时，开始定期添加新料液和排出旧料液，以维持比较稳定的产气率。它适合于农村原料来源和集中用肥的实际情况。

（2）工艺操作程序

1）备料。新建沼气池或沼气池在大换料前，必须准备好充足的发酵原料，种类搭配合理。一口农村家用水压式沼气池，每年至少要准备 2000kg 以上的农作物秸秆作为发酵原料，人畜粪便应全部入池。

农作物秸秆要做到"夏收冬用，秋收春用"。沼气池大换料的时间应与农事季节相适应，在南方，一般在春季和秋季各大换料一次；在北方，一般在春季换料一次。为了保证在换料后沼气池能及时装料产气，要求大换料前 20~30 天准备好新入池原料。作物秸秆入池前应切成 3~5cm 长的短节（玉米秆最好先压破再切碎），有条件的地方可加工粉碎。

2）新池检漏或旧池检修。新池进料前，必须先做好沼气池检漏；旧池大换料时，在出完旧料进新料之前，要先进行池的检修，发现裂损的地方要严格按防漏施工方法进行修复，并对气箱部分全面粉刷一次，以保证池体完全密封，发酵运转能正常进行。

3）配料。主要有两点，一是原料的碳氮比，料液中农村沼气发酵比较适宜的碳氮比是 13：30；二是适宜的料液浓度，南方夏天用 6%，冬天以 8%~10% 为宜；北方可取 10% 左右。

为了农村使用方便，根据上述要求计算列举了农村常用发酵原料的不同配料比（表3-9），

表 3-9　每立方米料液的参考配料比（斤）

配料组合	质量比	6%浓度		8%浓度		10%浓度	
		加料质量	加水量	加料质量	加水量	加料质量	加水量
鲜猪粪		666	1334	890	1110	1110	890
鲜牛粪		706	1294	941	1059	1176.4	823.6
鲜猪粪：青杂草	1：10	55：550	1395				
鲜猪粪：麦草	4.54：1	326：72	1602	434.8：95.6	1469.6	543.6：119.6	1336.8
鲜猪粪：稻草	3.64：1	289.2：79.4	1631.4	385.6：105.8	1508.6	482：132.4	1385.6
鲜猪粪：玉米秆	2.95：1	265.8：90	1644.2	354.6：120.2	1525.2	442：150.2	1407.8
鲜猪粪：人粪 麦草	1：1：1 2：0.75：1	99：99：99 178.4：66.9：89.2	1703 1665.5	132：132：132 238：89.3：119	1604 1553.7	164：164：164 296：116：148	1508 1445
鲜猪粪：人粪 稻草	1：1：1 2.5：0.5：1	100：100：100 215：43：86	1700 1656	132：132：132 290：58：116	1604 1536	165：165：165 360：72：144	1505 1424
鲜猪粪：人粪 玉米秆	1：0.75：1 2：0.2：1	107.6：80.7：107.6 200：20：100	1704.1 1680	143.5：107.6：143.5 268：26.8：134	1605.4 1571.2	179.4：134.6：179.4 334：33.4：167	1506.6 1465.6
鲜猪粪：牛粪 麦草	3：1：0.5 5：1：1	318：106：53 310：62：62	1523 1566	423：141：70.5 420：84 ：84	1365.5 1412	528：176：88 520：104：104	1208 1272
鲜猪粪：牛粪：稻草	3.5：1：1	252：72：72	1604	339.5：97：97	1466.5	424：121：121	1334
鲜猪粪：牛粪：玉米秆	2.2：2：1	172：156：78	1594	230：208：104	1458	286：260：130	1324
鲜猪粪：人粪 牛粪	1：0.5：3.2	150：71.8：480	1295.2	200：100：640	1060	250：126：800	824
青杂草：稻草 ：猪粪	1：1：3.64	70.5：70.5：256	1603	92.6：92.6：341	1473.8	117.2：117.2：427	1338.6

应因地制宜地选用参数。采用混合料,当粪草比低于 2∶1 时,每立方米发酵料液加入 3kg 碳酸氨或 1kg 尿素,以调整发酵液的碳氮比,提高产气率。

4)接种拌料。准备好足够的菌种是能否使发酵成功启动的一个关键因素,接种物来源广,如豆腐厂、糖厂、食品厂、屠宰场等的阴沟污泥,粪坑底脚污泥,沼气池中沼渣沼液等均是良好的接种物源。最好对接种物进行富集、驯化和扩大培养,这样既可使接种菌种大量增殖,又能使菌种适应新料环境,加快发酵启动,接种量以占原料量 30%以上为佳。

拌料时先将切碎的秸秆铺于地面约 0.3m 厚,泼上粪类原料、接种物和适量的水(以淋湿不流水为宜)。边拌料边泼洒,操作宜迅速,以免粪液和水分流失。若没有条件拌料,可采取分层入料、分层接种的方法进行,每层不宜太厚,并要层层踩紧压实。

5)入池堆沤。拌好的发酵原料,从沼气池顶盖口加入,宜边进料边踩紧压实,有利于秸秆充分吸收水分,加大密度,减轻原料在发酵过程中的上浮结壳现象。原料入池后,即进行适当的池内堆沤,堆沤时间一般春夏季 2~3 天,秋冬季以 3~5 天为宜。进行池内堆沤时,不要封池盖,以利于好氧菌和兼性细菌的活动。

6)加水封池。池内堆沤过程中,由于好氧菌和兼性细菌的作用,发酵料的温度会不断上升,一般在堆沤时期温度可达到 40~60℃。此时便可在进出料口加水(注意总加水量应扣除拌料时加入的水量)。加水完毕,可用 pH 试纸检查料液的酸碱度,一般 pH 在 6 以上时,即可封活动盖。若 pH 低于 6,可加入适量的草木灰水或氨水,调整 pH 到 6~7 再封池。封池后,即将输气导管、开关和灯炉具安装好,并关闭开关。

7)点火试气。一般在封池后 2~3 天所产沼气即可点燃。试气宜在炉具上点火试验,点燃了次日即可使用。若不能点燃,先把池内气体放掉,次日再试。

8)日常管理。日常管理工作直接影响发酵质量的高低,是维持较高且比较稳定的产气量的关键环节。日常管理的主要工作有以下内容。

a. 及时加新料。一般在投料封池 1 个月左右开始进入日常管理。三结合沼气池,除了人畜粪便自动流入池内进行补料外,还应根据产气情况适当添加一些已切碎或粉碎的农作物秸秆。不是三结合沼气池,5~6 天加料一次,每次加料量占总料液的 4%~5%。进出料的原则是先出后进,进出量要基本相等。添加料液中,切忌大量用水,以免降低发酵料液浓度,影响产气效果。若添加新料以秸秆为主,粪类原料较少,即粪草比低于 2∶1 时,要适当添加氮素来调整碳氮比,大约 1m³ 发酵料液添加碳酸铵 0.6kg 或尿素 0.3kg。可将要加的碳酸铵或尿素装入塑料袋内,扎紧袋口,用大头针在袋底刺上数十小孔,放入并固定在进料管口下端,使其缓慢溶解渗出,供沼气微生物利用。

b. 搅拌。装有搅拌装置的沼气池,每天搅拌 1~2 次,每次 5~10min。无搅拌装置的沼气池,可用长柄竹木器具从进出料口插入池内来回搅拌,每天 1 次,每次数十下,或由水压池取出料液,再从进料口倒入池内,每天 1 次,每次 150~250kg。时间长了,浮渣结壳严重,则应打开活动盖,破碎结壳层之后再封盖。

对于人畜粪便单一原料的三结合沼气池,其工艺流程和操作程序简单得多。做好新池检漏或旧池检修工作之后,主要是接种投料工作。最好用粪坑污泥和粪水或沼气池的沼渣沼液作菌种,发酵启动快且好。投料加水时,水位一定要高过进出料管口 10cm,以免产气损失。日常管理,除了厕所猪圈的粪尿自动流入池内外,收集其他畜粪入池时,要把干粪先行浸湿搅碎再入池,以减少物料上浮结壳。搅拌工作按上法进行作用更大,用竹竿搅动或用液体冲，可使上浮粪粒的气泡放出，同时粪粒下沉，减少结壳，提高原料利用率。这种发酵因为没用秸秆原料，原料上浮结壳轻，粪便消化比较彻底，沉渣少，故可减免清池大换料工作。时间长了，发现产气量明显下降，结壳层太厚时，打开活动盖清除浮渣。浮渣除完，即可封盖继续投入使用。

c. 大换料。发酵周期完成以后，除去旧料，按上述工艺开始第二个流程。以上是发酵原料的"入池堆沤"，若采取"池外堆沤"，则应按下述要求进行：用秸秆质量1%～2%的石灰兑成石灰水，均匀施于秸秆上，再泼上粪水（或沼液），湿度以不见水流为宜，料堆层层踩紧，气温小于10℃时要保温。

（a）堆沤时间。春夏1～2天，秋天3～5天。气温25℃左右堆1天，堆沤温度到60℃左右时，拌料接种，入池启动。

（b）接种物量。向池内投料时应加入占原料30%以上的活性污泥，或10%以上正常产气池底污泥，或10%～30%沼液。

2. 分层满装料发酵工艺

分层满装料发酵工艺也是一种半连续沼气发酵工艺，其主要特点是"混合原料，分层装满，池内堆沤，干湿发酵结合"，流程如下。

（1）原料配比

分层满装料发酵工艺使用混合原料，主要是粪便类（简称为粪）、农作物秸秆（简称为草）。接种物选取后，最好做富集培养。原料配比（质量比）以草为基数进行计算。当使用猪粪时，夏季阶段的配比为粪：接种物：草＝1：1：1。

以上比例是指最低限度的粪草比。若增加粪和接种物的比例，产气效果将会更好。使用牛粪或马粪时应增加粪的比例，一般按照1.5～2份牛（马）粪等于1份猪粪进行计算，一般每立方米池容装麦草40～45kg或稻草50～60kg。发酵开始后，补充的新原料主要是人畜粪尿，也可补充草粉、青草等。补充新料时不再考虑粪草比。

（2）投料方法

先将稻（麦）草切成3～5cm长，于加料前24h用水预湿，整个投料分两次完成。
第一次投料：将一半草和一半接种物均匀混合之后，放入沼气池中（下半部），堆沤2～3天。
第二次投料：将全部粪和余下一半的草与接种物均匀混合之后，加入池中（上半部），堆沤2～3天。

（3）加水封盖

原料入池堆沤4～6天即可加水封盖。加水量一般要求加水封住池内进出料管口之后再加500kg，以能达到干湿发酵结合为佳。加水时要从进出料口加水。若能以沼气池的沼液代替水，效果更好。

（4）日常补料

加水封盖后，池内下半部是原料湿发酵，上半部是混合原料干发酵。之后每天加入新鲜粪尿，因此池内液面不断升高，最后达到全池混合原料湿发酵。

（5）大换料

一般要求在气温 15℃以上时换料。南方地区每年两次，一次是收完小麦后，一次是播种小麦后，这样把发酵和用肥紧密结合起来，北方地区每年换料一次，时间为收完小麦之后。

分层满装料发酵工艺操作简单，启动用水少，节约劳力，从原料要求看也较符合我国农村情况。农作物秸秆没有铡碎也可采用这种工艺。运行期间若没有粪尿经常流入不宜采用。这种干湿发酵结合的发酵工艺，产气效果好。例如，一个四口之家，常年养猪的总质量为 100kg，每天收集的粪尿为 10kg，投入秸秆 800kg（一般每立方米池为 100kg），一口 8m³ 的沼气池，全年可产气 350m³ 以上。若养猪量增加，产气水平还可提高。

3. 干发酵工艺

干发酵又称固体发酵，其原料的干物质含量在 20%左右，水分含量占 80%。生产中如果干物质含量超过 30%，则产气量会明显下降。干发酵用水量少，其方法与我国农村沤制堆肥基本相同。此方法可一举两得，既沤了肥，又生产了沼气。进出固体原料比较方便的消化器、具有红泥塑料膜顶盖的半塑式沼气池及上下大开口的铁制发酵桶都比较适用于干发酵工艺。干发酵技术原料的干物质在 20%以上，呈固态，传热传质效果差，但保温容易。因为这一特点，加强厌氧反应器保温是干法沼气技术运行成本低、经济效益好的主要原因。例如，德国 BEKON 公司等厂家开发的车库型规模化干法沼气技术冬季为厌氧反应器加温仅用所产沼气的 10%～15%。

对农作物秸秆的干发酵，多个研究单位都完成了富有成果的研究工作。北京清大华美环保节能技术研究院研制出一种新型的沼气发酵装置——移动式太阳能沼气发生器，该装置由太阳能集热装置和沼气发生器两部分组成，采用干式发酵技术，具有产气速度快、产气量大、使用维护方便等优点。太阳能集热装置：主要由太阳能集热器、导热管组成。太阳能集热器是一种集热装置，根据需要可拼装组合成不同采光面积的集热系统，它的主要用途是收集热量后与其配套装置进行热交换，集热器是主要的吸热部件，通过大量采光把吸收的太阳能转变成热能，经过导热管输送到沼气罐，提高罐内温度，从而达到一年四季均可使用的最佳效果。沼气发生器：由有机纤维布和无机复合材料精制而成，设有出气孔、进出料口等，壁厚 2～6cm，拉伸强度为 93.5pg，弯曲强度为 100mpg，有很强的机械强度和延伸率，大大超过了传统地下沼气池的强度。型号分别有 4m³、6m³、8m³、10m³、12m³ 等多种规格，可满足不同地区、不同家庭的需求，采用干式发酵技术，产气快，产气量大，彻底改变了传统地下沼气池建设成本高、占地面积大、建设周期长、冬季不产气等诸多难题，装一次料可连续产气 150～180 天，像液化气一样方便，既干净又环保，寿命可达 20 年左右。

根据固态物料干法沼气发酵过程中反应热、沼气带走的气体显热和蒸发热对发酵温度影响小的特点，农业部规划设计研究院在以覆膜槽生物反应器为核心的干法沼气工程中，进行了无热源条件下的中温运行试验及效果测试。首先使固体生物质原料好氧发酵，利用好氧发酵产生的生物能获得中温沼气发酵（20～45℃）上限的初始温度，通过加强反应器的保温，小用外加热源，实现干法发酵沼气工程中温运行。物料温度的变化平缓，物料温度日下降幅度最大为 0.5℃（第 9 天），最小为 0.1℃（第 3 天）；发酵物料温度初始时为 40.6℃，逐渐下降为沼气发酵结束时的 35.4℃，始终处于中温沼气发酵的较高温度范围内；平均容积产气率为 0.598m³/（m³·天），甲烷占 55%～60%。结果表明，在沼气发酵过程中，通过加强保温，小用外加热源，完全可以实现干法沼气工程的中温运行。

注意事项：由于干发酵时水分太少，同时底物浓度很高，在发酵开始阶段有机酸大量积累，得不到稀释，因此常导致 pH 严重下降，使发酵原料酸化，造成沼气发酵失败。常用的防止酸化方法有：①加大接种物用量，使酸化与甲烷化速度能尽快达到平衡，一般接种物用量为原料量的 1/3～1/2；②将原料进行堆沤，使易于分解产酸的有机物在好氧条件下分解掉一大部分，同时降低了 C/N 值；③原料中加入 1%～2%的石灰水，以中和所产生的有机酸。堆沤会造成原料的浪费，所以在生产上应首先采用加大接种量的办法。

4. 水压式沼气池的结构与工作原理

水压式沼气池在国内得到了广泛应用。沼气发酵产出的沼气，由导气管输送给燃用器具，沼气只有具备一定压力时，才能保证燃具的正常燃烧。水压式沼气池储气室的气压是靠水压间与发酵间的液面高度差来实现的，故称为"水压式"沼气池。它主要由发酵间、进料管和水压间 3 部分组成（图 3-5）。发酵间中的虚线表示下部固、液混合料液的液面，液面上的空间为储气室。两个液面的高度差值，即为储气室内以水柱高度表示的压力值。

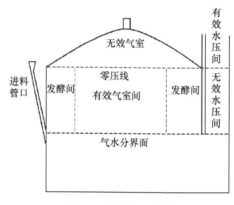

图 3-5　水压式沼气池

（1）产气前

发酵原料未产气时，储气室内的气体没有压力，此时的发酵间液面、水压间液面和进料管液面处于同一水平面位置。

（2）产气不供气

料液发酵产气，储存在储气室内，随气量的增多，压力升高，气体挤压发酵间的液面，迫使水压间（和进料管）液面上升，发酵间液面下降，气体的压力大小决定了液面的高差值。

（3）产气同时供气

用气时打开阀门，随着储气室气体的减少，压力降低，水压间（和进料管）的液面下降，发酵间的液面上升。当气量与供给燃具的用气量相等时，发酵间液面与水压间（和进料管）液面维持在一个相对稳定的高度差上。

当发酵液料不产气时，水压间（和进料管）的液面回落，同时发酵间的液面上升，直到 3 个液面达到同一个高度水平面为止。

5. 浮罩式沼气池

浮罩式沼气池由发酵池和贮气浮罩组成，最简单的一种是发酵池与气罩一体化（顶浮罩式）（图 3-6）。基础池底用混凝土浇制，两侧为进出料管，池体呈圆柱状。浮罩大多数用钢材制成，或用薄壳水泥构件。发酵池产生沼气后，慢慢将浮罩顶起，并依靠浮罩的自身重力，使气室产生一定的压力，便于沼气输出。这种沼气池可以一次性投料，也可半连续投料，其特点是所产沼气压力比较均匀。

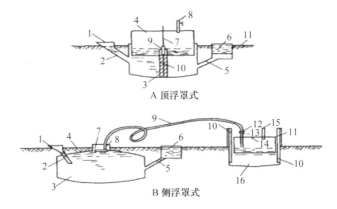

图 3-6　浮罩式沼气池

A：1. 进料口；2. 进料管；3. 发酵间；4. 浮罩；5. 出料连通管；6. 出料间；7. 导向轨；8. 导气管；
9. 导向槽；10. 隔墙；11. 地面

B：1. 进料口；2. 进料管；3. 发酵间；4. 地面；5. 出料连通管；6. 出料间；7. 活动盖；8. 导气管；
9. 输气管；10. 导向柱；11. 卡具；12. 进气管；13. 开关；14. 浮罩；15. 排气管；16. 水池

浮罩式沼气池的优点：①沼气压力较低且稳定。一般压力为 2～2.5kPa（即 20～25cm水柱），有利于沼气灶、灯燃烧器具的稳定使用，有效地避免了水压表冲水、活动盖漏气和出料间发酵液流失等故障的发生。②发酵液不经常出入出料间，保温效果好，利于沼气细菌活动，产气效率高。③由于发酵池与贮气浮罩分离，沼气池可以多装料。其发酵容积比同容积的水压式池增加 10%以上。④浮渣大部分被池拱压入发酵液中，可以使发酵原料更好地发酵产气。因为装满料，混凝土池壁浸水后，气密性大为提高，致使产气率较高，一般比水压式池型提高 30%左右。缺点：占地面积大，建池成本高（比同容积的水压式池型增加 30%左右），施工难度大，出料困难。

近年来我国在推广干发酵方法，并在水压式沼气池的基础上建造起分离式浮罩沼气池（侧浮罩式）（图 3-6），生产上一般采用分离浮罩式沼气池。分离储存浮罩式沼气池不属于水压式沼气池，其发酵池与气箱分离，没有水压间，采用浮罩与配套水封池贮气，有利于扩大发酵间装料容积，最大投料量为沼气池容积的 98%，浮罩贮气相对于水压式沼气池其气压在使用过程中是稳定的。该池适用于以人、畜、禽粪便为原料的农村户用沼气池或畜牧场沼气工程，地温在 10℃以上均能正常运行，不受地域限制。这种沼气池将发酵池与贮气浮罩分开建造，既保持了水压式沼气池的基本特点，又吸取了浮罩式沼气池的优点。沼气间产生沼气后，沼气通过输气管路源源不断输送到贮气罩，贮气罩升高。用气时，沼气由贮气罩压出，通过输气系统送沼气燃具使用。这种结构特别适合大型沼气池，可避免贮气间漏气，并获得稳定压力的沼气，对多用户集体供气十分有利。

二、提高厌氧消化效率的途径

（一）传统消化池、农村沼气池的缺陷

从发展的角度来看，厌氧消化池经历了两个大的发展阶段。第一阶段的消化池称为传统消化池（conventional anaerobic digestion tank），第二阶段的消化池称为高速消化池（high rate digestion tank），这两种消化池的主要差异在于池内有无搅拌措施及加热措施。就其结构形式和效率来说，农村沼气池也属于传统消化池。

传统消化池内没有搅拌设备，料液进入池中后，难于和原有厌氧活性污泥充分接触，因此生化反应速率很慢，要得到较完全的消化，必须有很长的水力停留时间（60～100天），从而导致负荷率很低，一般 TS 为 0.15～1.0kg/（m^3·天）；容积产气率低，一般为 0.05～0.3m^3/（m^3·天）。传统消化池内分层现象十分严重，液面上有很厚的浮渣层，久而久之会形成板结层，妨碍气体的顺利逸出；池底堆积的老化（惰性）污泥很难及时排出，在某些角落长期堆存，占去了有效容积，据测定，大型池的死区高达 61%～77%；中间的清液（常称上清液）含有很高的溶解态有机污染物，但因难于与底层的厌氧活性污泥接触，处理效果很差。由于没有布水装置及有效容积降低，料液进入池内后很容易断流。除以上方面外，传统消化池一般没有人工加热设施，这也是导致其效率很低的重要原因。因此，传统消化池是一种低效率的厌氧消化装置，称为低速消化池。

（二）提高厌氧消化装置效率的途径

针对传统消化池的缺陷，研究者进行了不懈的努力。在几十年的厌氧消化研究和设计实践中，始终围绕着保持厌氧消化装置中足够的微生物数量，增强微生物活性，改善微生物生长繁殖的环境条件，加强微生物与基质的传质效果等方面对厌氧消化装置进行了改进和完善，使厌氧消化装置的效率大大提高。

1. 保持反应器内足够多的微生物

厌氧微生物是厌氧消化过程中生命活动的主体。在厌氧消化系统中，微生物有两种存在形式：一种是群体，另一种是个体。试验表明，存在于消化液中的微生物个体的数量并不多，对消化过程所起的作用微不足道。决定消化进程的主要是那些以群体形式存在的微生物体，也就是通常所说的厌氧污泥，有时也简称污泥。污泥浓度的大小对厌氧消化装置处理能力的影响很大。一般而言，污泥浓度愈大，即单位有效容积中的微生物量愈多，消化装置的最大处理能力也就愈大，在进料浓度保持不变的前提下，单位容积的污泥量愈多，产气量也愈多。因此，保持消化装置内足够多的微生物具有十分重要的意义。可以通过以下措施达到此目的。

（1）加快厌氧微生物的生长速度

厌氧消化的第一阶段是不产甲烷活动的结果；第二阶段由产甲烷菌作用所致。产甲烷菌是一种严格的厌氧菌，它们对营养的要求较简单，而对环境条件变化特别敏感，

并且适应性差。另外，产甲烷菌繁殖世代时间长，4～8 天，所以产甲烷菌既是左右厌氧甲烷发酵过程成败的关键微生物，又是控制厌氧生物反应效率的主要微生物。如果能通过微生物工程提高产甲烷菌繁殖速率，缩短其世代时间，那么在相同时间内，产甲烷菌增殖的数量将会更多，从而提高厌氧消化效率，同时厌氧消化装置的启动时间也将会缩短。但是到目前为止，这方面还没有多大进展。

（2）通过改变厌氧消化装置结构滞留微生物

传统厌氧消化池不能滞留厌氧微生物，结果装置内微生物数量少，所以装置效率低。

通过微生物工程提高产甲烷菌繁殖速率，从而增加装置内产甲烷菌数量这方面的研究暂时还没有进展，所以就必须通过改进厌氧消化装置结构来达到滞留微生物的目的。目前开发研究的各种新型高效厌氧生物反应装置都是以滞留微生物为基本出发点的。通过工艺技术上的改进，将甲烷发酵阶段的速率限制降低到最小程度。

2. 提高微生物的活性

厌氧消化过程中，微生物的活性是指将有机物无机化或甲烷化的能力，即转化为 CH_4、CO_2、H_2S 等的能力。提高厌氧微生物活性可以通过厌氧微生物自生活力的提高和创造适宜的环境条件来实现。

（1）高活性厌氧微生物的培育

过去几十年，通过常规选育或生物工程方法使许多发酵微生物的活性成倍提高，并且早已应用于工程实践中。如果能采用常规选育或生物工程办法提高厌氧微生物自身活性，那么厌氧消化效率将会得到极大提高。由于厌氧消化是一种多菌种作用的混合培养系统，纯培养条件下获得的高活性菌株投放到自然厌氧消化系统中，可能不适应混合培养系统或丧失其优势，因此困难很大，这方面的进展也相当缓慢。

（2）创造适宜的环境条件

1）合适的 C、N、P 比例。参与厌氧消化的微生物不仅要从料液中吸收营养物质以取得能源，而且要用这些营养物质合成新的细胞物质。合成细胞物质的主要化学元素为 C、H、O、N、S 和 P 等。其中 C、H、O、S 比较易于从料液中获得，所以在讨论营养物质时，一般都重点考察 N 和 P 的配比。C 是细胞物质的主要构架元素，所以 N 和 P 的配比，多以这个骨架元素作为基础来确定合适的 C、N、P 比值。当发酵原料的 C/N 值在 12～16 以内时，有机物的气化率较高，处理程度也较高，每克污泥的产气量较高，而每克投加的碳产生的生物增量却最少。N 与 P 的质量比一般为 5∶1。

一般而言，含氮量过低，合成菌体所需的氮量就不足，同时因消化液的缓冲能力降低而易使 pH 下滑。反之，含氮量过高，有可能使 pH 升得过高（8 以上），降低消化液中 CO_2 的浓度，不利于产甲烷菌的生长及甲烷的合成。因此，对于含氮量很少的废液，可适当添加氮肥、含氮量高的粪便、氨基酸类及剩余活性污泥等。乙醇蒸馏废液添加粪便的试验结果表明，当添加量适中时，可成倍提高消化效率。P 不足时，可适当投加磷肥。

2）足够的微量元素。某些金属元素（如 K、Na、Mg、Fe、Zn、Ni、Co、Mn、W、Se 等）是一些产甲烷菌所必需的。虽然细菌需要的金属元素非常少，但微量金属元素缺乏能够导致细菌活力下降。例如，以玉米、土豆加工废水、造纸废水等为原料时，就应向废水中添加 Fe、Ni 和 Co。铁离子对厌氧消化有明显的促进作用，投加 $FeSO_4$ 或 $FeCl_3$ 均可。例如，某甜菜糖蜜废水添加 2g/L 和 4g/L 的 $FeSO_4·7H_2O$ 后，容积负荷率提高了 33%～67%；单位容积的产气量增加了 33%～58%，VS 的去除率略有增加；COD 去除率略有增加（投量为 2g/L）或略有减少（投量为 4g/L，因过量 Fe^{2+} 增加了 COD 值）；由于有 FeS 沉淀物形成，使毒性大的 H_2S 含量明显降低。以乙酸为基质的消化系统中投加 10mg/L 的 Ni^{2+}，可使乙酸盐的利用率由原来的单位 VSS（挥发性悬浮物）2～4.6g/（g·天）提高到 10g/（g·天）。

3）减少有毒物质的抑制。在厌氧处理中，被处理对象中含有某些对微生物有毒有害的物质，会造成处理效率下降，特别是将厌氧处理推广至处理有机体工业废水时，更需注意某些有毒有害物质对厌氧微生物的毒性影响。最常见的抑制性物质为硫化物、重金属、氰化物、氨氮及某些人工合成物质。

a. 硫化物。硫本身是组成细菌细胞的一种常量元素，在细胞合成中是必不可少的。若废水中含有适量的硫，可促进细菌的生长，但如果过量会对厌氧消化产生强烈的抑制作用。在酸性发酵阶段，硫化物在 300mg/L 以下不会有影响；而在甲烷发酵阶段，S^{2-} 自 80mg/L 起就会抑制反应，150～200mg/L 时将显得十分明显。硫其他形式的化合物对厌氧消化也有抑制作用，如 $SO_2 > 40mg/L$，可使菌数大量减少，产气量下降；SO_4^{2-} 含量在 5000mg/L 以上，将对甲烷发酵产生明显的抑制作用；投加某些金属如铁去除 S^{2-} 离子，硫化物的抑制作用有所缓解。从消化液中洗脱 H_2S 的措施也可减轻硫化物的抑制作用。

b. 重金属。工业废水和畜禽粪便污水中常含有重金属。微量的重金属对厌氧细菌的生长可能起到刺激作用，但当其过量时，可能会抑制微生物生长。一般认为，重金属离子可与菌体细胞结合，引起细胞蛋白质变性并产生沉淀。在同样的毒物浓度下，污泥浓度高的反应器受到抑制的程度要小，同时复苏也快。所以，在生物量保持较高浓度的新型厌氧消化装置中，可忍受更高的重金属离子浓度。

c. 氰化物。氰化物对厌氧消化的抑制作用取决于其浓度和接触时间，如浓度小于 10mg/L，接触时间为 1h，抑制作用不明显，浓度如增高到 100mg/L，气体产量就会明显降低。

d. 某些有机物、表面活性剂、无机盐类等对厌氧消化也有毒性影响。在某些工业废水中，往往含有多种有毒有害物质。这些物质每种含量可能不高，但当它们同时存在时，有可能会产生强烈的毒性协同作用。所以，在工艺试验研究或生产运转中，要特别注意这个问题。对于含有大量抑制物质的发酵原料，在进入厌氧消化装置前，必须进行预处理，以解除其毒性。

4）最适的 pH。环境 pH 是厌氧消化最重要的影响因素之一。微生物对 pH 的波动十分敏感，即使在其生长 pH 范围内，pH 的突然改变也会引起细菌活力的明显下降，这表明细菌对 pH 改变的适应过程比对温度改变的适应过程要慢得多。超过 pH 范围会引起更严重的后果，低于 pH 下限并持续过久时，会导致甲烷菌活力丧失殆尽而产乙酸菌大量繁殖，引起反应器系统的"酸化"。严重酸化发生后，反应器系统难以恢复原有状态。厌氧处理中，水解菌与产酸菌对 pH 有较大范围的适应性，大多数这类细菌可以在 pH 5.0～8.5 内生长良好，一些产酸菌在 pH 小于 5.0 时仍可生长。但通常对 pH 敏感的甲烷菌适宜生长的 pH 为 6.5～7.5，这也是通常情况下厌氧消化所应控制的 pH 范围。

厌氧消化的 pH 范围是指反应器内反应区的 pH，而不是进液的 pH，因为废水进入反应器内，生物化学过程和稀释作用可以迅速改变进液的 pH。对 pH 改变最大的影响因素是酸的形成，特别是乙酸的形成。因此，含有大量溶解性碳水化合物（如糖类、淀粉）等的废液进入反应器后 pH 将迅速降低，而乙酸化的废液进入反应器后 pH 将上升。对于含大量蛋白质或氨基酸的废液，由于氨的形成，pH 会略有上升。因此，对不同特性的废液，可选择不同的进液 pH。

pH 对产甲烷菌的影响与挥发性脂肪酸（VFA）的浓度有关，这是因为乙酸及其他 VFA 在非离解状态下是有毒的。pH 越低，游离酸所占比例越大，因而在同一种 VFA 浓度下它们的毒性越大。pH 的波动对厌氧污泥的产甲烷活性也会产生影响，其影响程度取决于波动持续的时间、波动的幅度（一般 pH 越低影响越大）、VFA 的浓度、VFA 的组成。

5）最适的温度。温度是影响微生物生命活动的重要因素之一，其对厌氧微生物及厌氧消化的影响尤为明显。随着温度上升，细菌生长速率逐渐上升并达到最大值，相应的温度称为细菌的最适生长温度，过此温度后细菌生长速率迅速下降。温度高出细菌生长温度的上限，将导致细菌死亡，如果温度过高或持续时间足够长，当温度恢复后，细胞（或污泥）的活性也不能恢复。而当温度下降并低于温度范围的下限时，细菌逐渐停止或减弱其代谢活动，菌种处于休眠状态，其生命力可维持相当长时间，当温度上升至原来生长温度时，细胞（或污泥）活性能很快恢复。因此，温度超过上限会引起严重问题，但温度下降不会发生严重问题，一旦温度恢复正常，反应器运行后可很快恢复正常。

迄今，大多数厌氧消化系统在中温范围运行，人们发现在此范围温度每升高 $10℃$，厌氧反应速度约增加一倍。当温度低于最优温度，每下降 $1℃$，消化速率下降 11%。目前中温工艺以 30～40℃ 最为常见，其最佳处理温度在 35～40℃。高温工艺多在 50～60℃ 运行。高温消化的反应速率为中温消化的 1.5～1.9 倍，沼气产率也高，但沼气中甲烷所占百分比却较中温低。温度的微小波动（如 1～3℃）对厌氧工艺不会有明显影响，但如果温度下降幅度过大，则由于污泥活力的降低，反应器的负荷也应当降低，以避免由过负荷引起的反应器酸积累等问题。

6）氧化还原电位。不产甲烷阶段–100～+100mV，产甲烷阶段–400～–150mV。

无氧环境是严格厌氧的产甲烷菌繁殖的最基本条件之一。在厌氧消化全过程中，不产甲烷阶段可在兼氧条件下完成，氧化还原电位在–100～+100mV；而在甲烷发酵阶段，最优氧化还原电位为–400～–150mV。氧化还原电位还受到 pH 的影响，pH 低，氧化还原电位高；pH 高，氧化还原电位低。因此，在初始富集产甲烷菌阶段，应尽可能保持介质 pH 接近中性，并应保持反应装置的密封性。

3. 加强微生物与底物的传质效果

在生物反应器中，生物化学反应是依靠传质进行的，而传质的产生必须通过食料与微生物之间的实际接触实现。在厌氧消化系统中，只有实现基质与微生物之间充分而又有效的接触，才能最大限度地发挥反应器的处理效能。食料与微生物之间的接触，可以通过搅拌接触、流动接触、气泡搅动接触 3 种方式实现。对于普通消化池这样的分批投料系统，搅拌混合是最有效的手段；而在连续流厌氧处理系统中，为了强化接触传质，可采取有效的布水、合理利用沼气的扰动、回流或间歇回流方法。

第四节　农村沼气池管理

沼气池建成之后，如何科学地管理和使用，与提高产气率、维持正常稳定发酵产气有密切关系。所谓"三分建池，七分管理"就说明了这个道理。

1. 管道安装

农村沼气输气管道一般采用聚氯乙烯或聚乙烯塑料软管。这种管实用，运输、安装、使用方便，但也存在易被压扁或扭曲等缺点，在购置和安装时多予以注意便可避免。管径通常选用 8~12mm，若输气距离远、用气大，宜选管径大些，反之可小些。

管道安装应注意几点：①不要水平安装。选在用气附近的地方，定出一高点，一端连接灯炉具和气压表，一端斜向沼气池，与池盖上导气管相连接，这样用气时沼气带出的水汽冷凝成水后可自动流回沼气池，不至于在管内积存，影响送气，甚至造成堵塞。②管要拉直输气，距离太长时，可牵拉铁丝帮助拉直管道，切不可存在管道凹下处，导致冷凝水积存而堵塞管道。

管道配套的开关、直通、三通、弯头及专用的压力表、灯炉具等均应在专售商店购置。

2. 新池投料

首先确定发酵原料并备足料，做好原料"预处理"，即将作物秸秆铡短、堆沤，切忌将整捆原料投入沼气池。备好足够的菌种（依其来源不同应分别占整个发酵原料的 10%~15%），选定发酵料液浓度。按发酵工艺要求的原料配比和投料方法投料，投料总量最好达到设计要求（加水至水池底下 10cm 左右），至少料液面要超过进出料管口 20cm 以上。注意料液体积只占沼气池主池容积的 85%，剩下 15%的空间作为气箱。

投料完毕，按试气时封活动盖方法封好活动盖。可加些大石于池盖上，以增加池盖质量，防止池内气压大时冲盖漏气。

3. 沼气池的发酵启动

从往沼气池内投入发酵原料和接种物起，到沼气池能正常稳定地产生沼气为止，这个过程称为沼气池的发酵启动。

（1）放气试火

沼气池发酵启动初期，甲烷含量很低，通常不能燃烧。当沼气压力表上的水柱达到 30cm 以上时，应放气试火。放气时，应让池内保持一定压力，压力表上的水柱不能放到 0，以免空气倒流入池中，影响甲烷气体的产生。放气 1~2 次后，即可点燃使用。

（2）适当增投接种物或碱性物质

沼气发酵启动过程中，有时会发生酸化现象，可向沼气池内增投一些接种物或石灰水，以达到调节 pH 的目的。如果发现料液偏碱，可加水调节。

（3）启动完成

当沼气中所产生的沼气量基本稳定，并可点燃使用后，说明沼气池内微生物数量已达到高峰，甲烷细菌的活动已趋于平衡，pH 也较适宜，这时沼气发酵的启动阶段即告结束，可进入正常运转。

4. 日常管理

启动完成后，转入日常管理。如果发酵条件控制得不恰当，管理不科学、不细心，沼气细菌的活动就会受到抑制，产气量也会相应地下降。只有日常使用与管理正确，才能收到良好的效益。主要的管理有以下几点。

（1）加料与出料

投料启动之后，要加强日常管理补料。三结合沼气池，每天有人畜粪尿自动流入池内补料，平时只需添加堆沤后的秸秆发酵原料和适量的水即可，以保持发酵原料在池内的适宜浓度。非三结合沼气池，则要修建贮料坑，供平时收集人畜粪尿、厨房有机废物废水及青草等发酵原料用，间断地投入沼气池补料，维持正常发酵产气。

发酵原料加入沼气池后，经沼气细菌的发酵分解逐渐地被消耗或转化，如果不及时补充新的发酵原料，产出的沼气量就会下降。为了保证产气正常而持久，必须不断地补充新鲜的发酵原料，更换部分旧料，做到勤加料、勤出料。沼气池最好每天都有新鲜粪料投进，每天干料投入可按 $1m^3$ 沼气量进 3～4kg 计算，8～$10m^3$ 的沼气池，以人、畜粪便原料为主，每天应投入 50～100kg 人、畜粪便，并加入适量水。如果在水压（出料）间留有溢料口，每天只需进料即可自动出料。

小进料和小出料的数量根据农村小型沼气池发酵原料管理特点，一般每隔 5～10 天，进、出料各 5%为宜。也可按 $1m^3$ 沼气量进干料 3～4kg 的比例加入发酵原料。三结合沼气池，由于人粪尿每天不断地自动流入池内，因此平时只需添加堆沤后的秸秆发酵原料和适量的水即可，以保持发酵料液在池内的浓度。同时也要定期小出料，以保持池内一定数量的料液。

小进料和小出料时应注意的事项：①应先出料，后进料，原则上要做到出多少、进多少，以保持储气室容积的相对稳定；②出料时料液液面的高度，要保证剩下的料液液面不低于进料管下口和出料管下口的上沿，以免池内沼气从进料口和出料口跑掉；③出料后要及时补充新鲜的新料，若一次补充的发酵原料不足，可加入一定数量的水，以保持原有水位，使池内沼气具有一定的压力。

（2）发酵原料搅拌

沼气池内的发酵原料，在静止状态下分为浮渣层（上层）、发酵液层（中层）和发酵沉渣层（下层）。上层发酵原料较多，但沼气细菌较少，原料没有充分利用。如果浮渣层太厚，还会形成结壳，影响沼气进入储气室。中层水分较多，发酵原料少。下层发酵原料多，沼气细菌也多，是产生沼气的主要部分。如不经常搅拌发酵原料，就会使其上层形成很厚的结壳，阻止下层产生的沼气进入储气室，降低沼气的产量。

目前农村小型沼气池多数都未安装搅拌装置，搅拌的方法有两种：一种是用长棍或其他长把器具从出料口（或进料口）伸入发酵间，用力来回抖动数次；另一种方法是从出料间取出数桶发酵液，再从进料口将发酵液冲到池内，也可起到搅拌池内发酵原料的目的。

有少数沼气池设有简易的搅拌装置。有的沼气池在出料间内安装有手动出料装置、活塞拉杆泵，在抽出旧液料的同时，对池内的料液也有一定的搅动作用。

（3）pH测定和调节

沼气细菌适宜在中性或微碱性环境条件下生长繁殖，酸性过强（pH<6）或碱性过强（pH>8）都对沼气细菌活动不利，造成产气率下降，甚至停止产气。因此，必须经常用比色板或pH试纸测定，并调节pH。目前，农村小型沼气池一般出现偏酸的情况较多，特别是发酵初期，由于投入秸秆类的原料多和接种物不足，常会使酸化速度加快，大大超过甲烷化速度，造成挥发酸大量积累，使pH下降到5.5以下，严重抑制沼气细菌活动，使产气率下降。

沼气池内的发酵原料经过一段时间的发酵后，由于其中的有机碳素不断被消化，会使pH逐渐上升，当pH上升至8以上时，就会造成发酵料液过碱，也会影响沼气的产生。此时应向沼气池内加入一些新鲜的牛粪、马粪、秸秆和青草，并加水调节到适宜的浓度。

（4）沼气池的保温

温度适宜，沼气细菌的生命活动旺盛，沼气就产得多、产得快，沼气的发酵温度一般应在10℃以上。温度过低，则不宜沼气的产生，冬季必须采取有效的保温措施，以提高沼气池池温。采取的保温方法一般有：在池体上部堆放柴草，并在迎风面修筑挡风墙；在主池拱盖上铺2层塑料薄膜，层与层之间铺4~8cm厚的泥土，保温效果良好；在沼气池上搭盖塑料大棚，并在塑料大棚内种植蔬菜，这样既能提高沼气池发酵原料的温度，保证正常产气，又可种植蔬菜增收。

其他需要注意的地方可参考第二节沼气发酵工艺部分的内容。

5. 使用沼气应注意的安全问题

（1）防止中毒

沼气是一种混合的可燃气体，由甲烷、二氧化碳及少量的氢、硫化氢、一氧化碳和氧氮等气体组成。硫化氢有毒，虽然含量很小，但关系人身安全，应予以重视，安全用气，防止中毒等事故。

修建沼气池时，必须考虑到出料时气室内的残存气体要容易排除，通风良好，因此每个沼气池一定要有进料管、出料间和活动盖。

进料时，只能通过进料口和活动盖口。确需下池换料、出料或维修沼气池时，需打开进料口、出料口和活动盖，3天后方可下池。

下池前，为防万一，可选放一只鸡或鸭入内。观察数分钟，如发现池中鸡鸭出现窒息反应，则说明池内沼气多氧气少，千万不能入池。向池内鼓风，排尽残存沼气，动物活动正常后人才可以下池工作。

下池时，池上要有专人看护，下池的人可腰系绳子，如发生中毒窒息征兆，可及时拉出池外。另外，应特别注意不要放含磷高的原料（如菜籽饼、棉饼、磷肥等）入池，因这些原料在池内易产生剧毒气体，会导致人中毒死亡。

事故发生后，抢救时应当注意以下几个方面：①如发现人在沼气池内昏倒，且不能迅速救出，应立即采取各种办法向池内通风（如用斗笠、草帽、蒲扇扇风），使池内气体震动排出并送入空气。最好是掏开进料管、出料间的下口，用鼓风机鼓风入池。切不可盲目下池抢救，造成连续多人同时发生窒息中毒事故。②被救的患者，要停放在空气新鲜的地方，解开胸部纽扣和裤带，但要注意保暖，防止受凉。

（2）防止池体爆炸

沼气如在沼气池内遇火燃烧，极易引起池体爆炸，因此严禁在活动盖口和导气管口点火，否则易将火引入池内，使池内气体燃烧，引起爆炸。新建的沼气池要在水泥达到强度以后才能进水试验。进水速度要慢，特别是当水已封门时，不能用抽水机进水，以免进水速度过快，池内压力急速上升而胀破池体。另外，还应定期检查并排除输气管内的积水，否则积水过多，会使池内气压被积水阻隔，不能正常反应在压力表上，有胀破池身的危险。

（3）防止火灾烧伤

在用沼气煮饭炒菜时，要先点火再扭开沼气开关。如先扭开关后点火，沼气充满灶内，遇火易烧焦头发、眉毛，烧伤皮肤。在出料或维修沼气池时，千万不能点蜡烛、油灯等明火进池，只能用手电，池内切忌吸烟。在沼气池、导气管、输气管周围严禁烧火，特别不能让小孩在进出料间附近玩火，以免发生火灾。当闻到室内有臭鸡蛋味时，说明有沼气泄漏，应立即打开门窗，让室内空气流通，此时绝不能在室内点火，要尽快关掉总开关，找到漏气设备进行维修，如输气管因鼠咬或老化破裂，要及时进行更换。

第五节　沼气设施的综合利用

一、以沼气设施为纽带的生态模式

我国农村人口多，人均占有的耕地、水及其他农业资源相对较少，沼气综合利用是适于中国国情、具有中国特色、高效、梯级利用综合物质资源的一种体现，是农民脱贫致富的有效途径。沼气综合利用在实践发展中形成的另一个突出特点是集中显示，即在我国不同地域、不同自然和生产条件下，出现了以沼气设施为纽带的各种"生态模式"，这些模式以沼气综合利用技术为核心，充分利用了水土资源、劳力资源、太阳能和生物质能资源，为发展生态农业、实现良性循环开辟了新路。

1. 北方农村能源生态模式

北方农村能源生态模式俗称"四位一体"生态模式，它起源于 20 世纪 80 年代辽宁省农村。这种模式是在冬季寒冷地区的农户庭院内，将日光温室、禽畜舍、沼气池和厕所优化组合，形成太阳能、沼气、种植业、养殖业四位一体的结构，使之相互依存、优势互补、多业结合、综合利用，构成一个较为完整的农村能源、生态系统。运用本模式，冬季北方地区室内外温差可达 30℃以上，温室内的喜温果蔬正常生长，畜禽饲养、沼气发酵安全可靠。这种模式能充分利用秸秆资源，化害为利，变废为宝，是解决环境污染的最佳方式，并兼有提供能源与肥料、改善生态环境等综合效益，具有广阔的发展前景，为促进高产高效的优质农业和无公害绿色食品生产开创了一条有效的途径。北方农村能源生态模式的典型结构如图 3-7 所示。

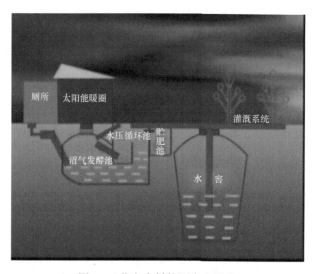

图 3-7　北方农村能源生态模式

在农户庭院内建日光温室，在其一端地面下建一个小型沼气池，在池上建太阳能猪舍和厕所，人、畜粪便随时进入沼气池，沼气池出料口置于日光温室的一侧，猪舍与日光温室之间砌有带换气口的隔墙。核心技术：沼气池建造及使用技术；猪舍温湿度调控技术；猪舍管理和猪的饲养技术；温室覆盖与保温防寒技术；温室温湿度调控技术；日光温室综合管理措施等。配套技术：无公害蔬菜、水果、花卉高产栽培技术；畜、禽科学饲养管理技术；食用菌生产技术等。该模式具有如下特点。

1）立体经营：多业结合，集约经营。充分利用地下、地表和空中的空间，以使设施内的空间得到最大限度的合理利用。

2）保护环境：由于该模式充分循环利用了各种资源，并不对自然产生危害，因此该模式保护改善了自然环境与农村的卫生条件。

3）多级利用：植物的光合作用为畜禽提供新鲜氧气；畜禽呼吸吐出的二氧化碳给植物的光合作用提供了原料；沼液用于叶面肥料和作物的杀虫剂；沼渣用作农田的有机肥及蘑菇栽培的基质；沼气中的甲烷供给日光温室可增温和提供光照，二氧化碳可促进植物的光合作用。

4）系统运行效率和效益高

"四位一体"种养生态模式的优点有以下几方面。

一是增产效果明显，品质改良显著。模式内的蔬菜提前上市 40 天，生长期延长 20～30 天，产量大幅提高。大棚黄瓜畸形少，瓜直色正，口感好，深受消费者欢迎。

二是增重育肥效果显著。沼液为弱碱性，有利于猪、鸡的生长发育；沼液富含多种有机氨基酸、维生素及复合消化酶，能促进生物体的新陈代谢和提高饲料利用率。用沼液作饲料添加剂，猪平均日增重 0.7kg 以上，最高可达 0.77kg，提高了出栏率；养鸡育肥快，出栏时间可提前 7～10 天。

三是有利于节约能源。大棚内建沼气池解决了冬季不产气的问题，10m³ 沼气池年产沼气可达 810m³，除用于照明、做饭、烧水外，还可以为蔬菜生长提供 CO_2 气肥，有利于提高棚温和增加光照时间。

四是提供有机肥源，培肥地力。一个 10m³ 沼气池一年可产 6t 沼渣，用沼渣作基肥，可减少化肥的施用量，降低生产成本，提高土壤有机质含量。长期使用沼肥，可使土壤疏松、结构优化，土壤肥力显著提高。

五是防病虫害效果明显。施用沼渣、沼液对黄瓜、番茄的早期落叶、黄斑病等有抑制作用；对虫害防治效果明显，对蚜虫、红蜘蛛等虫害的防治效果达 90% 以上；减少农药使用次数，有利于无公害蔬菜的生产。"四位一体"种养生态模式所生产出的农产品基本符合国家规定的无公害农产品质量标准，推广这种模式是发展无公害农业的有效途径。

"四位一体"种养生态模式实现了生态效益、经济效益和社会效益的同步增长，加快了农业系统内部能量、物质的转化和循环，对保持农业生态平衡起到了积极作用。20 世纪 90 年代，北方农村能源生态模式得到迅速推广应用，据辽宁省统计，截至 1999 年年底，一个庭院式的"四位一体"用户一年纯收入 5000 元左右，全省年增纯效益 12 亿元左右。随着高产优质高效农业的发展，又出现了田园式产业化型的，即在田野中集中联片标准化修建大型的"四位一体"群，仍以户为经营单位，实行规模化生产。"四位一体"生态模式数量的剧增，繁荣了城乡菜篮子，冬季能为居民提供充足的鲜肉和无公害蔬菜。"四位一体"模式改变了农民的生产与生活习惯，变冬闲为冬忙，变淡季为旺季，变无收为有收。农民靠该模式盖新房、奔小康，"四位一体"生态模式有利于经济增长方式由"粗放型"向"集约型"转变，成为许多地区发展高产优质高效农业的有效途径。

2. "五配套"生态果园工程模式

渭北旱塬地处黄土高原，发展苹果产业具有得天独厚的自然优势。随着苹果产业的发展和市场的需求，无公害栽培已成为发展优质苹果生产的主要方向。在这种市场背景和需求下，以沼气综合利用为纽带的"农—畜—沼—果"农牧结合型高效生态果园建设模式应运而生，成为渭北旱塬发展农业生产、提高农民生活水平、促进区经济持续发展的重要手段。

西北农林科技大学在全面总结该区域生产实践经验的基础上，设计出"五配套"生态果园工程模式（图 3-8），供当地农户参考和选用。所谓"五配套"是指沼气池—猪舍

（或禽舍）—厕所—水窖—滴灌系统。该工程是以农户土地资源为基础，以太阳能为动力，以新型高效沼气池为纽带，形成以农带牧、以牧促沼、以沼促果、果牧结合、配套发展的良性循环体系。工程模式的设计参数为：一个面积为 0.33hm² 的成龄果园为基本生产单元，在农户庭院或果园配套一口 8~10m³ 的沼气池、一座 10~20m² 的猪舍或鸡舍（养 4~6 头猪，20~40 只鸡）、一座 1.5m² 的卫生户厕、一眼 80~100m³ 的水窖、一套节水滴灌保墒系统。

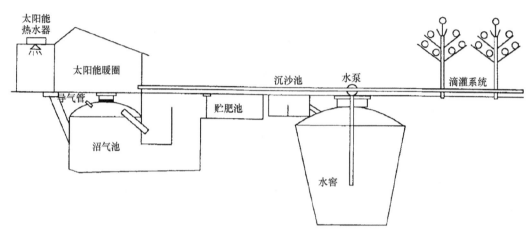

图 3-8 "五配套"生态果园工程模式示意图

新型高效沼气池是生态果园的核心，起着联结养殖与种植、生活用能与生产用肥的纽带作用。猪、禽、人的粪便为沼气的发酵原料，产出沼气供炉和照明用，沼液用于喂猪，向果树叶面喷洒，沼渣用于果园施肥。在农户庭院内或果园里配套水窖，除供给沼气池、用于园内喷洒及人畜生活用水外，还可提供灌溉用水、供果园配套的滴灌系统用，是节水保墒的有效措施。果树下种草覆盖，也可起到保墒、抗旱、增草促畜、肥地改土的作用。

在此基础上，西北农林科技大学研制发明了获得国家专利的生物能气动搅拌高效沼气池（专利号 ZL97227660.2）和旋流布料自动循环沼气池（专利 ZL97243731.2），在渭北建设了旱源高效生态果园模式，建立了鸡、猪主体联养，圈、池上下联体，种、养、沼有机结合，能量流、物质流、经济流良性循环的能源、生态、经济系统工程，取得了"四省"（省煤、省电、省劳、省钱）、"两增"（增肥、增效、增产）、"两减少"（病虫减少、水土流失减少）、"七净化"（净化环境）的综合效益。这种模式已被推广到甘肃、宁夏、河南、山西等 5 省区的 18 个县市，建成了以沼气综合利用为纽带的高效生态农业模式示范户 1 万多个，增收节资 5000 多万元，形成了以果园为依托，以沼气为纽带，种植和养殖有机结合协调发展的西北旱区农牧结合生态农业模式。

3. "猪—沼—果"、"草—牧—沼—果"农业生态模式

（1）赣州地区的"猪—沼—果"工程模式

江西赣州地区将沼气与农业综合开发，发展"猪—沼—果"工程模式，即以沼气为

纽带，带动畜牧业、果业、农业等相关产业共同发展的生态农业模式化工程，其基本内容是"户建 1 个沼气池，每年人均出栏 2 头猪，人均种好 1 亩果"，简称"121"工程。

在畜牧业生产方式转变中，各地延伸"猪—沼—果"生态农业种养模式，把猪拓展到牛、禽，果拓展到蔬菜、花卉、粮食、珍珠、鱼类等，鸭珠共养、稻鸭共栖等生态养殖模式在全省得到大面积推广。全省初步形成了赣南、赣东以牧沼果为主，赣中以牧沼菜、牧沼粮为主，赣北以牧沼鱼为主的格局。2006 年，江西省建设大中型畜禽养殖沼气工程 354 座，与沼气果业结合的畜禽养殖户达 31.5 万户。

（2）泰和县的"草—牧—沼—果"生态经济模式

江西省吉安市泰和县地处赣中南，属于亚热带和风湿润性气候，适于种植牧草和果树，全县有 2.8 万 hm^2 红壤低丘地，土壤有机质含量极少，植被稀疏，水土流失严重，致使此地比较贫困落后。在生产商品牛、商品猪、乌骨鸡方面具有一定技术优势。为振兴地方经济、改善生态环境，在位于 105 国道和京九铁路旁的文田镇选择了 200hm^2 典型的红壤低丘荒山，开辟为"草—牧—沼—果"示范基地。建设的基本思路是：以种草、养牛和栽植果树为主业，"草—牧—沼—果"综合发展，多业互补，综合利用，以沼气为纽带，沼气作为主要生活能源，沼液、沼渣为主要肥料用来改良和培肥土壤，靠种植牧草和果树来防止水土流失，是以种草、养牛、栽植果树为主要经济支柱的生态型农村经济。示范基地由 40 个农户承包，总人口为 174，经过 7 年建设，到 1997 年生产总值达 182 万元，生产纯收入 54.6 万元，年人均实际纯收入 1569 元，比当年全县农村人均收入（1438 元）高出 131 元。同时，原先荒芜的丘陵披上了绿装，贫瘠的土壤得到改良，变成了耕田。

4. "五位一体"生态农业模式

广西恭城瑶族自治县地处桂林东北偏僻山区，该县农村过去处于缺燃料，缺饲料，缺肥料，森林覆盖率低，农田产量低，农民收入低的"三缺、三低"状况。为逐步改变农村面貌，提出了搞好农村能源建设，大力发展沼气，实行多能互补，以沼气为纽带建设生态农业的战略决策。结合山区农民居住分散的具体情况，采取"一池带四小"的庭院经济格局，即建一个沼气池，带一个小猪圈、一处小果园、一块小菜园、一个小鱼塘，称为"恭城模式"。10 年过去了，到 1990 年，全县累计已建成 1.19 万个沼气池，种果 3500hm^2，肉猪出栏 8.9 万头，全县越过了温饱线，形成了具有当地特色的"五位一体"模式，即将养猪—沼气—种果—造林—开发性农业结合为一体，发展农村经济。到 1996 年，全县累计建成沼气池 3.03 万个，占全县总农户的 60.5%；水果种植面积 1.5 万 hm^2，年人均收入 1641 元；肉猪出栏 50.8 万头，人均出栏肉猪 1.8 头。"五位一体"模式增加了恭城县农民的收入，改善了生态环境，增强了农业发展的后劲，取得了明显的综合效益。

5. "猪—沼—酒"庭院生态模式

在鲁北地区的一些农户庭院内，建有 10m^2 的沼气池，在沼气池上建猪圈，在猪圈上盖棚，以猪粪尿为原料生产的沼气作酿酒室的燃料，酒糟喂猪。改变过去用粮食直接喂猪的习惯,增加了一道酿酒工序,实现了粮食多次转换利用,形成了一个良性循环链,充分利用了农村剩余劳动力,增加了经济效益。

6. "三位一体"沼气综合利用模式

"三位一体"(畜舍、沼气池、厕所的结合)模式是发展沼气综合利用普及面最广的一种模式,上述诸种模式是以此种模式为基础发展起来的。在南方,畜舍冬季不用保温、增温,而在北方,畜舍冬季要用塑料薄膜覆盖,成为太阳能畜舍。寒冷季节塑膜覆盖和太阳能辐射能为畜舍保温、增温,减少畜禽散热,降低畜禽维持生命活动的能量消耗,增加了肉、蛋产量,塑膜覆盖的温室效应,减少了沼气池的温度降低,为沼气池越冬运行、实现常年产气创造了有利条件。

二、沼气的主要用途

1. 解决能源问题

(1)生活燃料

人们对沼气的研究与利用,最初的目的主要是解决能源问题,用沼气作生活燃料,进行炊事和照明。一般沼气中含甲烷(CH_4)55%~70%,纯甲烷的低热值为38.94MJ/m³,以60%的甲烷计,则沼气热值为23.36MJ/m³。沼气可作为燃料,用于农村日常生活,如炊事、采暖、照明。一口8m³沼气池在正常产气情况下,能满足一年中近6个月的烧水、做饭需要。

(2)车用动力

沼气作内燃机燃料使用有以下几种情况。

1)原先使用气体燃料的内燃机,如煤气机、燃用天然气或液化石油的内燃机,无需改装,只要将沼气经输气管道直接通入原机的混合器内就可以代替煤气、天然气或液化石油气工作。

2)用沼气作汽油机燃料时,原机结构基本不用改动,只需在原机的冷化器前加一个沼气/空气混合器就可以代替汽油工作。但是对于燃用混合油的二冲程汽油机,不适于用沼气作燃料,因为原机用的混合油中有一定量的机油,靠它润滑有关零部件,如果只用沼气,没有润滑剂,发动机很快就会被烧损。

3)用沼气作柴油机燃料有如下两种使用方式。

a. 沼气和柴油混烧-双燃料发动机,改装时保留原柴油机的燃油系统,并在柴油机的进气管道上安装一个沼气/空气混合器,用汽缸内柴油的燃烧点燃吸入的沼气(沼气的燃点比柴油高)。此法改装简单,既可燃用双燃料,又可在无沼气时全烧柴油。

b. 完全燃用沼气(不用柴油混合),采用类似汽油的电点火方式,改装比较复杂,一般适用于较大功率机组。

瑞典已成功地将沼气用作汽车、火车动力燃料。法国里尔市内的公交车辆全部使用的是沼气作动力燃料的新能源汽车。河南省安阳市贞元(集团)有限责任公司 2007 年启动

"有机废物生产车用沼气项目"，通过厌氧消化和净化提纯技术生产车用沼气，设计规模为年产车用沼气 2200 万 m^3。四川亚联高科技股份有限公司成功采用自主研发的变压吸附气体分离技术（PSA），从垃圾填埋气中净化回收甲烷，生产压缩天然气直接用于机动车燃料。北京化工大学、哈尔滨工业大学、浙江大学等高等院校及东风汽车有限公司、济南柴油机股份有限公司、潍柴动力股份有限公司等生产厂家都在积极研发沼气作为车载燃料动力的技术，取得了可喜成果。

（3）沼气发电

欧洲用沼气发电发展最好的是德国，2002 年德国沼气发电装机总量已达 250MW。我国"可再生能源中长期发展规划"里，计划到 2020 年年产沼气约 140 亿 m^3，沼气发电达到 300 万 kW。云南省红枫农业有限公司以木薯淀粉加工废弃物为原料建设大型沼气能源工程（图 3-9），生产电力和热力以满足公司内部生产的能源需求，利用沼气发酵后的沼渣生产高效有机肥，沼液就近返回农田，实现农业生态循环，改善公司环境。

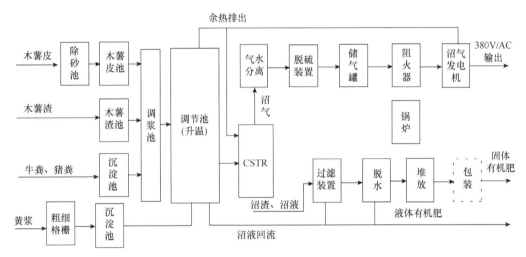

图 3-9　沼气发电生态循环工程工艺流程图
CSTR: complete stirred tank reactor，完全混合厌氧工艺

2. 其他用途

（1）沼气气调储藏粮果

在粮食、水果存放的环境中采取措施，如用沼气取代空气，可降低粮食、水果（用于蔬菜、种子也如此）的呼吸强度，减弱新陈代谢，同时储藏过程中基质的消耗大大降低，能显著减轻果品的腐烂，抑制害虫、病菌的生长，从而达到了延长粮食、水果（蔬菜、种子等）保存期和提高完好率的目的。

（2）沼气灯诱虫养鱼

将沼气灯架高在距水平 80cm 左右，天黑后鱼池内点燃沼气灯，虫、蛾围灯戏扑，坠落鱼池，成为鱼的饲料，达到提高鱼产量和除掉周围粮食和棉花地里部分害虫的目的。

（3）塑膜大棚蔬菜 CO_2 气体施肥

前已述及，"四位一体"的温室内，由于沼气池的存在，加上养猪及施用沼肥的结果，提高了室内空气的 CO_2 浓度，增强了蔬菜的光合作用，提高黄瓜、番茄产量 20%左右，并且能延长了其生长期。

（4）沼气孵禽

用沼气的燃烧热能孵化禽雏，由沼气孵禽加热器来完成，目前国内沼气孵禽加热器主要有两种类型：气热式的和水热式的。

三、沼渣与沼液的综合利用

随着科技的进步、生产的发展，沼气、沼渣和沼液的应用领域在不断拓宽，如沼气用于粮果的储藏，沼气燃烧产生的二氧化碳对温室、塑料大棚内的蔬菜进行气体施肥，用沼液或沼渣作饲料发展养殖业，用沼液浸种、浸根和无土栽培等。沼气、沼渣及沼液在农村生活和农业生产的直接利用统称为沼气综合利用。方方面面的应用都取得了良好的经济效益、生态效益和社会效益。

1. 沼液的开发利用

沼液是沼气发酵后的残留液体，总固体含量约小于 1%，主要是速效养分，总氮含量 0.03%～0.08%，总磷（P_2O_5）含量 0.02%～0.07%，总钾（K_2O）含量 0.05%～1.40%，其生物活性物质含量丰富，如含有氨基酸、微量元素、植物生长刺激素、B 族维生素、某些抗生素等。

（1）抗病虫作用

沼液中已查明的有近 20 种成分对作物病虫害有直接杀灭作用，对蚁虫、蚜虫、螟虫、红蜘蛛的防治效果尤其明显，并可与化学农药混合使用，可有效提高防病杀虫效果，减少环境污染和农药残毒，保障粮食食品安全。

（2）沼液浸种

沼液中富含多种活性、抗性和营养性物质，具有明显的催芽、壮苗和增产作用。沼液中的各种病菌和虫卵已基本被杀死。在发酵过程中产生的并存留在沼液中的大量铵离子具有杀菌作用，能够杀死种子表面的病菌，使种子在无菌的环境中萌芽，避免了烂芽现象的产生。经试验对比，小麦清水浸种发芽率为 87.9%，沼液浸种发芽率为 94.5%，提高了 6.6%，可增产 5%～7%；棉花种子用沼液浸泡后，比常规方法播种发芽早，出苗齐，抗病力强，播种后生长快，可增产 9%～20%；红薯种用沼液浸泡后，比常规育苗红薯种发芽率提高 30%左右，黑斑病发病率明显降低，壮苗率达到 99.3%，平均株重可达 610g，常规处理壮苗率仅为 66.7%，平均株重 500g，增产 20%以上。同时，沼液浸种对水稻根腐病、纹枯病、小球菌核病、恶苗病、棉花炭疽病和玉米大小斑病具有较强的抑制作用。

（3）沼液无土栽培

在水培营养液中加入一定比例的沼液，用来培植番茄、黄瓜、西葫芦等蔬菜，可以有效地缩短生长周期，提高重茬率，品质好，抗性强和产量高。同时，沼液中有供种子萌芽与发育所需的多种营养与微量元素，可用于无土育秧。

（4）沼液养殖

沼液是一种较完备的饲料添加剂，含有铜、铁、镁、锰、锌等微量元素，还含有赖氨酸、色氨酸、烟氨酸和核黄素等营养物质。沼液作为饲料添加剂养猪，日增重提高 26%，采食量增加 14%，育肥期缩短 20%，年可出 2～3 栏猪；沼液喂鸡可延长年产蛋期 70 天，提高产蛋率 20% 左右；沼液施于鱼塘可有效改善水质，育苗成活率提高 10%～20%，鲜鱼产量增加 19%～38%。

（5）沼液肥料

目前，沼液作为肥料的使用方式主要是直接浇灌土地和过滤后做叶面喷施，沼液是速效生物肥，经过 24h，叶面可吸收附着喷量的 70%～80%。用沼液喷施叶面，能促进作物的光合作用，减少害虫和作物疾病，有利于作物生长发育。用沼液进行根外追肥时，每 100m^2 沼液用量为 12～17kg，能提高产量 8%～10%。沼液广泛应用于果、茶、蔬菜、花卉和大田作物，其速生高产的效果日渐凸显。部分农资生产企业已把沼液引入到了生物液体肥料加工领域，如上海、深圳的两个以沼液为基质的生物肥料厂开发出了"洞庭丰"、"绿霸"两个叶面肥产品，经过多年推广应用，具有了一定的市场规模，其增产效果达到 12%～30%，农产品品质有所提升。

2. 沼渣的开发利用

沼渣的有机质含量为 30%～50%，腐殖酸为 10%～20%，总氮为 0.8%～2.0%，总磷（P$_2$O$_5$）为 0.4%～1.2%，总钾（K$_2$O）为 0.6%～2.0%。沼渣中富含的有机质、腐殖酸能有效改良土壤，氮、磷、钾等元素能满足作物不同时期的生长需要，部分未分解的原料和新生的微生物菌体施入农田后继续发酵释放肥分。因此，沼渣在农业生产过程中具有速效、迟效两种功能，可作基肥和追肥，既可减少化肥、农肥的施用量，降低农业生产成本，又能有效地提高农作物的产量和品质。

（1）制作基肥

用于种粮、育秧、苗木和大田作物的基肥，与磷肥、氮肥配合施用，互相补充，增产增收效果明显。

（2）制作腐熟肥料

与秸秆混合进行堆肥处理，通过沼渣对秸秆的降解，制成腐熟肥料，加快作物秸秆还田速度，提高秸秆利用率。

（3）制作营养钵

制作棉花、花卉营养钵，玉米营养土，种植食用菌等效果良好。

（4）作饲料添加剂或辅料应用于养殖业

资料显示，将 15% 的沼渣添加到猪饲料中，可使生猪的产肉量增加 15%～30%，瘦肉率提高 1.25%，饲养周期缩短 20～30 天，降低饲料成本 12%～20%。连续施用沼渣、沼液 3 年的土地，土壤有机质含量增加 0.39%，全氮增加 0.05%，土壤容重减少 0.2g/cm³，孔隙度增加 6.6%，可有效改善土壤理化性状，提高土壤肥力，促进农业可持续发展。

（5）沼渣栽培蘑菇

用沼渣栽培的蘑菇杂菌杂菇少，养分丰富而全面，产量提高达 15%。

3. 沼渣、沼渣的开发利用

（1）沼渣、沼液施肥改土

施用沼渣、沼液，能提高土壤有机质含量，具持水，透气，保肥，改良土壤，增强地力等作用。

（2）沼渣、沼液用于池塘养鱼

将沼渣、沼液撒入池塘养鱼能收到良好的效益。主要表现在：促进浮游生物的繁殖，增加了鱼饵；改善水质，提高溶氧量，减少耗氧量；常施沼肥，水面呈茶褐色，多吸收阳光，提高水温；沼液的 pH 中性偏碱，能使鱼池保持中性。这些有利的环境，能促进鱼类更好生长。同时，由于沼气发酵过程中原料中的细菌、虫卵 90% 以上被杀死，鱼塘施沼肥，鱼的细菌性肠道病、烂鳃病及鱼苗的气泡病等常见多发病的发病率由过去的 60%～70% 下降到 5% 左右，提高了产量和质量。另外，施用沼肥，改善了鱼的品质，增加了鱼的鲜味。

四、沼气的综合效益

沼气效益面广而优，在能源、农业、卫生、生态环境等方面都体现出了它的良好效益。

能源是人类生存与发展的重要条件之一，开发清洁能源、可再生能源是 21 世纪能源的发展方向，是人类生存环境向人们提出的要求。由于我国农村人口居住分散，且各地经济条件、地理条件差异很大，广泛推广应用电能、石油液化气、太阳能等是有困难的、不现实的。而沼气这一清洁能源却具有充分可行的条件和独特优点，沼气发酵原料来源十分广泛而丰富，制取沼气的技术比较容易、经济，使用方便，尤其是办沼气还有利于促进农业生产，改善农村环境和自然生态环境。20 多年来，我国农村成功推广采用了沼气就有力地说明了沼气的能源效益，其具有很大的发展潜力。

沼气在农业生产上的作用十分明显。过去农家生活燃料是柴、草和作物秸秆，大量秸秆被烧掉了，长期以来，燃料、饲料与肥料之间的矛盾得不到解决。作为燃料的秸秆，又是沼气发酵的主要原料。办沼气不是增加"三料"的矛盾，而是促进这些矛盾妥善解决。有了沼气，生活燃料得以解决，从而可把作燃料的秸秆作沼气发酵原料和牲畜饲料。饲料多，则畜多，肥多；沼气发酵原料多，则沼气多，沼肥多；肥多，则粮多，秸秆多；发酵原料多，则饲料多，形成相互促进的良性循环。

沼气的环境卫生效益也是突出的。由于粪便沼气发酵杀灭了绝大部分的病原体和寄生虫，粪便经密闭沼气池发酵，使周围环境中苍蝇密度减少约 63.5%，氨氮浓度降低 58%左右，农村生活污水可以实现达标排放，COD、BOD、SS（suspended substance）等去除率都在 97.5%左右，同时由于农户家庭粪便有了较好的收集处，有效改变了农村"脏、乱、差"的生活环境。沼气的使用，有效减少了居室特别是厨房中二氧化硫、飘尘、一氧化碳等污染物的浓度。此外，雨季天气，地表径流冲刷地面后，冲入湖水的氮磷量减少，降低了水体富营养化。

沼气在减少温室气体排放作用方面有突出作用。甲烷（沼气的主要成分）是人们公认的造成温室效应的第二号祸首，而粪便经沼气发酵后可有效减少甲烷排放，因而有利于减轻温室效应。沼气工程的温室气体排放主要是产生的沼气作为能源使用时产生的 CO_2 排放。以平均甲烷含量 60%计，每年燃烧 $400m^3$ 沼气，则每年 CH_4 产量为 $240m^3$，即 171.4kg/年，甲烷燃烧产生的 CO_2 量为 471kg/年，户用沼气池每年温室气体排放减排 1.382t CO_2 当量/户。根据 2009 年农业部全国生猪优势区域布局规划，2007 年全国万头以上规模的猪场有 1800 多个，如果在这些猪场推广建设沼气工程并开发成为清洁发展机制（CDM）项目，每年可获得上千万吨 CO_2 当量的减排量。我国每年产生的农作物秸秆直接焚烧会产生 $8.85 \times 10^8 t$ CO_2，若将这些秸秆全部进行户用沼气发酵，每年可生产 12.97×10^6 万 m^3 的沼气，同时可减少 $6.70 \times 10^8 t$ CO_2 的排放。预计中国未来的农村户用沼气工程建设将会给农村生态环境带来更大的减排效益。根据农村生活用能的加强预测方案，2010~2050 年，沼气替代生物质能和煤炭可使 CO_2 年排放减少 307.77 万~59 280 万 t，SO_2 年排放减少 13.11 万~98.87 万 t。农村户用沼气工程可以为 CO_2、SO_2 的减排作出贡献，可部分减缓全球变暖的趋势。

我国许多省、县都因地制宜地发展了沼气，取得了不同程度的效果。尤其是四川省，它是沼气研究应用推广的大省，在解决农村能源、发展农业生产和改善农村环境卫生与自然生态诸方面均见到了成绩，表现出了沼气的良好综合效益。21 世纪，人们将更加重视改善自然生态环境，建立农业生态良性循环系统，沼气将发挥更大作用。随着种养业的规模化和产业化，有机废物资源将越来越集中，大中型沼气工程也将具有更加广阔的市场。相信在今后，沼气在农业现代化、改善农村生态环境及提高农民生活质量等方面将发挥其更多更好的作用！

复习与思考

一、名词解释

沼气，沼气发酵，化学需氧量（COD），富氮原料，富碳原料，粪草比，三结合沼气池，二步发酵工艺

二、简答题

1. 沼气的理化性质如何？
2. 沼气发酵产生哪三种物质？各有何应用价值？
3. 沼气发酵有何特点？
4. 沼气发酵过程中有哪些微生物菌群共同参与？各有何特点和作用？
5. 试述沼气发酵的三个阶段。
6. 农村沼气发酵的原料分为哪几类？在备料时要注意哪些问题？
7. 要得到较高的产气量，农村沼气发酵应满足哪些基本条件？
8. 农村沼气发酵可分为哪几种工艺类型？
9. 简述半连续发酵工艺的特点及其工艺操作程序。
10. 简述水压式沼气池的结构与工作原理。
11. 使用沼气应注意哪些安全问题？
12. 提高厌氧消化效率有哪些途径？

三、论述题

1. 根据你家乡的实际情况，设计一种沼气综合利用模式，并说明其理由。
2. 谈谈你对我国发展农村沼气的看法。

参 考 文 献

陈祥. 2009. 木薯淀粉加工废弃物沼气发电工程设计. 中国沼气, 27(6): 25-27
陈豫, 胡伟, 张培栋. 2012. 沼气产业在循环农业中的作用和地位. 安徽农业科学, 40(10): 6145-6147
陈子爱, 邓良伟, 王超, 等. 2013. 欧洲沼气工程补贴政策概览. 中国沼气, 31(6): 29-34
程序, 朱万斌, 谢光辉. 2009. 论农业生物能源和能源作物. 自然资源学报, 24(5): 842-848
邓良伟, 陈子爱. 2007. 欧洲沼气工程发展现状. 中国沼气, 25(5): 23-31
房苏清, 席建峰, 工祥会. 2008. 沼气产业在我国的发展前景展望. 中国园艺文摘, 24(2): 9-10
冯永忠, 杨世琦, 任广鑫, 等. 2004. 双重背景下发展沼气产业的机遇和挑战. 中国沼气, 23(3): 32-33, 42
高义海. 2008. 沼气生态工程建设的可行性与存在问题的分析. 农业经济, 3: 57
工书宝, 张国栋, 曹曼. 2009. 欧洲人型沼气技术国产化方法探讨. 中国沼气, 27(2): 42-44
工仲颖, 高虎, 秦世平, 等. 2009. 中国工业化规模化沼气开发战略. 北京: 化学工业出版社
韩捷, 向欣, 李想. 2009. 干法发酵沼气工程无热源中温运行及效果. 农业工程学报, 25(9): 215-219
贾晓馨, 赵铁柏, 李燕芬. 2008. 生物质能源——沼气工程效益分析. 林业经济, 11: 67-69
贾振航. 2009. 新农村可再生能源实用技术手册. 北京: 化学工业出版社
蒋五洋, 赵武云. 2013. 高原地区沼气-柴油双燃料发动机的研究. 浙江农业学报, 25(3): 635-640
李景明, 薛梅. 2010. 中国沼气产业发展的回顾与展望. 可再生能源, 28(3): 1-5
李玉娥, 董红敏, 万运帆, 等. 2009. 规模化猪场沼气工程 CDMI 项目的减排及经济效益分析. 农业环境科学学报, 28(12): 2580-2583
林聪. 2007. 沼气技术理论与工程. 北京: 化学工业出版社
刘丽珊. 1990. 中国沼气卫生与环保. 南京: 南京大学出版社
刘尚余, 骆志刚, 赵黛青. 2006. 农村沼气工程温室气体减排分析. 太阳能学报, 27(7): 652-655
刘英. 2009. 原料不确定性对沼气工程的影响及对策. 环境保护, 12: 72-73
路明, 王思强. 2010. 中国生物质能源可持续发展战略研究//李俊杰. 沼气、沼渣、沼液的综合利用. 北京: 中国农业科学技术出版社

农牧渔业部成都沼气科学研究所. 1983. 沼气技术. 北京: 农业出版社

农业部环保能源司, 中国沼气协会. 1990. 中国沼气十年. 北京: 中国科学技术出版社

农业部环保能源司, 中国沼气协会, 河北省科学院能源研究所. 1990. 沼气技术手册. 成都: 四川科学技术出版社

邱凌. 2001. "五配套" 生态果园工程模式优化设计. 农村能源, 91(3): 14-16

邱凌, 王兰英, 杨鹏. 2005. 农村沼气工程动态发酵工艺的调控. 可再生能源, 1: 47-49

四川省沼气办公室. 1975. 农村办沼气. 北京: 科技出版社

宋籽霖. 2013. 秸秆沼气厌氧发酵的预处理工艺优化及经济实用性分析. 西北农林科技大学博士学位论文

索寒雪. 2013. 十年投资 350 亿沼气发电呼呼市场化. 中国经营报. [2013-9-7]

腾传钧, 汪国英. 2002. 沼气及节能综合利用技术. 贵阳: 贵州科技出版社

王亚林, 王晓乐, 邓爱萍, 等. 2013. 农业废弃物用于沼气制备对氮磷排放减少量的研究. 环境监控与预警, 5(6): 42-44

徐曾符. 1981. 沼气工艺学. 北京: 农业出版社

晏水平. 2004. 畜禽粪便高温厌氧干发酵罐加热保温研究. 华中农业大学硕士学位论文

曾伟民, 曹馨予, 曲晓雷, 等. 2013. 我国沼气产业发展历程及前景. 安徽农业科学, 41(5): 2214-2217

张海勤, 张霞, 董仁杰. 2009. 好氧堆肥为沼气发酵提供热量的可行性研究. http://dlib.cnki.net/kns50/detail.aspxQueryID= 448&CurRec=1[2009-1-20]

张莉敏. 2011. 德国沼气产业发展现状及对我国的启示. 中国农垦, (12): 40-42

张培栋, 王刚. 2005. 中国农村户用沼气工程建设对减排 CO_2、SO_2 的贡献——分析与预测. 农业工程学报, 12: 147-151

张全国. 2005. 沼气技术及其应用. 北京: 化学工业出版社

张艳丽. 2004. 我国农村沼气建设现状及发展对策. 可再生能源, (4): 5-8

赵军, 田博, 汪国刚. 2010. 循环利用的典范——欧洲沼气工程. 环境保护与循环经济, 1: 13-14

中国科学院广州能源研究所. 1979. 农村沼气问答. 广州: 广东科技出版社

周晓俭. 1992. 厌氧发酵系统温度的选择和热量平衡. 环境科学研究, 12(4): 30-35

Braun R, Madlener R, Laaber M. 2007. Efficiency of energy crop digestion-evaluation of 41 full scale plants in Austria. Proceedings of the futrxre of biogas in Europe-III. Denmark Esbjerg University of Soulhem Denmark, 51-58

Cymana M, 顾新娇, 潘科, 等. 2013. 非洲沼气技术发展和潜力. 中国沼气, 31(1): 20-25

Denmark improves feed-in tariff for biogas. http://www.biogas global.com/News/[2013-3-17]. denmark-improves- feed-in-tariff-for-biogas. Html

European Renwable Energy centers Agency-The Renwable Energy Bara eters. Biogas Bararreter. http//www.energies-renouvelables org/observer/stat baro/observ/baro173, 2006[2007-4-18]

European Renwable Energy centers Agency-The Renwable Energy Bararreters, Biogas Bararreter. http//www.energies renouvelables org/observer/stat baro/observ/baro179, 2007[2007-4-17]

Holm-Nielsen JB, Seadi AT. 2007. Biogas general overiew. http//www.aebiam.org/article.php3? id_article=26 [2007-04-19]

Hopfner-Sixt K, Amon T, Bodiroza V, et al. 2006. State of the art of biogas technology in Austria. Land Technilk, 61(1): 30-31

Hurdles to large scale biogas production in the Nether-lands. http: //www. energydelta. org/up-loads/fckeonnector/38x83321)-fah6-4aa8-8b74-8ed14bb5a813[2013-1-17]

Krishna E. Biogas policies, incentives and barriers. Master thesis 2010 Department of Technology and Society Environmental and Energy Systems Studies Lund University [2013-1-17]

Lena K, Catherine M, Poul Erik M. 2012. Renewable energy policies in Europe: converging or diverging. Energy Policy, 51(12): 192-201

Mshandete A , Parawira W. 2008. Performance of biofilm carriers in anaerobic digestion of sisal leaf waste leachate. Electronic Journal of Biotechnology, 11(1): 8

Mshandete AM, Parawira W. 2009. Biogas technology research in selected Sub-Saharan African countries. African Journal of Biotechnology, 8(2): 116-125

Porsche G. 2007. The impact of national policies and economic frames for the development of biogas in Germany. Proceedings of the future of biogas in Europe-II. Denmark Esbjerg University of Soulhem Dermark, 44-50

Present and Future of the Biogas in Spain. http: //www. aebig. org/documentos/AEBIG Presentation Spain Milan 2010 Matias. pdf[2013-1-17]

Renwick M, Subedi PS, Hutton G. 2007. Cost benefits analysis of national and regional integrated biogas and sanitation program in Sub-Saharan-Africa//WINROCK International Draft Final Report. Dutch Ministry of Foreign Alfairs, 62

Smith JU. 2011. The potential of small-scale biogas digesters to alleviate poverty and improve long term sustainability of ecosystem services in Sub-Saharan Africa//Interdis-ciplinary Expert Workshop. Kampala and Addis Ababa, 57

The biogas sector in France. http: //www. hiogaz-europe. com[2013-1-17]

Tricase C, Lombardi M. 2009. State of the art and prospects of Italian biogas production from animal sewage: technical-economic; considerations. Renewable Energy, 34(3): 477-485

Watch NW. On Green Energy: A Dutch (Re) Treat. http://www.american.com/archive/2011/april/on-green-energy-a-dutch-retreat[2013-01-17]

Wim van Nes J, TinasheNhete D. 2012. A better life for two million households in Africa through implementation of domestic; biogas plants was the ambitious target set at a May 2007 c; onferenc; e in Nairobi Kenya organized by the Biogas Africa Initiative//Report Nairobi. http://m.snvworld.org/sites/www.snvworld.org/files/publications/biogas for a better life an africian initiative 2007.

第四章　生物质热化学转换技术

天然的生物质燃料除了含有大量燃烧后产热的碳氢元素外，还含有硫等有害物质，直接燃用时不仅产热效率低，而且伴随大量烟尘，造成环境污染。因此，一直以来人们都在试图通过提高生物质燃料的品质或改进使用方式，使其使用更为方便、干净，也更有效率。早在商代，我国就出现了木炭烧制技术，即将木头点燃后隔绝空气，使木材在热作用下析出挥发组分，留下的木炭不但发热值较高，而且燃用时不再冒烟。这实际上就是生物质高效率利用的开端。

为了提高生物质能的利用效率，人们采用生物质能转化利用方法使生物质能转变为可燃气、生物油等高能量密度产品。常见的生物质能转化利用方法主要有物理转化法、化学转化法、生物转化法（微生物法）3 种，其中化学转化法又分为化学处理法、热化学转化法两种。热化学转化技术是将低品位能源通过各种化学手段转变成能量密度高的高质量能源的最有效方法。随着社会对生物质能源的认识和热化学转化工艺的拓展，热化学转换技术已经成为生物质能源利用的重要方法，被广泛应用于生物质能发电、生产生物质燃油等领域。

第一节　生物质热化学转换技术概况

一、生物质热化学转换技术的定义

生物质能利用相对于其他矿物能源主要存在以下三个问题，一是生物质能源属能量密度较低的低品位能源，作为燃料与矿物能源相比不具优势；二是生物质原料质量轻，体积大，给运输带来一定难度；三是风、雨、雪、火等外界因素为它的保存带来不利条件。针对这三个问题，结合当代以石化燃料为主的化工和能源技术，提出了将生物质转换为常规和高能燃料物质的技术体系，其中最有效的技术体系即为生物质热化学转换技术。

生物质热化学转换技术是指在加热条件下，用化学手段将生物质转换成燃料物质的技术，如通过燃烧、气化、热解及液化等技术，提高生物质能原料的燃烧效率和将其转换为可燃气体、生物油等。

二、生物质热化学转换技术发展现状

根据生物质能利用的方式和原料转换类型，生物质热化学转换技术可分为直接燃烧、气化、热裂解和加压液化 4 种技术体系。每种技术均建有完整的技术体系，开发出了相应的设备和运转参数，并产生各自的产物。生物质热化学转换技术及产品如图 4-1 所示。

生物质的直接燃烧技术是最普通也是最常用的生物质能转换技术，始自人类学会用火的远古时代。该技术是指燃料中的可燃成分和氧化剂（一般为空气中的氧气）进行化合的化学反应过程，在反应过程中强烈放出热量，并使燃烧产物的温度升高，从而

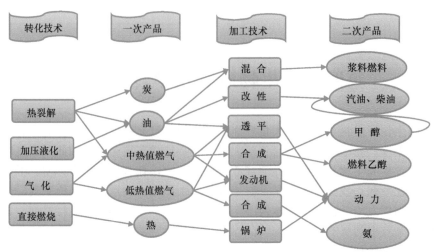

图 4-1　生物质热化学转换技术及产品

为生活和生产提供热量。该技术中最为关键的就是生物质中可燃成分的完全充分燃烧，因此直接燃烧技术体系的发展主要在于提高生物质燃烧效果，如借助锅炉等设备提高燃料燃烧比表面积或者通过不同燃值燃料的配伍参混达到共燃。目前常见的直接燃烧技术主要有锅炉燃烧技术和混燃技术两个技术体系。锅炉燃烧技术又有固定床、流化床和鼓泡床 3 种方式，混燃技术也有直接参混、平行参混和间接参混 3 种方式。

　　生物质气化技术是指将固体或液体燃料转化为气体燃料的热化学过程。该技术是利用空气中的氧气或含氧物质作气化剂，通过部分氧化作用，将生物质中的碳氧化生成可燃气体混合物、一小部分结焦和可压缩成分的过程。该技术的发展已有近百年历史，被认为是生物质能利用的最佳方式之一，也常被用于处理固体废弃物。该技术的发展立足于提高生物质原料气化效果，主要是从优化气体产物的组成和提高气化效率两个方面出发。目前常用气化技术及相应设备品种较多，大致可从气化介质、反应压力和反应器类型三个方面开发和选型。气化介质可分为空气气化、氧气气化和水蒸气气化 3 种；反应压力可分为常压和增压；反应器分为固定床反应器和流化床反应器，其中流化床反应器又可分为鼓泡床、循环流化床和双床系统。

　　生物质热裂解技术是指生物质在隔绝或者供给少量氧气条件下热处理，利用热能将生物质大分子中的化学键打断并形成小分子物质的加热分解过程。每个热解过程均含有气体（生物质燃气）、液体（生物质燃油）和固体（生物质炭）3 种产物组分，而组分比例取决于热裂解工艺和反应条件。该技术的重点在于得到合适的产物组分，根据实际需要调节热解条件。目前常用的热裂解技术主要有快速热解、慢速热解、瞬间热解和催化热解 4 种。一般来说，快速热解主要产物为生物质油，慢速热解主要产物为生物质炭，瞬间热解主要产物为生物质气，而催化热解可得到含氧和水量均较低的生物质油，由于品质更优，可直接作为运输燃油。

　　生物质液化技术是指在低温、高压和催化剂条件下对生物质进行热处理，使其在水或其他溶剂中断裂成活泼小分子后重新聚合形成油状化合物的过程。该技术在生物质大分子分解成小分子过程中加入溶剂，使高活性小分子被溶解而避免聚合成固体，从而得到能量相对较高的生物质油。由于高活性小分子被溶解在液相溶剂中，有利于实现进一步的催化加工，从而使生物质分解产物得到更有效和高值化的利用，不仅可用于液体燃料，还可用于制备缓释剂和黏结剂等高附加值化工产品。目前常用的液化技术主要有直接液化、间接液化和液化精炼 3 种，其中直接液化又有苯酚液化、多元醇液化和直接快速裂解之分，间接液化有经合成气制备再液化和费-托合成两种，而液化精炼的液化深加工技术主要有催化加氢、催化裂解和化学改性等。这些深加工技术的引入，使液化得到的液体产物的高位热值显著高于热裂解技术，但加压成本显著升高又限制了其商业化应用。

直接燃烧技术作为最传统和普遍的生物质利用技术，在众多生物质利用书籍中均有详细介绍，且技术发展较为成熟，更新较少，本书就不予赘述；生物质液化技术由于在后面的生物柴油、乙醇等章节中均有体现，本章不予介绍；生物质气化技术和热裂解技术涉及了固体生物质状态变化，不仅产生高储能的气态和液态小分子化合物，大大提高了燃烧效率，还可以结合有害元素去除设备而使生物质能成为清洁能源，故本章重点介绍生物质气化和热裂解液化技术。

第二节　生物质气化技术

一、生物质气化技术发展简史

生物质气化技术的发展伴随着气化设备的发展与应用，其产生和应用即源于 100 多年前内燃机的发明和大规模应用，同时其发展也与石油开发利用戚戚相关。最早的气化反应器以木炭为原料，产生于石油还未大规模应用的 19 世纪 80 年代，气化后的燃气主要用于驱动内燃机，推动了早期汽车或农业排灌机械的发展。生物质气化技术发展和应用的鼎盛时期是在二战期间，由于当时几乎所有的燃油都被用于战争，德国等技术强国大力发展生物质气化技术用于民用产业，当时固定床气化反应器的技术水平达到相当完善的程度。

二战后，随着中东地区油田的大规模开发，使世界经济的发展获得了廉价优质的能源，石油又一次成为几乎所有发达国家的能源中心，致使生物质气化技术在较长时期内陷于停顿状态。然而 1973 年秋季发生的石油危机深刻地影响了世界经济乃至政治的格局，使发达国家正在高速增长的经济急转直下。之后每隔数年就发生一次石油危机，使西方各主要工业国家乃至整个世界的各国都认识到石油等常规能源的不可再生性和分布不均匀性，出于对能源和环境战略的考虑，纷纷投入大量人力物力，进行可再生能源的研究。作为一种重要的新能源技术，生物质气化的研究重新活跃起来，同时各学科技术的渗透使这一技术发展到新的高度，出现了目前仍在使用的流化床气化器，使生物质气化技术不仅用于小型内燃机，还能在大型工业上应用，如大型的发电站等。随着对生物质理化性质的全分析及各种气化技术的引入，生物质气化技术已经成为生物质高效利用的重要方式之一，小至农村家庭照明、取暖，大至大型企业发电、集中供热供暖等。

二、生物质气化原理

生物质气化是生物质热化学转换的一种技术，基本原理是在不完全燃烧条件下，将生物质原料加热，使较高分子质量的有机碳氢化合物链裂解，变成较低分子质量的 CO、H_2、CH_4 等可燃性气体，在转换过程中要加气化剂（空气、氧气或水蒸气），其产品主要指可燃性气体与 N_2 等的混合气体。此种气体尚无准确命名，称燃气、可燃气、气化气的都有，以下称其为"生物质燃气"或简称"燃气"。生物质气化技术近年来在国内外被广泛应用。

(一) 生物质气化的原料

能够作为能源利用的生物质资源种类繁多,主要有农作物和农业有机残余物、林木和森林工业残余物。我国可用作能源的生物质资源主要包括:森林采伐和木材加工剩余的各种枝丫、树皮、刨花、锯屑等;农业残余物包括各种秸秆、稻壳、蔗渣等;人畜粪便、工业有机废水,如酿酒厂的酒糟废水及固体废弃物,垃圾和造纸厂的筛选废料等。由于土地资源较少和森林覆盖率较低,我国一般不允许直接使用树木作为能源。生物质气化技术利用的主要是固体生物质原料,即各种植物的茎、秆、叶、根和果壳等。

1. 生物质原料的化学特性

从生物学角度看,生物质的主要成分是纤维素、半纤维素和木质素。对生物质气化等热化学转换方法来说,更关注的是原料的元素分析成分、工业分析成分和发热值。

(1) 元素分析成分

即原料中各组成元素、水分和灰分的百分比含量。在进行热化学转换研究时,将生物质原料的元素分析成分分为 7 种:碳、氢、氧、氮、硫、水分、灰分。

(2) 工业分析成分

即原料中水分(W)、灰分(A)、固定碳(eGo)、挥发分(V)的百分比含量。其中挥发分是指在加热后原料中析出的挥发物质,主要是有机的碳氢化合物,固定碳是指析出挥发分后残留的碳,这部分碳与灰分在一起成为木炭。表 4-1 为常见生物质的工业分析成分,可看出生物质主要成分为挥发分,而灰分的含量差异较大,产热热值均不高。

表 4-1　常见生物质的工业分析成分

种类	工业分析成分				
	水分/%	挥发分/%	固定碳/%	灰分/%	低位热值/ (MJ/kg)
杂草	5.43	68.77	16.4	9.46	16.192
豆秸	5.10	74.65	17.12	3.13	16.146
稻草	4.97	65.11	16.06	13.86	13.970
麦秸	4.39	67.36	19.35	8.90	15.363
玉米秸	4.87	71.45	17.75	5.93	15.450
玉米芯	15.0	76.60	7.00	1.40	14.395
棉秸	6.78	68.54	20.71	3.97	15.991
花生壳	7.88	68.10	22.42	1.60	21.417
杉木	3.27	81.20	14.79	0.74	19.194
松木	6.00	79.60	17.00	0.40	19.045
杨木	6.70	80.30	11.50	1.50	17.933
枫木	5.60	74.20	16.60	3.60	18.902
马粪	6.43	58.99	12.82	21.85	14.022
牛粪	6.46	48.72	12.52	32.40	11.627
烟煤	8.85	31.30	3.81	21.37	24.300
无烟煤	8.00	7.85	65.13	19.02	24.430

（3）发热值

每千克生物质原料完全燃烧后放出的热量称作发热值，是能量转换过程中衡量生物质性质的重要参数。发热值分为高发热值（QGW）和低发热值（QGW）两种，燃烧后烟气中的水蒸气完全凝结时的发热值为高发热值；如果水蒸气没有凝结则为低发热值。两者的差别是烟气中水蒸气的汽化潜热。水蒸气有两个来源：一是原料中带入的水分，新鲜的生物质原料含有超过 50%的水分，是不能直接气化和燃烧的，在采伐或收割以后要经过一段时间的干燥，让水分降到 15%～20%或者更低才能使用；二是原料中的氢元素与氧反应生成的水分。在燃气的冷却过程中和燃气燃烧使用后，水蒸气的汽化潜热均无法利用，所以实际应用的是低发热值。由于生物质原料中水分含量和氢含量均较高，这两个发热值有时差别较大。

与同是固体燃料的煤炭相比，生物质原料的特点如下。

1）挥发分高而固定碳低，煤炭的挥发分一般为 20%左右，固定碳为 60%左右。从表 4-1 中可以看出，生物质原料特别是秸秆类原料的固定碳在 20%以下，挥发分却高达 70%左右。

2）原料中氧含量高，因此在干馏和气化过程中都会产生一氧化碳，不像煤炭干馏时可以产生一氧化碳含量很低的干馏煤气。

3）木材类原料的灰分极低，只有 1%～3%，秸秆类原料高一些，但总的说来是灰分较低的原料。

4）发热值明显低于煤炭，一般只相当于煤炭的 1/2～2/3。

5）硫含量低。生物质原料的使用不会像煤炭那样产生大量的二氧化硫，从而造成酸雨一类的环境问题。

早年的生物质气化技术主要使用木炭，即先将木材烧成木炭，储存起来作为气化器的原料。优点是木炭的发热值很高，得到的燃气杂质含量较低，适合于木炭汽车所用。后来生物质气化技术也直接使用一些优质木材，那时的气化器不能使用农作物秸秆和草类原料，认为秸秆是不适宜于气化工艺的。但研究发现，秸秆和草类原料的元素组成和木材相比，除灰分较高、热值偏低外，并无显著区别。因此，和木材等一样，秸秆类原料也具有作为气化原料的物质基础，同时提示气化工艺应该具有更广泛的原料适应性。

2. 生物质原料的物理特性

对气化工艺和气化工程的设计来说，原料的物理特性是十分重要的。生物质原料的密度、原料的流动性、析出挥发分后的残碳特性和灰熔点等物理性质都会影响原料的气化过程。

（1）堆积密度

固体颗粒状物料有两种衡量其密度的方法：一是物料的真实密度，即去除颗粒间空隙的密度，需要用专门的方法进行测量；二是堆积密度，即包括颗粒间空隙的密度，一般在自然堆积状态下测量。固定床气化工艺用得更多的是堆积密度，它反映了每立方米容积中的物料质量。图 4-2 中给出了部分生物质原料的堆积密度，从中可以看出，实际上存在着两类生物质原料。一类是包括木材、木炭、棉秸在内的所谓的"硬柴"，它们的堆积密度在 200～350kg/m³。一般来说，堆积密度高对气化工艺是有利的。另一类包括各

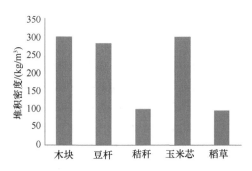

图 4-2　部分生物质原料的堆积密度

种农作物秸秆，即所谓的"软柴"，它们的堆积密度远小于木材，如玉米秸的堆积密度仅相当于木材的 1/4，麦秸的堆积密度为木材的 1/10 以下。农村生物质气化集中供气系统多数使用的都是秸秆，因为堆积密度小，在原料的收集、储存和稳定运行方面比木材困难，需要有专门的设计和措施。

（2）自然堆积角

自然堆积角反映了物料的流动特性。当物料自然堆积时会形成一个锥体，锥体母线与底面的夹角称作自然堆积角（图 4-3）。流动性好的物料颗粒在很小的坡度时就会滚落，只能形成很矮的锥体，因此自然堆积角很小。而流动性不好的物料会形成很高的锥体，自然堆积角较大。碎木材一类原料的自然堆积角一般不超过 45°，在气化器中依靠重力向下移动顺畅。当下部原料消耗以后，上部原料自然下落补充，形成充实而均匀的反应层。而铡碎的玉米秸和麦秸堆垛以后，即使底部被掏空，上面的麦秸依然不下落，这时的自然堆积角已经超过了 90°而成为钝角，在气化器里容易产生架桥、穿孔的现象。

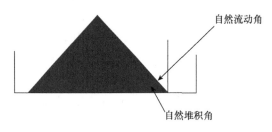

图 4-3　自然堆积角

（3）木炭的机械强度

生物质原料加热后很快析出挥发分，剩余的木炭组成气化器中的反应层。作为支撑生物质物料颗粒形状的骨架，木炭的机械强度对反应层的构成有重要影响。由木材等"硬柴"形成的木炭机械强度较高，析出挥发分后几乎可以保持原来的形状，形成孔隙率高且均匀的优良反应层。而秸秆木炭的机械强度很低，大量挥发分析出后，不能保持原有形状，容易在反应层中产生空洞，形成不均匀的气流，细而散的炭粒也降低了反应层的活性和透气性。

（4）灰熔点

在高温下，灰分将变成熔融状态，从而形成渣，结在气化器的内壁上或结成难以清除的大渣块。灰分开始熔化的温度称灰熔点，灰熔点的高低与灰的成分有关，不同的原料和不同的产地原料其灰熔点都会有所不同。木材的含灰量很低，对气化器工作的影响较小，但用秸秆类原料时应控制反应温度在灰熔点以下。一般生物质原料的灰熔点在900～1050℃内，也有一些产地的原料会在850℃以下。

综上所述，各种生物质原料的化学成分变化不大，但是它们的物理性质有很大的差别。早先的生物质气化技术主要使用木炭、硬质木材，这些原料具有较高的密度和机械强度，挥发分析出后保持了原有的形状和体积，留下带有大量孔隙的木炭，具有很高的反应活性，易于组织良好的气化反应。而秸秆类等所谓"软柴"的物理性质显著劣于木材，这就是早先气化技术不能使用秸秆的主要原因。

（二）生物质气化原理

生物质气化是指在一定的热力学条件下，将组成生物质的碳氢化合物转化为含一氧化碳和氢气等可燃气体的过程。为了提供反应的热力学条件，气化过程需要供给空气或氧气，使原料发生部分燃烧。气化过程和常见的燃烧过程的区别是燃烧过程中供给充足的氧气，使原料充分燃烧，目的是直接获取热量，燃烧后的产物是二氧化碳和水蒸气等不可再燃烧的烟气；气化过程只供给热化学反应所需的那部分氧气，而尽可能将能量保留在反应后得到的可燃气体中，气化后的产物是含氢、一氧化碳和低分子烃类的可燃气体。

生物质气化过程很复杂，随着气化装置的类型、工艺流程、反应条件、气化剂种类、原料性质等条件的不同，反应的过程也不相同，不过这些过程的基本反应包括固体燃料的干燥、热分解反应、还原反应和氧化反应4个过程。

1. 固体燃料的干燥

生物质原料在进入气化器后，在热量的作用下，首先被加热析出吸着在生物质表面的水分，在100～150℃时主要为干燥阶段，大部分水分在低于105℃条件下释出，这阶段进行得比较缓慢，因需要供给大量的热，而且在表面水分完全脱除之前，被加热的生物质温度是不上升的。

2. 热分解反应

当温度达到160℃以上便开始发生高分子有机物在吸热的条件下发生不可逆热分解反应，并且随着温度的进一步升高，分解进行得越激烈。由于生物质原料中含有较多的氧，当温度升高到一定程度后，氧将参加反应而使温度迅速提高，从而加速完成热分解。热分解是一个十分复杂的过程，其真实的反应可能包括若干不同路径的一次、二次甚至高次反应，不同的反应路径得到的产物也不同。但总的结果是大分子碳水化合物的链被打碎，析出生物质中的挥发分，留下木炭构成进一步反应的床层。生物质的热分解产物是非常复杂的混合气体和固态炭，其中混合气体至少包括数百种碳氢化合物，有些可以在常温下冷凝成焦油，不可冷凝气体则可直接作为气体燃料使用，是相当不错的中热值干馏气，热值可达15MJ/m³（标准状态）。

原料种类及加热条件是生物质热分解过程的主要影响因素。由于生物质原料中的挥发分高，在较低的温度下（300～400℃）就可能释放出70%左右的挥发分，而煤要到800℃时才释放出约30%的挥发分。完成热分解反应所需时间随着温度的升高呈线性下降，由试验可知当温度为600℃时，完成时间27s左右；当温度达900℃时，则只需9s左右。

加热速率是影响热分解结果的主要因素之一。按加热速率快慢可分为慢速分解、快速热分解及闪蒸热分解等，温度与加热速率是相互关联的，低温热分解相应是慢速热分解，高温热分解通常伴有较快的加热速率。

（1）慢速热分解

低温（低于 500℃）、慢加热速率（小于 10℃/s）及挥发物的长停留时间（可以分、小时或天计）是慢速热分解的主要标志。焦油及炭为其主要产物。在理论研究上，慢速热分解有助于研究热分解过程机理及了解热分解的全过程。在实际应用上，慢速热分解多发生在固定床反应器中。

（2）闪蒸热分解

闪蒸热分解在中等反应温度（400～600℃）下，加热速率可达到 10～1000℃/s，挥发物的停留时间少于 2s，主要产物为焦油（油）。

（3）快速热分解

非常高的加热速率（1000～10 000℃/s）、高反应温度（600℃以上）及挥发物很短的停留时间（少于 0.55/s）为快速热分解的标志，其主要产物为高质量的气体，有很少焦油及炭形成。在很高的加热速率下，甚至没有一产次炭，气体中含较多的烯烃与碳氢化合物，可作合成汽油或其他化工产品的原料。快速分解是气化研究中渴望达到的目标，在气化炉的设计中，力求加快热解过程的速率，快速流化床在气化技术中的应用就是快速热分解在气化实践中的具体体现。

3. 还原反应

生物质经热分解后得到的炭与气流中的 CO_2、H_2O、H_2 发生还原反应生成可燃性气体，主要发生如下反应。

（1）二氧化碳还原化学反应

$$C+CO_2 \longrightarrow 2CO+162.142kJ/mol \qquad (4-1)$$

这个反应向右进行，是强烈的吸热反应，因而温度愈高，CO_2 的还原将愈彻底，CO 的形成将更多。

在气化器中，有效的 CO_2 还原温度在 800℃以上，随着温度的升高，CO_2 的含量急剧减少，温度增加有利于还原反应。

CO_2 在气化器内与燃料接触的时间也影响 CO_2 还原反应的彻底程度，使用焦炭做燃料试验得出，在温度为 1300℃时，彻底还原所需的时间为 5～6s，当温度降低后，需要的时间就增加了。

显然，一般的气化器并不以二氧化碳为气化剂，但在燃烧过程中产生大量二氧化碳，而此二氧化碳的还原反应为气化过程中的一个重要反应。

（2）水蒸气还原化学反应

$$C+H_2O（g）\longrightarrow CO+H_2+118.628kJ/mol \qquad (4-2)$$

$$C+2H_2O（g）\longrightarrow CO_2+2H_2+75.114kJ/mol \qquad (4-3)$$

上面的两个反应都是吸热反应，因此温度增加都将有利于水蒸气还原反应的进行。

温度对红热的碳与水蒸气生成 CO 和 CO_2 的反应的影响程度不同。在温度较低（≤700℃）时，不利于 CO 的生成，有利于 CO_2 的生成。在温度较高时情况相反，有利于生成 CO 的反应进行。提高温度有利于提高 CO 含量和降低 CO_2 含量。此外，温度低于700℃时，水蒸气与碳的反应速率极为缓慢，在 400℃时几乎没有反应发生，只有当温度高于 800℃时，反应速率才明显增加。

燃料的种类也与水蒸气还原的程度有密切关系，在常见的固体燃料中，生物质炭的活性最高，木炭在 800℃时水蒸气就已充分分解，而此温度下烟煤焦炭与水蒸气几乎未发生反应。

综上所述，温度是影响碳还原反应的主要因素。温度升高有利于 CO 的生成及水蒸气的分解，确切地说，800℃是木炭与 CO_2 和水蒸气充分反应的温度。

（3）甲烷生成反应

生物质气化生成的可燃气中的甲烷，一部分来源于生物质中挥发分的热分解和二次裂解，另一部分是气化器中碳与可燃气中氢反应及气体产物发生反应的结果。

$$C+2H_2\longrightarrow CH_4-752.400kJ/mol \qquad (4-4)$$
$$CO+3H_2\longrightarrow CH_4+H_2O（g）-2035.66kJ/mol \qquad (4-5)$$
$$CO_2+4H_2\longrightarrow CH_4+2H_2O（g）-827.514kJ/mol \qquad (4-6)$$

以上生成甲烷的反应都是体积缩小的放热反应。在常压下甲烷生成反应速率很低，高压有利于反应进行。

而碳与水蒸气直接生成甲烷的反应也是产生甲烷的重要反应。

$$2C+2H_2O\longrightarrow CH_4+CO_2（g）-677.286kJ/mol \qquad (4-7)$$

碳加氢直接合成甲烷是强烈的放热反应，甲烷是稳定的化合物，当温度高于 600℃时，甲烷就不再是热稳定的了，因而反应将向分解的方向 $CH_4\longrightarrow C+2H_2$ 进行，在这个反应中碳以炭黑形式析出。甲烷的平衡含量随着温度升高而减少。另外，由于反应前后的体积发生了变化，因此总压力的变化必然影响平衡时的 H_2 和 CH_4 含量。所以，为了增加煤气中的甲烷含量，提高煤气的热值，宜采用较高的气化压力和较低的温度。反之，为了制取合成原料气，应降低甲烷的含量，则可采用较低的气化压力和较高的反应温度。常压气化时，此反应的适宜反应温度一般认为最好在 800℃。

CO 或 CO_2 的甲烷化反应都属于均相反应，随着温度的上升，甲烷含量要比 $C+H_2O$ 反应下降得缓慢。但是温度的升高毕竟对正反应不利，故应控制甲烷化的反应温度。CO 或 CO_2 的甲烷化反应中，由于它们需要有 4 个或 5 个分子互相作用，一般要在有催化剂的条件下进行，而生物质中灰分的某些成分对甲烷的生成起了催化作用。

（4）一氧化碳变换反应

$$CO+H_2O（g）\longrightarrow CO_2+H_2-43.514kJ/mol \qquad (4-8)$$

该反应称为一氧化碳变换反应，它是气化阶段生成的 CO 与蒸汽之间的反应，这是制取以 H_2 为主要成分的气体燃料的重要反应，也是提供气化过程中甲烷化反应所需 H_2 源的基本反应。

当温度高于 850℃时，此反应的正反应速度高于逆反应速度，故有利于生成氢气。为有利于此反应的进行，通常要求反应温度高于 900℃。由于该反应易于达到平衡，通常在气化器燃气出口温度条件下达到平衡，从而使该反应决定了出口燃气的组成。

在实际的气化过程中，上述反应同时进行，改变温度、压力或组分浓度都对反应的化学平衡产生影响，从而影响产气成分，而且由于气体的停留时间很短，不可能完全达到平衡。因此，在确定合理的操作参数时，应综合考虑各反应的影响。

在还原区已没有氧气存在，氧化反应生成的二氧化碳在这里同碳及水蒸气发生还原反应，生成一氧化碳（CO）和氢气（H_2）。由于还原反应是吸热反应，还原区的温度相应降低，为 700～900℃，其还原反应方程式如下。

$$C+CO_2=2CO+162.142kJ/mol \tag{4-9}$$
$$H_2O+C=CO+H_2+118.628kJ/mol \tag{4-10}$$
$$2H_2O+C=CO_2+2H_2+75.114kJ/mol \tag{4-11}$$
$$H_2O+CO=CO_2+H_2-43.514kJ/mol \tag{4-12}$$

4. 氧化反应

由于碳与二氧化碳、水蒸气之间的还原反应、物料的热分解都是吸热反应，因此气化器内必须保持非常高的温度。通常用经气化残留的碳与气化剂中的氧进行部分燃烧，放出热量，也正是这部分反应热为还原区的还原反应、物料的热分解和干燥提供了必要的热量。由于是限氧燃烧，氧气的供给是不充分的，因此不完全燃烧反应同时发生，生成一氧化碳，也放出热量。在氧化区，温度可达 1000～1200℃，反应方程式为

$$C+O_2=CO_2-408.177kJ/mol \tag{4-13}$$
$$2C+O_2=2CO-246.034kJ/mol \tag{4-14}$$

在固定床中，氧化区中生成的热气体（一氧化碳和二氧化碳）进入气化器的还原区，灰则落入下部的灰室中。

通常把氧化反应区及还原反应区总称为气化区，气化反应主要在这里进行；而热分解区及干燥区则总称为燃料准备区。必须指出，燃料区（层）这样清楚的划分在实际上是观察不到的。因为区与区之间是参差不齐的，这个区的反应也可能在那个区中进行。上述燃料区（层）的划分只是指明气化过程的几个大的区段。

三、生物质气化的工艺

1. 气化的分类

生物质气化有多种形式，如果按气化介质可以分为使用气化介质和不使用气化介质两种，前者又可以细分为空气气化、氧气气化、水蒸气气化、氢气气化等，后者有热分解气化。

（1）空气气化

空气气化是以空气为气化剂的反应过程。生物质的可燃成分与空气中的氧气通过氧化反应放出热量，为气化反应的其他过程，如热分解和还原过程提供反应的热量，因此生物质整个气化过程是一个自供热系统。由于空气可以任意获取，气化反应又不需要额外热源，因此空气气化是目前最简单经济且易实现的气化形式，应用非常普遍。其缺点是空气中含有 79% 氮气，它不参加反应，却稀释了燃气的浓度，降低了燃气热值，但在近距离燃烧和发电时，空气气化仍是最佳选择。

空气流量是气化炉长周期经济稳定运行的重要影响因素，过小会造成生物质燃烧的过度缺氧，反应温度过低且反应不完全，有效成分总量减少，生物质焦油总量增多，堵塞后续二次设备管道，影响试验结果。流量过大，导致气化反应速度过快，燃气产量虽高，但容易造成过氧燃烧，使可燃成分含量减少，同时引起气流速度快，将反应残余的炭粒和生物质灰带到后随的反应装置中，既造成了能源浪费，又增加了后续处理设备负担。1000℃以上高温空气气化、生物质旋风气化是近年来提出的新工艺，具有焦油含量低且污染小、热值高、可控性强等特点。相关研究表明，空气当量比对生物质气化有着极其重要的影响。随着当量比的增加，气化炉反应温度升高，氧化层、还原层持续稳定在 1000～900℃，H_2、CH_4、CO 气体含量减小，焦油含量降低，但同时使燃气热值降低，产率近似呈线性增加，最佳当量比为 0.25～0.26。中国科学院广州能源研究所肖艳京等用流化床做空气气化试验时也发现，当空气原料当量比大于 0.82 时，可利用自身反应产生的热量保证流化床的流化状态和反应正常进行。在空气气化下制取富氢气体，燃气中氢体积分数在 11.1%～14.7% 变化。

（2）氧气气化

氧气气化是以氧气为气化介质的气化过程。其原理与空气气化相同，但没有惰性气体 N_2 稀释反应介质，在与空气气化相同的当量比下，反应温度提高，反应速率加快，反应器容积减小，热效率提高，气体产物热值提高一倍以上。在与空气气化相同的反应温度下，耗氧量减少，当量比降低，因而提高了气体质量，氧气气化的气体产物热值与城市煤气相当，因此可以生物质废弃物为原料，建立中小型生活供气系统，其气体产物又可用作化工合成燃料的原料。

（3）水蒸气气化

水蒸气气化是以水蒸气为气化介质的气化过程。它不仅包括水蒸气和碳的还原反应，还包括 CO 与水蒸气的变换反应、各种甲烷化反应及生物质在气化炉内的热分解反应等。其主要气化反应是吸热反应过程，因此需要外供热源，典型的水蒸气气化结果为：H_2 20%～26%，CO 28%～42%，CO_2 23%～16%，CH_4 20%～10%，C_2H_2 4%～2%，C_2H_6 1%，C_3 以上成分 3%～2%；气体的热值为 21～17MJ/m^3。

水蒸气气化经常出现在需要中热值气体燃料而又不使用氧气的气化过程中，如双床气化反应器中有一个床是水蒸气气化床。

（4）空气（氧气）-水蒸气气化

空气（氧气）-水蒸气气化是以空气（氧气）和水蒸气同时作为气化介质的气化过程。从理论上分析，空气（或氧气）-水蒸气气化是比单用空气或单用水蒸气都优越的气化方法。一方面，它是自供热系统，不需要复杂的外供热源；另一方面，气化所需要的一部分氧气可由水蒸气提供，减少了空气（或氧气）的消耗量，并生成更多的 H_2 及碳氢化合物，特别是在有催化剂存在的条件下，CO 变成 CO_2 反应的进行，降低了气体中 CO 的含量，使气体燃料更适合于用作城市燃气。

典型情况下，空气（氧气）-水蒸气气化的气体成分（体积分数）（在 800t 水蒸气与生物质比为 0.95，氧气的当量比为 0.2 时）为：H_2 32%，CO_2 30%，CO 28%，CH_4 7.5%，C_nH_m 2.5%；气体低热值为 11.5MJ/m^3。

（5）热分解气化

双床热分解气化是分解气化的典型形式，将热分解气化过程生成的气体及挥发物与焦炭分离，焦炭在另一燃烧床中被燃烧，并加热中间介质，由热分解气化提供热量，空气只在燃烧床中出现，热分解气化产物也不会被 N_2 所稀释，在气化和燃烧床中分别使用水蒸气和空气气化介质，用这种方法既不用氧气又不用外加热源，却获得中热值气体，气体热值可达到 $10.7MJ/m^3$。

以上 5 种气化工艺所得到的热值不同，因而应用领域也有所不同。表 4-2 为不同气化工艺技术产生的可燃性气体的热值及主要的用途。

表 4-2 不同气化工艺的用途

气化技术	可燃气体热值（标准状态）/（kJ/m³）	用途
空气气化	5 440～7 322	锅炉、干燥、动力
氧气气化	10 878～18 200	区域管网、合成燃料
水蒸气气化	10 920～18 900	区域管网、合成燃料
氢气气化	22 260～26 040	工艺热源、管网
热分解气化	10 878～15 000	燃料与发电、制造汽油与乙醇的原料

2. 生物质气化炉的类型

生物质气化反应发生在气化炉中，气化炉是气化反应的主要设备。生物质在气化炉中完成了气化反应过程，并转化为生物质燃气。目前，国内外正研究和开发的生物质气化设备按原理主要分为固定床气化炉和流化床气化炉。

1）固定床气化炉是将切碎的生物质原料由炉子顶部加料口投入固定床气化炉中，物料在炉内基本上是按层次进行气化反应。反应产生的气体在炉内的流动要靠风机来实现，安装在燃气出口一侧的风机是引风机，它靠抽力（在炉内形成负压）实现炉内气体的流动；靠压力将空气送入炉中的风机是鼓风机。国家行业标准规定生物质气化炉的气化效率 $\eta\geq70\%$，国内的固定床气化炉的气化效率通常为 70%～75%。按气体在炉内流动方向，可将固定床气化炉分为下流式（下吸式）、上流式（上吸式）、横流式（横吸式）和开心式 4 种类型（图 4-4）。在上吸式气化炉中，生物质物料自炉顶投入炉内，气化剂由进料口和进风口自下方进入炉内，原料移动方向与气体流动方向相反，所以也称逆流式气化炉。而下吸式气化炉原料移动方向与气体流动方向相同，所以也称顺流式气化炉。横吸式气化炉的气化剂由侧方供给，产出气体从侧方流出，气体横向通过气化区。固定床气化炉已在欧洲、南美洲等很多国家广泛应用，并投入商业运行。

2）流化床气化炉是近些年发展起来的，主要分为鼓泡床气化炉、循环流化床气化炉、双床气化炉和携带床气化炉等（图 4-5）。气化剂从底部经气体分布板进入流化床反应器，生物质原料从分布板上方进入流化床反应器。生物质原料与气化剂一边向上做混合运动，一边发生干燥、热解、氧化和还原等反应。对于鼓泡床气化炉，为达到较好的气化效率和气化强度，常在床层内添加一些热容量较大的惰性热载体。循环流化床气化炉则让生成气中的固体颗粒在经过旋风分离器或滤袋分离器后形成料脚，再返回到流化床，继续进行气化反应。双床气化炉包括两部分，即第一级流化床反应器（气化反应器）和第二级流化床反应器（燃烧反应器）。在第一级反应器中，生物质物料发生热解反应，生成气携带着炭颗粒和床层物料进入分离装置，分离后的炭颗粒和床层物料经料脚进入第二级

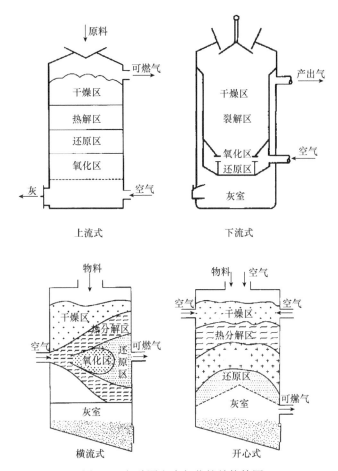

图 4-4　各种固定床气化炉结构简图

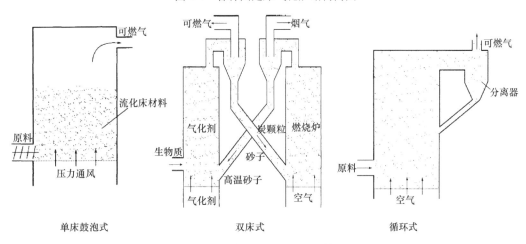

图 4-5　流化床气化炉结构简图

反应器；在第二级反应器中，炭颗粒进行氧化反应，使床层温度升高，高温烟气携带着床层物料进入分离装置，分离后的床层物料经料脚又重新进入第一级反应器，从而为生物质热解反应提供所需的热源。携带床气化炉是流化床气化炉的一个特例，它不使用惰性材料，提供的气化剂直接吹动生物质原料。该气化炉要求原料破碎成细小颗粒，其运行温度高达 1100～1300℃，产出气体中焦油成分及冷凝物含量很低。

生物质气化技术最为关键点即是气化炉的选择和应用，而根据原料的特点以及气化方式的不同，现在常见的气化炉类型有下吸式固定床、上吸式固定床、鼓泡式流化床、循环流化床、双床流化床和携带流化床 6 种主要类型。表 4-3 比较了各种气化炉类型的优缺点以及适用场合和范围，使用以及设计可参照进行选型和规划。

表 4-3 各种常见气化炉优缺点比较

气化炉类型	优点	缺点	适用场合和范围
下吸式固定床	简单，成熟，投资低；得到中热值的产品气；焦油和灰含量低；颗粒停留时间长；碳转化率高	对生物质的种类和尺寸有要求；入口处颗粒尺寸最小；规模放大困难；可能出现烧结	发电：20～200kW 规模，最大规模为 250kW 供热：小规模生产，如农村集体供气的气化站
上吸式固定床	简单，成熟，出口气体温度低；热效率高；得到中热值的产品气；颗粒停留时间长；碳转化率高	喂入颗粒尺寸较小；焦油和灰含量高；在进入设备之前需要经过气体净化；规模放大困难；可能出现烧结	发电：适用规模可达 250kW 供热：在燃气无需冷却、过滤便可以输送直接燃用的场合
鼓泡流化床	生物质尺寸和种类灵活，操作方便；给料存量低；温度控制方便；反应速率和装化率高；气-固接触和混合良好；可在床内添加催化剂；得到中热值产品气，且焦油含量低；规模放大容易	产品气的温度高；颗粒含量高；负荷调节灵活；飞灰含碳量高	发电：适用大规模（>1MW）
循环流化床	生物质尺寸和种类灵活，操作方便；给料存量低；温度控制方便；反应速率和装化率高；气-固接触和混合良好；可在床内添加催化剂；规模放大容易	负荷调节灵活；产品气中具有中等含量的焦油，且颗粒含量高；存在腐蚀和磨损问题；操作控制较差	发电：适用大规模（>1MW）
双床流化床	产品气具有中等热值；可在床内进行催化转化；规模放大容易；气-固接触和混合良好	相对复杂的构造和操作；产品气中具有中等含量的焦油；燃烧前需进行气体净化；效率相对较低；设计相对复杂	发电：适用大规模（>1MW）
携带式流化床	低给料存量；反应温度高，因此产品气的质量高；气-固接触和混合良好；较高的转化效率；规模放大很容易	构造和操作相对复杂；特定的生物质颗粒大小，因此准备生物质颗粒的成本高；飞灰中碳损失大；飞灰结渣；高温时反应器材料有限制	发电：适用大规模（>1MW）

四、生物质气化技术的利用

人类利用生物质气化技术已经有较长的历史。早在第二次世界大战期间，人们就已利用小规模气化技术来应对液体燃料的紧缺。到了 20 世纪 70 年代暴发石油危机后，生物质气化更是在当时引起了更为广泛的关注和应用。综合起来说，生物质气化技术主要应用于以下 4 个方面：供热、供气、发电和化学品合成。

1. 生物质气化供热

生物质气化供热是指生物质经过气化炉气化后，生成的生物质燃气送入下一级燃烧器中燃烧，为终端用户提供热能。此类系统相对简单，热利用率较高。这项技术已实现商业化，并在世界很多地区广泛应用。以我国为例，20 世纪 90 年代我国建造了 70 多个生物质气化系统，以提供家庭炊事用的燃气。该系统以自然村为单位，将以秸秆为主的生物质原料气化转换成可燃气体，然后通过管网输送到居民家中用作炊事燃料，每个系统可为 900～1600 户家庭平均输送 200～400m³/h 的燃气。另外，该技术广泛应用于区域供热和木材、谷物等农副产品的烘干等。图 4-6 为区域供热系统工艺流程。

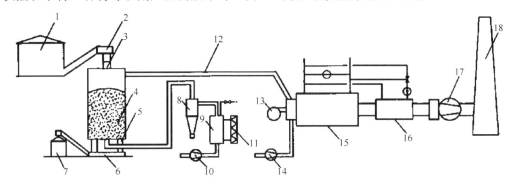

图 4-6　区域供热系统工艺流程

1-燃料仓；2-燃料输送机；3-燃料喂入器；4-气化炉；5-灰分消除器；6-灰分输送机；7-灰分储箱；8-沉降分离器；9-加湿器；10-气化进风机；11-直管式热交换器；12-烟气管道；13-可燃气燃烧器；14-燃烧进气风机；15-燃气锅炉；16-省煤器；17-排气风机；18-烟筒

2. 生物质气化供气

生物质气化集中供气技术是指气化炉生产的生物质燃气，通过相应的配套设备，为居民提供炊事用气。其基本模式为：以自然村为单元，系统规模为数十户至数百户，设置气化站，敷设管网，通过管网输送和分配生物质燃气到用户家中。图 4-7 为生物质气化集中供气系统工艺流程。

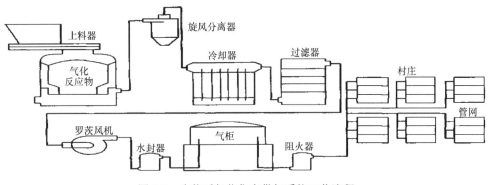

图 4-7　生物质气化集中供气系统工艺流程

3. 生物质气化发电

生物质气化发电技术是生物质清洁能源利用的一种重要方式，几乎不排放任何有害气体。在我国很多地区普遍存在缺电和电价高的问题，近几年这一状况更加严重，生物质发电可以在很大程度上解决能源短缺和矿物燃料燃烧发电造成的环境污染问题。近年来，生物质气化发电的设备和技术日趋完善，无论是固定床还是流化床，无论是大规模还是小规模，均有实际运行的装置。图 4-8 为生物质气化发电系统工艺流程。

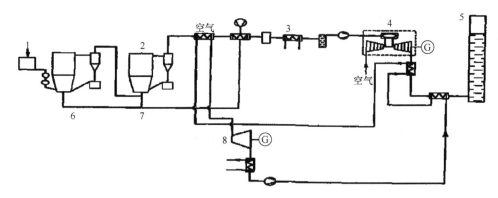

图 4-8　生物质气化发电系统工艺流程

1-原料进口；2-裂解炉；3-500℃高温过滤器；4-烟气轮机；5-尾气排放；6-气化炉；7-分离器；8-蒸汽轮机

4. 生物质气化合成化学品

　　生物质气化合成化学品是指经气化炉生产的生物质燃气，经过一定的工艺合成为化学制品，目前主要包括合成甲醇、氨和二甲醚等工艺。图 4-9 为生物质气化合成氨的工艺流程。

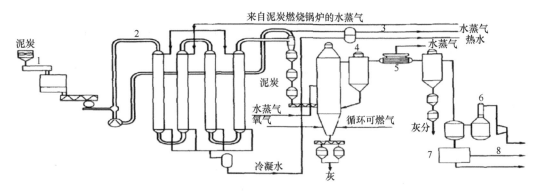

图 4-9　生物质气化合成氨的工艺流程

五、生物质气化技术应用面临的问题及对策

（一）生物质气化技术面临的问题

　　生物质气化技术提供了清洁的可再生能源，将分散的生物质转化为可用于各种场合的高质量的燃料和电能，适用范围广、规模灵活、经济上可行。然而生物质气化技术在应用中也面临着不少急待解决的问题。从技术上讲，生物质气化获得的燃气中含有焦油、灰尘、碱金属、硫化物等污染物，这为其后续的应用增添了障碍。从经济的角度来看，目前生物质气化技术投资渠道单一，收集和运输生物质的成本较高，还有上网电价限制等问题，导致生产能力低、规模小、单位燃气成本较高。

1. 焦油问题

　　焦油问题是影响气化气使用的最大障碍，除了气化供热、气体燃料直接用于燃烧以外，无论是用于发电或供气，都有焦油问题。焦油会堵塞管路，污染气缸，堵塞火花塞或燃气孔，使发电与供气设施无法正常运行，还会引起二次污染。虽然可以利用水洗的简单方法来处理焦油，但是这种方法存在许多问题，经水洗、过滤后的气化气中仍含有少量的焦油，在实际使用中还会发生黏结阀门、堵塞输气管路的现象。同时，热制气经水洗过滤后，由于显热损失和潜热损失，致使冷煤气热焓下降，煤气的燃烧质量降低。可燃气着火界限明显缩小，直接影响了煤气的点火性能，出现"点不着火"或"小火头"现象。而水洗 $1m^3$ 煤气的耗水量约为 0.5kg，1 台产气量为 $200m^3$ 的装置，耗水量即为100kg，这在北方缺水地区是值得注意的问题。

目前虽有焦油热裂解与催化裂解的试验，但距实用仍有一段距离，因此要解决焦油问题，还应加大力度研究处理焦油问题的经济实用方法。

2. 二次污染问题

生物质气化相关污染问题仍没有彻底解决，成为推广气化技术的主要障碍，所以解决灰及废水污染问题是发展气化技术的关键之一。对于灰污染问题的处理比较简单，只要提高气化效率，并对灰进行煅烧处理，即可满足要求。对于废水问题，就比较难处理，由于焦油等杂质与水很难分离，因此沉淀池和储气塔中的水无法循环利用而直接排放这些污水，将会对环境造成更大的危害。

3. 安全性问题

为了降低管网及贮气柜的投资和提高气化气的热利用率，生物质都被气化成高热值的气化气，但与此同时使气化气中 CO 含量过高（甚至达到40%以上），为气化气的使用安全带来威胁，故必须考虑在提高气体热值的同时降低其中的 CO 含量，但目前尚无农村居民燃气标准。

4. 成本问题

我国农村人口多，庭院式居住分散，给燃气工程带来极大困难，增加了投资，造成生物热制气技术投资在辅助系统方面的成本远远大于气化系统运行方面的成本，从而使得气化气的成本较高，与现有的煤气相比优势不明显。另外，整套装置还缺乏长时间的考验，可靠性及使用寿命需要进一步确定。所以，降低气化气的利用成本势在必行。

5. 运行管理问题

由于炊事供气设备运行时间短，造成不利的运行工况。一日三餐，每次运行不超过1h，设备尚未进入"热车"状态即停止运行，反应区不能积蓄充足的热量，煤气中油雾、水气含量过高，难以稳定、正常供气。同时，农作物秸秆长期存放，其中的低碳聚合物，如 CH_4、C_2H_2 等会自然挥发逸出，造成能量衰减。如果雨淋受潮，长期堆积将发酵放热，出现质量损耗和能量衰减，其结果是燃烧火焰弱或不产气。

（二）针对问题的解决办法

1. 灰分的去除

在气化炉的反应过程中，大部分灰分由炉栅落入灰室，燃气中的灰尘经旋风分离器或袋式分离器被分离一部分，余下的细小灰尘将在处理焦油的过程中被除掉，工作过程如图 4-10 所示。将收集到的灰分进一步处理，可加工成耐热、保温材料，或提取高纯度的二氧化硅，当然也可以作为肥料。

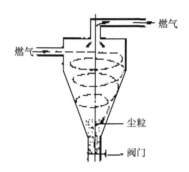

图 4-10　旋风除尘器工作过程示意图

2. 水分的去除

在特制的容器中装有多个叶片，形成曲折的流道（汽水分离器），燃气流经容器的过程中，多次冲击叶片，形成水滴，沿板流下。有的气化站试用在燃气流道中安装高速旋转的风机，用离心力将水分分离出来。在干式过滤焦油和灰尘时，干燥的过滤材料也会吸收一些燃气中的水分。在输气管道上设集水井，将冷凝水及时取出。

3. 焦油的去除

处理焦油的普通方法有喷淋法、鼓泡水浴法、干式过滤法及几种方法适当的组合。

（1）喷淋法

喷淋法除焦油和灰尘是利用喷淋的方法去除燃气中焦油和灰尘，如图 4-11 所示。为了提高除尘效果，有的气化站在容器中装入玉米芯填充物，能起到过滤的效果。玉米芯应该定期更换，并将其晒干，加入气化炉的原料中燃烧掉，同时也要防止用过水的二次污染。

（2）鼓泡水浴法

鼓泡水浴法除焦油和灰尘如图 4-12 所示。水中加一定量的氢氧化钠，成为稀碱溶液，对去除燃气中的有机酸、焦油及其他杂物有较好的效果。这种去杂方法要防止用过水的二次污染。

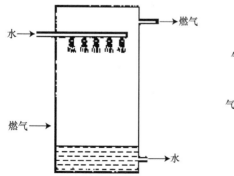

图 4-11　喷淋法除焦油和灰尘示意图

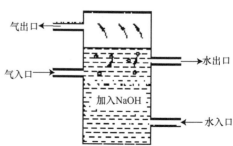

图 4-12　鼓泡水浴法除焦油和灰尘示意图

（3）干式过滤法

用干式过滤法去除燃气中焦油与灰尘的方式较多，如在容器内填放粉碎的玉米芯、木屑、谷壳或炭粒，让燃气从中穿过；或让燃气通过陶瓷过滤芯；内燃机用燃气作燃料时，燃气在进入气缸前，让它通过汽车发动机用的纸质空气滤清器芯等。有的气化站在居民室内安装小型高效的过滤器，内装吸附性很强的活性炭，进一步清除灶前燃气中的焦油，收到了一定的效果，但是成本较高。需要强调的是，用过的过滤材料一定要烧掉，防止污染环境。图 4-13 为一个完整的生物质气化机组，其中下流式气化炉的进风嘴采用切向布置；增加氧化-还原层高度，燃气出炉时焦油含量降至 $2g/m^3$；两个旋风分离器并联使用，旋风分离器中有滤层填料；应用间接冷却（冷水与燃气分别在管道与容器中流动）与直接喷淋复合式喷淋净化器、隔板式汽水分离器，过滤器用锯末和刨屑作吸附材料等。出气化炉的燃气经过一系列的净化、冷却，输向贮气罐的燃气达到如下指标：焦油含量小于 $20mg/m^3$（标准状态下），温度小于 35℃，气效率为 75%。要求输向贮气罐的燃气温度接近环境温度的主要目的是避免燃气在贮气罐和输气。

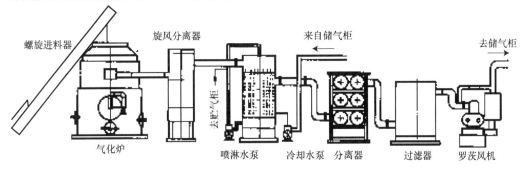

图 4-13　生物质气化机组系统工艺流程图

（三）生物质气化技术应用解决策略举例

张齐生院士带领研究团队用近 10 年的时间对生物质固定床气化发电（或供热）、木（或竹）炭、木（或竹）活性有机物和活性炭等的研究和应用，提出了"基于生物质固定床气化的多联产技术"，即基于生物质固定床气化的气、固、液三相产品多联产技术，即将生物质可燃气、生物质炭、生物质提取液（活性有机物和焦油）三相产品分别加工开发成多种产品，设计思路如图 4-14 所示。

基于生物质固定床气化的多联产技术是一条生物质综合、高效、洁净利用的先进技术路线，是综合解决生物质气化技术所面临困境的重要途径和关键技术，主要表现为以下方面。

1）多联产可以生产多种产品并提高生物质的利用效率，多联产在发电的同时，还可以大规模生产炭基缓释肥、活性炭、叶面肥、BTX（苯、甲苯、二甲苯）等高附加值产品，拓展其在农业和化工业上的应用，有效扩展了生物质的利用范围。

2）多联产对水洗产生的生物质提取液和生物质炭等副产物进行资源化利用，能有效杜绝气化过程的环境污染，满足未来社会对环保更严格的要求。

3）多联产还有利于提高系统可靠性和可用率，如果其中一种产品被社会淘汰或者经

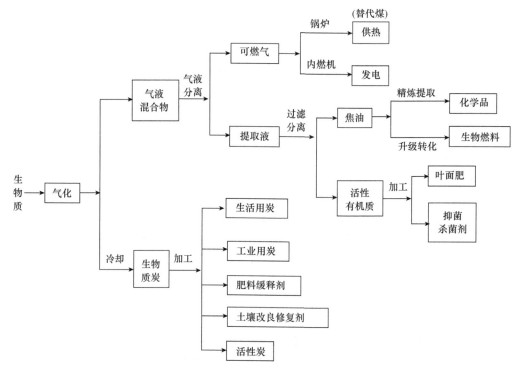

图 4-14　基于生物质固定床气化的多联产技术设计思路

济效益并不显著，可以开展另外一种新兴产品的应用，提高生物质气化技术的生命力。

4）通过利用多台 1MW 的气化炉来并联集中供气发电，可扩大固定床气化发电规模，对发电机尾气余热进行回收利用，提高生物质利用效率，降低单位发电成本，提高生物质规模效益。

第三节　生物质热裂解技术

一、生物质热裂解液化技术的原理及工艺

（一）生物质热裂解液化的概念

生物质热裂解是生物质在完全缺氧或有限氧供给的条件下，采用高加热速率（$10^2 \sim 10^5$℃/s）、极短气体停留时间（0.5～3s）和适中的裂解温度（350～650℃），使生物质中的有机高聚物分子热降解为液体生物油、可燃气体和固体生物质炭三种成分的过程。

控制热裂解的条件（主要是反应温度、升温速率等），可以得到不同的热裂解产品。一般，低温低速热解产物以木炭为主，高温快速热解产物以不可冷凝的燃气为主，中温闪速热解产物中生物油含量，如在中温（500～600℃）、高加热速率（$10^4 \sim 10^5$℃/s）和极短气体停留时间（约 2s）的条件下，将生物质直接热解，产物经快速冷却，可使中间液态产物分子在进一步断裂生成气体之前冷凝，得到高产量的生物质液体油的技术，液体产率可高达 70wt%～80wt%。在热解产物中，生物油易储存和易输运，不存在产品的就地消

费问题，因而为了最大限度获得液体产品，应控制反应条件，使焦炭和产物气降至最低限度。同时裂解产物还可进一步处理，得到更高质化应用，如生物油可通过进一步的分离，制成燃料油和化工原料；气体视其热值的高低，可单独或与其他高热值气体混合作为工业或民用燃气；生物质炭可用作活性剂等。

（二）生物质热裂解工艺的类型

根据工艺操作条件，生物质热裂解工艺可分为慢速、快速和反应性热裂解三种类型。慢速热裂解工艺中又可分为碳化（carbonization）和常规热裂解（conventional paralysis）。表 4-4 总结了生物质热裂解的主要工艺类型。

表 4-4　生物质热裂解的主要工艺类型

工艺类型	滞留期	升温速率	最高温度/℃	主要产物
慢速热裂解				
碳化	数小时～数天	非常低	400	炭
常规	5～30min	低	600	气、油、炭
快速热裂解				
快速	0.5～5s	较高	650	油
闪速（液体）	<1s	高	<650	油
闪速（气体）	<s	高	>650	气
极快速	<0.5s	非常高	1000	气
真空	2～30s	中	400	油
反应性热裂解				
加氢热裂解	<10s	高	500	油
甲烷热裂解	0.5～10s	高	1050	化学品

（三）反应机制

在热裂解反应过程中，会发生一系列的化学变化和物理变化，前者包括一系列复杂的化学反应（一级、二级）；后者包括热量传递和物质传递（Maschio et al.，1992）。通过对国内外热裂解机理研究的归纳概括，现从以下 3 个角度对其反应机理进行分析。

1. 从生物质组成成分分析

生物质主要由纤维素、半纤维素和木质素 3 种主要组成物及一些可溶于极性或弱极性溶剂的提取物组成。生物质的 3 种主要组成物常常被假设独立地进行热分解，半纤维素主要在 225～350℃分解，纤维素主要在 325～375℃分解，木质素在 250～500℃分解。半纤维素和纤维素主要产生挥发性物质，而木质素主要分解成炭。生物质热裂解工艺的开发和反应器的正确设计都需要对热裂解机理进行很好的理解。因为纤维素是多数生物质最主要的组成物（如在木材中平均占 43%），同时也是相对简单的生物质组成物，因此纤维素被广泛用作生物质热裂解基础研究的试验原料。最为广泛接受的纤维素热分解反应途径模式是如图 4-15 所示的两条途径的竞争。

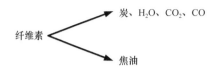

图 4-15 纤维素热分解反应途径模式

很多研究者对该基本图式进行了详细的解释。Kilzer 和 Broido（1965）提出了一个很多研究所广泛采用的概念性框架，其反应图式如图 4-16 所示。

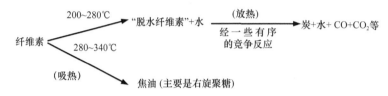

图 4-16 Kilzer 和 Broido（1965）提出的纤维素热分解途径

从图 4-16 中可明显看出，低的加热速率倾向于延长纤维素在 200～280℃时所用的时间，结果是以减少焦油为代价增加了炭的生成。

其现象可解释为：首先，纤维素经脱水作用生成脱水纤维素，脱水纤维素进一步分解产生大多数的炭和一些挥发物。在较高温度下与脱水纤维素发生竞争反应的是一系列纤维素发生解聚反应产生左旋葡聚糖（1，6 脱水-A-D-呋喃葡糖）焦油。根据试验条件，左旋葡聚糖焦油的二次反应或者生成炭、焦油和气，或者主要生成焦油和气。例如，纤维素的闪速热裂解把高升温速率、高温和短滞留期结合在一起，实际上排除了炭生成的途径，使纤维完全转化为焦油和气；慢速热裂解使一次产物在基质内的滞留期加长，从而导致左旋葡聚糖主要转化成炭。纤维素热裂解产生的化学产物包括 CO、CO_2、H_2、炭、左旋葡聚糖及一些醛类、酮类和有机酸等，醛类化合物及其衍生物种类较多，是纤维素热裂解的一种主要产物。

十几年来，一些研究者相继提出了与二次裂解反应有关的生物质热裂解途径，但基本上都是以 Shafizadeh 提出的反应机理为基础，其分解反应途径如图 4-17 所示。

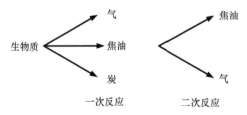

图 4-17 Shafizadeh 提出的分解反应机理途径

2. 从反应进程分析

生物质的热裂解过程分为 3 个阶段。

（1）脱水

生物质物料中的水分子受热后首先蒸发气化。

（2）挥发物质的分解析出

物料在缺氧条件下受热分解，随着温度升高，物料中的各种物质相应析出。物料虽然达到着火点，但由于缺氧而不燃烧，不能出现气相火焰。

（3）炭化

随着深层挥发物质向外层的扩散，最终形成生物质炭。

3. 从物质、能量的传递分析

首先，热量传递到颗粒表面，并由表面传到颗粒的内部。热裂解过程由外至内逐层进行，生物质颗粒被加热的成分迅速分解成木炭和挥发分。其中，挥发分由可冷凝气体和不可冷凝气体组成，可冷凝气体经过快速冷凝得到生物油。一次裂解反应生成了生物质炭、一次生物油和不可冷凝气体。多孔生物质颗粒内部的挥发分将进一步裂解，形成不可冷凝气体和热稳定的二次生物油。同时，当挥发分气体离开生物质颗粒时，将穿越周围的气相组分，在这里进一步裂化分解，称为二次裂解反应。生物质热裂解过程最终形成生物油、不可冷凝气体和生物质炭（图4-18）。反应器内的温度越高且气态产物的停留时间越长，二次裂解反应越严重。为了得到高产率的生物油，需快速去除一次热裂解产生的气态产物，以抑制二次裂解反应的发生。

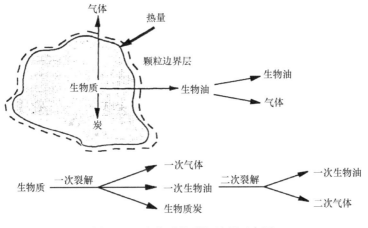

图 4-18　生物质热裂解过程示意图

与慢速热裂解产物相比，快速热裂解的传热过程发生在极短的原料停留时间内，强烈的热效应导致原料迅速降解，不再出现一些中间产物，直接产生热裂解产物，而产物的迅速淬冷使化学反应在所得初始产物进一步降解之前终止，从而最大限度地增加了液态生物油的产量。

（四）影响生物质热裂解过程及产物组成的因素

生物质热裂解产物主要由生物油、不可冷凝气体及木炭组成。普遍认为，影响生物质热裂解过程和产物组成的最重要因素是温度、固体相挥发物滞留期、颗粒尺寸、生物质组成及加热条件。提高温度和固相滞留期有助于挥发物和气态产物的形成。随着生物质直径的增大，在一定温度下达到一定转化率所需的时间增加。因为挥发物可和炽热的炭发生二次反应，所以挥发物滞留时间可以影响热裂解过程。加热条件的变化可以改变热裂解的实际过程及反应速率，从而影响热裂解产物的生成量。

1. 温度的影响

研究表明，温度对生物质热裂解的产物组成及不可冷凝气体的组成有着显著的影响。一般来说，低温、长滞留期的慢速热裂解主要用于最大限度地增加炭的产量，其质量产率和能量产率可分别达到 30wt%和 50wt%；温度小于 600℃的常规热裂解，采用中等反应速率，其生物油、不可冷凝气体和炭的产率基本相等；闪速热解温度在 500～650℃内，主要用来增加生物油的产量，其生物油产率可达 80wt%；同样的闪速热裂解，若温度高于 700℃，在非常高的反应速率和极短的气相滞留期下，主要用于生产气体产物，其产率可达 80wt%。

Scott 等（1988）采用输送及流化床两种不同反应器，以纤维素和枫木木屑为原料进行了试验，用于考察温度在快速热裂解中的作用，在气相滞留期为 0.5s，热裂解温度为 450～900℃的条件下，两种物料、两种反应器得到一致的结果。表明对于上述任何一种反应器，如果生物质颗粒加热到 500℃的时间比固相滞留期小得多，或如果温度达到 500℃之前，生物质颗粒失重率小于 10%，那么对于给定的物料和给定的气相滞留期，生物油、炭及不可冷凝气体的产量仅由热裂解温度决定。

Liden 等（1988）报道了采用 Waterloo 流化床反应器生物质闪速热裂解技术的产物分布及温度之间的关系，如图 4-19 所示。

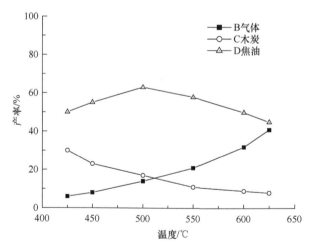

图 4-19 Waterloo 流化床反应器生物质闪速热裂解技术产物分布与温度之间的关系

从图 4-19 可知，随着温度的升高，炭的产率减少，不可冷凝气体产率增加，为获得最大生物油产率，有一个最佳温度范围，其值为 400～600℃。

Wagenaar（1994）对生物质喂入率为 10kg/h 的旋转锥反应器进行试验研究，得到与 Liden 等报道一致的观点，随着设定的热裂解温度提高，炭产率减少，不可冷凝气体产率增大，而生物油产率有一个明显的极值点，当热裂解温度为 600℃时，生物油产率为 70wt%。

因此，为获得最大生物油产率要选择合适的热裂解温度。

2. 生物质物料特性的影响

生物质种类、粒径、形状及粒径分布等特性对生物质热裂解行为及产物组成有着重要影响。Connor 总结了木材特性对热裂解的影响，指出木材的密度、导热率、木材的种年影响其热裂解过程，并且这种影响是相当复杂的，它将与热裂解温度、压力、升温速率等外部特性共同作用，影响热裂解过程。由于木材是各向异性的，因此形状与纹理将影响水分的渗透率，影响挥发产物的扩散过程。木材纵向渗透率是横向渗透率的 50 000 倍，这样在木材热裂解过程中，大量挥发产物的扩散主要发生在与纹理平行的表面，而垂直方向的挥发产物较少，导致在不同表面上热量传递机制差别会较大。在与纹理平行的表面上，通常发生气到固的传递机理，但在与纹理垂直的表面上，热传递过程是通过析出挥发分将热量从固体传给气体。在木材特性中，粒径是影响热裂解过程的主要参数之一，因为它将影响热裂解过程中的反应机制。研究人员认为粒径在 1mm 以下时，热裂解过程受反应动力学速率控制，而当粒径大于 1mm 时，热裂解过程还同时受传热和传质现象控制。另外，如果粒径大于 1mm，那么颗粒将成为热传递的限制因素。当上述大的颗粒从外面被加热时，颗粒表面的加热速率远远大于颗粒中心的加热速率，这样在颗粒的中心发生低温热裂解，产生过多的炭。Van den Aarsen 等（1985）研究表明，随着生物质颗粒粒径的减小，炭的生成量减少，因此在闪速热裂解过程中，所采用的生物质粒径应小于 1mm，以减少炭的生成量，从而提高生物油的产率。

3. 其他反应条件的影响

（1）固体和气相滞留期

在给定颗粒粒径和反应器温度条件下，为使生物质彻底转换，需要很小的固相滞留期。

Boroson 等（1989）指出，木材加热时，固体颗粒因化学键断裂而分解。在分解初始阶段，形成的产物可能不是挥发分，还可能进行附加断裂形成挥发产物或经历冷凝/聚合反应而形成高分子质量产物。上述挥发产物在颗粒的内部或者以均匀气相或者以不均匀气相与固体颗粒和炭进一步反应。这种颗粒内部的二次反应受挥发产物在颗粒内和离开颗粒的质量传递率影响。当挥发物离开颗粒后，焦油和其他挥发产物还将发生二次裂解。在木材热裂解过程中，反应条件不同，粒子内部和粒子外部的二次反应可能对热裂解产物与产物分布产生中等强度和控制的影响。所以，为了获得最大生物油产量，热裂解过程中产生的挥发产物应迅速离开反应器以减少焦油二次裂解的时间。因此，为获得最大生物油产率，气相滞留期是一个关键的参数。

（2）压力

压力的大小将影响气相滞留期，从而影响二次裂解，最终影响热裂解产物产量分布。Shafizadeh 和 Chin（1977）在 300℃、氮气条件下，以纤维素热裂解为例说明了压力对炭及焦油产量的影响。在一个大气压下，炭和焦油的产率分别为 34.2wt%和 19.1wt%，而在 1.5mm 汞柱下分别为 17.8wt%和 55.8wt%，这是二次裂解的结果。较高的压力下，挥发产物的滞留期增加，二次裂解较大，而在低的压力下，挥发物可以迅速地从颗粒表面离开，从而限制了二次裂解的发生，增加了生物油产量。

（3）升温速率

Kilzer 和 Broido（1965）在研究纤维素热裂解机理时指出，低升温速率有利于炭的形成，而不利于焦油产生。因此，以生产生物油为目的的闪速裂解都采用较高的升温速率。

（五）热裂解液化工艺流程

热裂解液化的一般工艺流程包括物料的干燥、粉碎、热裂解、产物炭和灰的分离、气态生物油的冷却和生物油的收集如图 4-20。

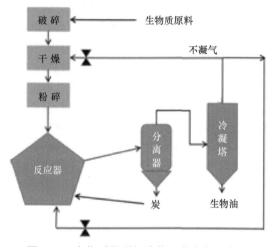

图 4-20　生物质热裂解液化工艺流程示意图

1. 干燥

为了避免原料中过多的水分被带到生物油中，应控制物料含水率在 10%以下。

2. 粉碎

为了提高生物油产率，必须有很高的加热速率，故要求物料有足够小的粒度。不同的反应器对生物质粒径的要求也不同，旋转锥所需生物质粒径小于 200μm；流化床要小于 2mm；传输床或循环流化床要小于 6mm；烧蚀床由于热量传递机理不同可以采用树木碎片，但是采用的物料粒径越小，加工费用越高。因此，物料的粒径需在满足反应器要求的同时与加工成本综合考虑。

3. 热裂解

热裂解液化技术的关键在于要有很高的加热速率、热传递速率，严格控制温度，以及热裂解挥发分的快速冷却。只有满足这样的要求，才能最大限度地提高产物中油的比例。在目前已开发的多种反应工艺类型中，还没有最好的工艺类型。

4. 炭和灰的分离

几乎所有生物质中的灰都留在了产物炭中，所以分离炭的同时也分离了灰。但是炭从生物油中分离较困难，而且炭的分离并不是在所有生物油的应用中都是必要的。

因为炭会在二次裂解中起催化作用，并且在液体生物油中产生不稳定因素，所以对于要求较高的生物油生产工艺，快速彻底地将炭和灰从生物油中分离是必需的。

5. 气态生物油的冷却

热裂解挥发分从产生到冷凝的时间及温度影响着液体产物的质量及组成，热裂解挥发分的停留时间越长，二次裂解生成不可冷凝气体的可能性越大。为了保证油率，需快速冷却挥发产物。

6. 生物油的收集

生物质热裂解反应器的设计除需保证温度的严格控制外，还应在生物油收集过程中避免由生物油多种重组分的冷凝导致的反应器堵塞。

二、生物质热裂解液化技术核心

(一) 典型生物质热裂解液化设备的应用实例分析

生物质热裂解液化的各种工艺技术中，反应器是工艺过程的核心，反应器的类型及其加热方式的选择在很大程度上决定了产物的最终分布，所以反应器类型的选择和加热方法的选择是各种技术路线的关键。目前国内外达到工业示范规模的生物质热裂解液化反应器主要有流化床、循环流化床、烧蚀床、旋转锥、引流床和真空移动床等。

1. 引流床

（1）介绍

引流床技术由美国 GTRI 公司研制开发。此工艺主要基于生物质颗粒在旋转管式炉中以运动状态获得的生物油产率高于在固定反应床中的静止状态的结论基础上开发出来的。该工艺在 20 世纪 80 年代开发，并建成小规模试验厂。1983 年，工艺设备建立并完成。为了能在小规模试验厂的运转中更加深入地研究如何获得最佳产量的生物油，1985年建立了几个示范点，并对设备进行了一些较大的改进。直到 1989 年左右，这个反应器才成功运转，虽然运转非常成功，但是从没有扩大生产规模。

（2）工作原理及反应过程

引流床反应器工艺流程如图 4-21 所示。

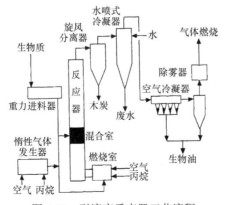

图 4-21　引流床反应器工艺流程

物料干燥后粉碎至粒径为 1.5mm 左右，通过一个旋转阀门的控制，在重力作用下以 56.8kg/h 的进料速率进入到反应器中。反应器是一个直径为 152.4mm（6 英寸）的不锈钢垂直管，物料喂入点是位于反应器下部的填有耐火材料的混合室，在这里物料与吹入的气体充分混合。减小反应器的高度可以有效降低滞留期。丙烷与空气燃烧，产生的高温气体（927℃）与木屑混合，向上流动穿过反应器，在反应器中发生热裂解反应。反应生成的混合物包括不可冷凝气体、水蒸气（包括物料中的水和反应生成的水）、生物油和木炭。

旋风分离器分离掉大部分的炭颗粒，剩余气体包括不可冷凝气体、水蒸气、生物油蒸汽和一些炭粒。高温的生成物进入到水喷式冷凝器中快速冷却，随后再进入空气冷凝器中冷凝，冷凝下来的部分由水箱和接收器接收。气体产物经过两个相连的去雾器后，燃烧排放。

（3）产物

生物油产率可达 60wt%，没有分离提纯的生物油是高度氧化的有机物，具有热不稳定性，温度高于 185～195℃就会分解。

2. 真空移动床

（1）介绍

真空移动床反应器工艺最早是由 Christian Roy 博士和他的研究小组最初在 de Sherbrooke 大学（1981～1985），之后在 Laval 大学（1985 年至今）开展的。1988 年，Christian Roy 博士建立了 Pyrovac 学会，旨在发展这一工艺和改良由各种工业废弃物获得的热裂解产品。1996 年，加拿大 Pyrosystems 工程公司成立，负责这项工艺的放大。Pyrocyling 工艺正在被 Pyrovac 国际公司投入商业化运行。2012 年，青岛科技大学教授李建隆团队与吉林颐民宝新能源开发有限公司改进了真空移动床反应器在长春建设和投产了我国规模最大的生物质热裂解液化自动化生产装置，年处理生物质原料 1 万 t。

（2）工作原理及反应过程

真空移动床反应器工艺流程如图 4-22 所示。

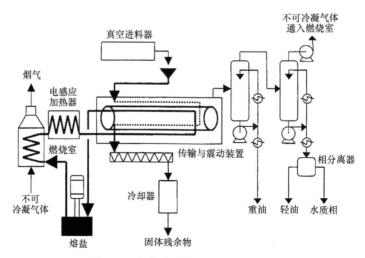

图 4-22 真空移动床反应器工艺流程

反应在温度 450℃和总压力为 15kPa 的条件下进行，可以获得大量的生物油和具有良好表面活性的含碳固体产物。物料干燥和粉碎后在真空下导入 Pyrocycler 整体反应系统。物料在两个加热的水平平板上传递。融盐混合物加热平板并使其温度维持在 530℃。由热裂解生成的不可冷凝气体供入燃烧室燃烧，燃烧放出的热量用于加热盐。电感应加热器可以选择性地用于维持反应器的温度。

加热时，生物质物料中的有机物部分分解为蒸汽，真空泵提供的真空状态迅速使其离开反应器。这些蒸汽导入两个冷凝设备，重油和轻油一同凝结为液态，剩余的固体产物在反应器出口冷却。

（3）产物

反应生成 35wt%生物油、20wt%水分、34wt%木炭和 11wt%气体。

3. 烧蚀反应器

（1）介绍

烧蚀热裂解是对快速热裂解研究最深入的方法之一。英国 Aston 大学和美国国家可再生能源实验室分别开发了各自的烧蚀反应器工艺。

（2）工作原理及反应过程

烧蚀反应器工艺流程如图 4-23 所示。

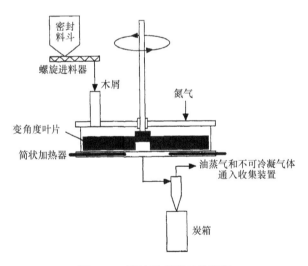

图 4-23　烧蚀反应器工艺流程

图 4-23 是实验室规模用于研发的烧蚀反应器简化设备，旨在用于研究反应机理和构思新设计。设备的主要工作原理是用外界提供的高压使生物质颗粒以相对于反应器表面的高速率（＞1.2m/s），在不高于温度为 600℃的反应器表面移动并裂解。生物质颗粒由一些成角度的叶片压入到加热的金属平面，并在热反应器表面水平运动。

粒径达 6.35mm 的干燥的生物质颗粒通过密封的螺旋进料器喂入到氮气清扫的反应器中，4 个不对称的叶片以 200r/min 的速率旋转，产生了传递给生物质的机械压力，将颗粒送入加热到 600℃的反应器底部表面。叶片的机械运动使颗粒相对于热反应器表面高速运动并发生热裂解反应。产物随着氮气离开反应器进入旋风分离器，然后通过逆流冷凝塔将最初挥发产物冷凝，其余的可冷凝部分通过静电沉积器从不可冷凝气体中沉积下来。最后剩余的气体通过流量计排出。

（3）产物

在 600℃下，可得到 77.6wt%液态热裂解产物，6.2wt%气体产物和 15.7wt%烧蚀炭。用这种方法生产的热裂解液体产物更加稳定，也就是说其物理性质并不像其他一些快速热裂解的液态产物一样变化得很快。液体产物样品保存两年后，仅出现微小的外观上的变化。

另外，美国国家可再生能源实验室在 1984 年就建造了以生产生物油为目的的烧蚀涡流反应器。烧蚀涡流反应器工艺流程如图 4-24 所示。1995 年进行了改进。反应器外部环绕的三段圆柱体电加热炉用于加热反应器，反应器内壁是螺距为 25mm、宽和厚为 3mm 的螺旋肋，可以使颗粒在严格限定的螺旋轨道上而不是以自由的离心方式在反应器壁上螺旋旋转。在反应器出口有一个独立的循环回路连到反应器物料进口处，使没有完全反应的物料和大的炭粒回到反应器循环反应。反应可生成 67wt%液态产物和 13wt%生物质炭。

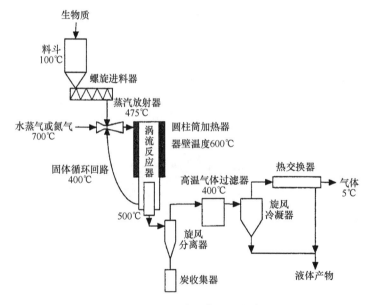

图 4-24　烧蚀涡流反应器工艺流程

4. 旋转锥反应器

（1）介绍

旋转锥热裂解反应器是在 1989～1997 年由荷兰 Twente 大学开发出来的，是将颗粒滑入或压入高温表面使生物质热烈解。

（2）工作原理及反应过程

生物质颗粒喂入到外加的惰性颗粒流中（如砂子或具有催化活性的颗粒流）。生物质在随惰性颗粒被抛到加热的反应器表面发生热裂解的同时，沿着高温的锥壁螺旋上升，其工作原理如图 4-25 所示，最终的炭和灰从锥的顶端排出。热裂解产生的炽热气体流出反应器后经旋风分离器进入冷凝器。在旋风分离器中，气流中的炭、砂子在离心力作用下被抛向器壁落入集炭箱，气体中的生物油组分被冷的液体生物油喷雾冷凝下来，生物油在换热器中冷却后进入喷雾冷凝器中循环冷凝，生成新的油蒸汽。不可冷凝气体通入燃烧器燃烧。因为不需要载气，从而极大地缩小了反应器尺寸和油第二级收集系统的费用。反应器结构紧密，可以达到 3kg/s 的非常高的固体传输能力。

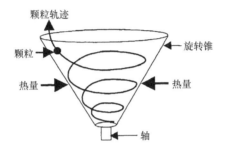

图 4-25　旋转锥反应器工作原理

试验在温度 600℃和旋转速率 900r/min 下进行。后来对反应器内部进行了改造，旋转锥反应器工艺流程如图 4-26 所示。反应器容积由 $0.25m^3$ 减小到了 $0.003m^3$，否则气相滞留期为 80s 左右，从而导致生物油蒸汽发生显著的二次裂解。

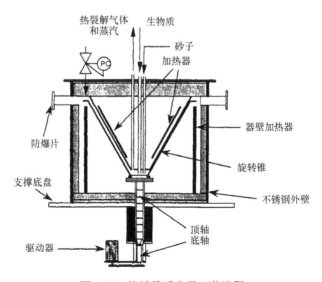

图 4-26　旋转锥反应器工艺流程

后来又进一步改进了反应器，为了使砂子与生物质炭分离，在锥外的燃烧室，燃烧排出的炭、余下的热砂重新喂入反应器，这样就形成了一个内部的砂循环。

（3）产物

在 1s 滞留期和 600℃的加热温度下，生成 60wt%液态产物，25wt%气态产物和 15wt%炭。物质平衡分析的结果是大约 90wt%的生物质参加了反应。

5. 循环流化床

（1）介绍

循环流化床技术体系源自希腊可再生能源中心在 1999 年开始的生物质快速热裂解的研究，且结果使得整个欧洲对生物质用于直接生产液体燃料的技术产生了极大的兴趣。

（2）工作原理及反应过程

循环流化床反应器工艺流程如图 4-27 所示。

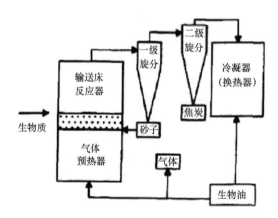

图 4-27   循环流化床反应器工艺流程

工作原理是使热裂解副产品炭用于提供反应所需热量。利用反应器底部常规沸腾床内物料燃烧获得的热量加热砂子，加热的砂子随着高温燃烧生成的气体向上穿过循环流化床进入反应器，与生物质混合并传递给生物质热量。生物质获得热量后发生热裂解反应，生成炭和挥发分。挥发分导出循环流化床，产物炭和气体流带出的砂子通过旋风分离器回到燃烧室。这个设备将提供反应热量的燃烧室和发生反应的流化床两个部分合为一整体。

反应系统短时间工作良好，长时间工作就会出现问题，而且仍需进行反应器运行稳定性及系统的反应动力学研究。这一设备的优点在于结构的整合降低了反应器的制造成本和热量的损失，但是这是以操作运行更加复杂为代价的。

（3）产物

液体产物产率可达 61wt%。整体来看，液体产率比其他快速热裂解工艺的液体产率低。

6. 流化床

（1）介绍

流化床反应器早在 20 世纪 80 年代由加拿大滑铁卢大学为主研究开发，主要利用生物质特别是林业材料生产生物油，也为现代的快速及闪速热裂解研究奠定了基础。

（2）工作原理及反应过程

流化床反应器工艺流程如图 4-28 所示。图 4-28 是滑铁卢大学生产规模为 3kg/h 的流化床反应器。木质材料经风干、磨碎，筛分出小于 595μm 的颗粒进行反应。木屑通过可调速的螺旋进料器经循环吹入料斗由热裂解生成的气体送入反应器，物料喂入点在反应床中。反应器床料是砂子，流化介质为热裂解生成气体，它们在可控的电加热器中预热后吹入床内。另外，砂子提供的热量不够时，反应器外部的加热线圈可以为床中的砂子和床内自由空间提供所需热量。流化床的设计是要从反应器中吹走反应生成的炭而保留床料砂子，这就需要仔细地选择砂子和生物质的粒径、反应床流化速度和反应器参数。反应器温度用热电偶控制在 425～625℃，反应压力大约为 1.25kPa，使用的进料率为 1.5～3kg/h。反应产物通过旋风分离器分离掉炭，油蒸汽和气体产物通过两个连接的冷凝器。这两个冷凝器是垂直的，每个冷凝器顶部都有一个用塞子塞住的清洁口，底部为冷凝物收集罐。第一个冷凝器温度维持在 60℃，第二个使用温度大约为 0℃的冷水作为冷凝介质。生物油在冷凝器中冷凝并收集，生成的气体通过过滤器滤掉雾状焦油，一部分送入循环气体压缩机中用于使反应器中的砂子流化和将物料送入反应器，另一部分气体通过气体分析仪和流量计排出。

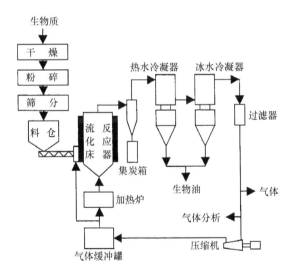

图 4-28　流化床反应器工艺流程

（3）产物

大约 500℃的反应温度，可以得到高产率的液体产物。因为在这个温度二次裂解反应被有效地抑制。液态产物在没有相分离时被氧化，油含水率为 10wt%～20wt%，在室温下储存 12 个月仍十分稳定。

（二）新型生物质热裂解工艺

随着新型催化剂、微波技术以及热等离子体技术的发展，将这些新技术引入热裂解工艺以提高生物质热转化率和生物油的收率也就成为生物质热裂解工艺的发展方向。基于此，近年来开发出了催化热解、生物质与煤共热解液化、微波生物质热解和热等离子体生物质热解新工艺。

1. 生物质催化热解

催化裂解一般是在循环流化床反应器活固定床反应器的基础上结合一个催化反应器，在催化剂的作用下，生物质快速热解形成的高温蒸气，冷凝后形成生物油、不可凝气体和固态焦炭。催化剂能够降低生物质快速热解的活化能，增加生物质分子快速热解过程中的断裂部位，使裂解的温度降低，降低了焦炭形成的概率，增加了生物油的产率。选择合理的催化剂有利于提高生物油的产率，降低反应的能耗，是催化裂解反应的重点和关键。常用催化剂有碱金属盐、镍基盐、沸石分子筛等。

2. 生物质与煤共热解液化

生物质原料中氢元素含量较高，在裂解时氢富余而容易形成有机小分子气化而造成生物油产率及品质不理想。添加富含碳元素的煤进行共裂解，生物质中富含的氢元素与煤分子的富碳结合促进了液体产品的生成，从而对液体产品收率和产品质量都有较大提高。该工艺方式有效降低了共液化反应的要求，300～400℃即能明显提高生物质转化率和油品产率，增加最高可达 18%，且随着生物质掺混比例增大，半焦产率提高幅度明显，当生物质掺混比例为 20%与褐煤共热解时，半焦产率为生物质单独热解的 2.1 倍，产物热值也与褐煤相当。

3. 微波生物质热解

微波对介质材料具有瞬时加热升温，升温速度快的特点，其微波场能在无氧或者缺氧条件下可切断生物质大分子的化学键，使之转变为小分子物质，然后快速冷却可得到气、液、固三种不同状态的混合物。引入能快速加热的微波技术，显著提高了生物油的产率。

4. 热等离子体生物质裂解

等离子体是一种由自由电子和带电离子为主要成分的物质形态，是具有高位能动能的气体团，能够提供高能量而分解生物质大分子。作为一种新式热源，由于具有温度调节容易、射流速率可调的优点，常被用于深入研究生物质快速热解液化的技术参数，也开发成新的热解液化技术。

三、生物油的特性及应用

1. 生物油组成成分

生物质热裂解产物主要由生物油、不可冷凝气体及木炭组成。

生物油是含氧量极高的复杂有机成分的混合物，这些混合物主要是一些分子质量大的有机物，其化合物种类有数百种之多，从属于数个化学类别，几乎包括所有种类的含氧有机物，如醚、酯、醛、酮、酚、有机酸、醇等。不同生物质的生物油在主要成分的相对含量上大都表现出相同的趋势，在每种生物油中，苯酚、蒽、萘、菲和一些酸的含量相对较大。

2. 特性

生物油组分的复杂性使其具有很大的利用潜力，但也使利用存在了很大的难度。木屑生物油的一些重要特性列于表 4-5 中。

表 4-5　木屑热裂解生物油的典型物理性质和特点

物理性质	典型值
含水量率/wt%	$15\sim30$
pH	$2\sim4$
相对密度/（kg/m³）	1.20×10^3
元素分析/wt%	
C	56.4
H	6.2
O	37.3
N	0.1
灰	0.1
高位热值（随含水率变化）/（MJ/kg）	$16\sim19$
黏度（40℃、25%含水率）/cp	$40\sim100$
固体杂质（炭）/wt%	1
真空蒸馏	最大降解量为 50wt%
生物油特点	
・液体燃料	
・可以代替常规燃料应用于锅炉、内燃机和涡轮机上	
・含水率为 25wt%时热值为 17MJ/kg，相当于汽油/柴油燃料热值的 40%	
・不能和烃类燃料混合	
・不如化石燃料稳定	
・在使用前需进行品质测定	

（1）含水率

生物油的含水率最大可以达到 15%～30wt%，油品中的水分主要来自于物料所携带的表面水和热裂解过程中脱水反应产生的水。水分有利于降低油的黏度，提高油的稳定性，但降低了油的热值。

（2）pH

生物油的 pH 较低，主要是因为生物质中携带有有机酸，如由蚁酸、乙酸进入油品造成的，所以油的收集储存装置最好是抗酸腐蚀的材料，如不锈钢或聚烯烃类化合物。由于中性的环境有利于多酚成分的聚合，因此酸性环境对油的稳定是有益的。

（3）密度

生物油的密度比水的密度大，大约为 $1.2 \times 10^3 \text{kg/m}^3$。

（4）高位热值

25wt%含水率的生物油的热值为 17MJ/kg，相当于 40%同等质量的汽油或柴油的热值。这意味着 2.5kg 的生物油与 1kg 化石燃油能量相当，由于生物油密度高，1.5L 的生物油就与 1L 化石燃油能量相当。

（5）黏度

生物油的黏度可在很大的范围内变化。室温下，最低为 10cp，若是长期存放于不好的条件下，可以达到 10 000cp。水分、热裂解反应操作条件、物料情况和油品储存的环境及时间对其有着极大的影响。

（6）固体杂质

为了保证高加热速率，热裂解液化的物料粒径一般很小，因而热裂解生成的生物质炭的粒径也很小，旋风分离器不可能将所有的炭分离下来，所以可采用过滤热蒸汽产物或液态产物的方法更好地分离固体杂质。

（7）稳定性

生物油一个关键的特性是由于多酚的慢速聚合和缩合反应而具有"老化"倾向。暴露在具有氧气和紫外光环境下的生物油，随着外界环境温度的升高黏度增大。所以，生物油加热不宜超过 80℃，宜避光，避免与空气接触保存。

（8）生物油品质

目前还没有一个明确的生物油质量评定标准。常规燃料有其品质判定的标准，有必要建立一个针对于不同用途的生物油品质评定标准。

3. 生物油的应用

生物质闪速热裂解产生的生物油可以直接应用或通过中间转换途径转变成次级产物。图 4-29 给出了生物油的主要用途。生物油可作为锅炉和涡轮机的燃料使用。

（1）生物油用于燃烧

生物油为液体燃料，易于运输、处理和储存。这些优点对现存设备的翻新改造也是重要的，可能只需对设备略加改造或根本不需要改造。尽管公开发表的有关生物油燃烧方面的文章较少，但是在欧洲和北美进行了大量有关生物油用于燃烧方面的试验，结果表明生物油易于燃烧，但对燃烧雾化器应经常维护。对燃烧排放物的成分还不清楚，目前正进行这方面的试验。

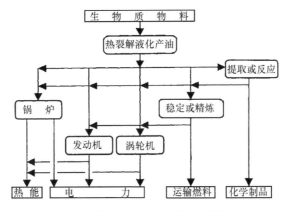

图 4-29　生物油的主要用途

（2）涡轮机发电

生物油作为涡轮机代用燃料发电，从原理上讲，涡轮机可以直接被热裂解生物油或改良后酌生物油点燃，但没有多少实际经验，还处于研究阶段。

一种可能的途径是重新设计涡轮燃烧器使其适合燃用生物油；另一种办法是改变生物油的性质，减少生物油的 C/H 值，使其适应现存的涡轮机。在生物油改良方法中，大多数采用加氢处理，这样改良后的生物油能够完全符合涡轮机的要求，但改良成本较高。

（3）生物油作为柴油机代用燃料

芬兰国家测试中心及其处理研究室与加拿大 Ensyn 集团合作，对生物油作柴油机代用燃料进行了试验研究。比较了柴油机燃用生物油、柴油及乙醇不同燃料时的运转特性。通过分析生物油的燃料特性可知，生物油的十六烷值低，着火性不好，为克服这一缺点，试验采用两种方案，其一是在生物油中加入十六烷值改善剂，以增加生物油的十六烷值；其二是采用双喷射系统，柴油作为引燃燃料，生物油作为熏燃燃料。试验用柴油机为单缸柴油机。试验结果表明，采用双喷射系统柴油机运转良好。目前研究中心将与丹麦和西班牙合作，进行多缸柴油机燃用柴油/生物油混合燃料可行性的研究。

（4）生物油用于提取化学品

生物油可制取特殊化学品；可制取多酚、化肥、农药和具有环保要求的化学品；生产高价值的化学品，可以提高生物油利用的经济效益。

4. 不可冷凝气体的应用

由生物质热裂解得到的不可冷凝气体热值较高。它可以用作生物质热裂解反应的部分能量来源，如用于热裂解原料烘干，或用作反应器内部的惰性流化气体和载气；此外，这些气体还可用于生产其他化合物及为家庭和工业生产提供燃料。

5. 木炭的应用

木炭呈粉末状，黑色物质。研究表明，木炭的特点是：①疏松多孔，具有良好的表面特性；②灰分低，具有良好的燃料特性；③低容重；④含硫量低；⑤易研磨。因此，产生的木炭可加工成活性炭用于化工和冶炼，改进工艺后也可将其作为燃料加热反应。

复习与思考

一、名词解释

生物质热化学转换，生物质气化，生物质热解液化，生物质热裂解

二、简答题

1. 生物质热化学转换可分为哪几种技术？主要产物各是什么？
2. 生物质气的主要成分是什么？
3. 生物质气化的主要原料是什么？这些原料与煤炭相比有何特点？
4. 简述生物质气化的过程和基本原理。
5. 生物质气化炉可分为哪两大类？各有何特点？
6. 生物质燃气净化的目的是什么？简述焦油去除的主要方法。
7. 生物质气有哪些用途？
8. 生物质热裂解有哪几种主要工艺类型？主要产物各是什么？
9. 简述生物质热裂解常见反应器类型。
10. 简述生物质热裂解液化的工艺流程。
11. 为了获得最大生物油产量，在热裂解过程中应满足哪些基本条件？
12. 生物油的特性如何？有哪些用途？

三、论述题

生物质热化学转换技术研发可从哪些方面进行深入开发？

参 考 文 献

常杰. 2003. 生物质液化技术的研究进展. 现代化工, 23(9): 13-18

常轩, 齐永锋, 张冬冬, 等. 2013. 生物质气化技术研究现状及其发展. 现代化工, 33(6): 36-40

戴先文, 吴创之, 周肇秋, 等. 2001. 循环流化床反应器固体生物质的热解液化. 太阳能学报, 22(2): 124-130

郭华, 祝涛, 王吉平. 2014. 生物质气化技术的研究进展. 广州化工, 42(18): 35-37

何方, 王华. 1999. 生物质液化制取液体燃料和化学品. 能源工程, (5): 14-17

江淑琴. 1995. 生物质燃料的燃烧与热解特性. 太阳能学报, (1): 40-48

李水清, 李爱民. 2000. 生物质废弃物在回转窑内热解研究: 热解条件对热解产物分布的影响. 太阳能学报, 21(4): 333-348

刘荣厚. 1997. 生物质热裂解特性及内速热裂解试验研究. 沈阳农业大学博士学位论文

刘玉环, 朱普琪, 王允圃, 等. 2013. 生物质气化焦油处理技术的最新研究进展. 现代化工, 33(11): 24-27, 29

路冉冉, 商辉, 李军. 2010. 生物质热裂解液化制备生物油技术研究进展. 生物质化学工程, 44(3): 54-59

牛卫生. 2000. 小型流化床生物质热裂解装置的设计与试验研究. 沈阳农业大学硕士学位论文

彭卫民, 吴庆余. 2000. 生物质热解燃料的生产. 新能源, 22(11): 39-44

乔国朝, 王述洋. 2005. 生物质热解液化技术研究现状及展望. 林业机械与木工设备, 33(5): 4-7

王树荣, 廖艳芬, 骆仲泱, 等. 2002. 生物质热裂解制油的动力学及技术研究. 燃烧科学与技术, (2): 176-180

徐保江, 鲁楠, 李金树, 等. 1999. 生物质热解液化生物质油的试验研究. 农业工程学报, 15(3): 177-181

颜涌捷, 张素萍, 任铮伟, 等. 2001. 生物质制液体燃料. 太阳能, (3): 18-19

杨坤, 冯飞, 孟华剑, 等. 2012. 生物质气化技术的研究与应用. 安徽农业科学, 40(3): 1629-1632, 1659

余春江, 骆仲泱, 王树荣, 等. 2002. 硬木热解过程中颗粒内部二次反应的数值研究 II. 数值模拟结果. 燃料化学学报, 30(5): 413-417

袁振宏, 吴创之, 马隆龙. 2004. 生物质利用原理与技术. .北京: 化学工业出版社

曾国揆, 余东波. 2014. 生物质气化多联产技术应用研究. 节能与环保, (5): 66-68

张齐生, 马中青, 周建斌. 2013. 生物质气化技术的再认识. 南京林业大学学报(自然科学版), 37(1): 1-10

张素萍, 颜涌捷, 任铮伟. 2000. 生物质油精制的研究进展. 新能源, 22(10): 12-17

郑昀, 邵岩, 李斌. 2010. 生物质气化技术原理及应用分析. 区域供热, 3: 39-42

庄慧颖, 鲍亦令, 王磊, 等. 1997. 稻壳在流化床中的快速热解研究. 新能源, 19(4): 15-19

Balat M, Balat M, Kirtay E, et al. 2009. Main routes for the thermo-conversion of biomass into fuels and chemicals. Energy Conversion and Management, 50: 3158-3168

Borjesson M, Ahlgren EO. 2010. Biomass gasification in cost-optimized district heating systems—a regional modelling analysis. Energy Policy, 38: 168-180

Boroson ML, Howard JB, Longwell JP, et al. 1989. Heterogeneous cracking of wood pyrolysis tars over fresh wood char surfaces. Energy Fuels, 3(6): 735-740

Bridgwater AV. 1996. Production of high grade fuels and chemicals from catalytic pyrolysis of biomass. Catalysis Today, 29(1-4): 285-295

Bridgwater AV, Peacocke GVC. 2000. Fast pyrolysis process for biomass. Renewable and Sustainable Energy Reviews, 4(1): 1-73

Chen G, Anaries J, Luo Z, et al. 2003. Biomass pyrolysis/gasification for product gas production: the overall investigation of parametric effects. Energy Conversion and Management, 44: 1875-1884

Dasappa S, Sridhar HV, Sridhar G, et al. 2003. Biomass gasification-asbstitute to fossil fuel for heat application. Biomass and Bioenergy, 25: 637-649

Grange P, Laurent E, Maggi R, et al. 1996. Hydrotreatment of pyrolysis oils from biomass—reactivity of the various categories of oxygenated compounds and preliminary technoeconomic study. Catalysis Today, 29(1-4): 297-301

Kilzer FJ, Broido A. 1965. Speculation on the nature of cellulose pyrolysis. Pyrodynamics, 2: 151-163

Kirkels AF, Verbong GPJ. 2011. Biomass gasification: still promising? A 30-year global overview. Renewable and Sustainable Energy Reviews, 15(1): 471-481

Leung DYC, Yin XL, Wu CZ. 2004. A review on the development and commercialization of biomass gasification technologies in China. Renewable and Sustainable Energy Reviews, 8(8): 565-580

Liden AG, Berruti F, Scott DS. 1988. A kinetic model for the production of liquids from the flash pyrolysis of biomass. Chemical Engineering Communications, 65(1): 207-221

Maggi R, Delmon B. 1994. Comparison between 'slow' and 'flash' pyrolysis oils from biomass. Fuel, 73(5): 671-677

Maschio G, Koufopanos C, Lucchesi A. 1992. Pyrolysis, a promising route for biomass utilization. Bioresource Technolongy, 42(3): 219-231

Mckendry P. 2002. Energy production from biomass(part3): gasification technologies. Bioresource Technology, 83: 55-63

Minowa T, Yokoyama SY, Kishimoto M, et al. 1995. Oil production from algal cells of dunaliella tertiolecta by direct thermochemical liquefaction. Fuel, 74(12): 1735-1738

Puig-Arnavat M, Bruno JC, Coronas A. 2010. Review and analysis of biomass gasification models. Renewable and Snstainable Energy Reviews, 14: 2841-2851

Scott DS, Piskorz J, Bergougnou MA, et al. 1988. The role of temperature in the fast pyrolysis of cellulose and wood. Ind. Eng. Chem. Res., 27(1): 8-15

Shafizadeh F, Chin PPS. 1977. Thermal deterioration of wood. Acs Symposium Series, 36: 37

Sharma RK, Bakhshi NN. 1991. Catalytic upgrading of biomass—derived oils to transportation fuels and chemicals. Canadian Journal of Chemical Engineering, 69(69): 1071-1081

Soltes EJ, Milne TA. 1988. Pyrolysis oils from biomass : producing, analyzing, and upgrading. American Chemical Society, ACS Symposium Series: 376

Van Den Aarsen FG, Beenackers AACM, Swaaij WPMV. 1985. Wood Pyrolysis and Carbon Dioxide Char Gasification Kinetics in A Fluidized Bed. Netherlands: Springer: 691-715

Wagenaar BM. 1994. The rotating cone reactor: for rapid thermal solids processing. Ph. D thesis. University of Twente

Wagenaar BM, Prins W, Van Swaaij WPM. 1994. Pyrolysis of biomass in the rotating cone reactor: modelling and experimental justification. Chemical Engineering Science, 49(24B): 5109-5126

Wang SR, Fang MX, Luo ZY, et al. 1999. Instantaneous separation model of a square cyclone 1. Powder Technology, 102(1): 65-70

Wetterlund E, Soderstrom M. 2010. Biomass gasification in district heating systems-the effect of economic energy policies. Applied Energy, 87: 2914-2922

Williams PT, Besler A. 1996. The influence of temperature and heating rate on the slow pyrolysis of biomass. Renewable Energy, 7(3): 233-250

Williams PT, Horne PA. 1995. Analysis of aromatic hydrocarbons in pyrolytic oil derived from biomass. Journal of Analytical and Applied Pyrolysis, 31(94): 15-37

Zhang LH, Xu CB, Champagne P. 2010. Overview of recent advances in thermo-chemical conversion of biomass. Energy Conversion and Management, 51: 969-982

第五章　生物质燃料乙醇

引　言

能源和环境问题正越来越受到重视。从长远看，液体燃料短缺将是困扰人类发展的大问题。在此背景下，生物质作为唯一可转化为液体燃料的可再生资源，正日益受到重视。地球上的生物质资源十分丰富，估计其年产量相当于目前所需能源的 10 倍，但被作为能源利用的还不到 1%，故利用生物质制备液体燃料的技术很有发展前途，其中又以生物质制燃料乙醇最易工业化。

纯乙醇或汽油和乙醇的混合物都可作汽车燃料。早在 1908 年，美国福特公司就生产出了既能用汽油，又能用纯乙醇的汽车。在两次世界大战之间的一段时间里，欧洲曾有 400 万辆汽车使用乙醇和汽油混合的燃料。第二次世界大战中，德国军队的大部分汽车都以土豆乙醇为燃料，当时包括中国在内的其他国家也有很多这种汽车。战后随着中东廉价原油的大量开发，这类汽车就逐渐消失了。

从 20 世纪 70 年代石油危机之后，很多国家又开始了对燃料乙醇的开发和利用。目前发达国家利用燃料乙醇不仅仅是为了减少对进口石油的依赖，很大程度上还是出于环保方面的考虑。燃烧乙醇释放的有害气体少，掺入 10%～15%的乙醇可使汽油燃烧得更完全，减少有害气体的排放量。故乙醇可作为汽油添加剂，起安全替代 MTBE（甲基叔丁基乙醚）的作用。因 MTBE 有毒，污染地下水，在有些地区已被禁用。

生物质可以通过生物转化的方法生产乙醇，每千克乙醇完全燃烧时约能放出 30 000kJ 的热量。乙醇燃料具有很多优点，它是一种不含硫及灰分的清洁能源，可以直接代替汽油、柴油等石油燃料，用于民用燃烧或作为内燃机燃料。事实上，纯乙醇或其与汽油混合的燃料作车用燃料，比较容易工业化，并与现今工业应用及交通设施接轨，是非常具发展潜力的石油替代燃料。

第一节　乙醇的性质与用途

一、乙醇的理化性质

作为动力燃料的乙醇称为燃料乙醇，分子式为 C_2H_5OH 或 CH_3CH_2OH。它是无色、透明、易流动的液体，嗅之有独特的醇香，口尝有香辣味，刺激性强，容易挥发和燃烧，是一种无污染的燃料。乙醇与水能以任何比例相混溶，混合时放出一定的热量，混合物总体积缩小。乙醇蒸气与空气混合能形成爆炸性混合气体，爆炸极限为 3.5%～8%（体积分数）。

纯乙醇的相对密度为 0.79，沸点为 78.3℃，凝固点为−130℃，燃点为 424℃，高位热值为 26 780kJ/kg。根据浓度的高低和含杂质量的多少，把乙醇分为 4 种类型。

1）高纯度乙醇：乙醇浓度 96.2%，严格中性，不含杂质。

2）精馏乙醇：乙醇浓度≥95.5%，纯度高，杂质含量很少。

3）医药乙醇：乙醇浓度≥95%，杂质含量较少。

4）工业乙醇：只要求乙醇浓度达到 95%，无其他要求，通常含有 1%左右的甲醇。主要用于稀释油漆、合成橡胶原料和作燃料使用。

一般而言，这 4 种类型的乙醇对应国家标准的 4 个乙醇等级。

1）一级乙醇：相当于精馏乙醇及高纯度乙醇。

2）二级乙醇：介于精馏乙醇与医药乙醇之间。

3）三级乙醇：相当于医药乙醇。

4）四级乙醇：相当于工业乙醇。

根据国家变性燃料乙醇的标准，乙醇含量达到 92.1%即可作为燃料，即乙醇含量达到四级标准。

二、乙醇的用途

1）化学工业：重要的化工产品原料，可用来制造合成橡胶、冰醋酸、乙醚、聚乙烯、乙二醇、多种酶类和有机酸。

2）国防工业：参与制造炸药等。

3）农业：主要用于制造农药。

4）医药工业：很多药品的制造都需要乙醇，如各种酊剂、片剂和消毒剂等。

5）溶剂工业：是常用的有机溶剂，广泛用于香料、染料、树脂、油漆等工业生产。

6）食品业：配制、加工成多种饮料酒。

7）燃料工业：作燃料用，代替或部分代替汽油和柴油。

第二节　燃料乙醇生产原理

一、乙醇生产的主要方法

乙醇生产方法可概况为两大类：发酵法和化学合成法，我国乙醇生产以发酵法为主。

1. 发酵法生产乙醇

按生产所用主要原料的不同，发酵法生产乙醇又分为淀粉质原料生产乙醇、糖质原料生产乙醇、木质纤维素原料生产乙醇及工厂废液生产乙醇等。糖质原料生产乙醇相对简单，用淀粉和纤维素制取乙醇则需要增加水解糖化加工过程，尤其是木质纤维素的水解比淀粉更为困难。

2. 化学合成法生产乙醇

该方法是用石油裂解产出的乙烯气体来合成乙醇，有乙烯直接水合法、硫酸吸附法和乙炔法等。其中乙烯直接水合法工艺应用较多，它是以磷酸为催化剂，在高温高压条件下，将乙烯和水蒸气直接反应成乙醇。现在合成乙醇在国外占乙醇总产量的 20%左右。

我国大庆市、吉林市曾用这种方法生产合成过乙醇。

二、发酵法生产乙醇的主要工业原料

1. 淀粉质原料

淀粉质原料是我国乙醇生产的最主要原料，主要有甘薯（又名地瓜、红薯、山芋）、木薯、玉米、马铃薯（又名土豆）、大麦、大米、高粱等。

2. 糖质原料

糖质原料主要是甘蔗糖蜜、甜菜糖蜜。糖蜜是制糖工业的副产品，甜菜糖蜜的产量是加工甜菜量的 3.5%～5%，甘蔗糖蜜的产量是加工甘蔗量的 3%左右。

3. 木质纤维素原料

木质纤维素原料是地球上最有潜力的乙醇生产原料，主要有农作物秸秆、森林采伐和木材加工剩余物、柴草、造纸厂和制糖厂含有纤维素的下脚料、城市生活垃圾的一部分等。

4. 其他原料

如造纸厂的亚硫酸盐纸浆废液、淀粉厂的甘薯淀粉渣和马铃薯淀粉渣、奶酪工业的副产物乳清、一些野生植物等。表 5-1 为几种生产原料的乙醇产量。

表 5-1　几种生产原料的乙醇产量

原料	乙醇产量/（L/t）	原料	乙醇产量/（L/t）
玉米	370	木料	160
甜土豆	125	糖蜜	280
甘蔗	70	甜高粱	86
木薯	180	鲜甘薯	80

三、乙醇发酵的生化反应过程

由淀粉和纤维素等多糖类原料生产乙醇的生化反应可概括为三个阶段：大分子物质，包括淀粉和纤维素及半纤维素水解为葡萄糖、木糖等单糖分子；单糖分子经糖酵解形成 2 分子丙酮酸；在无氧条件下丙酮酸被还原为 2 分子乙醇，并释放出 CO_2。寡聚糖或单糖类原料不经过第一阶段，因大多数乙醇发酵菌都有直接分解蔗糖等双糖为单糖的能力，可直接进入糖酵解和乙醇还原过程。

1. 水解反应

大多数乙醇发酵菌没有或仅有非常低的水解多糖物质的能力，在乙醇生产工艺中需要用其他水解方式将淀粉或纤维素降解为单糖分子。淀粉一般采用霉菌生产的淀粉酶为催化剂，而纤维素可采用酸、碱或纤维素酶为催化剂，主要的反应式如下。

（1）淀粉原料的水解反应

淀粉是由葡萄糖分子聚合而成的，是细胞中糖类最普遍的储藏形式。淀粉有直链淀粉和支链淀粉两类。前者为无分支的螺旋结构；后者由 24～30 个葡萄糖残基以α-1,4-糖苷键首尾相连而成，在支链处为α-1, 6-糖苷键。在酸或α-淀粉酶的作用下，发生如下反应。

$$(C_6H_{10}O_5)_n \longrightarrow \alpha\text{-}1,4\text{寡聚葡萄糖} \longrightarrow nC_6H_{12}O_6（葡萄糖）\qquad(5\text{-}1)$$

（2）纤维素原料的水解反应

木质纤维素是由木质素、纤维素及半纤维素组成的聚合体，是组成木本、草本植物细胞壁的主要成分。木质纤维素原料的水解比较复杂。首先，木质素是由聚合的芳香醇构成的一类物质，非常难降解，木质素主要位于纤维素纤丝之间，降低了纤维素与降解酶的接触。其次，纤维素是葡萄糖以 β-1,4-糖苷键结合起来的多聚糖，水解反应性低，速率较慢。最后，半纤维素的木聚糖较易水解，在弱酸性条件下即可水解。纤维素水解反应可用式 5-2 表示。

$$(C_6H_{10}O_5)_n \longrightarrow \beta\text{-}1,4\text{寡聚葡萄糖} \longrightarrow nC_6H_{12}O_6（葡萄糖）\qquad(5\text{-}2)$$

半纤维素中木聚糖的水解过程可用式 5-3 表示。

$$(C_5H_8O_4)_m \longrightarrow 5m\ C_6H_{12}O_6（木糖）\qquad(5\text{-}3)$$

2. 糖酵解

乙醇发酵过程实质上是酵母菌等乙醇发酵微生物在无氧条件下利用其特定酶系所催化的一系列有机质分解代谢的生化反应过程。由葡萄糖降解为丙酮酸的过程称为糖酵解，包括 4 种途径：EMP（糖酵解途径）、HMP（戊糖磷酸途径）、ED（2 酮-3-脱氧-6-磷酸葡糖酸裂解途径）和磷酸解酮酶途径，其中 EMP 途径最重要，一般乙醇生产所用的酵母菌都是按此途径发酵葡萄糖生产乙醇。

（1）EMP 途径

整个 EMP 途径可分为两个阶段：第一阶段是准备阶段，不发生氧化还原反应，生成 2 分子中间代谢产物，即甘油醛-3-磷酸；第二阶段发生氧化还原反应，伴随着储能化合物 ATP 和还原型辅酶 NADH 的形成，产物为 2 分子丙酮酸。

（2）HMP 途径

HMP 途径是从葡萄糖-6-磷酸开始的，不经过 EMP 的果糖-6-磷酸步骤。

HMP 途径与 EMP 途径有着密切的关系，因为 HMP 途径的中间产物甘油醛-3-磷酸、果糖-6-磷酸可进入 EMP 途径，因此也称为磷酸戊糖支路。大多好氧和兼性厌氧微生物都有 HMP 途径，而且同一微生物往往同时存在 HMP 途径与 EMP 途径，很少有微生物仅具有 HMP 途径或 EMP 途径。利用戊糖发酵乙醇的微生物可能与该途径活力较强有关。

（3）ED 途径

ED 途径是在研究嗜糖假单胞菌时发现的。在 ED 途径中，萄糖-6-磷酸首先脱氢产生葡萄糖酸-6-磷酸，然后在脱水酶和醛缩酶的作用下裂解为 1 分子甘油醛-3-磷酸和 1 分子丙酮酸，甘油醛-3-磷酸可进入 EMP 途径生成丙酮酸。

（4）磷酸解酮酶途径

当细菌进行五碳糖发酵时，可以利用磷酸戊糖解酮酶酶系催化木糖等五碳糖裂解为乙酰磷酸和甘油醛-3-磷酸，并进一步裂解、还原为乙醇。将来利用基因工程技术可以将这些特殊的酶系转移到乙醇发酵微生物体内，即可培育出既能正常发酵葡萄糖生产乙醇，又能发酵木糖生产乙醇的超级菌株。

3. 丙酮酸还原反应

糖酵解过程中产生的丙酮酸可被进一步代谢，在无氧条件下，不同的微生物分解丙酮酸后会积累不同的代谢产物。许多微生物可以发酵葡萄糖产生乙醇，主要包括酵母菌、根霉、曲霉和部分细菌，工业上主要应用酵母菌为乙醇发酵菌。丙酮酸形成乙醇的过程包括脱羧反应和还原反应，反应式如下：

$$丙酮酸 \longrightarrow 乙醛 \longrightarrow 乙醇 \tag{5-4}$$

一般酵母菌的乙醇发酵大多采用这个过程，称为酵母一型发酵，即丙酮酸脱羧生成乙醛，乙醛作为 NADH 的氢受体使 NAD^+ 再生，NAD^+ 反复用于氧化葡萄糖为丙酮酸，终产物为乙醇。

4. 乙醇发酵的类型

在不同条件下，酵母菌利用葡萄糖发酵生产乙醇分三种类型。

（1）酵母一型发酵

在乙醇发酵生产条件下，酵母菌将葡萄糖经 EMP 途径产生的 2 分子丙酮酸脱羧为乙醛，乙醛作为氢受体使 NAD^+ 再生，产物为 2 分子乙醇和 2 分子二氧化碳。

（2）酵母二型发酵

发酵环境中存在亚硫酸氢钠时，生成的乙醛与亚硫酸氢钠反应生成磺化羟基乙醛，而不能作为氢受体使 NAD^+ 再生，也就不能形成乙醇。此时，酵母菌利用磷酸二羟基丙酮为氢受体，形成 α-磷酸甘油，进一步脱羧后生成甘油。产物为乙醇和甘油。

（3）酵母三型发酵

在弱碱性条件下，乙醛不能获得足够的氢进行还原反应而积累乙醇，2 分子乙醛间会发生歧化反应，即一分子乙醛为氧化剂被还原为乙醇，另一分子为还原剂被氧化为乙酸，磷酸二羟基丙酮为受氢体，形成甘油。产物为乙醇、乙酸和甘油。

四、乙醇发酵的微生物学基础

微生物是乙醇发酵过程的主导者。微生物的乙醇转化能力是乙醇生产工艺菌种选择的主要标准，同时工艺的各种环境条件对微生物乙醇发酵的能力也有制约作用，只有合适的工艺条件才能保证最大限度地发挥工艺菌种的生产潜力。

1. 菌种的概念

发酵过程中作为活细胞催化剂的微生物即为菌种。乙醇生产工艺过程中所采用的微生物菌种是纯培养菌种，也就是说水解和发酵阶段所使用的微生物属于单一菌种，即便有混合发酵工艺应用，也只是两个纯培养种的混合发酵，一般不会涉及第三种微生物。乙醇工业常用的微生物主要有两种：一种是生产水解酶（淀粉酶或纤维素酶）的微生物菌；另一种是乙醇发酵菌。

2. 水解酶生产菌

一般来说，乙醇发酵工业上使用的酵母菌或细菌都不能直接利用淀粉或纤维素生产乙醇，需要将其水解为单糖或二糖。淀粉或纤维素均可以通过化学或微生物水解酶系降解为单糖。化学法对生产设备耐性的要求高，制造成本高，在以淀粉为原料的乙醇生产中很少使用；纤维素原料结构组成具有复杂性和特殊性，常用蒸汽曝破法等物理化学方法对纤维素材料进行预处理，再利用微生物酶系对纤维素材料进行降解。利用微生物生产的水解酶主要有下面两类。

（1）淀粉酶生产菌

淀粉原料生产乙醇采用的糖化剂主要是淀粉酶，由微生物发酵而生产，俗称为曲。生产淀粉酶的微生物一般采用曲霉菌。曲霉菌的种类很多，主要有曲霉属的米曲霉菌、黄曲霉菌、乌沙米曲霉菌、甘薯曲霉菌、黑曲霉菌等，其中黑曲霉菌及乌沙米曲霉菌用得最广。

曲霉菌的碳源主要是淀粉，固体曲一般采用麸皮为培养基，麸皮约含 20%淀粉。曲霉菌是好氧菌，生长时需要有足够的空气，麸皮疏松，表面积大，有利通风，通风能够供给曲霉菌呼吸用氧，驱除呼吸产生的 CO_2 和热，以保持一定的温度和湿度，使菌丝体能充分生长。液体曲培养基淀粉含量一般为 6%～8%。在一定的范围内培养基中氮的含量越高，菌丝生长越茂盛，酶活力越高。无机氮包括硝酸钠和硝酸铵，常用有机氮包括麸皮、米糠、豆饼等原料。微生物细胞需要的各种无机元素，如磷、钾、镁、钙、硫、钠等主要来自米糠。曲霉菌适于在潮湿环境生长，一般曲料水分含量为 48%～50%，曲房空气的湿度为 90%～100%。

（2）纤维素酶生产菌

大部分细菌不能分解晶体结构的纤维素，但有些霉菌（如木霉）能分泌水解纤维素原料所需的全部酶。研究和应用最多的是里氏木霉菌，通过传统的突变和菌株选择，已从早期的野生菌株进化出很多如 QM 9414、L-27、Rut C30 这样的优良变种。也有利用根霉菌、青霉菌等霉菌生产纤维素酶的报道。各种微生物所分泌的纤维素酶不完全相同。例如，不少里氏木霉菌株可产生活性高的内切葡萄糖酶和外切葡萄糖酶，但它们所产生的 β-葡萄糖苷酶活性较差；而青霉属的霉菌虽水解纤维素的能力差，但分解纤维二糖的能力很强。在生产纤维素酶时就可把这两类菌株放在一起培养。

3. 乙醇发酵菌

能进行乙醇发酵的微生物种类很多，包括酵母菌、霉菌和细菌，其中最常用的乙醇发酵微生物菌种是酵母菌。

酵母菌是一类单细胞微生物，细胞形态以圆形、卵圆形或椭圆形较多，繁殖方式以出芽繁殖为主。酵母菌不能直接利用多糖（如淀粉、纤维素等），而其利用单糖和双糖的能力因菌种和菌株而异，但一般都能利用葡萄糖、蔗糖和麦芽糖等。酵母菌为兼性厌氧微生物，体内有两种呼吸酶系统：一种是好氧性的；另一种是厌氧性的。在畅通空气条件下，酵母菌进行好氧性呼吸，繁殖旺盛，但产生乙醇少；在隔绝空气条件下，进行厌氧性呼吸，繁殖较弱，但产生乙醇较多。因此，在乙醇发酵初期应适当通气，使酵母菌细胞大量繁殖，累积大量的活跃细胞，然后停止通气，使大量活跃细胞进行旺盛的发酵作用，多生成乙醇。

有些细菌也能利用葡萄糖或木糖发酵生产乙醇，只是利用途径和产物不同，如运动发酵单胞菌和厌氧发酵单胞菌利用 ED 途径分解葡萄糖产生乙醇；八叠球菌则利用 EMP 途径生产乙醇。细菌繁殖快，代谢活力强，如果能利用细菌作为乙醇发酵的菌种，则有可能大幅度提高发酵设备的生产能力。但是细菌发酵过程易污染杂菌，保持菌种纯培养比较困难，而且细菌的遗传性状不如酵母菌稳定，易发生遗传变异，改变菌种的生产性能。所以，到目前为止，国内外尚无大规模实际应用的细菌乙醇发酵菌种。

第三节　乙醇发酵的工艺类型

按发酵过程物料存在状态，发酵法可分为固体发酵法、半固体发酵法和液体发酵法。根据发酵液注入发酵罐的方式不同，可以将乙醇发酵的方式分为间歇式、半连续式和连续式三种。

一、间歇式发酵法

间歇式发酵法就是指全部发酵过程始终在一个发酵罐中进行。由于发酵罐容量和工艺操作不同，间歇发酵工艺又可分为如下几种方法。

1. 一次加满法

将糖化醪冷却到 27～30℃后，接入酒母，混合均匀后，经 60～72h 发酵，即成熟。此法适用于糖化锅与发酵罐容积相等的小型乙醇厂，优点是操作简便、易于管理，缺点是酒母用量大。

2. 分次添加法

此法适用于糖化锅容量小而发酵罐容量大的工厂。生产时，先打入发酵罐容积 1/3 左右的糖化醪，接入 10% 酵母菌发酵 2～3h 后，加第二次糖化醪，再隔 2～3h 第三次加入糖化醪，直至加到发酵罐容积的 90% 为止。

3. 连续添加法

适用于采用连续蒸煮、连续糖化工艺的乙醇生产工厂。生产开始先将一定量的酒母打入发酵罐，然后根据生产量确定流加速度。流加速度与酵母菌接种量有密切关系，如果流加速度太快，则发酵醪中酵母菌细胞数太少，不能保证酵母菌繁殖的优势，易被杂菌所污染；如果流速太慢，也会造成后加入的糖化醪中的支链淀粉不能被彻底利用。一般在接种酵母菌后 6～8h 内将罐装满。

4. 分割主发酵醪法

适用于卫生管理较好的乙醇工厂,其无菌要求较高。将处于旺盛主发酵阶段的发酵醪分出 1/3～1/2 至第二罐,然后两罐同时补加新鲜糖化醪至满,继续发酵。待第二罐发酵正常又处于主发酵阶段时,同法又分出 1/3～1/2 发酵醪至第三罐,并加新鲜糖化醪至第二、三罐。如此连续分割第三、四……各罐。前面的第一、二……罐发酵成熟的醪液送去蒸馏。优点是省去了酒母制作过程,并相应地减少了酵母菌生长的前发酵期。

二、半连续发酵法

半连续发酵是指在主发酵阶段采用连续发酵,而后发酵采用间歇发酵的方式。在半连续发酵中,根据醪液的流加方式不同,又可分为两种。

第一种方法是将一组数个发酵罐连接起来,使前三个罐保持连续发酵状态。开始投产时,在第一只罐接入酒母后,使该罐始终处于主发酵状态,连续流加糖化醪。待第一罐加满后,流入第二罐,此时可分别向第一、二两罐流加糖化醪,并保持两罐始终处于主发酵状态。待第二罐流加满后,自然流入第三罐。第三罐流加满后,流入第四罐。第四罐流加满后,则由第四罐改流至第五罐,第五罐满后改流至第六罐,依次类推。第四、五罐发酵结束后,送去蒸馏。洗刷罐体后再重复以上操作。

第二种方法是由 7～8 个罐组成一组罐,各罐用管道从前罐上部通入下罐底部相串联。投产时,先制备 1/3 体积的酒母,加入第一罐,随后在保持主发酵状态下,流加糖化醪。满罐后,流入第二罐,待第二罐醪液加至 1/3 容积时,糖化醪转流加至第三罐,第三罐加满后,流入第四罐,然后重复第二罐操作,直至末罐。

三、连续发酵

淀粉质原料生产乙醇的连续发酵在国内外早有研究,由于杂菌污染问题没能得到很好解决,因此未能普遍推广和应用。近年来,由于发酵理论研究有所进展,尤其是在用淀粉质原料生产乙醇的过程中采用了连续蒸煮、连续糖化和液体曲新工艺,给连续发酵创造了条件,因此连续发酵引起了人们的普通重视,也取得了很大成绩。

(一) 多级连续发酵工艺条件的建立

1. 各发酵罐平衡条件的建立

多级连续发酵是把发酵过程的不同阶段分别放在不同的发酵罐中进行。新鲜糖化醪从首罐不断流入,直到成熟发酵醪从末罐不断流出,整个发酵过程呈连续状态,所以称作多级连续发酵。在发酵过程中自首罐至末罐,溶液浓度依次降低,乙醇含量依次增高。对于每个发酵罐,黏液流量、醪液浓度、乙醇含量、酵母菌细胞数量及醪液温度、pH 等,均应保持相对稳定状态,这样才能使连续发酵顺利进行。

2. 稳定条件的控制途径

（1）化学恒定系统控制

化学恒定系统控制是指利用保持营养物质浓度的恒定来控制培养基各种营养物质（加碳源、氮源及其他各种营养物质）的恒定。为保证各发酵罐相对稳定条件的建立，对于每个发酵罐中的营养成分，必须满足下列平衡条件：流入=消耗+流出。主要是通过限制糖化醪的流加速度来实现。

如果糖化醪流加速度太快，则：流入＞消耗+流出。这样发酵罐内的营养物质逐渐增多，发酵醪未发酵完全就连同酵母菌细胞一起被冲走，因而造成发酵能力减弱。

相反，如果糖化醪流加得太慢，则：流入＜消耗+流出。使发酵罐中醪液发酵时间过长，同时发酵醪中酵母菌细胞积累较多，营养成分消耗过多，酵母菌发酵得不到需要的原料。

（2）发酵醪的酵母菌细胞数控制

控制酵母菌细胞数，以维持各发酵罐的发酵状态相对稳定。对于每个发酵罐，其酵母菌细胞数必须达到下述平衡条件：流入+新增殖=流出。

如果流入+新增殖＞流出，则发酵醪中酵母菌细胞积累过多，营养物质消耗加快，使醪液中营养物质不足；反之，流入+新增殖＜流出，则发酵罐中酵母菌细胞数减少，造成发酵能力降低。

（二）连续发酵工艺

根据具体操作方法的不同，连续发酵工艺可分为如下三种。

1. 循环连续发酵法

此法是将9～10个罐组成一组连续发酵罐组，各罐连接方式是从前罐上部流入下一罐底部。投产时，先将酒母打入第一罐，同时加入糖化醪，在保持该罐处于主发酵的状态下，流加糖化醪至满，然后自然流入第二罐，满后又依次流入第三罐，直至末罐。待醪液流至末罐并加满后，发酵醪成熟。将末罐成熟的发酵醪送去蒸馏，洗刷末罐并杀菌，用末罐变首罐，重新接种发酵，然后以相反方向重复以上操作，这样首罐变末罐，进行循环连续发酵。

2. 多级连续发酵法

多级连续发酵法也称连续流动发酵法。与循环法类似，也是用9～10个发酵罐串联在一起，组成一组发酵系统。各罐连接也是由前罐上部经连通管流至下罐底部。投产时，先将酒母打入第一罐，然后在保持该罐处于主发酵状态下流加糖化醪，满罐后流入第二罐。在保持两罐均处于主发酵状态下，第二罐与第一罐同时流加糖化醪。待第二罐流加满后，又流入第三罐，在保持三个罐均处于主发酵状态下，向三个罐同时流加糖化醪。待第三罐流加满后，自然流入第四罐，直至末罐。这样只在前三个发酵罐中流加糖化醪，并使之处于主发酵状态，从而保证了酵母菌生长繁殖的绝对优势，抑制了杂菌的生长。从第四罐起，不再流加糖化醪，使之处于后发酵阶段。当醪液流至末罐时，发酵醪即成熟，即可送去蒸馏。发酵过程从前到后，各罐之间的醪液浓度、乙醇含量等均保持相对稳定的浓度梯度。从前面三个发酵罐连续流加糖化醪，到最后一罐连续流出成熟发酵醪，整个过程处于连续状态。

目前，我国淀粉质原料连续发酵制乙醇基本上是利用上述方式进行。

3. 双流糖化和连续发酵

国外发表了双流糖化和连续发酵的新工艺（图 5-1），其操作过程是将蒸煮醪按两种糖化方法进行糖化。第一种方法在 58~60℃条件下糖化 50~60min；第二种方法在真空 60℃条件下糖化 5~6min。糖化剂使用甘薯曲霉菌和拟内孢霉菌深层培养液，用量为淀粉量的 85%。其中，2/3 酶液加入第一种糖化器中，其余 1/3 加入第二糖化器内。经第一糖化器糖化的醪液流入主发酵罐内，而从第二糖化器流出的糖化醪送入其他发酵罐内。

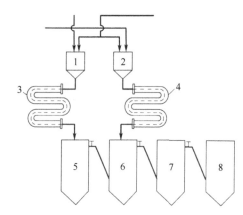

图 5-1　双流糖化和连续发酵工艺示意
1，2.糖化器；3，4.冷却器；5，6.第一、二主发酵罐；7，8.发酵罐

酵母菌接种量按主发酵容积的 25%加入。为防止杂菌污染，可加入 0.01%的抗乳菌素（一种抑制乳酸菌的物质）。发酵至第 8、9 罐结束（每组由 12 个罐组成），成熟发酵醪乙醇含量为 8.42%~8.76%，残糖为 0.22%~0.26%，其中可发酵性残糖仅为 0.1%。

（三）连续发酵的优点

1. 提高了设备利用率

连续发酵法生产乙醇，其生产设备始终处于发酵状态，一般需 15 天左右才对罐体洗刷、杀菌一次，而间歇发酵每用 3 天就要对罐体洗刷、杀菌一次，从而省去了大量的发酵辅助时间。另外，连续发酵过程中，发酵液进入发酵罐后，立即处于主发酵状态，省去了间歇发酵中的前发酵期，因此设备利用率提高 20%以上。

2. 提高了淀粉利用率

连续发酵无菌条件要求高，杂菌不易污染，发酵醪液始终处于流动状态，促进了酵母菌与醪液的均匀接触，并有利于 CO_2 排除，因此增强了酵母菌的发酵作用，提高了出酒率。广西桂平糖厂采用"全封闭自流式连续发酵"新工艺之后，淀粉出酒率达到 56.3%，原料（大米）出酒率达到 40.87%，创造了我国淀粉质原料生产乙醇的良好成绩，也达到了国际先进水平。

3. 省去了酒母工段

连续发酵工艺每 15 天左右才需接种一次酒母，而间歇发酵 1 天要培养几次酒母，因此大大减少了繁琐的酒母培养工作。如果采用液曲酒母新工艺，酒母培养在液体曲发酵罐中进行，然后将成熟的液曲酒母接入发酵罐，就同时省去了酒母培养和糖化两个工段，不但省去了繁琐的培养工作，还节省了设备投资。

4. 便于实现自动化

目前，乙醇生产中蒸煮、糖化和蒸馏工艺多数已采用连续生产，如果发酵工艺也能采用连续化，则整个生产都趋于连续化了，这对乙醇生产采用自动化控制是有利的。

第四节 非粮食淀粉质原料的乙醇生产

2006 年 12 月，国家发改委、财政部共同下发了《关于加强生物燃料乙醇项目建设管理，促进产业健康发展的通知》，要求"坚持非粮为主，积极稳妥推动生物燃料乙醇产业发展"。该通知鼓励建设木薯、甘薯、甜高粱种植基地，对以玉米和小麦为原料的燃料乙醇项目暂停核准。2007 年 6 月 7 日，国务院进一步明确中国将停止建设以粮食为原料的乙醇燃料项目，在不得占用耕地、不得破坏生态环境的原则下，坚持发展非粮食燃料乙醇。中国是世界上最大的甘薯生产国，木薯、甜高粱等非粮食作物的产量也比较大（不同非粮食作物原料的情况如表 5-2 所示），发展以薯类、甜高粱等为原料的非粮燃料乙醇符合我国国情和国家发展规划。目前我国已经有不少企业开展了非粮食生物乙醇项目：中国石油化工集团公司（中国石化）宜昌 10 万 t/年燃料乙醇项目，总投资 4.75 亿元，主产品燃料乙醇 10 万 t/年，副产品蛋白饲料（干）5 万 t/年，杂醇油 250t/年，液态二氧化碳 5 万 t/年，厂区总占地面积 441 亩；中国石化荆门 10 万 t/年燃料乙醇项目，采用鲜红薯和薯干为主要原料；中国石化东乡 10 万 t/年燃料乙醇项目，项目位于江西省抚州市东乡县，由中石化西石油分公司和江西雨帆农业发展有限公司建设，总投资 4.7545 亿元。2009 年 1 月海南椰岛（集团）股份有限公司年产 20 万 t（一期 10 万 t）燃料乙醇项目建立，项目位于海南省儋州市，由海南椰岛（集团）公司建设，总投资 4.209 亿元。

表 5-2 2008 年不同原料的单位面积产量、乙醇产量、原料成本和适宜区域

品种	单产/（t/hm²）	单价/（元/t）	每吨乙醇所需原料/t	乙醇产量/（t/hm²）	乙醇原料成本/（元/t）	参考地点
木薯	20	480	8	2.5	3840	广西
甘薯	37	420	10	3.7	4200	四川
甜高粱茎秆	60	200	15	4.0	3000	山东
甘蔗	71	280	13	5.5	3640	广西
甜菜	59	370	12	4.9	4440	新疆
菊芋	45	450	12	3.8	5400	西部地区盐碱地

一、原料粉碎

谷物或薯类原料的淀粉都是植物体内的储备物质，常以颗粒状态存于细胞之中，受到植物组织与细胞壁的保护，因此需经过机械粉碎将植物组织破坏，促进淀粉的释放。粉碎后的原料增加了浸水受热面积，有利于淀粉颗粒的吸水膨胀、糊化，提高热处理效率，缩短热处理时间。另外，粉末状原料加水混合后容易流动输送。

二、蒸煮糊化

淀粉是一种亲水胶体，当其与水接触，水就经过渗透薄膜进入到淀粉颗粒里面，淀粉颗粒因吸水而膨胀，体积扩大，质量增加。淀粉质原料在吸水后应进行高温高压蒸煮，将吸水后的淀粉加热到 60～80℃时，淀粉颗粒体积随温度升高而膨胀 50～100 倍，此时各分子之间的联系削弱，使淀粉颗粒之间分开，植物组织和细胞彻底破裂，原料内含的淀粉颗粒因吸水膨胀而破坏，此现象在工艺上称作淀粉糊化。淀粉由颗粒变成溶解状态的糊液，易于接受淀粉酶的作用，将淀粉水解成可发酵性糖。纯淀粉在 120℃时能充分液化，到 135℃左右细胞壁破裂。另外，通过高温高压蒸煮，将原料表面附着的大量微生物杀死，具有灭菌作用。

在乙醇生产过程中，蒸煮要消耗较大能量（温度达 150℃，压力为 300～600kPa，时间为 60～120min），占乙醇生产所需总能量的 20%～30%。为降低能耗，简化工艺，已有过许多试验和研究，如低温蒸煮、生料发酵（免蒸煮）等，有些已在生产上有所采用。据泰国资料介绍，用木薯淀粉生产乙醇，不蒸煮而使用淀粉酶和糖化酶，发酵阶段可减少耗能 40%。

现在淀粉质原料生产乙醇的工厂，大多数采用连续蒸煮工艺，但尚有一部分小型乙醇厂和白酒厂采用间歇蒸煮法。

三、糖化工艺

加压蒸煮后的淀粉糊化成为溶解状态（蒸煮醪），尚不能直接被酵母菌利用发酵生成乙醇，必须进行糖化，即将蒸煮醪中的淀粉转化成可发酵性糖。糖化过程所用的催化剂称为糖化剂，我国多采用曲作糖化剂，欧洲各国则仍采用麦芽为糖化剂。曲分为麸曲和液体曲：用固体表面培养的曲称为麸曲；用液体深层通风培养的为液体曲。此外，也有企业直接采用糖化酶作糖化剂。目前，糖化酶的生产在我国已单独形成产业，从而减少了一些乙醇生产厂糖化酶车间的投资和建设。

对乙醇生产中制曲所用的糖化菌有一定的要求，如要求其能产生一定的 α-淀粉酶、活性强的糖化酶和适量的蛋白酶，并且菌种应具有不易退化、容易培养等优点。用得最广的糖化菌种有黑曲霉菌、乌沙米曲霉菌等。

四、酒母的培养

酒母原指含有大量能将糖类发酵成乙醇的人工酵母菌培养液，后来人们习惯将固态的人工酵母菌培养物也称为固体酒母。要想使少量的酵母菌繁殖成大量的酵母菌细胞，首先必须供给酵母菌大量生长繁殖所需的营养物质。

　　酵母菌在实验室培养阶段一般多采用米曲汁或麦芽汁作培养基。由于其中含有丰富的碳、氮及其他营养物质，很适宜酵母菌在试管、三角瓶等中培养时繁殖阶段的营养需要。米曲汁或麦芽汁的 pH 一般控制在 4～5，常用磷酸调整。

　　酒母扩大培养至卡氏罐和酒母罐后，需要用大量更为接近发酵培养液组分的糖化醪来培养，以使酵母菌逐渐适应大生产培养条件。酒母糖化醪原料要求含有较多的淀粉质、一定量的氮和无机盐等营养物质，以满足酵母菌合成菌体细胞的需要。酒母糖化醪一般以玉米为原料，因为玉米含有大量淀粉和丰富的蛋白质等物质，水解后可以为酵母菌繁殖提供胨、肽、氨基酸等营养物质。另外，玉米中无机盐和维生素的含量也很丰富，玉米酒母糖化醪无需补加其他营养物质。

五、乙醇发酵

　　乙醇发酵过程大体可分为三个阶段。

1. 前发酵期

　　酵母菌与糖化醪加入发酵罐后，醪液中的酵母菌细胞数还不多，因为醪液中含有少量溶解氧和充足的营养物质，所以酵母菌能迅速进行繁殖，使发酵醪中酵母菌细胞繁殖到一定数量。因发酵作用不强，乙醇和 CO_2 产生得很少，所以发酵醪表面显得比较平静，糖分消耗也比较慢。前发酵期温度一般不超过 30℃，延续时间一般为 10h 左右。接种量大则可适当缩短前发酵期。

2. 主发酵期

　　主发酵阶段酵母菌细胞已在大量形成，醪液中酵母菌细胞可达 $1×10^8$ 个/mL 以上。由于发酵醪中的氧气已消耗完毕，酵母菌基本上停止繁殖而主要进行乙醇发酵作用。发酵醪的温度上升很快，此时温度最好控制在 30～34℃，这是乙醇酵母菌最适宜的发酵温度。主发酵期一般为 12h 左右，若发酵醪中糖分含量高，应适当延长主发酵期。

3. 后发酵期

　　后发酵阶段醪液中的糖分大部分已被酵母菌消耗掉，尚存部分糊精继续被糖化酶作用生成葡萄糖，但此作用十分缓慢，生成的糖分也少，所以这一阶段发酵醪中乙醇和 CO_2 产生得很少，由于发酵作用减弱，醪液的温度逐渐下降，此时应将醪液温度控制在 30～32℃。后发酵阶段一般需要 40h 左右才能完成。

　　上述三个阶段是对发酵过程的大体划分，实际上三个阶段并不能截然分开。整个发酵过程时间的长短与糖化剂种类、酵母菌性能、接种量、发酵温度等因素有关。发酵总时间一般多控制在 60～72h。

六、乙醇提取与精制

1. 乙醇蒸馏的基本原理

　　糖化醪在乙醇发酵罐内进行发酵（发酵醪），经过近 70h 后，变成了成熟醪。成熟醪中除了含有 7%~11%的乙醇外，还含有醇、醛、酸、酯类等超过 40 种的其他挥发性物质，但这些挥发性物质含量极少，所以一般乙醇蒸馏都是将成熟醪作为乙醇和水的二元混合物来处理的。蒸馏成熟醪获得乙醇主要是根据乙醇和水的沸点差异。乙醇的沸点为 78.3℃，水的沸点是 100℃。当把成熟醪（或粗酒）加热时，其中乙醇成分因沸点低而挥发快，水分因沸点高而挥发慢。于是在加热后的蒸汽中，乙醇含量较液体内高。若将此蒸汽冷凝下来再加热蒸发，并连续进行多次，即可得到较高浓度的乙醇。

蒸馏是乙醇生产过程中能量消耗较大的工艺环节。为了减小蒸馏能耗，泰国用木薯生产乙醇的试验工厂研究采用加压式（140kPa）蒸馏。据介绍，加压蒸馏系统所耗的蒸汽量比通常的大气压蒸馏可减小 42%。

2. 无水乙醇的生产方法

用普通蒸馏方法制得的乙醇，不能用作代汽油燃料，要脱水至含乙醇 99.5%以上，并加改性剂才能将其作燃料乙醇。一般称 99.5%以上乙醇含量的乙醇为无水乙醇。生产方法大致有化学反应脱水、分子分离脱水、三元共沸物蒸馏脱水、萃取蒸馏脱水方法。

（1）化学反应脱水

常见的化学反应脱水方法有 Merek 法和 Hiag 法。

Merek 法是用生石灰、氯化钙为脱水剂，每升乙醇加 0.55kg 氯化钙，经 6h 或加压反应让脱水剂吸掉乙醇的水，再精馏制得，此法乙醇损耗较大。我国湖南、山东的一些小型企业采用此法。

Hiag 法采用乙酸锅混合液，它具有脱水性，在脱水精馏塔中逆向交换吸收脱水。可制得 99.8%无水乙醇，损耗 0.1%~0.5%，每 100L 无水乙醇耗气 65~80kg、电 0.5kW·h、水 1.2~1.6t。

（2）分子分离脱水

96%含量的乙醇通过 A4 型分子筛后，分子筛可把乙醇的水分吸附，使乙醇纯度统一提高到 99%以上。离子交换树脂脱水一般用 732 型树脂，每吨无水乙醇需 96%乙醇 1.25t、电 350kW·h，树脂 3.5kg。此法已被武汉、江西一些企业采用。气相分子筛更为节能，巴西 Usina Da Pedza 糖厂是目前世界上最大的采用气相分子筛法生产无水乙醇的企业。

（3）三元共沸物蒸馏脱水（称 Melle 法）

三元共沸物蒸馏脱水是大规模生产无水乙醇最通用的方法。工业或燃料用的无水乙醇，一般用苯作脱水剂，乙醇、水与苯构成三元共沸物，其沸点比三种组分的沸点都低。当脱水塔加热至 64.85℃时，逐步蒸馏出带水的苯、乙醇液，塔底便可得到 99.8%~99.95%无水乙醇。苯由回收塔回收，循环再作共沸剂。因苯有毒，若生产用于医药、化妆品、香精等的无水乙醇，则改用环己烷、乙二醇乙酸钾为共沸剂。

（4）萃取蒸馏脱水

常用萃取剂有甘油、乙二醇、乙酸乙二醇钾等。在蒸馏塔中乙醇气向上升，而溶剂向下降的逆流萃提，即萃取。溶剂把乙醇水分带走，无水乙醇在塔顶逸出，塔底排出的为有水分的萃取溶剂，溶剂再生后可复用。

第五节　糖蜜类原料的乙醇生产

糖蜜类原料，如甘蔗糖蜜、甜菜糖蜜等，所含的糖分主要是蔗糖，是一种由葡萄糖和果糖通过糖苷键结合的双糖，在酸性条件下可水解为葡萄糖和果糖。酵母菌可水解蔗糖为葡萄糖和果糖，并在无氧条件下发酵葡萄糖和果糖生产乙醇，一般的化学反应可用式 5-5 表示。

$$(C_6H_{10}O_5)_2 \xrightarrow{\text{酶,H}_2\text{O}} 2C_6H_{12}O_6 \xrightarrow{\text{酵母菌或乙醇发酵菌}} 4C_2H_6O+4CO_2 \qquad (5\text{-}5)$$

如前所述，用淀粉类原料生产乙醇，必须经过粉碎、拌浆、蒸煮、糖化等过程的处理才能被酵母菌发酵利用，生产出乙醇。而利用糖蜜类原料生产乙醇时，就不需要以上工序。

一、糖蜜原料生产乙醇的特点

在我国东南沿海福建、台湾、广东、广西及内地四川等省区，有许多糖厂以甘蔗为原料，其副产物糖蜜量为加工甘蔗的 3%左右；而在华北、东北地区有一些糖厂以甜菜为原料，其副产物糖蜜量为加工甜菜的 3.5%～5%。糖蜜乙醇发酵有以下特点。

1）糖蜜中的糖类大多数为可发酵性糖，不用蒸煮和糖化，无需糖化剂。生产工艺流程比淀粉质原料生产乙醇简单，工艺过程和设备均较简单，周期较短，可以省去蒸煮、制曲、糖化等工序。

2）糖蜜的干物质浓度在 80%以上，糖分在 45%以上，所以糖蜜必须稀释，使糖液浓度降至 22%～25%后才能进行乙醇发酵。

3）甜菜糖蜜呈碱性，pH=7.4，要加酸调到 pH 4～4.5 后才能发酵；甘蔗糖蜜呈微酸性 pH 6.2，仅需加少量硫酸调整 pH 即可。

4）糖蜜一般污染有很多杂菌，需要灭菌或酸化后使用。

5）糖蜜中灰分含量较高，达 5%～16%，会引起发酵率下降和设备结垢，应清除灰分，选育合适的酵母菌种。

6）糖蜜中含 5%～12%的胶体，主要成分是焦糖、黑色素、果胶质等，是乙醇发酵起泡的主要原因，也会使酵母菌代谢受到抑制，有条件时应采取措施将其除去。

7）糖蜜中含有微量重金属离子，如 Cu^{2+} 和 Pb^{2+} 的含量较高，特别是 Cu^{2+} 浓度达到 5～10ppm 时即会对酵母菌产生抑制作用，应予以重视。

8）甜菜糖蜜含磷较少，甘蔗糖蜜含氮较少，要分别添加磷和氮源。

9）糖蜜乙醇发酵生成的醛、酯馏分较多，杂醇油也多一些。

二、糖蜜生产乙醇的工艺流程

糖类原料和淀粉原料生产乙醇的工艺过程，只有发酵前的预处理方法不同，后续过程基本相同。但是在具体工艺细节方面，如工艺条件和操作，还是存在一些差异，不尽相同。

糖蜜在发酵前要经过加水稀释（稀释至酵母菌能利用的糖度）、加酸酸化（调整 pH 至 4.0～4.5，加速沉淀）、灭菌、澄清、添加营养盐（N、P、Mg）等处理，然后进入发酵罐中进行发酵。

三、糖蜜的乙醇发酵

根据糖蜜原料的特点，在乙醇发酵前必须进行稀释、酸化、灭菌、澄清和添加营养盐等预处理工序。糖蜜乙醇发酵的化学反应式为

$$C_6H_{12}O_6 \longrightarrow 2CH_3COCOOH + 4H \tag{5-6}$$

$$2CH_3COCOOH \longrightarrow 2CH_3CHO + 2CO_2 \tag{5-7}$$

$$2CH_3CHO + 4H \longrightarrow 2CH_3CH_2OH \tag{5-8}$$

$$或 C_6H_{12}O_6 \longrightarrow 2CH_3CH_2OH + 2CO_2 \tag{5-9}$$

可以看出，乙醇发酵过程是己糖分解脱氢生成丙酮酸，丙酮酸经过脱羧作用生成乙醛和二氧化碳，而后乙醛利用脱氢反应所脱下的氢被还原成乙醇。这些过程都有相应的酶在起催化作用。

糖蜜乙醇发酵成熟醪中含有的酯醛类杂质、杂醇油及灰分较多，连续蒸馏过程中容易产生泡沫和积垢。因此，蒸馏时要注意排醛和抽提杂醇油，同时也要注意防止产生液泛及积垢。对不同乙醇质量的成品，所采用的蒸馏工艺设备流程不同。

第六节　纤维素原料的乙醇生产

纤维素原料是发酵法生产乙醇最大的潜在原料，据测算全球年总产量高达 1500 亿 t，蕴储着巨大的生物质能（6.9×10^{15} kcal）。据农业部统计：国内每年仅农作物秸秆约有 7 亿 t。2009 年 1 月 15 日，中粮集团有限公司、丹麦诺维信公司（全球最大的酶制剂生产商）和中国石化签署了技术合作框架协议，三方将在中国合作发展纤维素乙醇技术，开发第二代燃料乙醇，并将纤维素乙醇推向国内外市场。国内外纤维素制燃料乙醇处于研发阶段，其中部分进入中型试验阶段。主要存在如下问题：缺乏可用于工业连续生产的秸秆预处理技术和国产关键设备；国内没有企业可以生产低成本商业化的纤维素酶制剂产品；缺乏自主产权纤维素制乙醇的液化糖化共发酵专有设备。

国外纤维素制乙醇试验或试生产机构包括：美国陆军 Natick 研究发展中心、美国加州大学劳伦斯伯克利国家实验室、美国阿肯色大学生物量研究中心、美国宾夕法尼亚大学、加拿大 Forintek 公司、法国石油研究院、日本石油替代品发展研究协会、瑞典林产品研究实验室、瑞典隆德大学、奥地利格拉茨大学、芬兰国家技术研究中心、印度理工学院等。

国内也在大力开展纤维素生产乙醇技术的研究和开发工作：中国科学院过程工程研究所进行了蒸汽爆破法预处理生产乙醇技术研究；山东大学开展了"纤维素原料转化乙醇关键技术"研究；华东理工大学采用酸水解工艺建立了 600t/年燃料乙醇工艺；黑龙江南岔木材水解厂采用稀酸加压渗滤水解技术生产乙醇；中粮生化能源（肇东）有限公司完成了 500t/年纤维素乙醇试验装置；安徽丰原集团有限公司的纤维素生产乙醇技术进入中试阶段；河南天冠企业集团有限公司与浙江大学联合采用弱碱法用纤维素制乙醇。目

前比较成熟的、已经工业化的是稀硫酸渗滤水解法；浓盐酸和浓硫酸水解法也取得了中试和生产试验成果；酶水解法生产工艺虽然起步晚，但是研究进展迅速并有非常大的开发潜力。

纤维素原料生产燃料乙醇的一般工艺流程为：原料→粉碎→预处理→水解→发酵→蒸馏→乙醇→无水乙醇。其中，水解和发酵的方法和技术是整个工艺流程中主要的限速步骤。

一、水解的基本原理

纤维素原料细胞壁的基本结构物质是纤维素、半纤维素和木质素，纤维素是主要的组成部分。在植物纤维中，纤维素沿着分子链链长的方向彼此近似平行地聚集成微细纤维而存在，排列整齐又较紧密的部分为纤维素的结晶区；排列不整齐又较松散的部分为纤维素的无定形区。在纤维素之间充满半纤维素、果胶和木质素等物质。

纤维素属大分子多糖，是由葡萄糖脱水，通过 β-1，4-葡萄糖苷键连接而成的直链聚合体，纤维素分子式可简单表示为 $(C_6H_{10}O_5)_n$，n 为聚合度，表示纤维素中葡萄糖单元的数目，一般在 3500～10 000。所以，纤维素的性质非常稳定，不溶于水，无还原性，在常温下不发生水解，在高温下水解也很慢。只有在催化剂存在时，纤维素的水解反应才显著进行。常用的催化剂是无机酸和纤维素酶，由此分别形成了酸水解和酶水解工艺。纤维素水解生成葡萄糖的反应可表示为

$$(C_6H_{10}O_5)_n + nH_2O \longrightarrow nC_6H_{12}O_6 \qquad (5-10)$$

理论上，每 162kg 纤维素水解可得 180kg 葡萄糖。

半纤维素是由多种单糖聚合而成的多聚糖，呈直链和支链排列，并带有数量不等的乙酰基和甲基。但半纤维素的聚合度较低，糖单元数在 60～200，无晶体结构，所以较易水解。半纤维素的水解产物包括两种五碳糖（木糖和阿拉伯糖）和三种六碳糖（葡萄糖、半乳糖和甘露糖）。各种糖类所占比例随原料而变化，一般木糖占一半以上。以农作物秸秆和草为水解原料时还有相当量的阿拉伯糖生成（可占五碳糖的 10%～20%）。半纤维素中木聚糖的水解过程可用式 5-6 表示。

$$(C_5H_8O_4)_m + mH_2O \longrightarrow mC_5H_{10}O_5 \qquad (5-11)$$

故每 132kg 木聚糖水解可得 150kg 木糖，m 为聚合度。

木质素是由苯基丙烷结构单元通过碳-碳键连接而成的三维空间高分子化合物，其分子式可简单表示为 $(C_6H_{11}O_2)_n$。木质素不能被水解为单糖，且在纤维素周围形成保护层，影响纤维素水解。但木质素中氧含量低，能量密度（$27 \times 10^3 kJ/kg$）比纤维素（$17 \times 10^3 kJ/kg$）高，水解留下的木质素残渣常用作燃料。木质素中所含的酚可以与醇反应生成甲基或乙基芳香醚，这是一种氧化辛烷增长剂。木质素还可以生产其他一些化学产品，包括酚化合物、芳香族化合物、二元酸和烯烃等。

二、纤维素酸水解和乙醇发酵

（一）浓酸水解

法国早在 1856 年即开始采用浓硫酸水解法进行乙醇生产的研究。在浓酸作用下纤维

素首先迅速溶解，但并不发生水解反应。浓酸处理后成为纤维素糊精，变得易于水解（纤维素经浓酸溶解生成单糖，由于水分不足，浓酸吸收水分，单糖又生成为多糖，但这时的多糖不同于纤维素，比纤维素易水解），但水解在浓酸中进行得很慢，一般是在浓酸处理之后与酸分离，再使用稀酸进行水解。我国曾在黑龙江利用苏联的技术建设了年产5000t乙醇的工厂，后停产。浓酸水解的优点是糖类的回收率高（最高可达90%以上），主要问题是成本太高、污染严重等。

（二）稀酸水解

稀酸水解采用稀酸为催化剂，反应条件相对温和，有利于生产成本的降低。

1. 稀酸水解机制

在纤维素的稀酸水解中，水中的氢离子（实际是水合的氢离子）可与纤维素上的氧原子相结合，使其变得不稳定，容易和水反应，纤维素长链即在该处断裂，同时放出氢离子。该过程如式5-12所示。

$$R\text{-}O\text{-}R'+H_3^+O \longrightarrow R\text{-}OH^+\text{-}R'+H_2O \tag{5-12}$$

所得葡萄糖还会进一步反应，生成不希望的副产品，可通过如下反应历程分解为乙酰丙酸和甲酸。

$$C_6H_{12}O_6 \xrightarrow{H^+} C_6H_6O_3 \xrightarrow{H^+} CH_3COCH_2COOH + HCOOH \tag{5-13}$$

这样就可把纤维素的稀酸水解表示为串联一级反应。

$$纤维素 \xrightarrow{k_1} 葡萄糖 \xrightarrow{k_2} 降解产物 \tag{5-14}$$

式中的两个反应速率常数既和温度有关，又和液相中的酸浓度有关。在条件可能的情况下，采用较高的水解温度是有利的。对硫酸来说，原来常用水解温度在170～200℃，在20世纪80年代以后，由于技术的改进，很多实验室开始研究200℃以上的水解，最高可达23℃以上。

2. 稀酸水解的影响因素

影响水解效率的主要因素有原料粉碎度、液固比、反应温度、时间、酸种类和浓度等。

原料越细，原料和酸液的接触面积越大，水解效果越好，特别是在反应速率较快时，可使生成的单糖及时从固体表面移去。

液固比即所用水解液体积和固体原料质量比，单位为L/kg。一般液固比增加，单位原料的产糖量也增加，但水解成本上升，且所得糖液浓度下降，增加了后续发酵和精馏工序的费用。常用液固比在8～10，也有低到5的。

温度对水解速率影响很大，一般认为温度上升10℃，水解速度可提高0.5～1倍。但高温使单糖分解速度加快。故当水解温度高时，所用时间可短些，反之所用时间可长些。

进入水解器的硫酸无法二次再利用，为了经济，希望酸浓度尽可能小，而酸的浓度过稀，会使水解速度过慢。酸浓度增大，加快了多糖的水解速度，缩短了反应时间，但浓度过大会加剧单糖的继续分解。因此，在不影响糖得率的条件下，应尽量降低酸的浓度。生产中常采用0.5%～0.8%的H_2SO_4浓度。

稀酸水解一般用无机酸，常用的是硫酸和盐酸。盐酸的水解效率优于硫酸，但价格较高，且腐蚀性大，对设备要求高。近年来随着新型抗腐蚀材料的开发，材料问题已可解决，在有廉价盐酸来源时，可考虑酸水解。在实验室里磷酸和硝酸也被用于水解研究。最近还有报道用马来酸（一种二羧酸）水解纤维素，不但可得到和硫酸相同的转化率，而且生成的糖解产物较少，不过这仅是初步的研究。人们还研究了助催化剂的作用，即用某些无机盐（如 $ZnCl_2$、$FeCl_3$ 等）来进一步促进酸的催化作用。

总的来说，稀酸水解工艺较简单，原料处理时间短。但糖类的产率较低，且会生成对发酵有害的副产品。

（三）酶水解

自然界中有很多细菌、霉菌和放线菌都能用纤维素作为碳源和能量来源，因为这些微生物能产生把纤维素分解为单糖的纤维素酶，不过自然条件下微生物分解纤维素的速度很慢。

酶水解工艺包括原料预处理、酶生产和纤维素水解等部分。

1. 原料预处理

由于构成生物质的主要成分纤维素、半纤维素和木质素之间互相缠绕，且纤维素本身存在晶体结构，会阻止酶接近纤维素表面，因此生物质直接酶水解时效率很低。通过预处理可除去木质素、溶解半纤维素或破坏纤维素的晶体结构，从而增大其可接近表面，提高水解产率。好的预处理工艺应能满足以下条件：可促进糖类的生成或有利于后面的酶水解；能避免碳水化合物的降解损失；避免生成对水解和发酵有害的副产品；经济上合理。

预处理方法可大致分为物理法、物理-化学法、化学法和生物法 4 类。到目前为止生物法预处理速度太慢，尚在初步研究阶段，故下面仅介绍前 3 类。

（1）物理法

物理法主要是机械粉碎。可通过切、碾、磨等工艺使生物质原料的粒度变小，增加和酶的接触表面，更重要的是破坏纤维素的晶体结构。通过切碎可使原料粒度降到 10～30mm，而通过碾磨可达到 0.2～2mm。粉碎生物质原料所需能量较大。

（2）物理-化学法

主要包括蒸汽爆裂、氨纤维爆裂、CO_2 爆裂等。

蒸汽爆裂法是用蒸汽将生物质原料加热至 200～240℃，并保持 0.5～20min，高温和高压导致木质素软化。然后迅速打开阀降压，造成纤维素晶体的爆裂，使木质素和纤维素分离。水蒸气爆裂的效果主要取决于停留时间、处理温度、原料的粒度和含水量等。

蒸汽爆裂法的优点是能耗低，可间歇也可连续操作。主要适合于硬木原料和农作物秸秆，但对软木的效果较差。缺点是木糖损失多，且会产生对发酵有害的物质。预处理强度越大，纤维素酶水解越容易，但由半纤维素得到的糖类越少，产生的发酵有害物越多。

氨纤维爆裂（AFEX）的原理类似于蒸汽爆裂。它在高温和高压下使固体原料和液态的氨反应，同样经一定时间后突然开阀减压，造成纤维素晶体的爆裂。典型的 AFEX，处理温度在 90～95℃，维持时间为 20～30min，每千克固体原料（干）用 1～2kg 氨。

为降低 AFEX 的成本，氨需要回收，为此用温度高达 200℃的过热氨蒸气将残留在固体原料上的氨气化后回收。为使氨和水分离，可先用预冷凝器把大部分水蒸气冷凝下来，留下纯度达到 99.8% 的氨蒸气。预冷凝器中的液体进入精馏塔，塔顶可得 99.8% 的氨蒸气。这些氨蒸气经冷凝压缩后循环使用。

氨纤维爆裂不产生有害物质，半纤维素中的糖类损失也少。但经此处理的半纤维素并未分解，需另用半纤维素酶水解，故处理成本较高。

CO_2 爆裂与氨纤维爆裂基本相似，只是以 CO_2 取代了氨，但其效果比前者差。

（3）化学法

包括碱处理、稀酸处理及臭氧处理等。

碱处理法是利用木质素能溶解于碱性溶液的特点，用稀氢氧化钾或氨溶液处理生物质原料，破坏其中木质素的结构，从而便于酶水解的进行。

近来人们较重视氨溶液处理方法，因氨易挥发，通过加热可容易地回收（在间歇试验中回收率在 99% 以上），且预处理效果很好，通过氨预处理还能回收纯度较高的木质素，用作化工原料。

稀酸预处理类似于酸水解，通过将原料中的半纤维素水解为单糖，达到使原料结构疏松的目的。水解得到的糖液也可发酵制乙醇。

软木水解困难，需在较强烈的条件下进行预处理，这时可采用两级稀酸预处理的方法，即把经第一级处理过的原料先水洗，再在较强烈的条件下进行第二级处理。这样可减少单糖分解及有害物的产生。

用臭氧处理可有效地除去木质素，反应在常温常压下进行，不会产生有害物质。但成本太高，不实用。

2. 纤维素酶生产

纤维素酶生产的两个关键问题是寻找能高效产酶的微生物和开发低成本产酶的工艺。细菌、真菌及动物都可产生能水解木质纤维素原料的纤维素酶。

大部分细菌不能分解晶体结构的纤维素，因它们的酶系统不完善。但有些霉菌能分泌水解纤维素的全部酶，这些霉菌对于纤维素酶生产十分重要。目前用得最多的是里氏木霉菌（*Trichoderma reesei*），通过传统的突变和菌株选择，已从早期的野生菌株进化出很多如 QM 9414、L-27、Rut C30 这样的优良变种。

各种微生物所分泌的纤维素酶不完全相同。例如，不少里氏木霉菌株可产生高活性的内切葡萄糖酶和外切葡萄糖酶，但它们所产生的 β-葡萄糖苷酶活性较差；而属于 *Aspergillus* 系的霉菌虽水解纤维素的能力差，但分解纤维二糖的能力很强。在生产纤维素酶时，就可把这两类菌株放在一起培养。

纤维素酶的生产成本过高是阻碍生物质酶水解制乙醇工艺发展的重要因素。很多研究者正在从事这方面的改进工作，包括对微生物的选择和培养，以增加酶的产率和提高酶的活性，通过重组 DNA 技术已能把纤维素酶中的单个组分移置在原来不产酶的微生物内，用廉价的工农业废弃物作为微生物培养基质，试验各种形式的发酵器等。

3. 纤维素水解

木质纤维素原料经过预处理后，可以利用纤维素酶催化水解纤维素生成葡萄糖。纤维素酶是一种很复杂的酶，是几种酶共同作用降解纤维素的。酶降解纤维素至少需要三种酶协同作用：①内切葡聚糖酶（EG，endo-1，4-D-葡聚糖水解酶，或 EC3.2.1.4），攻击纤维素纤维的低结晶区，产生游离的链末端基；②外切葡聚糖酶，常称纤维二糖水解酶（CBH，1，4-p-D-葡聚糖纤维二糖水解酶，或 EC3.2.1.91），通过从游离的链末端脱除纤维二糖单元来进一步降解纤维素分子；③葡萄糖苷酶（EC 3.2.1.21），水解纤维二糖产生葡萄糖。

纤维素酶水解糖化所需的最适温度在 $45\sim55$℃，而大多数发酵产乙醇的微生物的最适温度在 $28\sim37$℃。预处理后的木质纤维素首先水解糖化生成葡萄糖，然后在另一反应器中进行发酵转化为乙醇，因而这种纤维素水解工艺也被称为分步糖化和发酵工艺。由于纤维二糖和葡萄糖对纤维素酶的催化作用具有强烈的反馈抑制作用，糖化产物葡萄糖和纤维二糖的积累会抑制纤维素酶的活力，最终导致产率降低。研究发现，纤维二糖的浓度达到 6g/L 时，纤维素酶的活力就将降低 60%，葡萄糖虽然对纤维素酶的抑制作用没有那么明显，但是它对β-葡糖苷酶产生强烈的抑制，当葡萄糖浓度达到 3g/L 时，β-葡糖苷酶的活力将降低 75%。此外，水解用的纤维素酶（主要来自于真菌）不仅组分相对单一，而且价格昂贵，当其活力受到抑制时，就得增加用量，最终导致使用成本提高。

因此，为了提高纤维素酶水解纤维素的效率，必须解除纤维素酶的反馈抑制，常将纤维素酶水解与发酵产乙醇进行耦合，使得中间产物纤维二糖和葡萄糖的浓度保持在很低水平，从而可以解除其反馈抑制作用。

（四）发酵

生物质废弃物制乙醇工艺中的发酵和以淀粉或糖类为原料的发酵有很大不同，主要表现在以下两点：生物质水解糖液中常含有对发酵微生物有害的组分；水解糖液中含有较多的木糖，而木糖的发酵比较困难。

以上特点决定了本工艺中有害物脱除和木糖发酵的重要性。尽管也有单独研究木糖发酵的，但一般考虑的都是葡萄糖和木糖的共发酵。

1. 发酵机制

自然界很多微生物（酵母菌、细菌、霉菌等）都能在无氧的条件下通过发酵分解糖类，并从中获取能量。不同微生物有不同的发酵途径，并产生不同的发酵产物。从生产乙醇的目的看，以酵母菌和少数细菌的发酵途径最有利，因它们的产物只有乙醇和 CO_2，这种发酵过程可用式 5-15 表示。

$$C_6H_{12}O_6 \longrightarrow 2CH_3CH_2OH + 2CO_2 \qquad (5\text{-}15)$$

在这种情况下，1mol 葡萄糖可生成 2mol 乙醇，或 100g 葡萄糖发酵得 51.1g 乙醇和 48.9g CO_2。因 1mol 固体葡萄糖燃烧可放热 2.816MJ，而 1mol 乙醇燃烧可放热 1.371MJ，故理论上通过发酵可回收 97%以上的能量。

实际发酵中乙醇收率必小于理论值，这主要是由于以下一些原因。

1）微生物不能把糖类全部转化为乙醇，总有一些残糖。

2）微生物本身生长繁殖需消耗部分糖类，构成其细胞体。

3）发酵中产生的二氧化碳逸出时会带走一些乙醇，因乙醇易挥发。

4）杂菌的存在会消耗一些糖类和乙醇。

2. 影响发酵的因素

（1）发酵微生物的影响

自然界中能发酵产生乙醇的微生物很多，作为工业应用的应满足繁殖快、活性高、耐高乙醇浓度、抗杂菌等要求。在某些工艺中还希望微生物能有耐盐、耐高温等特性。通过筛选和培育，以及近年来转基因技术的应用，已得到了很多适用的菌种。如仅考虑葡萄糖的发酵，一般都用酵母菌，其中酿酒酵母（Saccharomyces cerevisiae）显示了优良的性能，是最常用的。

20 世纪 70 年代以来，人们开始研究细菌的发酵作用。发酵运动单胞菌（Zymomonas mobilis）受到了重视。这是一种用于乙醇饮料生产的天然细菌，它具有高的发酵选择性和乙醇产率，能耐高浓度的乙醇和低的 pH，对水解糖液中的有害物有较强的耐受力。和普通酵母菌相比，它的乙醇转化率可提高 5%～10%，单位体积发酵器的生产率可提高 5 倍。在葡萄糖的发酵中，乙醇的收率可达到 97%，并能达到 12% 的乙醇浓度（W/V）。转基因的大肠杆菌（Escherichia coli）也常在纤维素制乙醇的工艺中应用。

一般总希望用高浓度的糖液为发酵原料，从而得到高的乙醇浓度。但微生物所能忍受的糖浓度和乙醇浓度有一个上限，超过了这个上限，发酵就不能正常进行。不同微生物所能忍受乙醇浓度有很大差别。例如，转基因 E. coli 可忍受乙醇浓度为 68g/L；发酵运动单胞菌（Z. mobilies）可生成浓度为 120g/L 的乙醇，但在比这低的浓度下细菌生长已停止；酿酒酵母（S. cerevisiae）可在乙醇浓度为 120g/L 的条件下生长，发酵最高乙醇浓度可达 300g/L。

（2）发酵条件的影响

酵母菌可在–5～50℃内生活，正常生长和繁殖的温度在 30℃ 左右。一般发酵温度控制在 28～30℃。由于发酵是放热过程，在夏天需做降温处理。

酵母菌可在 pH 2～8 内生长，最适宜范围在 4.8～5。有时为了抑制杂菌生长，取 4.2～4.5 的 pH。但在发酵半纤维素的水解液时，因其中的乙酸对发酵有害，且 pH 越低影响越大，故有时宁可用较高的 pH。

发酵本身并不耗氧，但微生物的生长繁殖需消耗一些氧，故需使发酵液内保持一定的溶氧浓度。

发酵液中的杂菌会消耗糖类和乙醇。有些杂菌会把乙醇转化为乙酸、乳酸等代谢产物。杂菌的存在会抑制酵母菌的正常活动，降低其发酵产率。连续发酵时对污染控制要求高，如发生杂菌感染，整个生产过程都要停止，全部设备都需重新消毒。

（3）发酵方式及设备的影响

发酵可在间歇或连续的方式下进行。在传统的间歇发酵中，发酵液的组成是不断变化的。开始阶段糖浓度高乙醇浓度低，结束阶段糖浓度低乙醇浓度高。间歇发酵生产效率低，不便于自动化，所需人工多，目前主要用于试验研究中。

连续发酵常在单个或多个串联的连续搅拌反应器内进行，也可用具活塞反应器的填充床、流化床和中空纤维发酵器等。连续发酵可为微生物的生长保持恒定的环境，便于优化发酵条件，故有高的生产率。同时连续发酵所得产品性质稳定，便于自动控制，所需人工少。

在单个连续搅拌反应器中，微生物始终在低糖浓度和高乙醇浓度下，不利于微生物的正常工作，同时也不可能将糖类全部发酵，故乙醇转化率较低。如用几个发酵器串联操作，有助于改进发酵条件，得到较高的转化率。

三罐串联发酵流程：糖液→酵母菌→第一罐→第二罐→第三罐→精馏。

在三罐串联的发酵流程中，糖液和酵母菌从第一罐加入。待该罐充满后通过导管入第二罐，待第二罐满后再入第三罐。显然三个罐中糖浓度逐渐下降，而乙醇浓度逐渐上升。由第三罐流出的发酵液中乙醇浓度已很高，将其中的酵母菌分离后可将发酵液送去精馏。

提高乙醇生产率的一个有效途径是增加发酵器内酵母菌的细胞密度。细胞循环和固定细胞发酵是两种常用的增加细胞密度的方法。

所谓细胞循环是把酵母菌从发酵器的流出液中分离出来，并返回发酵器。通过离心分离进行循环的方法已得到了广泛的应用，但它难以达到无菌的条件，且操作费用高。对于能絮凝的酵母菌可用沉淀的方法达到循环。膜过滤技术也是一个较好的替代方法，膜组件可安装在发酵器的里面或外面，放在外面有利于清洗，更换膜时也不影响发酵。

固定细胞发酵可使发酵器内酵母菌细胞密度增加，并能多次重复使用，减少了酵母菌繁殖成本。通常是把活体酵母菌固定在多空的支持物上或吸附在固体表面上。把酵母菌细胞固定在中空纤维上的研究也有报道。

3. 发酵原料净化

通过酸水解得到的糖液中存在很多有害组分，大部分有害组分为纤维素和半纤维素水解产生的副产品。在较强烈的水解条件下，原料中的木质素有 1%～5%会被分解，生成有机酸、酚类和醛类化合物，其中含量最多的乙酸可达 10g/L 以上。一般认为，水解液中没有一种组分的浓度会大到能产生很大的毒性，发酵微生物受到危害是很多组分共同作用的结果。各组分毒性的大小与发酵条件有关，如在较高的 pH 下，有机酸的毒性可显著下降。反应器受腐蚀也会产生一些重金属离子，它们会阻碍微生物的发酵活动，降低发酵效率。

发酵原料净化最简单的办法是把水解液稀释（1∶3），但这样将大大降低糖浓度，增加后续工段的成本，从经济上看并不可行。

用得最多的是过量加碱法（over liming），即向水解糖液中加入石灰或其他碱液，使在碱性条件下溶解度较小的乙酸盐、糠醛和重金属等有害物都沉淀脱除。该法特别适合于硫酸水解，因硫酸钙（石膏）的溶解度较小，可一起脱除。

水蒸气脱吸法是利用乙酸、糠醛、酚等有害物易挥发的特点将其脱除。排出稀酸水解反应器的液体常经历一个闪蒸过程，可脱除相当量的有害物质。

水解液活性炭吸附或离子交换树脂处理也可脱除相当量的乙酸、糠醛和被溶解的木质素。

生物质原料和水解条件的不同使各有害组分的生成量也不相同，具体用哪种措施脱除有害物，通常需通过试验确定。另外，有的微生物能耐某些有害组分，如酿酒酵母有代谢糠醛的能力，能以糠醛为碳源。大肠杆菌天生有抗乙酸和甲酸的能力，能以乙酸为碳源。经过适应性培养的微生物常能增强对有害组分的抵抗力。目前人们还在通过基因工程开发能抗有害组分的微生物，如在这方面取得成功，可简化木质纤维素生产乙醇的工艺过程，将产生很大的经济效益。

4. 五碳糖发酵

半纤维素为木质纤维素类生物质的第二大原料，其水解产物是为以木糖为主的五碳糖，以农作物废弃物和草为原料时还有相当量的阿拉伯糖生成（可占五碳糖的 10%～20%），故五碳糖的利用是决定该工艺经济性的重要因素。一般的乙醇酵母菌除可发酵葡萄糖外，还可发酵半乳糖和甘露糖，但不能发酵木糖和阿拉伯糖。所以，以前曾把这两种五碳糖称为非发酵性糖。在早期的生物质制乙醇工艺中，木糖被用于生产糠醛和饲料酵母菌等产品。但这类产品的市场容量有限，不能和大规模生产燃料乙醇的工艺相匹配。从 20 世纪 80 年代初起，人们开始重视五碳糖的发酵。研究者通过三条不同的途径进行了探索，都取得了一定的进展。

（1）将木糖异构为木酮糖

木酮糖能被普通酵母菌所利用。目前已筛选出不少适用于木酮糖发酵的酵母菌，得到了较高的乙醇产率（0.41～0.47g/g 木糖）。还有人提出了使木糖异构化与木酮糖一起完成发酵的工艺。由于一般木糖异构酶在 pH 7～9 时活性最强，而木酮糖发酵适于在酸性条件下进行，还筛选出了特殊的菌种，其产生的木糖异构酶在 pH 为 5 的环境中也有活性。不过总的来说，这种方法的效率还不够高。

（2）寻找和驯化能发酵五碳糖的天然微生物

人们已找到了很多具有这样能力的酵母菌、细菌和霉菌，有的野生酵母菌还有较高的乙醇产率。但它们往往不能满足其他方面的要求（单位发酵器生产率，对高乙醇浓度的忍受力等），而且野生酵母菌对发酵液中溶解氧的控制要求很高，难以适应大规模工业应用。

（3）用基因工程技术开发能发酵五碳糖的微生物

天然的 Z. mobilis 对葡萄糖有很强的发酵能力，但它对木糖不起作用。而自然界存在的几种大肠杆菌（E. coli）不但能利用葡萄糖，而且能利用木糖，但它们的代谢产物除了乙醇和 CO_2 外，还包括大量的乙酸、乳酸、琥珀酸和氢。为此，美国国家再生能源实验室（NREL）的研究者把 E. coli 发酵木糖的基因克隆并表现在原来只能发酵葡萄糖的 Z. mobilis 中，使后者获得了几种必要的酶，从而具备了代谢木糖的能力。这样该 Z. mobilis 菌种就既能发酵葡萄糖又能发酵木糖。类似的，佛罗里达大学的 Ingram 等也把 Z. mobilis 的有关基因表达在 E. coli 中，改变了 E. coli 代谢木糖和葡萄糖的途径，使其代谢产物仅限于乙醇和 CO_2，从而大大提高了乙醇的转化率。目前，重组基因的 Z. mobilis 和 E. coli 都被广泛应用于生物质制乙醇的工艺中。随着菌种的培养，木糖的发酵效率已经接近葡萄糖。例如，用转基因 Z. mobilis 菌种 ZM4 发酵，在每升含 65g 葡萄糖和 65g 木糖的糖液中，经 48h 后乙醇浓度达到 62g/L，采用细胞循环法发酵液单位体积乙醇生产率达到 6g/（L·h）。表明该细菌不仅能产生高的乙醇浓度，还有高的生产率和乙醇转化率。能同时发酵葡萄糖和阿拉伯糖的转基因 Z. mobilis 和 E. coli 菌种也已开发成功，但效率还不太高。

此外，Ingram 等还开发了能生产乙醇的转基因产酸克雷伯菌（*Klebsiella oxytoca*），这是一种广泛存在于自然界中的细菌，它不但能利用存在于生物质水解液中的全部 5 种单糖，还能利用纤维二糖，因而在同时糖化和发酵工艺中特别有用。

5. 同时糖化和发酵工艺（SSF）

为了降低乙醇的生产成本，在 20 世纪 70 年代开发了同时糖化和发酵工艺（SSF），即把经预处理的生物质、纤维素酶和发酵用微生物加入一个发酵罐内，使酶水解和发酵在同一装置内完成。当然，实际 SSF 流程也可用几个发酵罐串联生产。

SSF 不但简化了生产装置，而且因发酵罐内的纤维素水解速度远低于葡萄糖发酵速度，使溶液中葡萄糖和纤维二糖的浓度很低，这就消除了它们作为水解产物对酶水解的抑制作用，相应地可减少酶的用量。此外，低的葡萄糖浓度减少了杂菌感染的机会。目前 SSF 已成为很有前途的生物质制乙醇工艺。

SSF 工艺的主要问题是水解和发酵条件的匹配。酶水解所需的最佳 pH 在 4.8 左右，而发酵的最佳 pH 在 4～5，二者并无矛盾，但酶水解的最佳温度在 45～50℃，而发酵的最佳温度在 28～30℃，二者不能匹配。实际 SSF 常在 35～38℃下操作，这一折中处理使酶的活性和发酵效率都不能达到最大。

为了解决水解和发酵条件温度差异的问题，很多研究者致力于耐热酵母菌或耐热细菌的分离和培养，已经开发出了可在 40～43℃下生长的酵母菌。然而研究表明，耐热微生物对乙醇的忍受力较差，且生产效率低。也有人从其他角度进行研究，如改变酶配比（增加其中 β-葡萄糖酶的比例）和增加预处理强度使原料易水解等，但问题未完全解决。Wu 和 Lee 等还设计了非等温的 SSF 工艺（NSSF），包含一个水解塔和一个发酵罐，不含酵母菌细胞的流体在两者间循环，该设计使水解和发酵可在各自最佳的温度下进行，也可消除水解产物对酶水解的抑制作用。但由于水解和发酵在不同的装置中进行，显然也使流程复杂化了。

高的乙醇浓度对酶活性有抑制作用，Wu 和 Lee 在 38℃下进行的 SSF 研究中，当乙醇浓度分别为 9g/L、35g/L 和 60g/L 时，纤维素酶的活性相应下降了 9%、36% 和 64%。

在一般的 SSF 工艺中，预处理所产生的富含五碳糖的液体是单独发酵的。随着能同时发酵葡萄糖和木糖的新型微生物的开发，又发展了同时糖化和共发酵（SSCF）工艺。在该工艺中，预处理得到的糖液和处理过的纤维素放在同一个反应器中处理，这就进一步简化了流程。

6. 后处理及废弃物的综合利用

发酵液中的乙醇一般通过精馏的方法回收，用普通精馏只能得到乙醇和水的恒沸物（乙醇浓度在 95%），而能作燃料用的是无水乙醇。从 95% 乙醇生产无水乙醇的工艺很多，从节能考虑，常用分子筛吸附法脱水。

精馏塔底残液中含有大量有机物，可把残液和其他过程的废水一起收集，在厌氧条件下发酵，可产生甲烷。此甲烷可作内部能源，用于生产蒸汽。

以木质素为主的固体残渣一般用作燃料。但从提高经济效益的角度考虑，还可以进行木质素残渣的综合利用，如用水解残渣作原料生产活性炭、木质素树脂等或裂解为其他燃料。由于木质素的含氧量较低，能量密度较高，用它作为原料所得裂解油中含水量和含氧量都较低，便于后续处理。

（五）工艺流程和经济核算

1. 概述

乙醇的生产成本不但和生产工艺有关，还和生产规模有关。Kaylen 等把单位乙醇的生产成本分为 4 部分：设备成本、原料成本（包括生物质原料和化学药品等）、人员成本（主要指操作和管理人员费用）、运输成本。这里未考虑蒸汽和电力成本，因这由系统内部生产，已包含在上述成本中了。

设备成本随工厂规模的增大而减小，其值可表示为 aXb。式中，X 表示生产能力（单位时间原料处理量）；$a>0$，$0<b<1$，一般取 $b=0.7$。

原料成本和工厂规模无关，基本可看作常数。

人员成本也随工厂规模的增大而减小，同样可表示为 aXb。当然这里 a 和 b 的具体数值可能和前面不一样，但也有 $a>0$，$0<b<1$。

运输费用随工厂规模的增大而增大，因这时原料的收集半径将要增大。

由此可见，在制造条件允许的情况下，生产规模越大，分配在单位产品上的设备成本就越低，产品的销售价格也就越低。但生产规模大意味着大的原料收集半径，且生物质废弃物的堆集密度小，运输成本较大，故该类工厂的规模也受原料收集半径的限制。对于在工业规模下以生物质废弃物生产燃料乙醇的工艺，已有不少研究者进行过经济核算。

1995 年，Qureshi 和 Manderson 对 4 种生物质原料（木材、糖蜜、乳清、玉米淀粉）制乙醇的工艺进行了经济核算，规模均为年产乙醇 1.465 亿 L。其中以木材为原料时每升乙醇的生产成本为 0.53 美元。

同年 Van Sivers 等对 3 种生物质乙醇生产工艺进行了核算，它们分别采用浓盐酸水解、稀盐酸水解和酶水解。设想该厂建在瑞典，原料为废松木，日处理原料 333t（干）。经计算，以这 3 种工艺生产 1L 乙醇的成本分别为 4.22 瑞典克朗，4.29 瑞典克朗和 4.03 瑞典克朗（1 美元合 8 瑞典克朗）。可认为这 3 种工艺的生产成本无差别。

1999 年，So 和 Brown 也对 3 种生物质乙醇生产工艺进行了核算，它们分别为稀硫酸水解、SSF 工艺和快速裂解-发酵工艺。所设想的生产规模为年产乙醇 9463.525 万 L。其中的快速裂解-发酵工艺比较特殊，该工艺中先在 80～90℃ 下用 5% 的硫酸对生物质原料进行预处理，使其中的半纤维素水解，所得到的水解液富含五碳糖，可用作发酵原料。未水解的固体残渣经干燥后在 500℃ 下进行快速裂解，作为液体产品的焦油富含葡聚糖，可用萃取法回收，葡聚糖再经水解后生成葡萄糖，用作发酵原料。

经计算，以这 3 种工艺生产 3.79L 乙醇的成本分别为 1.35 美元，1.28 美元和 1.57 美元。考虑到计算误差，So 和 Brown 认为这 3 种工艺的生产成本无显著差别。

下面介绍研究者对两个有代表性的工艺流程所做的经济分析。

2. SSCF 酶水解工艺

1999 年，Wooley 等对 SSCF 酶水解工艺进行了经济核算。原料用硬木或玉米秸秆，设计规模为日处理原料 2000t（干）。全年工作时间占 96%，检修时间略多于 2 周。其基本工艺流程如图 5-2 所示。

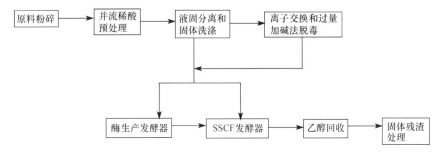

图 5-2 SSCF 酶水解工艺流程图

为估算固定投资，把全部过程分为如下几个部分。

（1）原料处理和储存

按设计工厂每天接受 136 车原料，每车载料 47t（湿）。处理内容包括过磅、输送、清洗等。工厂内储存 7 天原料。

（2）原料预处理

用 0.5% 的 H_2SO_4 在 190℃ 下处理 10min。采用并流式水解反应器，其形式类似造纸工业中的纸浆蒸煮器，其中固体的浓度为 22%。该过程在破坏纤维素晶体结构的同时，可把 75% 的半纤维素水解为单糖，但也有 10% 的木糖和阿拉伯糖转化为糠醛，有 15% 的半乳糖和甘露糖转化为 5-羟甲基糠醛（HMF）。

出预处理器的原料进入闪蒸器，压力从 1.2MPa 降到常压。此过程除了降温外，还可把预处理中产生的大量糠醛、HMF 和部分乙酸脱除，这将有利于后续工段。然后进入过滤器进行液固分离，所得浆状固体产物的小部分用于制纤维素酶，大部分进入 SSCF 反应器。

过滤得到的液体用离子交换树脂处理，除去 88% 的乙酸和全部硫酸。然后先用硫酸将该液体 pH 调节到 2，再用石灰将 pH 调节到 10，通过这种过量加碱法可把液体中的发酵有害物随硫酸钙一起除去。最后把液体的 pH 调节到 4.5，也将其加入 SSCF 反应器。

（3）SSCF

SSCF 工段中使用 3 组 3600m³ 的搅拌式不锈钢发酵器，每一组 6 个，共 18 个发酵器。酶用量为 15FPU/g 纤维素。发酵用菌种为转基因 *Z. moblis*，采用 2 组种子培养器，每组包括 5 个容器，逐级扩大培养，每级接种量相当于容器体积的 10%。SSCF 的操作条件为：温度 30℃，固体初始浓度（包括可溶的和不可溶的）20%，葡萄糖和木糖转化为乙醇的理论产率分别为 92% 和 85%。

（4）酶生产

利用 11 个 1000m³ 的充气式发酵器，采用间歇操作，在任何时候都有 8 个发酵器处于运行中。以 *T. reesei* 为菌种，采用 3 组种子培养器，每组包括 3 个容器，逐级扩大培养，每级接种量相当于容器体积的 5%。发酵器初始纤维素浓度为 4%。平均每克纤维素或半纤维素可生产 200FPU 纤维素酶，发酵器的生产率为 75 FPU/（L·h）。

（5）产物回收和水循环

先用传统的双塔精馏得到共沸乙醇，再用蒸汽相分子筛脱水制得燃料乙醇。用多效蒸发器处理塔底废液,蒸发器底部的残浆则用于燃烧。

（6）废水处理

废水先进入中和器,再进入厌氧发酵系统。该过程可除去废水中 90% 的有机物,同时副产物中含有热值气体（主要成分是 CO_2 和 CH_4）,可作燃料用。废水中剩余的有机物经好氧处理除去。

（7）产物和药剂储存时间

储存时间定为 7 天。

（8）燃烧炉、锅炉和汽轮发电机

采用流化床燃烧炉。燃料包括 3 部分：木质素残渣、厌氧发酵产生的中热值气体、多效蒸发器底部的残浆。锅炉产生 10.31MPa 的蒸汽供汽轮机发电用。发电量为 38MW,其中自用 32MW,其余销给电网。

（9）辅助设备

这部分设备用于提供冷冻水、冷却水、工艺水、清洗液、工厂和无菌空气等。

预计工厂使用期为 20 年,折旧率为 10%。全部固定设备投资为 2.34 亿美元,其中设备投资 1.436 亿美元。各部分所占比例分别为：原料处理和储存 4%；原料预处理 19%；SSCF 工艺 10%；酶生产 11%；产物回收和水循环 10%；废水处理 8%；产物和药剂储存 1%；燃烧炉、锅炉和汽轮发电机 33%；辅助设备 4%。原料价格定为每吨 27.5 美元。操作成本如表 5-3 所示。

表 5-3　SSCF 工艺预计操作成本

项目	年操作成本/百万美元	每加仑乙醇成本/美分
生物质原料	19.31	37.0
药剂	4.00	8.0
营养剂	3.22	6.2
柴油	0.48	0.9
补充水	0.45	0.9
辅助药剂	0.59	1.2
固体废物处理	0.61	1.2
电费	−3.68	−7.2
固定成本	7.50	13.3
总成本	32.48	61.5

注：1 加仑=3.78541L；由于本工艺中所发电有多余,可外销,因此表中电费是负值；表中固定成本包括人工、管理、维修、保险和税费等

年产乙醇 1.98 亿 L,估计以该工艺生产的乙醇价格为每升约 0.4 美元,而以玉米为原料的乙醇价格为每升约 0.3 美元。通过对现有工艺的改进,如在预处理中使更多的半纤维素转化为糖类,使用更有效的纤维素酶,使用更好的发酵微生物等,可使投资减少,乙醇价格下降。

3. 二级稀酸水解工艺流程

2000 年，Kadam 等对采用二级稀酸水解工艺的乙醇生产进行了经济分析，所用原料为美国加利福尼亚林区伐下的小树，主要是软木。这些小树如不除去，易引起林火，造成空气污染，故该工厂的建立对环保有利。软木由于传热和纤维素酶的通过性都较差，以酸水解为好。从原料来源考虑，设计规模为每天处理原料 800t（干）。

原料被粉碎到直径小于 2.5cm 后入第一级酸浸泡器，加热到 50℃，并被浸泡在 0.7% 的硫酸溶液里。出浸泡器的原料入一级水解反应器，在这里温度升到 190℃，用 0.7% 的硫酸水解，停留时间为 3min，可把约 20% 的纤维素和 80% 的半纤维素水解。

离开一级水解反应器的水解液的固体浓度为 30%（包括悬浮的和溶解的）。水解液入闪蒸器减压降温到约 130℃，在闪蒸器内停留期间，大部分的低聚糖进一步转化为单糖。然后使水解液进入逆流淤浆洗涤器进行液固分离，并洗去固体上的糖类和其他可溶物，洗涤水用量是固体质量的 3～4 倍。分离得到的糖液和洗涤水混合后入一级 pH 调节器。出洗涤器的固体流（固体浓度 30%）经螺旋压榨器进一步脱水，使固体浓度提高到 45%，然后入二级酸浸泡器。

浸透了酸的固体原料入二级水解反应器，在这里温度升到 220℃，用 1.6% 的硫酸水解，停留时间为 3min，可把剩余纤维素中的约 70% 转化为葡萄糖，其余 30% 转化为 HMF 和其他副产品。排出二级水解反应器的水解液同样入闪蒸器减压降温，但不再洗涤。二级稀酸水解的效率如表 5-4 所示，其中单糖的产率均以原料为基准。

表 5-4　二级稀酸水解中单糖产率

种类	一级水解单糖产率/%	二级水解单糖产率/%	总单糖产率/%
葡萄糖	21	34	55
木糖	70	5	75
半乳糖	79	11	90
甘露糖	79	3	82
阿拉伯糖	90	0	90

在一级 pH 调节器中加入石灰水中和硫酸，把溶液 pH 升到约 5.5，这可使大部分硫酸钙（石膏）沉淀下来，经过滤除去，滤液冷却到 35℃ 后入发酵器。

在发酵阶段液体停留时间为 32h，可采用既能发酵葡萄糖，又能发酵木糖的转基因菌种。假定葡萄糖、甘露糖和半乳糖的乙醇转化率均为 90%，木糖的转化率为 75%，而阿拉伯糖的转化率为 0%。软木水解液中的木糖含量（约 7%）比硬木水解液中的（20%～25%）低很多，因而木糖发酵效率对乙醇生产成本影响不大。

发酵液用传统的精馏方法得共沸乙醇，再用分子筛脱水制得 99.9% 乙醇，加入 5% 汽油制成变性乙醇储存。精馏塔釜液经离心分离和蒸发，可回收 80% 的水循环使用。当木质素残渣中的固体浓度提高到约 45% 时送去发电。

由于假定该工厂可利用现有电厂的电力，且此电厂可用水解残渣为原料，因此预期投资较少。全部投资为 7040 万美元，其中固定设备 4600 万美元。原料价格定为每吨 27.5 美元。年产乙醇 7600 万 L。估计以该工艺生产的乙醇价格为每升约 0.3 美元，能有 5%

的投资回报率。

（六）燃料乙醇的储运

　　燃料乙醇、变性燃料乙醇及车用乙醇汽油在储存和运输过程中，应特别注意防水。水进入燃料乙醇易引起乙醇与汽油混合燃料的分层，从而影响乙醇汽油汽车发动机的使用性能，导致使用性能降低。为防止乙醇及混配燃料中进水，对储存和运输提出了较高的要求，除了防火安全要求及防储存损耗外，还要防止储运环节有水分进入。

（七）变性燃料乙醇的调和及标准

1. 变性燃料乙醇的调和

　　在发酵生产或合成生产中，蒸馏后得到浓度为 95%左右的乙醇，然后对其进一步脱水，使其水分含量小于 0.8%（体积分数），即得到可作燃料的无水乙醇（即燃料乙醇）（图5-3）。在燃料乙醇中，甲醇、杂醇等成分的限定指标高于"食用乙醇"的成分指标。为防止燃料乙醇进入"食用乙醇"领域，造成危害，需要于燃料乙醇生产的最后环节在无水乙醇中加入变性剂，使其成为变性燃料乙醇。燃料乙醇进行变性的目的是使燃料乙醇与"食用乙醇"有明显区别，然后运输到混配中心，进入应用领域。

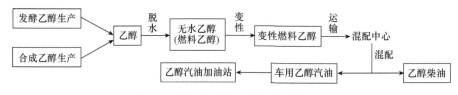

图 5-3　燃料乙醇从生产到应用的流程

　　燃料乙醇变性剂的主要特性：①在燃料乙醇中加入变性剂后，可产生与"食用乙醇"有明显区别的颜色或气味；②不影响燃料乙醇的使用性能。用作燃料乙醇变性剂的溶剂通常为煤油和无铅汽油等，目前广泛使用的变性剂是质量符合《车用无铅汽油》（GB 17930—1999）的无铅汽油。

　　变性燃料乙醇的调和在燃料乙醇生产厂进行，调和方法是直接在燃料乙醇中加入变性剂，不得加入其他含氧化合物。变性燃料乙醇调和的质量技术指标严格按照国家标准《变性燃料乙醇》（GB 18350—2001）执行。

2. 变性燃料乙醇的标准

　　2001 年 4 月 2 日，国家质量技术监督总局颁布了《变性燃料乙醇》（GB 18350—2001）和《车用乙醇汽油》（GB 18351—2001）标准。《变性燃料乙醇》标准规定了变性燃料乙醇的定义、要求、试验方法、检验规则和标志、包装、运输及储存要求。

　　对比 GB 18350—2001《变性燃料乙醇》与美国试验与材料协会的标准 ASTMD 4806-99，两者的主要差异：①我国标准中，水含量规定为不得超过 0.8%（体积分数），严于美国标准所规定的最大水含量 1.0%（体积分数）；②我国标准只允许使用符合 GB 17930—1999 要求的车用无铅汽油作变性剂；③我国标准修改了铜含量限制指标的计量单位，由不超过 0.1mg/kg 改为不超过 0.08mg/L。

　　在《变性燃料乙醇》和《车用乙醇汽油》国家标准中，都对水分含量有严格的要求。车用乙醇汽油中只允许加入体积分数（10±0.5）%的变性燃料乙醇，总水分含量不得大于0.5%。限制燃料乙醇中水分含量的主要目的是防止乙醇与汽油分层，在有水存在情况下，乙醇容易从汽油中分离，进而影响燃料乙醇的使用效果。

　　标准中还规定了甲醇、实际胶质、无机氯、酸度、铜、pH（酸强度的度量）的限量指标，目的是防止车用乙醇汽油在发动机燃烧过程中腐蚀金属部件及堵塞管路系统。

（八）乙醇与汽油混配

　　汽油的基本成分是烷烃、烯烃和芳烃等碳氢化合物和含氧有机化合物（如醇类和醚类等），汽油基本成分的特性及其在燃油中的比例，在很大程度上决定了燃油的特性，汽油的各项质量指标与污染物排放量之间有着密切相关。为了减少汽车尾气中 CO、NO_x、SO_x 和未燃烃类等有害气体的排放，汽油质量正在向无铅、低芳烃、低蒸气压、高辛烷值和高含氧量方向发展，改进汽油的燃料特性成为减少汽车尾气污染物排放的主要措施之一。

　　在现有的汽车发动机技术基础上，汽车燃油必须达到一定的技术和质量要求。衡量汽车燃油质量的指标主要有适当蒸发性、良好抗爆性、良好安定性和无腐蚀性。

1. 适当蒸发性

　　适当蒸发性是衡量燃油蒸发性的质量指标。在汽车发动机进气过程中，只有燃油由液体蒸发为气体并与空气组成可燃混合气，才能经压缩、点火而燃烧。燃油没有一定的蒸发性，发动机难以正常工作；但是如果燃油蒸发性太大，又会在发动机的供油系统中产生气阻，影响供油。

2. 良好抗爆性

　　汽油的抗爆性是表述汽油性质最重要的指标之一。在燃油燃烧过程中，要求其有良好抗爆性，保证不产生爆震现象，避免发动机损坏。燃油辛烷值大小是衡量发动机抗爆震能力高低的指标。抗爆震效果最差的是"正庚烷"，其抗震指数为"0"，而抗爆震效果好的是"异辛烷"，其抗震指数为"100"。

3. 良好安定性及无腐蚀性

　　要求燃油具有良好安定性，保证其在长期储存和使用中具有良好性能，不易氧化，不堵塞燃料系统和黏住气门，使发动机能正常工作。此外，具良好性能的燃料，不腐蚀发动机零件和容器，不含有机械杂质和水分等。

　　乙醇在汽油中的使用，在美国是作为增氧剂使用的，乙醇在汽油中可同时起到抗爆和增氧的作用，可改变燃油的某些性质，使之有利于燃烧，以达到降低内燃机尾气有害物排放量及节能的目的，且不用增加装置或改变内燃机结构，因此被认为是一种最简捷的措施，近年来被逐渐广泛应用。特别是随着甲基叔丁基醚（MTBE）的禁用，使乙醇在新配方汽油中取代了 MTBE，成为有前途的高辛烷值含氧汽油添加剂，在美国预计每年以接近10%的速度增长。

乙醇的辛烷值非常高，而且不需要其他较大分子醇作共溶剂，可使成品油均值提高2～3个单位，其调和辛烷值大约为115。加入乙醇进行调和后的无铅汽油，其研究法辛烷值为120～130，马达法辛烷值为98～104，雷德蒸汽压为138.0kPa。乙醇易降解，有利于环保。乙醇几乎能够完全燃烧，不会产生对人体有害的物质。但乙醇蒸汽压高，成本高，极易溶于水，当汽油含水时，会发生相分离，这会影响到抗爆性及其使用性能。

　　燃料乙醇的加入量是根据汽车发动机对燃油指标的要求确定的。巴西车用乙醇汽油中规定的乙醇含量（体积分数）为22%，美国规定为5.5%～10%，在我国的国家标准中规定为9%～10.5%。纯乙醇可单独用作燃料，称为E100；混合燃料中燃料乙醇体积分数为10%的E10，又称作汽油醇（gasohol），是目前最为广泛使用的混合燃料。

　　一般汽油发动机在不做大的改动的情况下，允许调入燃料乙醇的最大量为10%。如果允许发动机有较大的改动，或用特种乙醇发动机，可用纯乙醇或接近于纯乙醇的乙醇作燃料使用，如国外有使用E85（85%的变性燃料乙醇和15%的汽油的调和物）和E100的燃料汽车。

第七节　应用现状和前景

　　燃料乙醇是20世纪初面市的传统产品，后因石油的大规模、低成本开发，其经济性较差而被淘汰。随着一些先进农业因劳动生产率的大幅提高，以及20世纪70年代中期以来4次较大的"石油危机"的发生，推动了燃料乙醇工业在世界许多国家得以迅速发展。自巴西、美国率先于70年代中期大力推行燃料乙醇政策以来，法国、西班牙、瑞典等国纷纷效仿，均已形成了规模生产和使用。美国国会自1978年开始推动鼓励乙醇汽油生产消费计划，到目前美国燃料乙醇的年消费量为500万t左右，2000年达到了600万t。现在美国已开始限制并逐步禁止新配方汽油中主要品质改善剂MTBE的使用，同时率先制定了庞大的计划，再发展约1000万t燃料乙醇，用以替代MTBE。巴西乙醇燃料计划始于1975年，初期以体积比为20%添加入汽油中，1980年提高到22%并持续至今。1995～1996年巴西全国乙醇产量126亿kg（约合980多万t），用作汽车燃料的占97%～98%。今天巴西人可以自夸他们全部使用绿色燃料。目前，许多农业资源国，如英国、荷兰、德国、奥地利、泰国、南非共和国均已制定规划，积极发展燃料乙醇工业。

　　在20世纪石油危机发生后，西方国家开始重视生物质制燃料乙醇技术。以美国国家可再生能源实验室（national renewable energy laboratory，NREL）为代表的研究者进行了大量的工作，使该技术取得了长足的进步，预期生产成本已降低一半以上。目前在技术上已无问题，最近已开始实现工业化。燃料乙醇具有清洁、可再生等特点，可以降低汽车尾气中的一氧化碳和碳氢化合物的排放，被称为21世界的"绿色能源"。

　　根据欧洲经济发展与合作组织统计，2007年全球生物乙醇产量4100万t，美国和巴西占88%。根据美国能源部能效和可再生能源部门统计，2008年全球燃料乙醇产量达5200万t。

　　巴西汽车普遍使用乙醇和汽油的混合燃料或100%的燃料乙醇，该国年产乙醇约125亿L，以蔗糖和糖蜜（制糖工业的副产品）为原料，2008年生产乙醇2040万t。巴西计划2008～2017年在能源领域的投资总额将达3520亿美元，其中生物燃料领域投资230

亿美元。

美国 2007 年生产燃料乙醇 1950 万 t，计划到 2030 年燃料乙醇产量达 1.8 亿 t，替代 30%的汽油需求。美国汽车制造商正计划大量生产燃料可变通的汽车，这类汽车可用任意比例的乙醇和汽油混合物为燃料，只要乙醇的浓度不大于 85%。

我国在 2001 年制定了车用乙醇国家标准，并且确立了三个生产燃料乙醇的建设项目，开始推广含 10%乙醇的车用乙醇汽油混合燃料。目前燃料乙醇的生产及使用已达到了一定的规模和水平，是世界上继美国、巴西之后的第三大生物燃料乙醇生产国和应用国。燃料乙醇目前用于车用乙醇汽油中的意义至少可以体现在三方面。

1. 缓解汽车能源紧张问题

在石油储存量逐步减少的情况下，汽车燃油的消耗量却在逐年增加。为了减少对进口石油的依赖，充分运用国内资源，使汽车燃料多样化，有必要开发能代替石油的清洁燃料。

2. 改善汽车排放与环保问题

汽车排出的 NO_x 会破坏大气臭氧层，排出的 CO_2 会产生温室效应。19 世纪大气中 CO_2 的浓度为 0.0285%，而现在为 0.035%。为了保护地球环境，减少汽车排放对大气的污染，许多国家制定了愈来愈严格的汽车排放法规。我国也很重视清洁燃料的开发应用，以降低汽车有害物排放。

3. 实现燃料乙醇综合产业良性发展

我国在"21 世纪议程"中强调发展可再生能源。我国利用陈化粮或玉米生产乙醇，已具有一定规模，同时生物质能源的开发也具有巨大潜力。生物质能源的利用量不足其每年生产总量的 1%，但在世界能源消费结构中，生物质却占全球总能耗的 1/7，是仅次于石油、煤炭和天然气的一次能源。开发作为能源的乙醇汽油燃料，可实现资源的再生利用及生态的良性循环，有效缓解能源危机及环保问题，同时还可增加农民收入，扩大社会就业，产生经济效益与社会效益。

中国最近也开展了燃料乙醇的应用，并已在吉林省（吉林燃料乙醇有限责任公司）、黑龙江省（黑龙江华润酒精有限公司）、安徽省（安徽丰原生物化工集团有限公司）和河南省（河南天冠企业集团有限公司）建立了试点厂，以陈化粮为原料生产燃料乙醇，再将其和汽油配制成混合燃料（汽油醇）供汽车用。用糖类或粮食生产燃料乙醇的工艺简单，但是其产量的增加有一定限度，成本也难以显著降低。对美国来说，用于乙醇生产的玉米每增加 250 万 t，玉米价格就要上涨 1.20～2.00 美元。在中国，能用于生产燃料乙醇的粮食更有限。

尽管取得了不小的进展，但目前燃料乙醇的生产还得依靠政府补贴。如要在无补贴的情况下和汽油竞争，其生产成本需降到每升约 0.2 美元左右，故发展燃料乙醇的路还很长，不过一般认为这目标是能达到的。

目前，对燃料乙醇生产技术的改进仍在进行中。一个可能的技术是联合生物处理法（CBP），也称直接微生物转化法（DMC）。它把纤维素酶生产、纤维素水解、葡萄糖发酵和木糖发酵结合在一个反应器内完成，且只用一种微生物。该工艺计划水解产率达到

92%，发酵产率达到 90%，乙醇浓度达到 5%，发酵时间为 36h。由于采用连续发酵，不需种母罐。在此基础上，在年处理 274 万 t 干原料（每吨价格 38.60 美元）的工厂里，乙醇成本为每升约 0.13 美元，更大胆的估计可把成本降到每升约 0.09 美元。

　　另外，乙醇汽油燃烧差异也影响了燃料乙醇的进一步推广和应用。因为乙醇汽油中的乙醇易溶于水，如果油箱中有水分，水分沉积在油箱底部，与变性燃料乙醇互溶，造成油质含水，使之产生不易点燃的现象，影响发动机正常工作，甚至造成发动机不能点火。油箱内不能有污垢，乙醇汽油具有较强的清洗作用，有可能会把原来使用普通汽油时附着在油箱壁上或沉积黏附于油箱底部和油管内壁的污垢，如铁锈等杂质（行驶里程越长，杂质越多）逐渐清洗下来，可能造成汽油滤芯或化油器雾化喷嘴、电喷车的喷嘴被阻塞。对目前发动机的改造或者维护也是乙醇汽油推广和使用过程中急待解决的问题。

　　含木质纤维素的生物质废弃物是生产燃料乙醇的重要原料来源，包括农作物秸秆、林业加工废料、甘蔗渣及城市垃圾中所含的废弃生物质等。据估计，把美国的这类废弃生物质都利用起来的话，可替代 40% 的汽油。

　　中国是农业大国，每年有大量生物质废弃物产生，仅农作物秸秆和稻壳资源量就相当于标准煤 2.15 亿 t，此外城市垃圾和林木加工残余物中也有相当量生物质存在。但这些资源至今未被充分利用，且常因就地焚烧而污染环境。随着农村经济的发展，这已成为一个全国性的问题。另外，中国的石油资源有限，但对油类产品的需求量却在不断增加，是世界上第二大石油进口国，2013 年原油对外依存度已经达到 59%，进口原油 2.82 亿 t。显然，发展生物质制燃料乙醇技术对我国更有意义。

复习与思考

简答题

1. 简述乙醇发酵的生化反应过程。
2. 简述纤维素原料的水解特点。
3. 在乙醇发酵过程中，为什么在初期适当通气后就停止通气？
4. 简述乙醇蒸馏的基本原理。
5. 纤维素原料酶水解为什么要进行预处理？
6. 乙醇替代 MTBE 作为汽油添加剂有何作用和特点？

参 考 文 献

章克昌. 2013. 酒精与蒸馏工艺学. 北京: 中国轻工业出版社

Alonso DM, Bond JQ, Dumesic JA. 2010. Catalytic conversion of biomass to biofuels. Green Chemistry, 12(9): 1493-1513

Alvira P, Tomas-Pejo E, Ballesteros M, et al. 2010. Pretreatment technologies for an efficient bioethanol production process based on enzymatic hydrolysis: a review. Bioresource Technology, 13(101): 4851-4861

Aniko V, Matti S, Liisa V. 2010. Restriction of the enzymatic hydrolysis of steam-pretreated spruce by lignin and hemicellulose. Enzyme and Microbial Technology, 46(3-4): 185-193

Anton AK, Radu MI. 2013. Optimal economic design of an extractive distillation process for bioethanol dehydration. Energy Technology, 1(2-3): 166-170

Areum C, Ho-Jin L, Bruce RH, et al. 2015. Effects of ripening temperature on starch structure and gelatinization, pasting, and cooking properties in rice(*Oryza sativa*). Journal of Agricultural and Food Chemistry, 63(12): 3085-3093

Ayhan D. 2007. Progress and recent trends in biofuels. Progress in Energy and Combustion Science, 33(1): 1-18

Bajpai P. 2013. Advances in Bioethanol. Berlin: Springer Briefs in Applied Sciences and Technology

Banerjee G, Car S, John S, et al. 2011. Alkaline peroxide pretreatment of corn stover: effects of biomass, peroxide, and enzyme loading and composition on yields of glucose and xylose. Biotechnology for Biofuels, 4(1): 16

Bernardo AC, Leda RC, Denise MGF. 2015. A brief review on the emerging technology of ethanol production by cold hydrolys. FUEL, 150(7): 721-729

Bothast RJ, Schlicher MA. 2005. Biotechnological processes for conversion of corn into ethanol. Applied Microbiology and Biotechnology, 67(1): 19-25

Briffaz A, Mestres C, Escoute J, et al.2012. Starch gelatinization distribution and peripheral cell disruption in cooking rice grains monitored by microscopy. Journal of Cereal Science, 56(3): 699-705

Changzheng L, David LG. 2014. Consumer choice of E85 denatured ethanol fuel blend price sensitivity and cost of limited fuel availability. Transportation Research Record, (2454): 20-27

David AR, Timothy JD. 2013. Chemistry and combustion of fit-for-purpose biofuels. Current Opinion in Chemical Biology, 17(3): 522-528

Deng, Huihui D, Shizhong W, et al. 2012. Effects of enzyme treatments and drying methods on gelatinization and retrogradation of instant rice porridge. Food Science and Technology Research, 18(3): 341-349

Dusanka JP, Ljiljana VM, Jelena DP, et al. 2012. Increase in bioethanol production yield from triticale by simultaneous saccharification and fermentation with application of ultrasound. Journal of Chemical Technology and Biotechnology, 87(2): 170-176

Furukawa T, Bello FO, Horsfall L. 2014. Microbial enzyme systems for lignin degradation and their transcriptional regulation. Frontiers in Biology, 9(6): 448-471

Ge C, Lansing B, Aldi R. 2015. Starch foams containing biomass from the second generation cellulosic ethanol production. Journal of Applied Polymer Science, 132(18): 41 940

Gnansounou E, Dauriat A. 2005. Ethanol fuel from biomass: a review. Journal of Scientific & Industrial Research, 64(11): 809-821

Guarieiro N, Lefol L, Amanda-Figueiredo DS, et al. 2009. Emission profile of 18 carbonyl compounds, CO, CO_2, and NO_x emitted by a diesel engine fuelled with diesel and ternary blends containing diesel, ethanol and biodiesel or vegetable oils. Atmospheric Environment, 43(17): 2754-2761

Hallett WLH, Beauchamp-Kiss S. 2010. Evaporation of single droplets of ethanol-fuel oil mixtures. Fuel, 89(9): 2496-2504

Hodsagi M, Gelencser T, Gergely S, et al. 2012. *In vitro* digestibility of native and resistant starches: correlation to the change of its rheological properties. Food and Bioprocess Technology, 5(3): 1038-1048

Hongbo T, Haibo L, Yanping L, et al. 2015. Hydroxypropylated microcrystalline pea starch: optimisation, functional characterisation. International Journal of Food Science and Technology. 50(4): 1009-1018

Hongyan M, Bin L, Pedro F. 2014. Pretreatment of corn stover with the modified hydrotropic method to enhance enzymatic hydrolysis. Energy & Fuels, 28(7): 4288-4293

Hoover R, Vasanthan T. 1994. Effect of heat moisture treatment and annealing on physicochemical properties of red sorghum starch. Carbohydrate Research, 252: 33-53

Huaxi X, Qinlu L, Gao-Qiang L. 2012. Effect of cross-linking and enzymatic hydrolysis composite modification on the properties of rice starches. Moleculs, 17(7): 8136-8146

Ilya G, Ritvik A, Xuesong Z, et al. 2013. Sustainable bioenergy production from marginal lands in the US midwest. Nature, 493(7433): 514-517

Jade L, Lei W, Colin T, et al. 2013. Techno-economic potential of bioethanol from bamboo in China. Biotechnology for Viofuels, 6: 173

Ji-Hyeon E, Sang-Eun L, Woon-Yong C, et al. 2011. Repeated-batch operation of surface-aerated fermentor for bioethanol production from the hydrolysate of seaweed sargassum sagamianum. Journal of Microbiology and Biotechnology, 21(3): 323-331

Jing T, Suiran Y, Tianxing W. 2011. Review of China's bioethanol development and a case study of fuel supply, demand and distribution of bioethanol expansion by national application of E10. Biomass & Bioenergy, 35(9): 3810-3829

Kadam K. 1999. Softwood Biomass to Ethanol Feasibility Study, Aurora, Colorado, Merrick & Company

Kamal K, Alain B, Catherine G, et al. 2015. Amylolysis of maize mutant starches described with a fractal-like kinetics model. Carbohydrate Polymers, 23: 266-274

Kang L, Wang W, Yoon YL. 2010. Bioconversion of kraft paper mill sludge to ethanol by SSF and SSCF. Applied Biochemistry and Biotechnology, 161(1-8): 53-66

Kerstin H, Mats G, Guido Z. 2010. Effects of enzyme feeding strategy on ethanol yield in fed-batch simultaneous saccharification and fermentation of spruce at high dry matter. Biotechnology for Biofuels, 3: 14

Kim S, Dale BE. 2004. Global potential bioethanol production from wasted crops and crop residues. Biomass & Bioenergy, 26(4): 361-375

Kumar AA. 2007. Biofuels (alcohols and biodiesel) applications as fuels for internal combustion. Progress in Energy and Combustion Science, 33(3): 233-271

Kumar M, Bhattacharya TK. 2014. Fuel properties of denatured anhydrous and aqueous ethanol of different proofs. AMA-Agricultural Mechanization in Asia Africa and Latin America, 45(1): 30-34

Kumar VB, Pulidindi IN, Gedanken A. 2015. Selective conversion of starch to glucose using carbon based solid acid catalyst. Renewable Energy, 78(2015): 141-145

Lawford A, Rousseau JD, Tolan JS. 2001. Comparative ethanol productivities of different *Zymomonas* recombinants fermenting oat hull hydrolysate. Biochem Biotechnol, (91-93): 133-146

Mabee WE, Saddler JN. 2010. Bioethanol from lignocellulosics: status and perspectives. Bioresource Technology, 101(13)SI: 4806-4813

Marina OSD, Cunha D, Pereira M, et al. 2011. Simulation of integrated first and second generation bioethanol production from sugarcane: comparison between different biomass pretreatment methods. Journal of Industry Micrology and Biotechnology, 38(8): 955-966

Martin G, Graeff-Hoenninger S, Claupein W. 2011. The impact of a growing bioethanol on food production in Brazil. Applied Energy, 88(3): 672-679

Masum BM, Kalam MA, Masjuki HH, et al. 2014. Impact of denatured anhydrous ethanol-gasoline fuel blends on a spark-ignition engine. RSC Advances, 4(93): 51 220-51 227

Ming-Feng J, Yi-Shyong C. 2013. Modeling and optimization of bioethanol production via a simultaneous saccharification and fermentation process using starch. Journal of Chemical Technology and Biotechnology, 88(6): 1164-1174

Moreno AD, Tomás-Pejó E, Ibarra D, et al. 2013. Fed-batch SSCF using steam-exploded wheat straw at high dry matter consistencies and a xylose-fermenting *Saccharomyces cerevisiae* strain: effect of laccase supplementation. Biotechnology for Biofuels, 6: 160

Natasha JS, Mayer KU, Mark AT, et al. 2013. Methane emissions and contaminant degradation rates at sites affected by accidental releases of denatured fuel-grade ethanol. Journal of Contaminant Hydrology, 151: 1-15

Neumara LCS, Gabriel JVB, Mariana PV, et al. 2011. Ethanol production from residual wood chips of cellulose industry: acid pretreatment investigation, hemicellulosic hydrolysate fermentation, and remaining solid fraction fermentation by SSF process. Applied Biochemistry and Biotechnology, 163(7): 928-936

Njintang YN, Mbofung CMF. 2003. Kinetics of starch gelatinisation and mass transfer during cooking of taro (*Colocasia esculenta* L. Schott) slices. Starch-Starke, 55(3-4): 170-176

Nogue VS, Karhumaa K. 2015. Xylose fermentation as a challenge for commercialization of lignocellulosic fuels and chemicals. Biotechnology Letters, 37(4): 761-772

Papa G, Rodriguez S, George A, et al. 2015. Comparison of different pretreatments for the production of bioethanol and biomethane from corn stover and switchgrass. Bioresource Technology, 183: 101-110

Qiu Y, Yonghong H, Yukun S, et al. 2012. Effect of epoxy binder on fire protection and bonding strength of intumescent fire coatings for steel. Advanced Materials Research, (347-353): 1228-1232

Qureshi N, Manderson GJ. 1995. Bioconversion of renewable resources into ethanol: an economic evaluation of selected hydrol-ysis, fermentation and membrane technologies. Energy Sources, 17: 241-265

Ratnayake WS, Hoover R, Shahidi F, et al. 2001. Composition, molecular structure, and physicochemical properties of starches from four field pea (*Pisum sativum* L.) cultivars. Food Chemistry, 74(2): 189-202

Razif H, Jason WSY, Tamara C, et al. 2011. Exploring alkaline pre-treatment of microalgal biomass for bioethanol production. Applied Energy, 88(10): 3464-3467

Roland H, Dorit M, Vargas RS, et al. 2015. Optical monitoring of chemical processes in turbid biogenic liquid dispersions by photon density wave spectroscopy. Analytica and Bioanalytical Chemistry, 407(10): 2791-2802

Rui DA, Vicente DAJ, Regina PC, et al. 2009. Emission of polycyclic aromatic hydrocarbons from gasohol and ethanol vehicles. Atmospheric Environment, 43(3): 648-654

Saravanakumar K, Kathiresan K. 2014. Bioconversion of lignocellulosic waste to bioethanol by *Trichoderma* and yeast fermentation. 3 Biotech, 4(5): 493-499

Shujun W, Copeland L. 2015. Effect of acid hydrolysis on starch structure and functionality: a review. Critical Reviews in Food Science and Nutrition, 55(8): 1081-1097

Sidra P, Afsheen A, Samina I, et al. 2014. Saccharification and liquefaction of cassava starch: an alternative source for the production of bioethanol using amylolytic enzymes by double fermentation process. BMC Biotechnology, 14(3): 49-50

So KS, Brown RC. 1999. Economic analysis of selected lignocellulose-to-ethanol conversion technologies. App Biochem Biotechnol, 79(1): 633-640

Song H, Dotzauer E, Thorin E, et al. 2014. Techno-economic analysis of an integrated biorefinery system for poly-generation of power, heat, pellet and bioethanol. International Journal of Energy Research, 38(5): 551-563

Stephen O, Ya-Jane W. 2008. Susceptibility of annealed starches to hydrolysis by α-amylase and glucoamylase. Carbohydrate Polymers, 72(4): 597-607

Swagata P, Banik SP, Suman K. 2013. Mustard stalk and straw: a new source for production of lignocellulolytic enzymes by the fungus termitomyces clypeatus and as a substrate for saccharification. Industrial Crops and Products, 41: 283-288

Tai-Hua M, Oluwaseyi KA, Hong-Nan S, et al. 2013. Physicochemical characterization of enzymatically hydrolyzed heat treated granular starches. Starch-Starke, 65(11-12): 893-901

Te-Jin C, Hsiang-Yen S, Sung-Yu T, et al. 2015. Using recombinant cyanobacterium (*Synechococcus elongatus*) with increased carbohydrate productivity as feedstock for bioethanol production via separate hydrolysis and fermentation process. Bioresource Technology, 184: 33-41

Thomsen MH, Hauggaard-Nielsen H. 2008. Sustainable bioethanol production combining biorefinery principles using combined raw materials from wheat undersown with clover-grass. Journal of Industrial Microbiology & Biotechnology, 35(5): 453-458

Tobias S, Tunga S, Sebastian W, et al. 2014. Chamber studies on non-vented decorative fireplaces using liquid or gelled ethanol fuel. Environmental Science & Technology, 48(6): 3583-3590

Uthumporn U, Shariffa YN, Karim AA. 2012. Hydrolysis of native and heat-treated starches at sub-gelatinization temperature using granular starch hydrolyzing enzyme. Applied Biochemistry and Biotechnology, 166(5): 1167-1182

Wagner H, Kaltschmitt M. 2013. Biochemical and thermochemical conversion of wood to ethanol-simulation and analysis of different processes. Biomass Conversion and Biorefinery, 3(2): 87-102

Waleed AK, Taous K, Jung Hwan H, et al. 2013. Enhanced production of bioethanol from waste of beer fermentation broth at high temperature through consecutive batch strategy by simultaneous saccharification and fermentation. Enzyme and Microbial Technology, 53(5): 322-330

William LL. 2012. Economic optimum design of the heterogeneous azeotropic dehydration of ethanol. Industrial & Engineering Chmistry Research, 51(50): 16 427-16 432

Wooley R, Ruth M, Sheehan J, et al. 1999. Lignocellulosic Biomass to Ethanol Process Design and Economics Utilizing Co-current Dilute Acid Prehydrolysis and Enzymatic Hydrolysis Current and Futuristic Scenarios: National Renewable Energy Laboratory (NREL). Golden, CO (United States), Henry Majdeski and Adrian Galvez Delta-T Corporati

第六章　生　物　柴　油

第一节　生物柴油的概述

一、生物柴油的发展历史

1. 柴油机

1896 年，德国热机工程师 Rudolph Diesel 成功试制出压力点火内燃机——柴油机，以花生油作为燃料并在 1900 年巴黎世界博览会上亮相。此后，柴油机以其热效率高、输出扭矩大及耐久性等优点，被广泛应用于机车、舰、船、载重车辆等大型动力机械装置，以及工程机械、发电机组等固定动力装置。柴油机的压缩比一般为 16~21，汽油机为 7~10，与同功率汽油机相比经济性和扭矩都要高出 30%~40%。20 世纪 90 年代，柴油机在性能、废气排放、震动噪声等方面的技术得到改善，成为目前利用率最高、最节能的机型，全世界车辆也逐渐地柴油化。经过 100 多年的发展，现在年产已达 1000 万台以上，1991~2001 年，欧洲汽车市场上整个柴油轿车的销量增长了 2.5 倍，2001 年西欧 17 国柴油轿车的销量占总销量的 36%，同年柴油轿车的销量首次超过了汽油轿车，市场占有率达到了 56.7%。

2. 生物柴油的出现及其发展历程

随着柴油机的大面积应用，石化柴油的用量也与日俱增，从而带了一系列问题，如石化柴油含有许多有害物质，燃烧后直接排入大气，严重危害人类生存环境；石化能源是不可再生的，总有一天会被开采完，进而面临着能源枯竭等问题。因此，全世界对可再生和清洁的能源越来越关注，各国开始寻找清洁、安全、可再生、可代替石化柴油的能源。

Rudolph Diesel 发明的压力点火内燃机——柴油机在第一次亮相时所用的动力燃料是植物油，这是最初意义上的生物柴油。但由于植物油的分子质量大、碳链长，直接作为燃料具有黏度高、低温性差、不易雾化、易炭化结焦、堵塞油喷嘴、易导致发动机故障等缺点，再加上成本高，使得植物油作为柴油机驱动燃料在当时没有得到推广。生物柴油及其生产技术的研究始于 20 世纪 50 年代末 60 年代初，发展于 70 年代，80 年代以后迅速发展。1980 年美国开始研究用豆油代替柴油作燃料，但普通的豆油和以石油为原料制备的柴油并不相容，而且普通动植物油脂中含有的甘油三酸酯中的甘油燃烧不完全，易结焦，导致普通柴油机不能用动植物油脂作为燃料。1983 年美国科学家 Craham Quick 首先将亚麻子油的甲酯用于发动机，燃烧了 1000h，并将可再生的脂肪酸甲酯定义为生物柴油"biodiesel"，这就是狭义上所说的生物柴油，也是第一代生物柴油。由于植物油碳链比较长，含不饱和的双键多或含支链多等，其黏度过高，如果直接使用会带来许多问题，以操作性和持久性问题最为突出。操作性主要是指燃烧特性，即存在失火、低温启动性能差及点火延迟现象。持久性主要是指燃烧不完全现象，即炭沉积、燃油喷嘴堵塞、润滑油稀释或变质。因此，各国对如何降低植物油的黏度、解决操作性与持久性问题做了大量的研究。

1984 年美国和德国等国的科学家采用脂肪酸甲酯或乙酯代替柴油作燃料，这是第二代生物柴油。由此得到生物柴油更为广义的定义：生物柴油是指以油料作物、野生油料植物和工程微藻等水生植物油脂，以及动物油脂、废餐饮油等为原料油通过酯交换工艺制成的甲酯或乙酯燃料，这种燃料可供内燃机使用。第二代生物柴油的油脂来源主要是非食用油（如棕榈油、小桐子油、麻风树油、地沟油等），比以往的生物柴油更加清洁。2007 年 5 月，世界上第一个第二代生物柴油加工厂在芬兰建成投产，年产量达 17 万 t。2007 年上海绿铭环保科技股份有限公司在上海建立了年产 1 万 t 生物柴油的酶法合成生物柴油生产线，以固定化脂肪酶 Candida sp. 99-125 作为催化剂，酸价（AV）大于 160mmg KOH/g 的餐饮废弃油为原料，酶用量为 0.4%，生物柴油转化率达到 90%。第二代生物柴油燃烧后的 CO_2 排放量较传统柴油降低了 60%～80%，所产生的尾气微粒排放量也降低了 30%左右。第二代生物柴油与第一代生物柴油相比，在原料方面没有明显进步，但技术成本大大降低，污染物排放量大大减少，而且不需要改装现有动力设备即可单独或混合使用。

以非油脂类生物质（如木屑、农作物秸秆和固体废弃物等）和微藻、微生物油脂为原料成功制得的生物柴油，即为第三代生物柴油。采用非油脂类生物质作为原料，可以避免燃料与食物之间的竞争，降低生产成本；用微生物油脂作为原料，具有繁殖速度快、生产周期短、所需劳动力少且同时不受场地、季节和气候变化影响等优势。

以非油脂类生物质为原料制备生物柴油是通过生物质气化系统把高纤维素含量的非油脂类生物质先制备成合成气，再采用气体反应系统对其进行加工，并在气体净化系统和利用系统中催化加氧使其转化为超洁净的生物柴油。其中，利用生物质气化制备合成气进而合成生物柴油是生物能源利用的新途径。生物质气化是指将原料如木屑、农作物秸秆和固体废弃物等制成型，或经简单的破碎加工处理后在缺氧的条件下送入气化炉中进行气化裂解，得到可燃气体并进行净化处理获得产品气的过程。通过生物质气化得到的合成气主要是利用费-托合成的方法合成甲醇、乙醇、二甲醚、液化石油气等化工制品和液体燃料，由此得到的燃料是理想的碳中性绿色燃料，可以代替传统的煤炭、石油用于城市交通和用作民用燃料。以微生物油脂为原料制备生物柴油是将高产脂微生物在培养发酵过程中积累的大量脂肪酸（油脂）萃取，先纯化出多不饱和脂肪酸，余下的大量脂肪酸与甲醇或乙醇等短链醇进行酯交换反应合成生物柴油和甘油。其中最关键的是利用微生物生产精制油脂，其过程包括高产油脂菌的筛选、发酵培养、菌体收集与预处理，提取与精炼油脂，最后获得高品质的微生物油脂。

欧美等发达国家对非油脂类生物质气化的研究已经取得显著成果，特别是催化剂和气化装置方面已处于世界前列。我国在生物质气化方面还处于起步阶段，相关研究较少，且没有解决关键技术问题。随着现代微生物技术的发展，采用微生物油脂技术制备生物柴油也取得了一定的进展。目前，由于价格等多方面的原因，纯生物柴油的应用比较少，大多是以一定的比例与石化柴油相混合，形成生物柴油混合物。国外这种混合物大都是以"BXX"表示，其中"XX"代表生物柴油所占的比例（如 B20 表示包含 20%的生物柴油）。

二、生物柴油的优点

生物柴油具有下述优越性：①具有优良的环保特性，主要表现在生物柴油中有 11% 的含氧量，在燃烧过程中需要的氧气量少，燃烧、点火性能优于石化柴油；硫含量低，使得二氧化硫和硫化物的排放低，可减少约 30%（有催化剂时为 70%）；生物柴油中不含芳香烃类成分而不具致癌性，而且硫、铅、卤素等有害物质含量极少，对人体损害低于柴油；与普通柴油相比，使用生物柴油可降低 90% 的空气毒性，降低 94% 的患癌率；生物柴油含氧量高，使其燃烧时排烟少，一氧化碳的排放与柴油相比减少约 10%（有催化剂时为 95%）；生物柴油的生物降解性高。②具有较好的润滑性能，喷油泵、发动机缸体和连杆的磨损率低，提高了运动机件的润滑性，降低了机件磨损，延长了使用寿命。③具有较好的安全性能，由于闪点高，生物柴油不属于危险品，在运输、储存、使用方面的安全性比较好。④具有良好的燃料性能，十六烷值高，燃烧性优于柴油，燃烧残留物呈微酸性，使催化剂和发动机机油的使用寿命加长。⑤具有可再生性能，通过农业和生物科学家的努力，可供应量不会枯竭。⑥无需改动柴油机，可直接添加使用，同时无需另添设加油设备、储存设备及人员的特殊技术训练。⑦生物柴油以一定比例与石化柴油调和使用，可以降低油耗，提高动力性，并降低尾气污染。⑧减少了对进口石油的依赖，且生物柴油工业的发展可以增强本国农业经济。生物柴油和石化柴油的品质指标比较见表 6-1。

表 6-1　生物柴油和石化柴油的品质指标比较

指标名称	生物柴油	石化柴油
冷滤点（CFPP）夏季产品/℃	−10	0
冷滤点（CFPP）冬季产品/℃	−20	−20
20℃密度/（g/mL）	0.88	0.83
40℃运动黏度/（mm^2/s）	4～6	2～4
闪点/℃	>100	60
可燃性/十六烷值	最小 56	最小 49
热值/（MJ/L）	32	35
燃烧功效/%	104	100
硫含量（质量分数）/%	<0.001	<0.2
氧含量（体积分数）/%	10	0
燃烧 1kg 所需空气/kg	12.5	14.5
水危害等级	1	2
三星期后生物分解率/%	98	70

三、生物柴油的研究和利用现状

尽管生物柴油发展的历史还不长，但是其优越的性能，对环境的友好及可再生性已得到了世界各国的重视。20 世纪 80 年代中后期，美国、法国、意大利等国相继成立了专门的生物柴油研究机构，投入大量的人力物力进行生物柴油的研究；中国政府也通过政策优惠手段鼓励生物柴油的研究、生产和应用。目前生物柴油技术已基本成熟，大规模生产工厂已经出现，正逐渐应用到各个生产领域。生物柴油已成为新能源研制和开发的热点，许多国家的政府通过政策优惠手段，使生物柴油迅速成为新经济产业的亮点。目前，国际上有十几个国家和地区生产销售生物柴油，生产国有美国、欧洲各国、巴西、阿根廷、马来西亚、印度、日本等。2011 年世界生物柴油总产量约 2050 万 t，其中欧盟占 51%，南美地区（巴西为主）占 24%，亚洲占 13%，普遍使用的方法是在石化柴油中添加 2%~5%生物柴油。2013 年产量：美国约 350 万 t，阿根廷 240 万 t 左右，巴西 230 多万 t。《2015-2020 年中国生物柴油市场运营态势及投资战略研究报告》。德国汉堡的行业刊物《油世界》报告指出，全球 2015 年生物柴油产量料由 2014 年的 2980 万 t 降至 2910 万 t。生物柴油产量降幅为 2.3%，而过去十年全球生物柴油产量年均增幅为 250 万 t。美国堪萨斯州（KU）大学能源专家预计，在未来 50 年左右液体燃料能源的 80%将来源于可再生资源，如木本植物、草本植物、棕榈油、藻类和废弃的动植物油脂。

1. 生物柴油在美国的研究应用进展

美国是世界上石油消耗量最大的国家，在 20 世纪 80 年代已制定有国家能源政策，以促进国内生产可再生又可生物分解的能源，作为石化柴油的替代燃料以利环保。生物柴油在美国的商业应用始于 20 世纪 90 年代初。截至 2008 年 3 月，美国有 171 家生物柴油工厂投产或处于在建状态，产能达到 803 万 t/年。

美国是世界上的大豆王国，其大豆油产量尚有剩余，可生产大豆油脂肪酸甲酯（methyl soyate）的生化柴油。另外，废动物油脂及废食用油脂（1993 年约为 26 000 万加仑）也可作为原料，均比大豆油便宜，其生化柴油的品质也符合美国材料与试验协会（ASTM）D975 石化柴油标准规范。

美国是最早研究生物柴油的国家之一。1983 年美国科学家 Graham Quick 首先将亚麻子油甲酯用于发动机，燃烧了 1000h，并将可再生的脂肪酸单酯定义为生物柴油。1984 年美国和德国等国的科学家采用脂肪酸甲酯或乙酯代替柴油作燃料，即采用来自动物或植物的脂肪酸单酯代替柴油燃烧。在北美，以过剩的豆油为原料试生产生物柴油。1999 年 1 月，生物柴油的使用量还很少。2000 年夏天，旧金山 Green Team 公司在所有 94 辆垃圾车上全部使用纯生物柴油（B100）。2002 年 1 月，100 多个主要能源用户都在实施生物柴油计划。美国空军 Scott 基地 2001 年 4 月 10 日宣布开始在所有柴油车上使用生物柴油，这是第一个使用生物柴油的空军基地。该项目是为明年在其他基地使用替代燃料做示范。2001 年 12 月，美国 ASTM 颁布了生物柴油的标准 ASTM D6751，该标准与生物柴油在美国市场的标准化紧密相关，增强了消费者和制造商的信心。

在美国，生物柴油有纯态形式的生物柴油燃料和混合的生物柴油燃料，在汽车上的试验已超过 1600×10^4 km。纯态形式的生物柴油又称为净生物柴油，已经被美国能源政策法（EPAct）正式列为一种汽车替代燃料。依据原料和生产商的不同，目前美国净生物柴油的价格为 1.95~3.00 美元/gal；含 80%生物柴油成分的混合生物柴油，其市场价格比传统柴油贵 30~40 美分/gal。在国际市场上，生物柴油依据等级和纯度不同，价格在 250 美元/t 以上。美国已有 4 家生产厂[Interchem Environment、AgEnvirmental Products、Twin Rivers Technology（TRT）、NOPOC Corp.]生产生物柴油，总生产能力达 30 万 t/年，在中西部有 1 万 t/年的生产能力；在芝加哥有 3 万 t/年的生产能力；在麻省有 10 万 t/年的生产

能力；其他地方产量为 1.6 万 t/年。美国可再生能源国家实验室运用现代生物技术开发的
海洋工程微藻，实验室条件下酯质含量超过 60%，户外生产达 40% 以上，每亩可年产 1～
2.5t 柴油。1998 年美国能源部和农业部联合的研究表明，与普通石油系柴油相比，CO_2 排
放降低 78%，颗粒物和 HC 的排放也相应降低。据美国环镜保护署称，与柴油相比，生物
柴油可以将温室气体排放减少 57%～86%。美国在黄石公园进行的 60 万 km 行车试验中，
没有发现任何结焦现象，空气污染排放量降低了 80% 以上。生物柴油和普通柴油相比，目
前主要的问题是成本较高。为降低成本，可在普通柴油中加入 10%～20% 的生物柴油，如
美国 B20 是采用 20% 生物柴油的柴油，尾气污染物排放可降低 50% 以上。检测表明，使用
生物柴油可降低 90% 空气毒性，美国加利福尼亚一个大学的研究表明，与使用石油系柴油
相比，生物柴油可降低 94% 患癌率。据美国环境保护署称，2014 年美国生物柴油消费降至
17.5 亿加仑（1 加仑=3.78541kg），略低于 2013 年的 18 亿加仑。消费下滑的原因在于奥巴
马政府未能落实再生燃料标准下的生物柴油消费量，美国国会允许 2014 年初生物柴油税
收优惠政策到期。2015 年 11 月份美国环境保护署公布最终的 2014 年到 2016 年美国生物
燃料消费标准，把 2014 年生物质能-柴油最低用量标准定在 16.3 亿加仑，2015 年为 17.3
亿加仑，2016 年为 19 亿磅。其中一部分可以继续由进口生物柴油以及再生柴油满足。

2. 生物柴油在欧洲

欧盟是目前世界生物柴油发展最快的地区，每年的产量都在递增，发展势头良好，
如图 6-1 所示。据欧洲生物柴油委员会公布的数据，2007 年欧盟总生产能力为 1029 万 t，
2008 年欧洲生物柴油产量达到 780 万 t，预计 2020 年在柴油市场中的份额达到 20%。欧
洲生产生物柴油的原料主要为菜籽油，与轻油混合使用于柴油机。目前的生物柴油标准
主要是参照菜籽油的品质制定的，现阶段生物柴油的德国标准为 DIN51606。

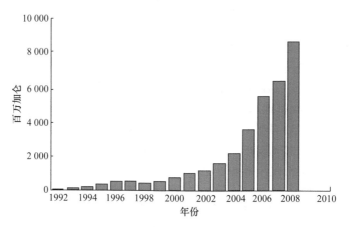

图 6-1　欧盟生物柴油产量走势
（数据来源：美国能源信息署《国际能源展望》报告）

1982 年前后，德国和奥地利首次在柴油机引擎中使用菜籽油甲酯。1985 年奥地利建立
了以新工艺（常温、常压）生产菜籽油甲酯的中试装置，并从 1990 年起以菜籽油为原料工
业化生产生物柴油，同年生物柴油在拖拉机中广泛使用，得到了一致好评及认可，成为生物
柴油成功走向市场的里程碑。1996 年德国和法国建立了生物柴油的工业化生产装置，并在

大众、奥迪等小轿车中使用生物柴油作为发动机燃料。同年,欧洲还成立了以生产生物柴油为主的生物柴油委员会,这表明了又一个新兴工业的形成。1991 年奥地利标准局首次发布了生物柴油的标准,之后世界上其他一些国家,如法国、意大利、捷克、瑞典、美国和德国也相继建立了生物柴油标准。1999 年欧盟共生产了 3.9 亿 L 生物柴油,2000 年初德国的生物柴油生产总量已达 45 万 t,并有逐年上升的趋势。德国凯姆瑞亚·斯凯特公司自 1991 年起开发研制了生产生物柴油的工艺和设备,目前已在德国和奥地利等欧洲国家建起了多个生产工厂,最大产量达 300t/天。德国目前已拥有 8 个生产生物柴油的工厂,在杜塞尔多夫(Dusseldorf)和莱尔(Leer)建立生物柴油的工业化企业(Dusseldorf 6 万 t/年,leer 8 万 t/年),在普劳恩(Plauen)有一个小型厂(2000t/年)。2009 年生物柴油的消费量达到了 252 万 t,2010 年德国生物柴油的总生产量为 280 万 t,总销售量为 258.2 万 t,而生产能力达到了 496.2 万 t。德国生产的生物柴油主要出口到荷兰、波兰和法国,同时也从荷兰、美国和比利时进口。2010 年,年生产能力在 5 万 t 以上的大型企业占德国生物柴油生产总量的 95%。德国消费者能够自由选择最便宜的供应商,导致生产者之间竞争加剧。自从对提纯生物柴油(B100)征税以来,市场需求开始萎缩,出售 B100 的加油站数量从 1900 个下降到不足 200 个,大量公司破产。自 2004 年以来,已有 15 家企业宣告破产(其中 4 家被其他企业收购),另有一些企业虽未破产,但生产已经停顿。

在欧洲,生产生物柴油可享受政府的税收优惠政策,生物柴油的零售价低于普通柴油。据 Frost & L Sullivan 企业咨询公司最新发表的《欧盟生物柴油市场》报告,为实现"京都议定书"规定的目标(在 2008~2012 年,减少 CO_2 排放量 8%),欧盟即将出台鼓励开发和使用生物柴油的新规定,如对生物柴油免征增值税,规定机动车使用生物动力燃料占动力燃料营业总额的最低份额等。新规定的出台不仅有助于欧盟生物柴油市场的稳定,而且将促进生物柴油产量大幅上升。以法国和德国为主的欧盟国家 2001 年产量突破 100 万 t,成为世界生物柴油的重要生产地。

法国目前已拥有 7 个生产生物柴油的企业,贡比涅(Compiegne)4 万 t/年;布桑(Boussens)7 万 t/年;佩罗纳(Peronne)1 万 t/年;凡尔登(Verdun)4 万 t/年;罗森(Rousen)12 万 t/年。法国 CIRAD 集团在雷诺汽车中进行了生物柴油的试验,10 万 km 的燃烧试验证明,生物柴油可以用于普通发动机,其使用的标准是在普通石油系柴油中添加 5% 的生物柴油。生物柴油的税率为零。

意大利是目前欧洲生物柴油使用最广的国家,拥有 9 个生物柴油生产厂,生物柴油的税率为零。意大利一家公司最近生产的生物柴油已作为公交汽车燃油及学校、医院等公共场所的供热燃料。

奥地利目前拥有 3 个工业化生产厂,两个中试生产线。产品已拥有标准(ONORMC 1190),税率为石油柴油的 4.6%。比利时目前拥有两个生物柴油工厂:Feluy 20 万 t/年,Seneffe 4 万 t/年;另有一个 1000t/年的生物柴油中试厂。丹麦在奥特阿普(Otterup)有一个 3 万 t/年的工业化厂,另有两个 1000t/年的小型生产厂,生物柴油的税率为零。爱尔兰拥有一个 5000t/年的生物柴油厂,该产品的税率为零。

芬兰能源企业富腾公司(Fortum)于 2005 年在南部城市波尔沃(Porvoo)兴建了世界上第一座专门生产生物柴油的加工厂。这座耗资 1 亿欧元的生物柴油加工厂,计划以植物油和动物脂肪为原料,生产高质量的柴油,工厂在 2017 年每年将可生产生物柴油 17 万 t。

这种生物柴油不但可供各种以柴油为燃料的机动车辆使用,还可减少废气排放量。

3. 生物柴油在其他国家的研究应用进展

日本 1995 年开始研究生物柴油,在 1999 年建立了 259L/天、用煎炸油为原料生产生物柴油的工业化试验装置,该装置可降低原料成本。目前,日本生物柴油年产量可达 40 万 t。在日本的东京和长野建有 4 个工厂,使用复循环烹饪油,产品售价低于石油基柴油。日本政府已批准生物柴油作为商品燃料由加油站提供。日本在利用废弃油脂制备生物柴油方面取得了骄人成绩,2008 年生物柴油的产量已达 40 万 t,占日本柴油消费总量的 1%,目前大约有 2800 辆车燃用生物柴油。

巴西于 20 世纪 80 年代推出“生物柴油计划”,并且进行过小型试验性生产,试验已获成功。只因生产成本过高而没有扩大生产规模。2003 年 7 月 2 日,巴西政府颁布法令,重新启动生物柴油计划,并以总统府牵头,由 11 个部委及大学和科研机构组成工作组,要求在两个月内提出生物柴油替代矿物柴油的可行性技术报告。巴西在推出生物柴油计划初期,年产量曾一度达到 50 万 t,后因市场需求不旺,减少到年产 10 万 t。巴西农牧研究院再生能源计划的负责人指出,巴西有充足的生物柴油生产原料,仅巴西东北部地区就有适合种植油料作物的土地 200 万 hm²,在几年之内,油料作物的年产量就可达到 200 万 t,生物柴油产量达到 1.12 亿 L,并创造 10 万个新的就业机会。巴西具备成为世界上最大的生物柴油生产国的一切条件。巴西第一个生物柴油冶炼厂已经动工,计划日产柴油 5600L,日耗油料作物种子 10t。巴西矿能部预测,如在柴油中添加 2% 的生物柴油,每年就可少进口 1.5 亿美元的石油。目前巴西每年柴油的消耗量为 370 亿 L,其中 74 亿 L 为进口。试验证明,可百分之百地采用生物柴油作为动力,而且不必对发动机进行任何改动。巴西科技部 2002 年 10 月制定的目标是,到 2020 年生物柴油的掺和比达到 20%。

加拿大 Dyna Motive 技术公司宣布,该公司已在其 6 桶/天(1 桶=158L)的生物柴油装置中用蔗渣生产出优质生物柴油。试验是在使用鼓泡流化床热解法将林产和农业废物加工成纯净燃油的装置中(未做任何改装)进行的。西班牙在巴塞罗那拥有一个生物柴油生产厂(5 万 t/年),生物柴油的税率为零。在新西兰,人们利用肉类联合加工厂的副产品油脂来生产生物柴油。印度种植 1000 万 hm² 的麻风树,预期每年将产生 750 万 t 生物柴油。

据调查,在 1998 年世界生物柴油原料中,菜籽油占 84% 的份额,葵花籽油占 13%。目前,有关人员开始关注马来西亚和印度尼西亚生产的棕榈油。油棕树种植起来成本低,与大豆油等相比价格也便宜,因此更具竞争力。目前已有将棕榈油转化为可实用生物燃料的先例。印尼正推进生物柴油的使用,帮助减少原油进口,并吸收国内过剩的棕榈油。2015 年 7 月开始对毛棕榈油出口征收每吨 50 美元的关税,来帮助提高生物柴油补贴,同时将生物柴油最少含量从 10% 提升到 15%,2016 年进一步提高到 20%;预计至 2020 年,贯彻补贴柴油混合 30% 生物柴油(B-30)的政策,那时将需要 1100 万千公升的生物柴油。

发达国家在生物柴油的研究和应用方面主要有以下特点。

(1)选择可利用的植物种类,建立生物柴油原料利用基地

诺贝尔奖获得者、美国加州大学的化学家卡尔文于 1986 年在加利福尼亚种植了大面积的石油植物,每公顷可收获 120～140 桶石油。他的成功,在全球迅速掀起了一股开发

研究石油植物的浪潮。许多国家纷纷建立一种全新的石油生产基地——石油植物园。美国种植有几百万英亩①的石油速生林；菲律宾有 18 万亩银合欢树，6 年后可收 1000 万桶石油。美国加州的"黄鼠草"每公顷可提炼 1000L 石油。

自 20 世纪 80 年代以来，美国等国进行了能源植物种的选择，富油种的引种栽培、遗传改良及建立"柴油林林场"等方面的工作与研究。在能源植物特性和植物燃料油的研制上，以及获得植物燃料油的途径、燃料油使用技术上都取得了较大进展。石化能源价格的不断上涨，主要油料作物总产量迅速增加而导致的油料农产品滞销，为各个国家把部分农业用地转为可生产能源原料作物用地提供了有利条件。

目前，发达国家用于规模生产生物柴油的原料有大豆（美国）、油菜籽（欧盟）、棕榈油（东南亚国家）。现已对 40 种不同的植物油在内燃机上进行了短期评价试验，它们包括豆油、花生油、棉籽油、葵花籽油、油菜籽油、棕榈油。棉花籽、食用回收油价格低廉，取材广泛，是许多国家研究和利用的对象。日本、爱尔兰等国用植物油下脚料及食用回收油作原料生产生物柴油，成本较石化柴油低。近年来，美国农业部、能源部又提出了能源作物的全株利用课题并取得了阶段性成果。

（2）新技术在生物柴油研究与开发中的应用

长碳链植物油黏度大，直接影响油的喷射，与甲醇进行酯交换反应产生的甘油会影响柴油机使用寿命。发达国家在运用生物技术降低生物柴油黏度、提高十六烷值、增加低碳脂肪酸含量、获得高品位燃油等方面进行了长期的探索。

（3）政府制定法令扶持，组织规模生产

欧美许多国家结合本国特点都制定了生物柴油发展纲要，在其推广使用上出台了相关的优惠政策，来组织生产生物柴油。在公共区，严格限制机动车辆有害气体的排放，有力地推动了生物柴油首先在公共区的使用。

德国、法国、意大利、奥地利、比利时、美国、马来西亚等国家对投放市场的生化柴油都采取了免税政策和低税率政策，以鼓励民众推广和使用生物柴油，保护生态环境。在美国及加拿大却未采取这种减税或免税优惠措施，以致生化柴油仍无法与石化柴油竞争。

（4）积极推广生物柴油商业化应用

为了让生物柴油获得大众的认可和接受，国外许多政府在宣传力度、建立或增加生物柴油加油站等销售设施、改良生物柴油的生产工艺、采用先进的生产线等方面做了大量的工作，以积极推动生物柴油的商业化应用。

（5）制定生产标准以保护消费者的利益和规范市场

由于原材料不同、生产工艺不一致，目前国际上尚无统一的生物柴油生产标准。1996 年美国颁布了生物柴油生产草案及测试方法（ASTM 法）。2002 年美国材料与试验学会（ASTM）通过了生物柴油标准，同时制定了更加严格的石油柴油标准，于 2006 年开始执行，以促进生物柴油的生产能力持续增长。1996 年德国颁布了更为详细的生物柴油生产标

---

① 1 英亩=0.404 856hm^2

准，DIN 51606 和测试方法。1998 年奥地利颁布了以菜籽油为原料生产生物柴油的生产标准。瑞典在 2003 年 3 月 3 日后使用新的欧洲生物柴油标准 EN 14214。生物柴油的生产标准评定指标包括密度、动态黏度、闪火点、硫含量、残留量、十六烷值、灰分、水分、总杂质、甘油三酯、游离甘油等。目前，生物柴油的标准正在不断提高和进一步完善之中。目前国际上尚无统一的生物柴油标准，各国制定了不同的生物柴油标准，见表 6-2。

表 6-2　国外主要现行的生物柴油生产标准

项目	欧盟 EN 14214	德国 DIN 51606	美国 ASTM D6751—2002	澳大利亚 ONI 10635
生效日期	2005 年	1997 年 9 月	1999 年 7 月	1997 年 4 月
产品名称	FAME	FAAME	FAMAM	VOME
密度（15℃）/（g/cm^3）	0.86～0.90	0.875～0.900	0.87～0.89	0.85～0.90
运动黏度（40℃）/（mm^2/s）	3.5～5.0	3.5～5.0	3.5～5.0	3.5～5.0
馏程（95%）/℃	—	—	90% 360℃	—
闪点/℃	>120	>110	>100	>100
冷滤点（CFPP）/℃	—	0/−10/−20	—	0/−15
硫含量/%	<0.01	<0.01	<0.015	<0.02
焦化值/%	—	<0.05	<0.05	<0.05
灰分含量（硫酸盐）/%	—	<0.03	<0.02	<0.02
灰分含量（氧化物）/%	<0.3	—	—	—
水分含量/（mg/kg）	<500	<300	<500	—
总杂质含量/（mg/kg）	<24	<20	—	—
铜腐蚀效能（50℃ 3h）	1	1	3	—
十六烷值	>51	>49	>45	>49
中和值（KOH）/（mg/kg）	<0.5	<0.5	<0.8	<0.8
甲醇含量/%	<0.2	<0.3	—	<0.2
甲酯含量/%	>96.5	—	—	—
甘油单酯/%	<0.8	<0.8	—	—
甘油二酯/%	<0.2	<0.4	—	—
甘油三酯/%	<0.2	<0.4	—	—
游离甘油/%	<0.02	<0.02	<0.02	<0.02
总甘油/%	<0.25	<0.25	<0.24	<0.24
碘值/%	<120	<115	—	<120
磷含量/（mg/kg）	<12	<10	<10	<20
碱含量（Na+K）/（mg/kg）	<10	<5	—	—

"—"表示未要求

　　2013 年 7 月，欧盟议会投票通过了生物柴油使用量修正案草案，规定传统生物柴油使用量不超过总运输车辆用燃料的 6%，并支持在计算生物燃料对温室气体排放的影响时将考虑 ILUC（非直接土地使用变化）因素。而目前欧盟生物柴油立法的目标是到 2020 年使用量达到 10%。这个缺口将由"先进生物柴油"补充，如来源于海藻和某些废物生产的生物柴油，预计到 2020 年这种生物柴油将至少占到交通能源消耗量的 2.5%。根据当前欧盟温室气体排放计算方法，来源于油菜籽油、棕榈油和豆油的生物柴油在整个使用循环过程中温室气体排放高于来源于石油生产的柴油燃料。因此，6% 的上限将有效阻止这些生物柴油的增长。目前欧洲传统生物柴油已经达到 5% 的用量，且已建成的产能足够达到 10% 的目标。该草案将严重打击目前欧洲的生物柴油工业，将迫使一些工厂倒闭。

4. 我国生物柴油研究进展

我国政府为解决能源节约、替代和绿色环保问题制定了一些政策和措施，早有一些学者和专家已致力于生物柴油的研究、倡导工作。著名学者闵恩泽院士在《绿色化学与化工》一书中首先明确提出发展清洁燃料生物柴油的课题；原机械工业部和原中国石化总公司在 20 世纪 80 年代就拨出专款立项，由上海内燃机研究所和贵州山地农业机械研究所承担课题，联合研究长达 10 年之久，并邀请石油化工研究院詹永厚做了大量基础试验探索；中国农业工程研究设计院的施德明先生也曾于 1985 年进行了生物柴油的试验工作；辽宁省能源研究所承担的中国-欧共体合作研究项目也涉及生物柴油；中国科技大学、中国石油化工科学研究院、西北农林科技大学、辽河化工厂、东北林业大学、华东理工大学、辽宁省能源研究所、湖南省林业科学院等分别进行了实验室研究开发和小型工业试验。

2001~2002 年，在福建、四川、河北分别建设了几家生物柴油企业，产品的性能与 0 号柴油相当，燃烧后废物排放较普通柴油下降 70%，标志着我国生物柴油生产已经开始走向产业化。2007 年全国生物柴油产能已达 300 万 t，但实际产量只有 30 万 t。2008 年国家发改委批准了中国石油天然气集团公司（中石油）南充炼油化工总厂 6 万 t/年、中石化贵州分公司 5 万 t/年和中国海洋石油总公司（中海油）海南 6 万 t/年 3 个小油桐生物柴油产业化示范项目，使中国生物柴油的产业化得到逐步推进。2013 年中国生物柴油总产能超过370 万 t/年，产量 100 万~120 万 t/年，产能利用率还不够高。目前主要生产厂家有：四川古杉集团 17 万 t/年，山东生物柴油集团有限公司 10 万 t/年，福建龙岩卓越新能源发展有限公司 10 万 t/年，以及天邦股份 8 万 t/年、悦达投资 7 万 t/年等上市公司。据不完全统计，现产能超过 10 万 t 的生物柴油企业有 16 家，最大规模为 30 万 t，山东省为生产企业数量最多的省份，其次为江苏、河北和广东。同时，美国、奥地利、加拿大等外资企业也纷纷抢滩，在中国建生物柴油基地。此外，中国还有多项生物柴油项目正在建设（如中石油、中石化建设示范基地），累计在建项目产能约为 180 万 t。经过多年的发展，我国部分生物柴油企业达到了比较好的技术水平和经济规模，如唐山金利海、江苏卡特、邯郸隆海等公司。预计 2017 年总产能将达到约 400 万 t，产量达到 120 万 t，2012~2017 年产能年均增长率约为 4.9%，产量年增长率将达到约 7.1%。我国政府已将"节能减排"提升到国家战略的高度，规划在 2020 年可再生能源占能源总消耗的 8%，其中生物柴油产量将达 200 万 t。

中国近年来生物柴油生产及消费情况（表 6-3），产能情况（表 6-4）和餐饮费油生产生物柴油（图 6-2）情况如下所示。

表 6-3　中国近年来生物柴油生产及消费情况（单位：百万升）

类别	2008 年	2009 年	2010 年	2011 年	2012 年	2013 年
产量	534	591	568	738	909	1079
进口量	0	0	0	0	20	159
消费量	534	591	568	738	929	1238

表 6-4　中国近年来生物柴油产能情况

类别	2008 年	2009 年	2010 年	2011 年	2012 年	2013 年
工厂数/个	84	62	45	49	52	53
产能/百万升	3351	2670	2556	3400	3600	4000
利用率/%	15.9	22.1	22.2	21.7	25.3	27

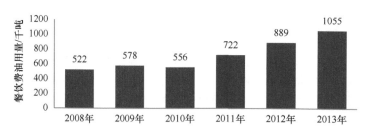

图 6-2　中国近年来利用餐饮费油生产生物柴油的情况

2007 年，国家发改委发布的《可再生能源中长期发展规划》提出了到 2020 年生物燃料乙醇年用量达 1000 万 t，生物柴油年利用量达到 200 万 t 的目标。我国已分别于 2007 年和 2010 年发布《柴油机燃料调和用生物柴油 BD100》和《生物柴油调和燃料 B5》国家标准。

2015 年 1 月 23 日，国家能源局网站公布了《生物柴油产业发展政策》。旨在打造原料路线适合国情、产业布局合理、转化技术先进、市场规范有序、可持续健康发展的新型生物柴油产业。政策要求，生物柴油生产企业必须配套建设以废弃油脂为主，木（草）本非食用油料为辅的可持续的原料供应体系。以废弃油脂为原料的生物柴油生产企业，应制定完善的废弃油脂供应方案，重点与省级生物柴油产业专项规划相衔接，与取得经营许可的废弃油脂供应单位签订中长期合同或协议，明确废弃油脂来源、数量。以油料能源植物为原料的，应配套建设相应规模的原料种植基地。若生物柴油产品收率（以可转化物计）达到 90%以上，每吨生物柴油产品耗甲醇不高于 125kg、新鲜水不高于 0.35m³，综合能耗不高于 150kg 标准煤；副产甘油需回收、分离与纯化；"三废"达标排放。产业政策鼓励京津冀、长三角、珠三角等大气污染防治重点区域推广使用生物柴油。鼓励汽车、船舶生产企业及相关研究机构优化柴油发动机系统设计，充分发挥生物柴油调和燃料的动力、节能与环保特性。2010 年，海南省在澄迈、临高两地加油站试销售 B5 生物柴油调和燃料中，2011 年昆明在 47 辆公交车两条线路连续运行 4 个月的生物柴油，生物柴油按照 10%的比例混配在石化柴油中，都取得了一定的成效。

开发生产生物柴油，对改变我国现有燃油结构，保护城市环境和节约能源资源，进一步实施可持续发展战略具有十分重要的意义。生产和推广应用生物柴油的优越性是显而易见的：原料易得且价廉，有利于土壤优化；副产品具有经济价值；环保效益显著。

柴油的供需平衡问题将是我国未来较长时间石油市场发展的焦点问题。中国 2011 年开始成为世界上最大的能源消费国，2013 年 9 月开始超越美国成为全球最大的石油进口国。近几年来，尽管炼化企业通过持续的技术改造，生产柴汽比不断提高，但仍不能满足消费柴汽比的要求。目前，生产柴汽比约为 1.8，而市场的消费柴汽比均在 2.0 以上，云南、广西、贵州等省区的消费柴汽比甚至在 2.5 以上。随着西部开发进程的加快，国民经济重大基础项目的相继启动，柴汽比的矛盾比以往更为突出。因此，开发生物柴油不仅与目前石化行业调整油品结构提高柴汽比的方向相契合，而且意义深远。汽车使用生物柴油，可以尽快遏制汽车排放污染日益加剧的势头，显著改善我国主要城市的空气质量状况。随着生物柴油生产技术的日趋成熟，产品质量提高，生产成本下降，预计其在作为汽车燃油方面的应用将面临着良好的市场发展机遇。

国内目前对生物柴油的生产和应用也进行了开发，已研制成功利用花生油、玉米油、棉籽油、米糠油、向日葵油、橡胶籽油、小桐油、皂角、大麻籽油、菜籽油、光皮树油、麻风树油、大豆油、工业猪油、牛油等作为原料，经过甲醇预酯化，再进行酯交换生产出的生物柴油，其既可作为代用燃料直接使用，还可作为柴油清洁燃料的添加剂。虽然我国的植物油脂及动物油脂资源丰富，但人均占有及其消费的植物油脂及动物油脂还很低，所以现阶段不能利用现有的植物油脂或动物油脂来大规模地开发生物柴油。但是我国国土面积广阔，有很多荒山荒地适合种植不同的能源油料植物，而且从能源战略的角度看，很有必要进行生物柴油的研究和开发。因为生物柴油的生产对我国农业结构可产生重要影响，如可以鼓励农民种植含油量高的非食用油料植物，调整农业结构。

目前我国生物柴油的研究与西方发达国家相比差距很大，应对生物柴油产业给予适当的税收优惠，将生物柴油产业列入国家有关科技发展计划，政府部门应率先推广使用生物柴油，尽快建立生物与柴油相关的质量、生产流程、工艺设计及安全生产方面的国家标准，保证优质产品进入市场。我国生物柴油发展速度很快，一部分科研成果已达到国际先进水平。研究内容涉及油脂植物的分布、选择、培育、遗传改良等及其加工工艺和设备。目前各方面的研究都取得了阶段性成果，这无疑将有助于我国生物柴油的进一步研究与开发。可以预计，随着生物柴油的竞争力不断提高，政府的扶持和全世界汽车车型柴油化的趋势加快，生物柴油的应用前景将更加广阔。

四、生物柴油与国家能源安全

1. 生物柴油是可再生能源，不必担心能源会被耗尽

生物柴油的生产、加工、消费是碳的一个有机循环过程。生物柴油的原料植物通过光合作用把太阳能转化为能储存的生物能，通过加工制成生物柴油，生物柴油经过人的消费，其中的碳以 CO_2 的形式回到大气中去，作为下次光合作用的原料。因此，生物柴油的生产、加工和消费是一个可持续发展的过程。生物柴油的可再生性可以解决一些由石化能源枯竭引起的能源危机，保证能源安全。

2. 生物柴油可作为一种战略石油资源、储备

战略石油储备的作用归纳起来可以有以下三方面。①保障供给。保证一段时间内的石油应急供应，使国民经济各重要部门特别是军队能够正常运作。②稳定能源价格。③威慑作用。在紧急情况下，国家能及时利用战略石油储备，减轻和限制石油武器或石油危机的冲击力，为解决危机和其他一系列问题赢得所需的时间。同时可使潜在对手认识到这种储备能在相当长时间内起到石油供应的保护作用，在作出使用"石油武器"的决策时，不得不顾及可能给自己的石油收入所带来的无法承受的损失。

生物柴油是一种生物质能，是能够广泛应用于生活、生产、军事等领域的新兴能源，是石化柴油很好的代替品。其不受地理等的影响，可以因地制宜种植生物柴油原料植物，形成绿色能源储备库，加上生物柴油的生产不受地理环境的影响，可免去勘探、钻井、采矿及长途运输等环节，比石化石油更容易普及和推广。因此，生物柴油的布局更合理，在能源上更加独立，使得各国的能源不易受到别国的干涉和控制，减少对石油市场的依赖。即使在战争时期，生物柴油的生产与加工也不会受到很大的影响。所以在目前这个能源竞争的时代，生物柴油是一种最好的战略石油储备。同时，生物柴油的发展可以解

决目前一些由石油引起的一系列斗争，有利于维护国际环境安定。

3. 生物柴油比核能等更安全，不容易发生爆炸、泄露等安全事故

生物柴油具有核能所没有的优点，具有较高的闪点，可降解，无放射线危害。生物柴油在生产、运输、使用等方面都比较安全。

总的来说，生物柴油是一种可再生的能源，不会枯竭；生物柴油是安全的能源，不易发生爆炸；生物柴油又是一种环境友好的能源，对人类健康无害。因此可以说，生物柴油在保证国家能源安全上有着比石油更美好的前景。

第二节　生物柴油的原料资源与选择

原料占生物柴油生产成本的 75%，如何获得规模供应、廉价、可作为能源用途的油料资源是生物柴油产业化必须解决的核心和关键问题。世界各国纷纷根据本国国情选择合适的原料生产生物柴油，自 20 世纪 80 年代以来，美国、菲律宾、日本等国进行了能源植物种的选择、富油植物的引种栽培、遗传改良及建立"柴油林林场"等方面的工作与研究。现已对 40 种不同的植物油在内燃机上进行了短期评价试验，它们包括豆油、花生油、棉籽油、葵花籽油、油菜籽油、棕榈油和蓖麻籽油。例如，美国主要利用高产转基因大豆，发展以大豆油为原料的生物柴油产业。欧洲各国大规模种植油菜，利用菜籽油生产生物柴油。棉花籽、食用回收油价格低廉，取材广泛，是许多国家研究和利用的对象。据美国农业部测算，美国每年生产接近 500 万 t 动物油脂和回收油脂，且该类油脂将会以每年 1% 的速度增加，2008 年美国就有 20% 的生物柴油是用动物油脂和回收油脂生产的，比 2007 年增加了一倍。加拿大每年生产接近 400 万 t 动物油脂和回收油脂，2008 年有 90% 的生物柴油是用该类油脂生产的。东南亚各国利用棕榈油作为生物柴油生产原料。日本主要采用餐饮废油生产生物柴油。

一、生物柴油的原料资源

目前生物柴油主要通过酯交换法生产，其原料包括油脂类、甲醇，其中构成油脂的脂肪酸是生物柴油最为基本的组分。所以人们通常所说的生物柴油原料资源就是指用于酯交换的油脂，其可分为植物油脂、动物油脂、废弃食用油等。其中，植物油脂是我国最为丰富的生物柴油原料油资源。

（一）油脂的物理化学性质

油脂是多种脂肪酸的混合甘油酯，其主要化学成分是甘油三酸酯，其次有少量的游离脂肪酸及各种非油脂物质。甘油酯是由脂肪酸和甘油化合生成的酯类化合物，其化学反应式为

$$3RCOOH + C_3H_5(OH)_3 = C_3H_5(OOCR)_3 + 3H_2O \qquad (6\text{-}1)$$

　　　　脂肪酸　　甘油　　　类化合物　　水

式中，R——烃基。

脂肪酸从大的范围讲，可以分为饱和酸和不饱和酸。组成油脂的饱和酸大多含有偶

数碳原子。分子比较小的饱和脂肪酸有挥发性。饱和脂肪酸的通式为 $CH_3(CH_2)_n\text{-}COOH$，其碳链饱和。植物油脂中常见的饱和脂肪酸有癸酸、月桂酸、肉豆蔻酸、棕榈酸和硬脂酸，植物油脂中所含的脂肪酸大多属于不饱和脂肪酸。不饱和脂肪酸主要包括 $C_{10}\sim C_{22}$ 的脂肪酸，绝大多数为偶数碳原子的直链分子，性质不稳定，易与氢、氧、溴、碘等元素起化学反应。主要成分有油酸、亚油酸、亚麻酸、岩芹酸和芥子酸等。除饱和脂肪酸和不饱和脂肪酸以外，还有环状脂肪酸、羟基脂肪酸及一些特殊结构脂肪酸等。

油脂的特性，如色泽、气味、熔点和凝固点、酸值、酯值等与脂肪酸组成和性质有密切的关系。

1. 色泽

所有的油脂大都含有天然色素，如胡萝卜素、叶黄素、棉酚等，所以油脂常带有特定色泽。制取生物柴油的原料是不希望带有颜色的，在油脂进行酯交换之前应进行脱色处理。

2. 气味

天然油脂都有一定的特有气味，长期储存的油脂因酸败而带有哈喇味。这种气味一方面可以帮助人们鉴别油脂；另一方面使制得的生物柴油产品及其副产物也带有一股气味，这是人们所不希望的，为此常用物理法或化学法进行脱臭处理。

3. 熔点和凝固点

固体油脂受热熔化成液体时的温度称油脂的熔点。天然油脂是混合脂肪酸的甘油三酯，所以熔点很不明显。熔点仅反映油脂的不饱和性，很少以熔点鉴别油脂质量。

把油脂分解生成的脂肪酸从液体逐渐冷却到固态时，会放出一定的结晶热，当液体降温生成的凝固物不再降温，相反却瞬时升温而达到的最高温度称为脂肪酸的凝固点。脂肪酸凝固点是鉴别各种油脂的重要参数之一。

脂肪酸的凝固点与脂肪酸碳链长短、不饱和度、异构化程度等有关。碳链越长，双键越少，异构化越少，则凝固点越高；反之，凝固点越低。对同分异构体而言，如油酸，反式比顺式凝固点高。

4. 不皂化物

不皂化物是指溶解于油脂中的不能被碱皂化的物质，如蜡中的脂肪醇部分、甾醇、酚类、烷烃、树脂类等物质。普通油脂中不皂化物含量在1%左右，鱼油中的含量一般较高，糠油中不皂化物含量高达11%左右。不皂化物对成品生物柴油有一定的影响。

5. 酸值

中和1g油脂中游离脂肪酸所需氢氧化钾的毫克数称为酸值。酸值的高低表示油脂中游离脂肪酸含量的多少。它是鉴别油脂质量好坏的重要指标。油脂酸败越甚，其酸值越高，新鲜的油脂酸值应在1以上。

油脂中游离脂肪酸的含量可由酸值计算。

$$游离脂肪酸（\%）=酸值\times F\times100\% \qquad (6\text{-}2)$$

牛油、猪油、棉籽油、豆油等普通油脂，游离脂肪酸通常以油酸表示，F 值取 0.503。

椰子油、棕榈仁油的游离脂肪酸以月桂酸表示，F 值取 0.456。蓖麻籽油 F 值取 0.530，菜油 F 值取 0.602。游离脂肪酸虽然也能与甲醇发生反应生成脂肪酸甲酯，但是由于在反应过程中会生成水，降低反应物浓度，降低反应速度，因此在发生酯交换反应前应该进行脱游离脂肪酸处理。

6. 皂化值

完全皂化 1g 油脂所用氢氧化钾的毫克数称为该油脂的皂化值。普通油脂的皂化值在 180～200。皂化值可以说明脂肪中脂肪酸碳链的长短。脂肪酸碳链越短，皂化值越高。油脂中不皂化物含量越高，皂化值越低。

由皂化值可以推算如下基本数据。

（1）皂化油脂所需要的烧碱量（kg）

$$耗碱量=[(油脂数量(t)×皂化值×40)]/(56.1×1000×\omega) \tag{6-3}$$

式中，ω——NaOH 的质量分数。

（2）油脂中脂肪酸含量

$$脂肪酸含量=100\%–[(皂化值×[OH])/(10×[KOH])]×C_3H_5/[OH]×3×100\%$$
$$=100\%–皂化值×0.0244×100\% \tag{6-4}$$

（3）油脂中甘油含量

$$甘油含量=皂化值×甘油相对分子质量×100\%/([KOH]×3×1000)$$
$$=皂化值×92/(168.3×10)\%$$
$$=皂化值×0.054\,66\% \tag{6-5}$$

（4）油脂的相对分子质量

$$油脂相对分子质量=\ 56.1×1000×3/皂化值=16\,830/皂化值 \tag{6-6}$$

（5）油脂中脂肪酸的理论酸值

$$脂肪酸理论酸值=皂化值×(1+41×皂化值/16\,830) \tag{6-7}$$

（6）油脂水解率

$$水解率（\%）=实测水解脂肪酸酸值/油脂脂肪酸理论酸值×100\% \tag{6-8}$$

（7）酯值

酯值是指皂化 1g 油脂中所含酯类物质所需要的氢氧化钾毫克数。中性油脂的皂化值等于酯值，油脂中含有游离脂肪酸时，酯值等于皂化值减去酸值。此时油脂中甘油含量依式 6-9 计算。

$$甘油含量=酯值×0.5466 \tag{6-9}$$

（8）碘值

每 100g 油脂吸收碘的克数称为碘值。碘值的高低反映了油脂的不饱和程度，油脂的碘值越高，其不饱和程度越大。通过碘值的测定，可以计算出油脂中混合脂肪酸的平均双键数，在油脂氢化时，可以计算出理论耗氢量。习惯把碘值在 100 以下的油脂称为干性油，值在 100～130 的油脂称为半干性油，大于 130 的油脂称为不干性油。干性油和半干性油因为高度不饱和易发生酸败变质，为此制生物柴油时，对干性油和半干性油通常进行加氢或部分加氢后再使用。

$$氢气的用量 V（℃，大气压下）=（碘值 1-碘值 2）/1.135 \qquad (6\text{-}10)$$

式中，V——每吨油脂用氢气量，m^3；

碘值 1——氢化前油脂的碘值；

碘值 2——氢化后油脂的碘值。

（二）植物油脂资源

植物油脂占油脂总量的 70%，是生物柴油最为主要的原料油。植物油脂可分为两类：一类是油料作物，是大规模栽培的农作物或木本油料，是我国目前发展生物柴油的主要原料；另一类是油脂植物，是处于野生状态或半野生状态有一定含油量（10%以上）的植物。能源植物除了油脂植物以外，还有一些富含烃、醇的植物，如绿玉树、玉米等。常见的油脂理化常数及脂肪酸组成见表 6-5。

表 6-5　不同油脂脂肪酸组成

食用油脂	饱和脂肪酸	油酸	亚油酸	亚麻酸	芥酸
高油酸菜籽油	5～7	75～85	6～10	<3	0～1
双低菜籽油	7	61	21	11	0～2
橄榄油	9～21	55～83	6～11	1	0
茶油	7.5～18.8	78～86	7～14		0
大豆油	15	23	54	8	0
猪油	43	47	9	1	0
棕榈油	51	39	10	少	0
花生油	19	48	33	少	0

1. 草本植物油

在草本植物油方面，我国油菜、大豆和其他主要油料作物近年来开发出一批高产、高含油率的品种，但按目前的生产技术水平，如果作为生物柴油原料，其产量低、成本高、经济性差，同时还可能与其他农作物争夺土地。因此，我国不能像欧盟国家和美国那样，靠政府大量财政补贴支持农民生产油菜和大豆作为生物柴油原料，而应当因地制宜，结合退牧还草，尊重农民意愿，开发和种植经济性好的高产油料作物，如整体出油的油草。

草本植物油脂以油料作物油为主，常见的草本植物油有油菜籽油、大豆油、花生油、棉籽油、米糠油、向日葵油、玉米油、亚麻籽油等。"九五"期间我国油料作物生产得到快速发展，油菜籽年总产从 1996 年的 4144.5 万 t 增加到 2000 年的 4775.0 万 t（未含芝麻等小油料），平均年增长率为 3.5%左右。大豆、油菜、花生三大作物是油料总产增长的主要来源，其中大豆平均占油籽总产的 32.74%，油菜占 21.69%，花生占 25.79%。1998～2000 年我国油料作物年均种植面积达到约 3.7 亿亩，仅次于禾谷类粮食作物的种植面积，达到历史最高水平。油菜是世界上仅次于大豆和棕榈的重要油料作物，产量和消费量均占世界油料产量和消费量的 12.9%，贸易量占世界油料贸易量的 10%。其中，2011～2012

年度全球油菜籽产量达 6163 万 t。我国是世界油菜籽主要生产国，菜籽油是国内自产的第一大植物油，约占我国食用植物的 50%。自 1999 年我国油菜籽产量首次突破 1000 万 t后，一直维持在 1000 万 t 以上的水平（表 6-6）。湖南、四川等省区的油菜籽面积和产量不断增加，湖南油菜种植面积已跃居第一位。

表 6-6　2000～2012 年中国油菜籽生产情况表

年份	播种面积/khm²	产量/kt	单产/（t/hm²）
2000	7 494	11 381	1.52
2001	7 095	11 331	1.60
2002	7 143	10 551	1.48
2003	7 221	11 418	1.58
2004	7 273	13 182	1.81
2005	7 279	13 052	1.79
2006	5 984	10 966	1.83
2007	5 642	10 573	1.87
2008	6 594	12 102	1.84
2009	7 278	13 658	1.88
2010	7 370	13 082	1.78
2011	7 347	13 426	1.83
2012	7 431	14 007	1.88

我国食用植物油对外依存度已超过了 65%，食用植物油的战略安全受到严重威胁，利用食用植物油生产生物柴油不现实，但可利用非食用草本油料，如续随子、油莎豆、棉籽油、米糠油等。

2. 木本油料

在木本油料树种即木本植物油原料资源利用方面，专家认为，这是我国今后 10 年或更长时间内最主要的生物柴油植物原料。中国地域辽阔，木本油料树种资源丰富，但现有的资源没有被充分开发利用。我国南方几千年来一直种油桐、油茶及其他的木本油料树种，但由于原有的市场大幅萎缩，木本油料植物种植面积缩减。专家认为，我国应当依托生物柴油产业这一广阔的市场，开发利用各种高产、经济性好的油料林木资源。目前，应结合退耕还林，充分开发利用现有资源，大量种植油料林木，只摘油果不砍树，这样既有利于保护生态，又可用油果榨出油来生产生物柴油，从而促进农业产品结构调整，提供就业机会，增加农民和林区职工收入。

常见的木本植物油有棕榈油、光皮树油、麻风树油、茶油、椰子油等，几种原料油制取生物柴油主要经济产量的对比如表 6-7 所示。近年来我国在相关方面也已开展较多研究。中国农业科学院油料研究所、中国林业科学研究院等研究机构通过对有限的、区域性的油脂植物进行评价研究，初步筛选出了油桐、乌桕、麻风树、黄连木等木本油料及扶芳藤等藤本油料，并开展了品种培育和开发利用研究。中国科学院对金沙江流域燃料油植物资源进行了调查及栽培技术研究，并建立了 30hm² 的小桐子栽培示范园。湖南省林业科学院从南非、美国和巴西引进了能源树种绿玉树优良无性系，进行相关研究并取得了阶段性成果。湖北省林业科学研究院从 2004 年开始进行能源树种乌桕、黄连木等的优树选育及文冠果、麻风树的引种栽培试验，得到乌桕全籽干基含油 31.5%，果仁干基含油 65.8%。

表 6-7　　几种原料油制取生物柴油主要经济产量的对比

原料	产量/（kg 油/hm²）	产油/（L 油/hm²）	生油柴油产量/（L 油/hm²）
茶油	450	535	428
桐油	790	940	750
麻风树	1440	1710	1368
光皮树	1500	1785	1428
菜籽油（CK）	1000	1190	952

3. 藻类

鉴于动、植物油脂的产量限制，自 20 世纪 90 年代以来，国内外开始研究利用微生物或藻类发酵生产油脂。微藻是一种古老的浮游光自养单细胞微生物类群，无根、无茎、无叶，广泛存在于海洋、湖泊、河流等水体环境中。据估计，地球上有 20 万～80 万微藻种类，其中很多藻种在特定环境条件下可以积累大量的油脂产物，可用于生物柴油生产。

产油微生物资源丰富，具有工业化生产开发的巨大潜力。同时，某些微生物油脂在脂肪酸组成上同植物油，如大豆油、菜籽油、棕榈油等相似，是生产生物柴油的潜在油脂原料。常见产油酵母主要有斯达氏油脂酵母（*Lipomyces starkeyi*）、产油油脂酵母（*Lipomy slipofer*）、黏红酵母（*Rhodotorula glutinis*）、浅白色隐球酵母（*Cryptococcus albidus*）、弯隐球酵母（*Cryptococcus albidun*）等，产油霉菌主要有高山被孢霉（*Mortierella alpina*）、土霉菌（*Asoergullus terreus*）、高粱褶孢黑粉菌（*Tolyposporium* spp.）等，即使在相同的培养条件下，不同菌种的油脂含量及脂肪酸组成也存在很大差异（表 6-8）。从最终制得的微藻生物柴油的质量来看，选择含饱和脂肪酸和单不饱和脂肪酸高的微藻才是最佳的原料，因为不饱和脂肪酸氧化速率是与双键数目和位置密切相关的，如果微藻含有较多的不饱和脂肪酸会使最终制得的生物柴油的氧化稳定性降低。

表 6-8　　不同菌种在同种培养条件下的油脂含量及脂肪酸组成

菌种	最佳培养时间/天	菌丝体干重/g	油脂产量/g	含油量/%	m（脂肪酸）：m（总脂肪酸）				
					16：0	16：1	18：0	18：1	18：2
黑曲霉	3	5.5290	0.2181	3.94	19.30		6.90	40.70	31.60
米曲霉	7	1.2486	0.1500	12.01	23.30		8.30	28.70	30.80
少根曲霉	7	2.6990	0.7152	26.50	18.00		6.60	31.60	32.84
黏红酵母	5	0.5060	0.3060	57.73	10.40	1.68	10.84	52.25	2.94
酵酒酵母	6	1.2320	0.3950	32.06	7.60	50.14	3.08	29.84	1.94

微藻具有油脂高、生长快、可固碳及净化水质等绝对优势，微藻的含油量大概是大豆的 10 倍，是油菜籽、花生的 7～8 倍。利用微生物转化生产油脂及其相关产品，将成为生物柴油制备的油脂原料一个新的发展方向。

目前，国外的 GreenFuel 公司、HRBiopetroleum 公司、Solazyme 公司和 PetroSun 公司等都从事这方面的研究。美国可再生能源国家实验室运用现代生物技术，已经开发出含油超过 60% 的工程微藻，每亩产品可生产 2t 以上生物柴油。美国联合环境和能源有限责任公司已成功开发出比现有方法成本降低 40% 的水藻生物柴油生产法。

但微藻制油的成本是普通生物柴油的 4 倍，因而距离产业化仍然有一段路要走。中国催化剂之父、两院院士闵恩泽认为，要在微藻收集、浓缩、破壁、提油等方面取得重大突破，就要简化流程、降低设备投资和生产成本；同时在微藻的培育方面，要利用基因工程来加以改造，在含油量和生成速度上要有重大突破，这是微藻生物柴油发展的基础，有望从根本上为解决制备生物柴油所需油脂问题提供一条可行的途径。

（三）动物油脂

　　动物油脂主要从动物的屠宰废料、动物皮毛处理及食用肉类残油中得到，全国每年有上千万吨。动物油脂的特点是 $C_{16} \sim C_{18}$ 脂肪酸的比例高。在脂肪酸组成上，饱和脂肪酸远高于不饱和脂肪酸，而且它们所含的不饱和脂肪酸几乎都是油酸和亚油酸。动物油脂中也含有少量的奇数碳脂肪酸，这是植物所没有的，如在一些牛脂中，C_{17} 烷酸的含量可高达 2%。低质量的或混合的油脂很难作为生产其他化学品的原料，是生产生物柴油的经济原料。然而动物油脂的饱和脂肪酸含量高，熔点和黏度较高，与甲醇的互溶性较差，因此采用动物油脂生产生物柴油时，需要采用强力的搅拌来保持反应体系的良好混合和传质性能。表 6-9 是猪脂、牛脂、羊脂的规格和脂肪酸组成。

表 6-9　猪脂、牛脂、羊脂的规格和脂肪酸组成

项目	猪脂	牛脂	羊脂
熔点/℃	33～46	40～48	40～48
碘值	53～57	40～48	40～48
皂化/（mg KOH/g）	190～200	196～199	196～199
不皂化物/%	<1	<1	<1
脂肪酸凝固点/℃	32～43	39～43	39～43
脂肪酸组成/%			
12：0（月桂酸）	0.1	0～1	—
14：0（肉豆蔻酸）	1	2～6	1～4
14：1	0.3	0～1	—
15：0	0.5	0～1	0.5
16：0（棕榈酸）	26～32	20～33	20～28
16：1	2～5	2～4	—
18：0（硬脂酸）	12～16	14～29	25～32
18：1（油酸）	41～51	35～50	36～47
18：2（亚油酸）	3～14	2～5	3～5
18：3（亚麻酸）	0～1	0～1.5	—
20：0（花生酸）	—	0.4～1.5	—
20：4（花生烯酸）	0～1	0～0.5	—

（四）废弃油脂

　　为了遵循"不争粮、不争地、不破坏生态环境"原则，我国大力发展基于餐饮废弃油的生物柴油。根据我国国情，近期原料将主要是餐厨废油、油脂工业下脚料等废弃油脂。目前，我国的食用油消费量约为 2500 万 t/年，其利用率一般为 75%～85%，照此计算，废弃油脂的产量在 375 万 t/年以上。废弃油脂市场价格约为 2100 元/t，转化成生物柴油售价在 4000 元/t 以上，扣除其他原材料消耗和人工成本，可实现 1600 元/t 增值。如果这部分废弃油脂能够收集起来用于生产生物柴油，产量很可观。国家发改委在《生物产业发展"十一五"规划》（2007 年）中也明确提出，要开发餐饮业油脂等废油利用的

新技术、新工艺。废弃油脂生产生物柴油既可以减少温室气体和其他有害气体排放，又可避免地沟油回收流向餐桌，有助于我国的食品安全。北京市科学技术委员会可持续发展科技促进中心正与中国石油大学合作，利用北京市餐饮业废油为原料制造生物柴油。这些都将促进废弃油脂在制备生物柴油方面的潜力向现实生产能力的转化。

目前，我国在收集利用废弃油脂方面还亟待建立完备的法规体系，现有餐厨含油废水处理与油脂回收装置存在适应性差、分离效率低、出水达标困难等问题，急需对回收装置进行改进。因此，开发高效的废弃油脂回收装置、建立闭合的废弃油脂回收法规体系，是当前实现废油资源化利用的首要任务。中国农业科学院油料作物研究所开发的餐饮油水高效回收处理装置，实现了含油废水中残渣的分离与油脂的高效回收，所排废水含油量能达到国家三级排放标准，并已推广应用。但废油脂原料过于分散，难于收集，加上废油脂总量有限，实际能用作生物柴油的原料并不多。

二、生物柴油的原料选择

原料占生物柴油成本的 75%，因此大量廉价原料的供应是制约生物柴油发展的关键因素。目前的生物柴油原料中，植物原料最具发展潜力。我国能源植物资源种类丰富多样，为大力发展生物柴油提供了广阔的前景，如何从这些种类多样的能源植物资源中选择出一些适合或比较适合的植物种类来作为制取生物柴油的低成本原料，是需要解决的问题。我国人多地少的国情决定了发展生物柴油产业不宜以食用油为原料，生物柴油原料的发展应遵循"不与人争粮、不与粮争地"原则。

（一）生物柴油原料选择的原则

1. 选择指标

（1）含油率

含油率是选择生物柴油原料的首要指标。含油率的高低决定了能源植物利用价值的大小。不含油成分就不是油料植物，含油率不高，达不到利用程度，也就谈不上油料植物的开发利用。

（2）生物产量

能源植物的生物产量决定了其作为生物柴油原料的开发利用价值和潜力。生物产量越大，开发利用的价值也就越高，开发利用的可行性也越大。决定某种能源植物生物产量的因素主要有 3 个。

1）单位面积产量的高低或结实性状的好坏。对于已人工栽培的植物而言，其单位面积产量越高，生物产量也就越大；对于尚未栽培的野生种来说，若有好的结实性状，在经人工种植后，生物产量可能会较高。

2）适生区域的大小。适生区域越大，分布面积相对也大，供开发利用的区域范围越广，可收获的生物量也越大。

2012 年 7 月国家能源局制定了《生物质能发展"十二五"规划》，提出在盐碱地、荒草地、山坡地等未开发宜能荒地较多的地区，根据当地自然条件和作物植物特点，种植油棕、小桐子等木本油料能源作物植物，建设非粮食生物液体燃料的原料供应基地。2013 年 5 月国家林业局制定的《全国林业生物质能源发展规划（2011—2020 年）》提出，到 2015 年，建设木本油料能源林 212 万 hm²，全部利用折合约 70 万 t 标准煤；到 2020 年，木本油料能源林规模将达到 422 万 hm²，全部利用折合约 580 万 t 标准煤。今后木本原料将成为我国生物柴油产业的主要原料。我国可用于生物柴油产业的木本油料植物如表 6-10 所示，几种主要生物柴油树种的生活习性如表 6-11 所示。

表 6-10 可用于生物柴油产业的木本油料植物

科	种名	种子含油量/%	十六烷值	分布
槭树科	元宝槭 Acer truncatum	31.3	52.83	东北、华北、西北
漆树科	人面子 Dracontomelon duperreanum	64.0	54.07	云南、广西、广东
	黄连木 Pistacia chinensis	37.5	53.17	长江流域以南、华北、西北
番荔枝科	番荔枝 Annona squamosa	39.1	56.80	华南
夹竹桃科	海杧果 Cerbera manghas	67.1	59.67	广东、海南
桦木科	榛 Corylus heterophylla	61.0	56.97	东北、华北
橄榄科	橄榄 Canarium album	58.1	51.47	华南、西南
	乌榄 Canarium pimela	59.5	53.00	云南、广东、广西、福建
番木瓜科	番木瓜 Carica papaya	36.7	59.14	云南、广东、广西、福建
使君子科	榄仁树 Terminalia catappa	59.4	56.26	云南、广东
山茱萸科	光皮树 Cornus wilsoniana	30.4	51.27	华中、华南
葫芦科	油渣果 Hodgsonia macrocarpa	64.6	53.44	西藏、云南、广东、广西
	水石榕 Elaeocarpus hainanensis	40.0	56.49	云南、广东
杜英科	仿栗 Sloanea hemsleyana	51.0	56.03	四川、贵州、湖南、湖北
	猴欢喜 Sloanea sinensis	49.5	56.24	长江流域以南
大戟科	蝴蝶果 Cleidiocarpon cavaleriei	38.9	53.01	云南、贵州、广西
	麻风树 Jatropha curcas	61.5	52.26	华南、西南
壳斗科	水青冈 Fagus longipetiolata	42.8	51.49	长江流域以南
大风子科	海南大风子 Hydnocarpus hainanensis	54.3	51.28	广西、海南、云南
	胡桐 Calophyllum inophyllum	42.8	56.25	广东、广西
藤黄科	多花山竹子 Garcinia multiflora	65.2	57.26	福建、广东、广西、云南、江西
	铁力木 Mesua nagassarium	74.0	54.21	云南
豆科	水黄皮 Pongamia pinnata	33.0	55.84	广东
木兰科	玉兰 Magnolia denudata	53.6	53.37	黄河流域以南
	厚朴 Magnolia officinalis	45.8	52.42	黄河流域以南
	观光木 Tsoongiodendron odorum	43.0	53.22	华中、华南
油橄榄科	油橄榄 Olea europaea	53.2	55.24	长江流域以南
蔷薇科	杏 Prunus armeniaca	53.5	52.65	全国各省区
	桃 Prunus persica	52.1	52.07	全国各省区
	山杏 Prunus sibirica	49.9	52.74	东北、华北
芸香科	柚 Citrus grandis	42.2	52.72	长江流域以南
	桔 Citrus reticulata	46.8	53.73	长江流域以南
无患子科	细子龙 Amesiodendron chinense	50.9	56.07	广东、广西、云南、贵州
	茶条木 Delavaya yunnanensis	71.5	53.40	云南、贵州、广西
	复羽叶栾树 Koelreuteria bipinnata	48.1	56.89	西南、华南、华中、华东
	无患子 Sapindus mukorossi	41.2	58.88	长江流域以南
	文冠果 Xanthoceras sorbifolia	59.9	51.78	东北、华北

续表

科	种名	种子含油量/%	十六烷值	分布
山榄科	牛油树 *Butyrospermum parkii*	56.2	62.70	云南
	滇木花生 *Madhuca pasquieri*	50.0	56.76	云南、广西
苦木科	臭椿 *Ailanthus altissima*	33.4	51.29	全国各省区
	苦木 *Picrasma quassioides*	30.5	53.90	黄河流域以南
山矾科	白檀 *Symplocos paniculata*	38.4	55.23	东北、华北、长江流域以南
	糙果茶 *Camellia furfuracea*	52.1	55.71	广东、广西、湖南、江西
	细叶短柱茶 *Camellia microphylla*	59.2	56.43	安徽、湖南、江西、贵州
	钝叶短柱茶 *Camellia obtusifolia*	50.5	55.84	浙江、江西、广东
山茶科	油茶 *Camellia oleifera*	58.7	55.95	长江流域以南
	茶 *Camellia sinensis*	31.8	53.35	长江流域及以南各省区
	华南厚皮香 *Ternstroemia kwangtungensis*	32.5	54.87	福建、广东、广西、湖南
	石笔木 *Tutcheria championi*	59.2	54.11	广东、广西
瑞香科	土沉香 *Aquilaria sinensis*	44.5	56.22	广东、广西
	了哥王 *Wikstroemia indica*	39.0	52.14	华南、华东、华中
榆科	油朴 *Celtis wightii*	68.1	53.38	云南
马鞭草科	海州常山 *Clerodendrum trichotomum*	34.1	53.32	全国各省区

表 6-11　生物柴油树种的生态习性

树种	光照	温度	水分	土壤
黄连木	喜光	适宜地年平均气温12℃	650~1300mm	适宜年降水量
花椒	强喜光，年日照时数在1200h以上	耐寒，能耐−20~−18℃低温	适宜年降水量500~140mm，不耐涝	耐贫瘠，在黏重且石砾含量高的土壤中也可存活，土壤 pH 6.8~8.0
文冠果	喜光、耐半荫	耐寒，可耐−42.4℃低温	适宜年降水量140.7~948.3mm，不耐涝	在黄土丘陵、冲积平原、岩石裸露地、沙地和石质山地都能生长，适宜土壤pH7.5~8.0
光皮树	喜光	耐+11.3℃的地温和−7.6℃的气温	耐干旱	在石灰岩山地可生长，pH 4.5~8.0
绿玉树	喜光、耐半荫	不耐寒，适宜温度为21~28℃，忍耐最低温9℃	耐旱，年降水量250~1000mm地区可以生长	耐贫瘠，适宜土壤 pH 6.5~8.0
油棕	喜光	年均温25~28℃，低于15℃则停止生长	不耐旱，生长地区年平均降水量1800~3000mm，且无明显旱季	适宜疏松、肥沃、深厚土壤，pH 4~6
油桐	喜光，年日照时数在1045h以上	适生地年均温15.5~17℃	不耐旱，生长地区年平均降水量1800~3000mm，且无明显旱季	不耐贫瘠，土壤 pH 6~7

　　3）繁殖的难易程度。某种能源植物虽含油率很高，但是种子的发芽率很低，无性繁殖或移栽不易成活，很难繁殖，不能规模化地建立生物柴油原料基地，其生物产量也不可能达到很高。

　　（3）采集、提取和加工的难易程度

　　作为生物柴油的原料，其含油器官要易于采集，油样要容易提取和加工，这样就能控制生物柴油的制取成本。

　　（4）必须适合中国的国情

　　我国山地多，耕地少，要充分利用发挥山地资源优势，大规模地栽培木本油料植物。

2. 调查方法（油料植物种类结实量调查）

确定结实量的办法：①结实果枝占树冠总枝条的百分数。②果实在结果枝上分布的均匀程度，分三级：一级为分布均匀（果实在果枝上的分布密度均匀）；二级为较均匀（有1/3以上的部位少果或无果）；三级为不均匀（2/3以上的部位少果或无果）。③果实在果枝上着生的密度，分三级：一级为密（整个果枝上挂满果实为密——根据树种确定）；二级为较密（处于一、二级之间）；三级为稀（果实在果枝上稀疏地分布）。

（二）生物柴油原料的选择方法

选择含油量、含油种类、含油成分、含油器官、植物的繁殖方式、繁殖难易程度、群众的栽培习惯、植物的单位面积产量或结实性状、适生区域的面积大小、适生区域的自然条件、植株大小、植物的生活型、植物的生态型、植物的种群结构、树冠与全株生物量比或草本植物地上部分与全株生物量比等指标，采用特菲尔调查法和专家咨询进行模糊评判，并根据评分结果将植物的含油量（A）、单位面积产量或结实性状（B）、适生区域的面积大小（C）、繁殖难易程度（D）和油的成分（E）5个指标作为生物柴油原料初选的指标体系（表6-12）。在满足以上指标后，同时综合考虑原料的经济成本（X_1）、生态功能（X_2）及社会功能（X_3）（表6-13）。

1. 经济成本评价（X_1）

以各种类能源植物每制取1L油的税前成本作为比较基准。成本越低，X_1的得分越高，反之则低。

$$X_1=1/制取每升油的税前成本 \qquad (6-11)$$

2. 生态功能（X_2）

将各种能源植物的生态功能分解为水土保持功能、涵养水源功能、环境保护功能、景观功能等几类，在此基础上进行专家咨询打分，然后统计打分结果计算出平均值（I），最后再乘以权重系数C（C=0.1）来计算X_2的得分值。

$$I=（1，弱；2，较弱；3，中；4，较强；5，强）$$
$$X_2=CI \qquad (6-12)$$

3. 社会功能（X_3）

社会功能评价打分类同于生态功能。

$$I=（1，弱；2，较弱；3，中；4，较强；5，强）$$
$$X_3=C'I \quad (C'=0.1) \qquad (6-13)$$

4. 综合功能得分（Y）

$$Y=X_1+X_2+X_3 \qquad (6-14)$$

（三）几种生物柴油原料的选择

对绿玉树、油菜、桉树、麻风树、续随子、花生、夹竹桃、大豆、小桐子、黄连木、光皮树、白檀及棕榈 13 种植物的含油量（A）、单位面积产量或结实性状（B）、适生区域的面积大小（C）、繁殖难易程度（D）和油的成分（E）5 个指标进行了综合评分，见表 6-12。然后综合考虑原料的经济成本（X_1）、生态功能（X_2）及社会功能（X_3）得到表 6-13。

表 6-12　生物柴油原料初选的综合评分及排序结果

原料种类	A	B	C	D	E	综合得分	排序
绿玉树	0.962	0.664	1.114	0.951	0.805	4.496	1
油菜	0.481	0.720	1.359	0.903	0.651	4.114	2
桉树	0.948	0.558	1.101	0.903	0.434	3.944	3
麻风树	0.632	0.558	1.101	0.903	0.717	3.911	4
续随子	0.632	0.558	1.101	0.903	0.651	3.845	5
花生	0.359	0.529	1.200	0.903	0.651	3.642	6
夹竹桃	0.948	0.186	1.101	0.903	0.434	3.572	7
大豆	0.344	0.529	1.226	0.903	0.434	3.436	8
山桐子	0.357	0.271	1.101	0.903	0.658	3.290	9
黄连木	0.632	0.186	1.101	0.903	0.434	3.256	10
光皮树	0.632	0.186	1.101	0.903	0.434	3.256	10
白檀	0.316	0.186	1.101	0.903	0.651	3.157	11
棕榈	0.036	0.186	1.101	0.903	0.651	2.877	12

表 6-13　生物柴油原料综合评价及排序结果

原料种类	X_1	X_2	X_3	综合得分	排序
麻风树	0.435	0.342	0.308	1.085	1
绿玉树	0.323	0.367	0.383	1.073	2
光皮树	0.331	0.333	0.383	1.047	3
油菜	0.302	0.308	0.425	1.035	4
大豆	0.214	0.379	0.438	1.031	5
山桐子	0.351	0.325	0.325	1.001	6
花生	0.211	0.342	0.442	0.995	7
黄连木	0.325	0.367	0.300	0.992	8
桉树	0.175	0.317	0.433	0.925	9
夹竹桃	0.166	0.425	0.292	0.883	10
续随子	0.314	0.308	0.258	0.880	11
棕榈	0.197	0.333	0.350	0.880	12
白檀	0.182	0.342	0.292	0.816	13

从表 6-12 可以看出，绿玉树的含油量（A）、单位面积产量或结实性状（B）、适生区域的面积大小（C）、繁殖难易程度（D）和油的成分（E）都比较高，在初筛中得分最高，达 4.496 分。油菜的得分第二，也达到 4.114 分，麻风树得分第四，为 3.911 分，山桐子 3.290，第九，黄连木和光皮树并列第十，得分为 3.256。但是综合考虑原料的经济成本（X_1）、生态功能（X_2）及社会功能（X_3）后，得分前 8 名的是麻风树、绿玉树、光皮树、油菜、大豆、小桐子、花生、黄连木（表 6-13）。在这几种能源植物中，最终选择木本植物麻风树、绿玉树、光皮树、小桐子、黄连木来作为研究和开发生物柴油的原料，理由

如下。

1）我国的人均占有耕地面积少，山地丘陵多，山地资源丰富，选择木本植物作为生物柴油的原料，可结合退耕还林等重点林业生态工程规模种植，促进生物柴油产业化的进程。

2）木本植物和草本作物的主要油脂成分相似，只是脂肪酸的含量不同，经酯交换反应制取生物柴油的得率有些差异，现分别以麻风树和油菜籽代表木本植物、草本作物（表6-14），来说明选择木本植物作为生物柴油原料的可行性。

表6-14　麻风树（木本植物）和油菜籽（草本作物）主要油脂成分含量的比较（单位：%）

脂肪酸		肉桂酸	棕榈酸	硬脂酸	花生酸	十六碳烯酸	油酸	亚油酸	亚麻酸
麻风树	云南种仁油	0.020	17.500	6.700	0.500	0.000	43.100	32.200	0.000
	云南梁河种仁油	0.300	23.600	5.400	0.000	0.000	50.100	20.600	0.020
	四川种仁油	0.000	18.200	1.800	0.000	0.000	47.300	32.700	0.020
	平均值	0.107	19.767	4.633	0.167	0.000	46.833	28.500	0.013
油菜籽	四川种子油	0.100	3.700	1.100	0.400	0.400	16.300	13.600	10.700
	湖北种子油	0.020	3.700	1.000	0.000	0.020	16.600	14.200	9.400
	云南种子油	0.000	3.300	1.300	0.020	0.000	10.600	18.600	20.700
	平均值	0.040	3.567	1.133	0.007	0.140	14.500	15.467	13.600

3）与草本作物相比，对某些木本植物可进行全株利用，如种子、果实、枝、叶等器官也可用于榨油，同时利用山地资源规模种植木本植物在经济上是可行的。

三、符合我国国情的生物柴油原料发展战略

1. 短期目标

主要利用一年生草本作物如油菜、大豆，它们种植一年即可收获。选择这类草本作物作为生物柴油的原料，短期内就可收获，其油性成分经榨取、提纯、改性处理后用于制取生物柴油。

2. 中长期目标

对于大多数油料木本植物而言，生长结实周期长，要采集其果实、种子或其他器官制取生物柴油，需要的时间也较长。但也有2～3年就可收获的麻风树、续随子、桉树和一些樟科植物如沉水樟等，以及3～5年可收获的光皮树、黄连木等。

以木本植物为原料制定生物柴油的中长期发展计划较适宜，也比较适合中国的国情。因为一方面，木本植物具有一次栽、多年受益的特性，经济效益可观，对调整中国农村产业结构、提高人民生活水平等具有不可低估的作用。另一方面，中国的人均占有耕地面积少，而山地丘陵多，山地资源丰富。据统计，山地、高原和丘陵约占国土总面积的69%。山地土层薄、肥力差、缺水等因素使其不宜油料作物生长。木本油料植物具有野生性、耐旱、耐贫瘠，结合我国正在全面实施的退耕还林生态工程，大面积营造生物柴

油原料林，可以变荒山劣势为优势。在现有经济水平和资源水平的前提下，要大力开发
应用生物柴油原料林，只有充分利用山地资源，规模栽培木本油料植物，才是具有中国
特色的生物柴油发展的必由之路。

第三节　生物柴油原料油加工

采用酯交换法生产生物柴油的关键是醇解反应是否向着生成脂肪酸甲酯的方向发
生。从生产生物柴油的原理（第四节）可以看出，反应中涉及副反应：脂肪酸与甲醇的
反应。虽然脂肪酸与甲醇反应也是生成了脂肪酸甲酯，但是由于在该反应中生成了水，
水会稀释甲醇，不仅会使得反应速度减慢，而且不利于反应进一步向生成脂肪酸甲酯的
方向发生。另外，其他杂质的存在也会影响酯交换反应，影响生物柴油的产率、生物柴
油质量等。因此，在生产过程中要对原料油进行严格控制，保证原料油的品质。下面以
菜籽油为例，说明其作生产生物柴油原料时的指标，见表 6-15。

表 6-15　原料的品质指标

原料菜籽油	指标	原料菜籽油	指标
碘值（IV）	110~115	磷脂	最多 25
皂化值（SV）	187~191	水分含量	最多 0.1%
游离脂肪酸含量	最多 0.3 %	杂质	微量

对于甲醇，也要控制其水分在 0.1% 以内，以免催化剂失效。

为了保证生物柴油原料油良好的品质指标，除了要选择好的原料油作物外，还要保
证油料在储藏、运输过程中不变坏，制取原料油的合理工艺能提高原料油的出油率和原
料油的质量，另外对原料粕的精炼也是必要的。本节将阐述整个反应原料油的加工准备
过程。

一、油料的储藏与预处理

1. 油料的储藏

油料原料的储藏是制取优质生物柴油原料油重要的一环节。油料在储藏期间，采用
合理的储藏条件，并能妥善管理，能保证油料不受损失或将损失降到最低，国内常采用
以下 5 种方式储藏油料。

（1）干燥储藏

由于油料储藏期间影响其发热霉变的主要因素是水分，因此若将油料水分降低到"临
界水分"以下，即油料种子中水分呈结合态，此时油料种子处于休眠状态，呼吸作用微
弱，微生物及其他害虫的活动受到限制，则油料储藏的稳定性将大大提高。

常用的油料干燥设备有以下两种。

1）热风烘干机也称为热风干燥塔，适用于大豆、油菜籽、葵花籽等油料的干燥。

2）震动流化床干燥机由震动床、震动槽、槽盖、进料口、底座和减震器等组成。

（2）通风储藏

当外界空气温度和湿度适宜时，有效的通风可以降低储藏油料的水分和温度，从而减少虫害和霉菌造成的损失。通风方式有自然通风和机械通风两种。后者对易于发热、不安全的储料进行处理尤为有效，费用也低。

（3）低温储藏

影响储料害虫繁殖程度的主要因素是温度。多数害虫在储料温度为 15℃ 以下时即停止发育繁殖，一般微生物在储料温度为 10℃ 以下时发育慢或完全被抑制。低温储藏技术就是利用冬季寒冷空气，采用机械通风，使油料温度降至 10℃ 以下，然后再密闭隔热，低温储藏。

（4）密闭储藏

其原理主要是隔绝或减小大气温度、湿度对储料的影响。储料保持在干燥和低温的稳定状态，防止了外界虫源感染。同时，由于种子的生理活动使料堆内氧气消耗，二氧化碳聚集，抑制了油料种子、害虫和微生物的生命活动。密闭储藏的油料必须干燥、低温、无虫、无霉。仓房要密闭、隔热和防潮。

（5）化学法储藏

该法可以与密闭法或干燥法配合使用。在油籽中加入某种能钝化酶、杀死害虫的化学药品，以达到安全储藏的目的。例如，在油菜籽中加入磷化氢或丙酸、食盐、明矾等（食用油加工时应慎用），拌和后再密闭储藏。储藏应注意油籽温度与水的关联性，因为对不同温度条件下的水分要求不同。表 6-16 所列为常温下的安全水分含量。安全水分含

表 6-16　常温下油料的安全与临界水分含量

油料	安全水分含量/%	临界水分含量（平衡水分含量，相对湿度 78.7%）/%
花生仁	8～9	10～11（16℃）
花生果	9～10	11～12
大豆	11.5～12.5	13.5～14（13.97）
棉籽	8～10	11～13（11.57）
油菜籽	7～10	11～12
芝麻	5～8	9～10
葵花籽	6～8.5	9～10.5（8.37）
油桐籽	7～9	9.5～11
油茶籽	8～9.5	10～11
乌桕籽	7～10	11～12
亚麻籽	9～10.5	11～12（9.43）
红花籽	9～11	12～13
蓝麻籽	7～9	10～11（6.6）
椰子干	6～8	9～11
油棕籽	6～9	10～11
白芥籽	7～9	10～11（10.19）

量即在某温度条件下油籽能保持安全储藏的水分含量。低温下的安全水分含量允许高一些。另外，含油率高的油籽在生命过程中呼吸过于强烈，安全水分含量较低。例如，葵花籽的安全储藏水分含量仅为6%～8.5%；大豆则可以在11.5%～12.5%条件下安全储藏。在8%的水分条件下许多油料，如芝麻、油菜籽、蓖麻籽及棉籽等均可以在任何结构的仓库中散装储藏。一般安全水分含量均低于临界水分含量。所谓临界水分含量是指油籽的水分含量增加到某一点时，该种油籽的呼吸强度突然加剧（开始生化生理活化、发热消耗、变质变味）的转折点水分含量。有的将大气湿度75%条件下的"平衡水分含量"定为临界点，这里也要注意"平衡水分含量"的概念，即油籽在空气湿度一定的条件下，存放一段时间后，不再吸收或放出水分，达到所谓的"平衡"时的水分含量，但它不等于临界水分含量（表6-16）。值得注意的是，进厂的批量油籽最合适的储藏方法是先清理、除杂或清理、分级（如大豆、花生仁等）后进仓，有利于生产。

2. 油料的清理

清理的目的是清除杂质、分清优劣、提高品质、增加得率、安全生产、提高能力。衡量清理效果的主要指标通常用清理后油料中的最大含杂率和下脚油中的含籽率来表示。有关规定见表6-17。

表 6-17 油料清理工序的主要指标

项目油料	大豆	葵花籽	芝麻	花生仁	油菜籽	米糠	棉籽
油籽最大含杂率/%	0.05～0.10	仁中含壳 10	0.10	0.10	0.50	0.05	0.50
下脚油含籽量/%	0.5	壳中含仁 0.5	1.5	0.5	1.5		0.5
检测筛网/（目/lin[①]）	12	手拣	30	10	30	28	14
圆孔筛孔/mm	1.7		0.7	2.0	0.7		1.4

注：①lin=0.0254m，下同

虽然油料中的杂质很多，但分离时总可以根据杂质与油籽之间物理性质的区别来确定有效的差别，确定有效的分离方法。这些物理性质包括颗粒度大小、密度差、表面形状、弹性、硬度、磁性及气流中的悬浮速度（空气动力学性质）等。杂质清理可供选择的主要方法有筛选、风选、磁选与水选4种。值得注意的是，组合筛选分级装置往往是清理工序的首选方案。因其设备简单，只需要换筛面即可适应各种不同油料的清理。此外，几种方法的互相结合也是有效清除油料中杂质的可靠途径。例如，最常用的筛选与风力除尘配套，磁选除铁与筛选相结合及密度去石、筛选与风力分级相结合等。

3. 油料的脱绒、剥壳与脱皮

凡油籽都含皮、壳。不过通常只把含壳率高于20%的称为带壳油籽，如棉籽、葵花籽、油茶籽、油桐籽、红花籽、大麻籽、芥籽等，含壳（皮）率低于20%者，如大豆、卡诺拉菜籽、芝麻等，除要求提取食用蛋白以外，一般制油工艺中均不必考虑脱皮工序。有时带皮还有利于出粕，但对产品质量会有某些负面影响。因为在以纤维为主的皮壳中，含油量很少，但含有很多抗营养因子，如葵花籽壳中的蜡（占种子含量的80%以上）、绿原酸；油菜籽皮中的芥子碱、色素、植酸、单宁；大豆皮中的尿素酶、胰酶抑制素等多种具有害作用的酶；芝麻种皮内的草酸钙盐（2%～4%）、色素；亚麻籽壳上的亚麻胶、色素等。此外，有些油料，如从轧花厂来的毛棉籽，壳上还有 6%～12% 的棉绒，必须脱除回收（要求含绒 3% 以下），以免影响出油率。

剥壳、脱皮的目的意义：剥壳后制坯提油能提高出油率、减少油分损失。尤其是某些油料的壳（如葵花籽壳）吸油力强，直接影响机榨法的出油率。如用于预榨、浸出，则有大量的蜡脂被提取出来，影响精炼。

1）剥壳后提取的油脂品质高、色泽浅、酸价低、含蜡量低。

2）剥壳可降低加工过程中的设备磨损，节省动力，使单机原料处理量相应提高。

3）分离出来的皮壳的有效成分还可加以综合利用，增加经济效益，如棉籽壳提取糠醛、制活性炭、培养食用菌、生产纤维板；大豆、油菜籽皮提取植酸；葵花籽壳粉碎作饲料配方；亚麻籽水溶提胶、脱壳粉碎作优质饲料等。

4. 油料生坯的挤压膨化

油料生坯的挤压膨化是利用挤压膨化设备将生坯制成膨化状颗粒物料的过程。生坯经挤压膨化后可直接进行浸出取油。油料生坯的膨化浸出是一种先进的油脂制取工艺，其中大豆生坯的膨化浸出工艺在国外已得到广泛应用，菜籽和棉籽生坯的膨化浸出工艺也已开始得到应用。近几年，我国对油料生坯挤压膨化浸出工艺和设备的研究及应用有了较大的进展。

挤压膨化的目的及意义：油料生坯经挤压膨化后，其容重增大，多孔性增加，油料细胞组织被彻底破坏，酶类被钝化。

二、原料植物油的制取

1. 压榨法制取生物柴油原料油

压榨法制取油脂具有悠久的历史，根据榨油机的种类可分为土榨机、水压机、螺旋榨油机三种类型。目前使用较为广泛的榨油设备是螺旋榨油机，它是近代国际上普遍采用的最为先进的连续压榨取油设备。与土榨、水压机等间歇式榨油设备相比，其优点是处理量大、生产连续、劳动强度小、出油率高。螺旋榨油机的工作过程概括地说，即旋转的螺旋轴在榨膛内的推进作用使榨料连续地向前推进。同时，由于榨螺螺距的缩小或根圆直径逐渐增大，使榨膛内空间逐渐缩小而产生压榨作用。在这一过程中，榨料被推进并被压缩，油脂则从榨笼的缝隙中挤压流出，同时残渣被压成饼块从榨轴末端不断排出。

2. 浸出法制取生物柴油原料油

浸出法制油作为一种先进的制油工艺，在我国已被普遍采用。这一工艺具有广泛的适用性，优点为出油效率高、粕的质量好、加工成本低、生产条件良好等。对从光皮树鲜果、樟科植物果实中制取燃料油尤为有效。浸出法制油是一种较压榨法更为先进的方法，然而浸出法制油也存在一定的缺点，如毛油质量差、采用的溶剂易燃易爆，并具有一定毒性等。近年来通过改进工艺，上述缺点得到克服，浸出毛油经过适当精炼即可得到符合质量标准的成品油，只要生产中加强安全技术管理，就能避免发生事故。

（1）浸出法制油的基本过程

浸出法制油是应用萃取的原理，选用某种能够溶解油脂的有机溶剂，经过其与油料的接触——浸泡或喷淋，使油料中油脂被萃取出来的一种制油方法。其基本过程是：把油料料胚或预榨饼浸于选定的溶剂中，使油脂溶解在溶剂内（组成混合油），然后将混合油与固体残渣（湿粕）分离，混合油再按不同的沸点进行蒸发、汽提，使溶剂气化变成蒸汽与油分离，从而制得油脂（浸出毛油）。溶剂蒸汽则经过冷凝、冷却回收后继续循环使用。湿粕中也含有一定数量的溶剂，经脱溶烘干处理后即得成品粕，脱溶烘干过程中挥发的溶剂蒸汽经冷凝、冷却回收。

（2）浸出溶剂的选择

油脂浸出所选用的溶剂不仅影响浸出效益和产品质量、数量，还影响能源消耗和安全生产。因此，选择某种比较理想的溶剂对油脂浸出是十分重要的。

从理论上讲，用于油脂浸出的溶剂应符合以下要求。

1）来源充足，价格低廉，供应稳定。

2）在室温或稍高温度下能以任何比例溶解油脂，而对油料中非油脂物质不溶解或溶解能力小。

3）在水中溶解度小，溶剂蒸汽的冷凝液与水易于分层分离。

4）具有较好的挥发性，比热容小，汽化潜热小，沸点低，易从混合油或湿粕中分离回收。

5）沸点范围小（即馏程窄），可以在适宜的温度下将油、粕中的溶剂尽量除去，便于操作和降低损耗。

6）具有一定的化学稳定性，既不能与油、粕起化学反应，又不能对机械设备有腐蚀作用，更不允许分解出有毒物质。

7）不易燃烧爆炸，使油脂浸出生产安全进行。

8）无毒性，保证操作人员的身体健康和产品品质。

目前，我国使用的油脂浸出溶剂是锦州石油六厂、南京炼油厂、上海炼油厂、湖南长岭炼油厂和兰州石油炼油厂等厂家生产的6#抽提溶剂油。

最近美国农业部南部研究中心的试验证明，用异己烷浸出棉仁，产生加热蒸汽耗用的能量比采用己烷浸出可节约40%。另外，采用异己烷浸出棉仁可使油厂的生产量比采用己烷浸出提高20%左右。更重要的是异己烷未被列入美国净化空气法令（CAA）和危险气体（HAP）联邦法规中，它对健康的危害比己烷小。由上可见，异己烷作为油脂浸出溶剂比己烷具有更多的优点，是一种比较有前途的替代溶剂，但是它的价格比己烷高。若要广泛采用异己烷，还需克服生产成本的限制。

（3）油脂浸出的基本原理

油脂浸出是利用油脂与某种有机溶剂的互溶及它们之间所发生的相互扩散这一原理，使用溶剂把油料料胚或预榨饼中油脂提取出来的方法。油脂浸出是在选定的溶剂与料粒之间发生相对运动的情况下进行的，因此它的浸出除了由于分子运动的扩散过程外，还决定于溶剂流动情况的对流扩散过程。

（4）浸出工艺

油料经过预处理形成胚片或预榨后的饼，由输送设备送入浸出器，用溶剂进行浸出，得到浓混合油和湿粕。

浸出工序的主要设备是浸出器，其形式很多，常用的有平转式浸出器和环形浸出器等连续式浸出器。

三、油脂的精炼

油脂精炼指为了达到食用或工业用的目的，通常按照某一标准采用一定的技术手段将用各种制油工艺所得到毛油中的不需要杂质除掉。前面已经说了，用于制备生物柴油的原料油必须满足一定的品质要求，所以要对原料毛油进行精炼处理。

用压榨、浸出制取得到的未经精制的油脂称为毛油。毛油的主要成分是甘油三酸酯，俗称中性油。此外，毛油还存在非甘油三酸酯成分，这些成分统称为杂质。根据杂质在油中的分散状态，大体可将其归纳为四大类。

1）悬浮杂质。泥沙、料胚粉末、饼渣、草屑及其他固体杂质。

2）胶溶性杂质。磷脂、蛋白质、糖类等，其中最主要的是磷脂。

3）油溶性杂质。游离脂肪酸、色素、甾醇、生育酚、烃类、蜡、醛、酮，还有微量金属和由环境污染带来的有机磷、汞、多环芳烃、黄曲霉素等。此外，浸出毛油中含有溶剂，个别毛油中还含有一些特殊的杂质，如棉籽油中的棉酚、芝麻油中的芝麻酚、菜油中的硫代葡萄糖苷分解产物。

4）水分。杂质的存在，使油脂带较深的颜色，产生异味和酸败，降低油脂的品质及使用价值。

然而并非所有的杂质都是有害的，如生育酚和甾醇都是营养价值很高的物质。因此，油脂精炼的目的是根据不同的用途与要求，除去油脂中的有害成分，并尽量减少中性油和有益成分的损失，尽一切可能为副产品的综合利用提供良好的原料。根据生物柴油原料油的指标，对生物柴油原料油进行精炼的目的主要是除去毛油中的悬浮杂质、胶溶性杂质、油溶性杂质中的游离脂肪酸及水分等，而对脱色的要求不是很严。生物柴油颜色最可能影响人们对生物柴油购买和使用的欲望。本小节将就生物柴油去除悬浮杂质、脱胶、脱酸、脱色、脱臭、脱蜡、除水等油脂加工工艺技术做较详细的介绍。

（一）油脂精炼的方法

油脂的精炼应根据毛油内所含杂质的性质、数量，还要根据精炼后油脂的用途、要求而采用不同的方法。精炼油脂的方法很多，根据炼油时的操作特点及炼油时用的材料和杂质相互作用的不同，一般可分为下列三类。

1）机械方法。包括沉降、过滤、离心分离。主要用于分离悬浮在油脂中的机械杂质及部分溶性杂质。

2）化学方法。主要包括酸炼、碱炼。此外还有氧化、酶化等。

酸炼是用酸处理，主要除去色素、胶溶性杂质。碱炼是用碱处理，主要除去游离脂肪酸。氧化主要用于脱色。酶化极少用，用来使游离脂肪酸生成甘油三酸酯，以降低游离脂肪酸含量。

3）物理化学方法。主要包括水化、吸附、水蒸气蒸馏及液-液萃取法。水化主要除去磷脂。吸附主要除去色素。水蒸气蒸馏用于脱除臭味物质和游离脂肪酸。液-液萃取用于脱色素、脱除游离脂肪酸等。

如上所述，很多炼油工艺实际上是一个个的化工单元操作，设备也是一些化工设备。

以上炼油方法也不能截然分开，如碱炼是典型的化学方法，但碱炼时，碱与游离脂肪酸生成的肥皂会吸附色素（尤其对酚型色素特别有效）、黏液、蛋白质等，使它们和肥皂一起从油中分出。肥皂吸附是物理化学作用，吸附杂质后油皂分离采用的沉淀、离心分离等又是机械方法。因此，碱炼不仅是化学精炼过程，而且伴随着物理化学和机械精炼过程。

油脂精炼包括以下工艺程序。

1）去除悬浮杂质。可用机械方法除之。

2）脱胶。可用水化、酸炼，也可用碱炼。

3）脱酸。可用碱炼、水蒸气蒸馏，极少用液-液萃取和醋化法。

4）脱色。一般用白土吸附。

5）脱臭。都用水蒸气蒸馏法。

6）脱蜡。一般用低温结晶法去除。

美国把脱胶和脱酸统称为精炼，脱色、脱臭称为后处理。我国把以上整个过程都称为精炼。

油脂精炼的深度决定于两个方面，毛油的质量（包括品种、制油方法）及成品泊的品级。目前油脂精炼的品级大体可分为三类：以储存为目的；以生产普通食用和工业用油为目的；以生产高级食用油为目的。选择的精炼方法和流程也应有所不同。因而油脂精炼是一项比较灵活而复杂的工作，几乎每种油脂的精炼都要用几种精炼方法组合起来才能达到要求。

在选择精炼方法和流程时，必须考虑技术和经济效果，在保证达到质量指标的同时力求使炼耗降低，成本降低。

（二）油脂精炼技术

油脂全精炼工艺步骤一般包括：不溶性杂质分离、脱胶、脱酸、脱色、脱臭、脱蜡及脱脂等。

1. 毛油悬浮杂质的去除

毛油通常都含有一定数量的固体悬浮物。其中螺旋榨油机制取的毛油中所含悬浮物最多，有的甚至高达 15% 以上。它们会促使油脂水解酸败，在碱炼时造成过度的浮化，若用离心机分离皂脚，会造成要经常停机清洗。因此，无论是储藏、加工还是使用，悬浮杂质的去除是必不可少的环节。

（1）沉降

沉降常称为沉淀，是油脂精炼中采用的最简单的方法。它是利用悬浮杂质和油脂密度的不同使悬浮物与油脂分离的方法。较清的油浮于上面，较重的杂质沉于器底。

因为沉降是利用重力自然沉降，所以设备简单，油池、油桶均可，只是使用一段时间后，需把器底沉淀的油渣重新掺入压榨料中回收油脂，劳动强度大，且掺入压榨料时不易均匀。国内有些油厂用澄油箱来分离油渣。澄油箱是一方形铁箱，安装在地坑内（一般放在榨油车间），毛油和油渣由螺旋输送机送入澄油箱内，箱内有一回转式刮板输送机，刮板长度稍小于澄油箱宽，以 0.9m/min 左右的线速度移动，把沉入箱底的油渣刮到箱面上的长筛板上，油渣中带的油通过筛板的孔眼滤出流入箱内，油渣随刮板继续移动，从箱的另一端落入另一个螺旋输送机内，均匀地掺入榨料。箱内上层毛油通过箱内隔板溢流入净油池。澄油箱处理量较大，可避免人工耙渣，而且油渣可用螺旋输送机均匀地掺入榨料。但部分油渣浸泡在油内的时间很长，影响毛油的质量。

重力沉降法在油厂应用较广。但在分离毛油悬浮杂质时，由于悬浮颗粒直径很小，且悬浮颗粒和油脂密度差不大，而黏度较大，因此沉降速度很慢，不能适应工业生产的需要，一般油厂都是把沉降作为辅助措施，与过滤或离心配合使用，降低过滤和离心分离设备的负担。

（2）过滤

过滤就是使悬浮液通过过滤介质（油厂内一般不用滤布、筛网），固体颗粒被截留，从而实现固液分离的操作。

油脂工厂使用的基本上都是间歇式过滤机，两台交替使用。毛油的温度低，黏度高，过滤速度慢。升温是降低黏度最简单而有效的方法，但温度过高，易使油脂氧化，毛油过滤温度一般不超过 70℃。机榨油通常在榨油车间趁热过滤，浸出毛油难以过滤，若必须过滤，只有脱水后才能顺利进行。

毛油开始过滤时，滤液稍有浑浊，以后滤出的油会逐渐澄清。如果过滤后不再精炼，直接作为食用油，开始滤出的浑浊油应另外收集，等滤出的油澄清后，再将上述浑浊油过滤。

用过滤分离悬浮杂质是一种成熟而可靠的方法，在油脂工业中应用很广泛。它不仅用于毛油中悬浮杂质的去除，还在油脂脱色、脱蜡、分提及氢化后分离催化剂等方面应用。

（3）离心分离

离心分离是利用离心力分离悬浮杂质的一种方法。离心分离设备形式很多，其中卧式螺旋卸料沉降式离心机是轻化工业应用已久的机械产品，近十几年来在部分油脂厂用来分离机榨毛油中的悬浮杂质，取得了较好的工艺效果。

2. 脱胶

脱除毛油中胶性杂质的工艺过程称作脱胶。毛油中胶质主要是磷脂，所以脱胶又称脱磷。磷脂等胶质的存在不仅降低了油脂的使用价值和储藏稳定性，而且在油脂的精炼和加工中有一系列不良的影响，最终导致成品油质量下降。因此，胶质必须先行除去。

在碱炼前先除胶质，可以减少中性油的损耗，提高碱炼油质量，可以节约用碱量，并能获得有价值的副产品——磷脂。

脱胶的方法很多，油脂工艺中普遍应用水化脱胶和酸脱胶。对于磷脂含量多、希望磷脂作为副产品进行提取或豆油等制二级油时通常进行水化脱胶。而若有较高的脱胶要求就需用酸脱胶。一般用酸脱胶得到的油色深，且部分磷脂变质，不宜制取食用磷脂。

水化脱胶利用磷脂等脱溶性杂质的亲水性，把一定数量的水或电解质稀溶液在搅拌下加入毛油中，使毛油中的胶性杂质吸水膨胀、凝聚并分离出来。这种精炼方法称为水化脱胶。在水化脱胶过程中，被凝聚沉降的物质以磷脂为主，此外尚有与磷脂结合在一起的蛋白质、黏液物和微量金属离子等。

（1）水化脱胶机制

磷脂分子中既有酸性基团，又有碱性基团，所以它们的分子能够以游离羟基式和内盐式存在。

当毛油中含水量很少时，磷脂以内盐式结构存在，这时极性很弱，能溶解于油中。若在毛油中加入一定数量的水，水就与磷脂分子中的成盐原子团结合，以游离羟基式结构存在，这时极性增大，具有更强的吸水能力。磷脂随着吸水量的增加而逐渐膨胀，体积增大，极性也增大，在油中溶解度降低。在水、加热、搅拌等联合作用下，磷脂胶粒逐渐合并、长大，最后絮凝成大胶团。因为胶团的密度大于油脂的密度，所以可以利用其重力将其从油中沉降，或利用离心力使油和磷脂分离开来。胶团内部，疏水基之间有一定数量的油脂。

（2）水化脱胶的类型

按生产的连续性，水化工艺可分为间歇式和连续式。间歇式适用于生产规模较小或油脂品种更换频繁的工厂，连续式适用于生产规模较大的工厂。

按操作温度的不同，间歇水化可分成高温水化、中温水化和低温水化。高温水化法是将毛油预热到较高的温度进行水化。中温水化和低温水化就是在较低温度下进行水化。高温水化有利于提高精炼率，用得较多。高温水化的操作要点如下。

1）预热。泵入水化锅的毛油在机械搅拌下，用间接蒸汽（有的用直接蒸汽配合）加热到 65℃左右。

2）加水水化。这是水化脱胶最重要的阶段，要掌握好加水量、温度、搅拌和加水速度。一般加水量为磷脂含量的 3.5 倍左右。若油中机械杂质或黏液物较多，加水量可适当增加一些。水化时，要经常用勺子取样观察，凭经验灵活掌握加水量和加水速度。加水时，要快速搅拌。加完水后要继续搅拌，一般搅拌 0.5h 以上。

一般加入为比油温较高的热水（软水），必要时水中可加入油脂质量 0.2%～0.3%的食盐。食盐有提高水化效果的作用。

当磷脂胶粒开始聚集时，应慢速搅拌，并升温到 75～80℃，有的毛油预热温度可高些，达 75～80℃，加水水化后不升温。当液面有明显的油路时，即停止搅拌。

3）静置沉降，分离油脚。静置时间为 3～8h，一般时间长些就分离得好些。分离出的磷脂油脚若用离心机回收其中油脂，或用来制取浓缩磷脂时，沉淀的时间可以短些。为了减少磷脂油脚中的含油量，尤其在冬天，可在沉降时稍开间接蒸汽，使油温维持在 80℃

左右，保温时间最好不低于 4h。沉降完毕，先用摇头管抽出上层水化净油，再从锅底放出黄水，然后放出磷脂油脚。分离时，尽量防止油脚混入水化净油，否则不仅影响水化效果，而且可能会在真空脱水，尤其是浸出油脱溶时造成溢锅事故。必要时宁可让油脚带油稍多，油脂中的油大部分可以回收。

4）加热脱水（或脱溶）。水化净油中，通常含有 0.3%～0.6%的水分。脱胶后的油若作为成品油或供储藏，必须脱除水分。脱水有常压脱水和真空脱水两种。常压脱水是将油升温到 105～110℃，并不断搅拌，直至小样检验合格为止（小样检验的方法是：取样于玻璃试管中，冷却到 20℃，油样澄清透明为合格）。但常压脱水会使油脂氧化，已经逐步被真空脱水所替代。脱胶后若要进一步精炼，就不用脱水。

如果是浸出油水化，那么脱水操作可与真空脱溶相结合。

5）过滤。如果脱胶后不再精炼，直接作为食用油，那么油脂在脱水冷却后再过滤 1 次，除去脱胶泊中少量尚未沉淀的胶溶性杂质。如还要进一步精炼，则不必过滤。

6）油脚处理。磷脂油脚可采用真空浓缩技术生产浓缩磷脂，也可用盐析法回收油脂。把粗磷脂油脚置于油脚锅内，用直接蒸汽或间接蒸汽将其加热到 90～110℃，并不断搅拌，在此温度下继续加热，直到磷脂变为深黄色。加入磷脂油脚质量 4%～5%的碾细食盐，稍加搅拌使其混合均匀，静置沉降 2h 以上，撇取浮面上的油脂，并放出底部废水。中间层为磷脂，放出后暂存在较热处，搁置几天，尽量撇取上面油脂。

3. 脱蜡

植物油大多都含有一些蜡。蜡主要来自果实、种子的皮、壳。植物油中蜡的含量一般为 0.06%～5%。蜡在 40℃时溶于油脂。蜡是一种高级一元羧酸与高级一元醇形成的酯。蜡的存在使得生物柴油在燃烧过程中易积炭。

（1）脱蜡的机理

蜡分子中存在酰氧基，使蜡带有弱极性。温度高于 40℃时，蜡的极性微弱，溶解于油脂中；低于 30℃时，蜡形成结晶析出。脱蜡的工艺有常规法和溶剂法。常规法单靠冷冻结晶，然后用机械方法分离。溶剂法脱蜡是添加选择溶剂，然后进行蜡、油分离和溶剂蒸脱工艺。

（2）脱蜡的工艺

以溶剂脱蜡法为例，在蜡晶析出的油中添加选择性溶剂，然后进行蜡、油分离和溶剂蒸脱工艺。蜡—油的分离温度在 30℃以下，为加快蜡油分离速度，可添加选择溶剂，如己烷、乙醇、异丙醇、丁酮和乙酸乙酯。

除此之外，还有脱酸、脱色和脱臭工艺，都是制取生物柴油必不可少的环节。

水蒸气蒸馏法生产精油是通过水分子向原料细胞中渗透，使植物中的精油成分向水中扩散，形成精油与水的共沸物。蒸出的精油与水蒸气通过冷凝、油水分离处理得到精油。

由于残渣中含有大量的有机溶剂，在回收溶剂时，还可得到精油产品，所以最好能对残渣进行处理。

第四节 生物柴油的产品及其制造

生物柴油是化石柴油的替代品，由植物油或动物脂肪制成。相对于化石柴油，生物柴油有如下优点，如植物油储存、运输和使用都很安全（不腐蚀容器，不易燃易爆）；热值高（一般可达化石燃料油的80%）；具可再生性（一年生的能源作物可连年播种收获，多年生的木本植物可一年种而维持数十年的经济利用期）；现实效益高；可在自然状况下实现生物降解，减少对人类生存环境的污染。

用植物油脂作为替代燃料的缺点在于油脂的分子较大，大约为化石柴油（petroleum diesel）的4倍。其黏度较高，约为2#化石柴油的12倍，影响喷射时程，使之喷射效果不佳。与空气的混合效果不佳，造成燃烧不完全。另外，由于分子质量较大而使其挥发性比化石柴油低，易使油脂黏在喷射器头或蓄积在引擎气缸内而影响其运转效率。植物油脂的氧化稳定性较低而易产生热聚合作用，更易蓄积在喷射器头影响燃烧。这些不完全燃烧致使更多的油脂蓄积，喷射器头碳化，并且其润滑性递减，引起冷车不易启动，以及点火延迟等。归纳起来，缺点和问题有：①黏度高；②低挥发性（在发动机内不易雾化）；③目前成本还比较高；④存在燃烧积炭问题；⑤因生物油的存在，润滑油变厚变浓。

一、生物柴油的制备方法

目前，生物柴油的制备方法有5种：稀释、微乳化、热解、酯交换及生物技术方法。稀释是利用石化柴油来稀释植物油，从而降低植物油的黏度和密度，该方法工艺简单，但制备出来的生物柴油质量不高，长期使用易出现喷嘴堵塞和结焦现象。微乳化法是利用乳化剂将植物油分散到黏度较低的溶剂中，以降低植物油的黏度，来满足生物燃料油的要求，此方法与环境有很大的关系，因环境的变化易出现破乳的现象。热解法是通过高温将高分子有机化合物变成简单的碳氢化合物，此方法工艺复杂，成本过高。酯交换是利用甲醇、乙醇等醇类物质，将植物油中甘油三酸酯的甘油取代下来，形成长链的脂肪酸甲酯，从而降低碳链的长度，增加流动性和降低黏度，此方法是一种比较常用的方法。生物技术方法主要是利用脂肪酶来将长链的高分子降解成短链的碳氢化合物。

目前有关生物柴油制取方面的研究主要是在以下几个方面：①对柴油乳化液、柴油的微乳化及乳化剂的研究；②热解法生产工艺的改进；③酯交换法催化剂的研制、反应的接触界面问题、甲醇的聚合问题、多余甲醇的回收及利用、催化剂重复利用、副产品的回收利用、反应条件、反应动力学、反应机制；④生物技术法高效脂肪酶的选择、固定化酶技术等的研究。具体研究有以下内容。

1. 直接混合法或稀释

将天然油脂与柴油、溶剂或醇类混合，降低其黏度，提高挥发度。但该混合燃料不适合在直喷柴油发动机中长时间使用，但对红花油与柴油的混合物进行试验，得到了令人满意的结果，但是在长期的使用过程中该混合物仍会导致润滑油变浑浊。

2. 微乳液法

为了解决动植物油的黏度问题,进行了将动植物油与甲醇、乙醇等溶剂混合成微乳状液的研究,这一方法解决了动植物油黏度问题。微乳状液是一种透明的、热力学稳定的胶体分散系,是由两种互不相溶的液体与离子或非离子两性分子混合而成的直径在 1～150nm 的胶质平衡体系。微乳状液除了十六烷值较低外,其他性质均与 2#柴油相似。

3. 高温热裂解法

高温裂解是指在高温(借助催化剂或无催化剂)的条件下将一种物质转化为另一种物质的过程。最早对植物油进行热裂解的目的是合成石油。第一次世界大战后,许多研究者在将植物油通过热裂解合成燃料油方面做了大量的工作。1947 年 Wan 和 Chang 开展了桐油裂解试验:先将桐油与石灰混合皂化,然后将混合物高温裂解合成原油,将合成原油提炼得到了柴油和少量的汽油及煤油,58kg 皂化的桐油大约合成 50L 原油。Schwab 等对大豆油热裂解的产物进行了分析,发现烷烃和烯烃的含量很高,占总质量的 60%。还发现裂解产物的黏度比普通大豆油下降了 30%多,但是该黏度值还是远高于普通柴油的黏度值。在十六烷值和热值等方面,大豆油裂解产物与普通柴油相近。

1993 年,Pioch 等对植物油催化裂解生产生物柴油进行了研究。将椰油和棕榈油以 SiO_2/Al_2O_3 为催化剂,在 450℃裂解。裂解得到的产物分为气、液、固三相,其中液相的成分为生物汽油和生物柴油。分析表明,该生物柴油与普通柴油的性质非常相近。

4. 酯交换法

目前工业生产生物柴油主要是应用酯交换法。各种天然的植物油和动物脂肪及食品工业的废油,都可以作为酯交换生产生物柴油的原料。可用于酯交换的醇包括甲醇、乙醇、丙醇、丁醇和戊醇。其中最为常用的是甲醇,这是由于甲醇的价格低,同时其碳链短、极性强,能够很快地与脂肪甘油酯发生反应,且碱性催化剂易溶于甲醇。用于酯交换生产生物柴油的催化剂主要是酸和碱。

酯交换生产生物柴油根据原料的不同包括多种工艺,不同的工艺生产出不同品牌的生物柴油。目前,大部分工厂采用的是传统的两步法,即反应和提纯两步。反应中最主要的影响因素是甲醇和催化剂用量,甲醇用量越多,产率越高,但会给分离带来困难。目前大多数使用两步法的工厂的生产能力在 500～10 000t/年。使用两步法投资不大,同时也能够达到一定的产量,但该工艺在生产连续性和安全性等方面存在问题,可通过现代控制技术予以解决。

以精炼油脂为原料的生产工艺是在 60～70℃、0.1MPa 下,由碱性催化剂催化的间歇或连续反应,一般采用 6:1 醇油比。混合产物经静置分上下两层,下层为甘油,上层是甲酯层。将上层的甲酯取出,洗去带出的甘油,再进一步反应得到最终产品。采用半精炼油脂为原料时,可采用连续的 Duplex 系统作业,在压力 1MPa 和温度 60～100℃下,将油脂、甲醇和氢氧化钠催化剂引入 1#反应器中,转化率可达 91%,将甘油分离后,把反应混合物再转入 2#反应器继续反应,再次分离甘油后获得生物柴油。如果原料油未经精炼,德国的 Henkel 采用高压工艺操作,将过量甲醇、未精炼油和催化剂预热至 240℃,送入压力为 9MPa 的反应器进行反应,将反应后的混合物甘油和甲酯分离。甘油相经过中和提纯得到甘油,同时回收的甲醇可重新在酯交换过程中使用。甲酯相进行水洗,以除去残留的催化剂、溶解皂和甘油，然后再经过分离塔将其加以分离，随后再次以稀酸洗涤，使残留的皂从甲酯中分离出来。经过上述步骤后，产物还要进行蒸发，以除去醇和皂化物等，最后得到成品。

5. 生物技术生产生物柴油

化学法合成生物柴油有以下缺点：工艺复杂，醇必须超过理论用量，后续工艺必须有相应的醇回收装置，能耗高；色泽深，由于脂肪中不饱和脂肪酸在高温下容易变质；酯化副产物难于回收，成本高；生产过程有废碱液排放。为解决上述问题，人们开始研究用生物酶法合成生物柴油，即用动物油脂和低碳醇通过脂肪酶进行转酯化反应，制备相应的脂肪酸甲酯及乙酯。脂肪酶是一种很好的催化醇与脂肪酸甘油酯进行酶交换反应的催化剂。酶作为一种生物催化剂，具有高的催化效率和经济性。酶法合成生物柴油具有条件温和、醇用量小、无污染排放的优点。但目前主要问题有：对甲醇及乙醇的转化率低，一般仅为 40%～60%；目前脂肪酶对长链脂肪醇的酯化或转酯化有效，而对短链脂肪醇，如甲醇或乙醇等转化率低，而且短链醇对酶有一定毒性，酶的使用寿命短；副产物甘油和水难于回收，不但对产物形成抑制，而且甘油对固定化酶有毒性，使固定化酶使用寿命缩短。北京化工大学的谭天伟院士、清华大学的刘德华教授，华中农业大学的吴谋成教授、四川大学陈放教授和湖南省林科院李昌珠研究员等高校及科研院所的研究人员进行了大量研究。

湖南农业大学油料作物研究所官春云院士团队 2003 年开始进行生物酶法催化合成生物柴油研究，主要立足于脂肪酶产生菌的筛选、工艺研究、产物检测等方面。先后研究了有机溶剂无水体系、有机溶剂-水双液相体系、有机溶剂微水体系和无溶剂体系下生产生物柴油工艺，创立了菜籽油酶促交酯化制备生物柴油的新技术；筛选出 20 多株脂肪酶产生菌，其中活性较好的为产气肠杆菌（*Enterobacter aerogenes*）、成团肠杆菌（*Enterobacter agglomerans*）和乙酸钙不动杆菌（*Acinetobacter calcoaceticus*），并以硅藻土为载体进行固定化；以菜油为原料，硅藻土固定化成团肠杆菌和产气肠杆菌为催化剂得到的生物柴油产率分别为 91%（菜油甲酯）和 92.91%（菜油乙酯）；对精制产品进行红外光谱和气相色谱分析表明，得到的生物柴油基本符合矿物柴油替代品对化学组成和分子结构的要求；燃料特性指标符合德国生物柴油标准要求以及我国生物柴油标准要求（黏度偏大、十六烷值偏小）。发现脂肪酶对于油酸具有一定的底物特异性，原料中各脂肪酸酰基被转化（与醇氧基结合）的先后顺序为 $C_{12:0}$、$C_{14:0}$ > $C_{16:0}$、$C_{18:0}$ > $C_{18:1}$ > $C_{18:2}$、$C_{18:3}$；无溶剂体系比有机溶剂体系更有利于生物柴油的酶促合成；不同的菜油成分对酶法生产生物柴油有一定的额影响，其中油酸对该反应有促进作用，而芥酸有不利影响。

二、目前常用的工艺流程

在生物柴油产业初期，国际通行的制造方法是在不对柴油机进行改进的前提下采取稀释（dilution）、微乳化（micro-emulsion）、交酯化（transesterification）和热分解（pyrolysis）等技术完成生化柴油系列化生产，目前稀释、微乳化、热分解已经基本淘汰。其中有些成为一些假劣生物柴油伪技术的保护名词，需要引起主管部门和广大投资者的注意。

而生物酶法至今还是不具备产业化基础，没有突破成本关，停留在实验室、中试研究阶段。目前的产业化技术还是化学合成，国际上主要以碱催化酯交换技术为主流，这是因为国外的生物柴油是以各种精炼油脂为原料，而国内由于普遍采用各种废弃油脂为原料，所以工艺流程比较多，但主要是酸-碱两步法、气液相甲醇法和低压酸催化法。

1. 碱催化酯交换

碱催化酯交换有均相碱催化酯交换法和非均相酯交换法两种。其中均相碱催化酯交换法应用较多。这是针对国外以各种精炼油脂为原料的最传统工艺，采用氢氧化钠（钾）、甲醇钠（钾）为催化剂，油脂+甲醇在一定温度下反应得到生物柴油及副产物甘油，生物柴油经过脱醇、脱水、吸附精制后得到成品。这种工艺的基础是国外一些国家有大面积的农业土地资源，菜籽油（德、法等国家）、大豆油（美国）有大量的剩余产量需要消化，这种工艺对于我国食用油还需要进口的现实来说是不合适的。该方法的原料油和甲醇必须严格脱水，否则易发生皂化反应；原料油中的游离脂肪酸明显降低碱性催化剂的活性；具有较强的腐蚀性，对设备要求很高；反应结束后甲醇和副产物甘油很难分离，使生产成本大大增加；在后期处理过程中会排出大量废水，造成环境污染。

非均相酯交换法虽然有反应条件温和，可循环使用，环境友好，腐蚀性小，可避免使用极性溶剂或相转移剂等优点，但固体碱，特别是超强固体碱大多制备工艺繁琐，成本较高，整体耐压性能较差，极易被大气中的 CO_2、H_2O 等杂质污染，且比表面积小，使得其应用受到了极大的限制。

2. 酸-碱两步法

这是我国生物柴油产业初期普遍采用的生物柴油工艺，是针对我国基本以各种废弃油脂为原料开发的工艺。由于各种废弃油脂往往具高酸值（30～150mg KOH/g），因此必须首先使用浓硫酸（H_2SO_4）催化油脂中游离脂肪酸生成脂肪酸甲酯（生物柴油）降低酸值，达到碱催化酯交换的要求（酸值小于 1.0mg KOH/g），而后利用氢氧化钠（NaOH）催化甘油三酯生成脂肪酸甲酯催化剂溶于反应体系。但是由于废弃油脂原料的复杂性，且碱催化体系非常敏感，造成碱催化无法进行，另外需要大量水洗，造成一定的污染，因此该法被不断改进。

3. 气液相甲醇法

这是针对酸值较高的废弃油脂的一种工艺，其核心原理是不断通入反应釜内的甲醇（气相、液相通入均可）可带出反应生成的水，促进酯化平衡向生成生物柴油方向移动。但是由于无法实现酯交换反应且釜底生成黏度很大的胶质，因此有一定的局限性。

4. 低压酸催化法

这是在气液相甲醇法的基础上，由全国生物柴油行业协作组专家委员宁守俭开发的我国独有的以废弃油脂为原料的生物柴油生产技术。该法实现了酸性催化剂条件下的酯交换常规反应，避免了原有气液相甲醇法釜底结焦的问题，生产稳定，原料适应性广，目前已经逐渐成为我国生物柴油产业化技术的主流技术之一。

将植物油脂予以酯化制造甲酯（即所谓生化柴油或脂肪酸甲酯），是目前最常用的方法，其甲酯的运用性质与化石柴油类相同，并且可直接简便添加使用，也无需修改引擎或另添加设备，目前是最好的方式。

三、新型工艺流程介绍

印度石油公司（IOC）开发出了生产生物柴油的新技术。采用该技术可在现有炼油厂加氢处理装置中共同加工非食用植物油，所生产的生物柴油的性能优于传统方法生产的生物柴油。最近该公司在其下属公司 1.9×10^5 bbl/天（1bbl≈159L）加工能力的 Manali 炼油厂进行了该项技术的示范验证。在炼油厂加氢处理装置进料中添加了 6.5%（约 200t）的非食用麻风树油，催化剂为 IOC 公司开发的专有催化剂。运行结果表明，柴油硫含量降低，十六烷值提高了 2 个单位，反应器的入口温度可降低 100℃。与传统的生物燃料相比，共同炼制得到的生物柴油具有更好的氧化安定性和更高的能量密度，可减少发动机上的碳沉积，其操作费用仅为传统生物柴油装置的一半左右。

中国人民解放军第二炮兵工程大学张红云等利用乙二醇乙醚和精制大豆油合成出一种新型生物柴油——乙二醇乙醚豆油单酯。燃烧新型生物柴油后，柴油机的炭烟排放水平大幅度降低，烟度在 1800r/min 降低了 59.8%～78.8%，在 2300r/min 降低了 2.9%～83.3%。这种新型生物柴油是一种环境友好的含氧清洁燃料。

第五节　新一代生物柴油——微藻生物柴油

近年来的研究表明，一些微藻可以将其光合产物转化为油脂储存在细胞质中，进而可以加工转化为含硫量、黏度及熔点较低的酯类，如脂肪酸甲酯，即生物柴油。利用微藻制备生物燃料有如下发展优势。

1）与现已初步实现产业化的玉米等粮食作物及麻疯树籽油、棕榈油等制取生物柴油的方式相比，海洋微藻产量高，单位面积产量是粮食的几十倍，生长周期短、繁殖快，并且培养时间短，在很短的时间内可获得大量产品。

2）微藻环境适应能力强，可在各种气候和环境中生长，可利用海水、盐碱水和有机废水进行培养，甚至包括沙漠和海滨等不宜农耕的地区，从而可以不占用耕地，不影响农业生产。

3）微藻含油量相对较高，其生长繁殖和油脂的制备都可以实现工业自动化，大部分的微藻含油量可达 20%～50%，部分微藻的含油量甚至高达干基的 80%（表 6-18）。

4）微藻个体小、木素含量很低，易粉碎干燥，用藻类来生产液体燃料所需处理和加工条件相对较低，生产成本与其他生物燃料原料相比相对较低。

5）微藻生长可以消耗大量的 CO_2，并且在微藻培育过程中加入 CO_2，可令微藻的产量大幅度增加，从微藻到油的生产过程也可以实现零排放，具有良好的环保效益。

6）除了生物柴油，微藻还能生产出具有较高附加值的副产品，如生物高聚物、蛋白质、色素、乙醇等。

因此微藻被认为是生物柴油的最佳原料，微藻生物柴油也被认为是第三代生物柴油。尤其是海洋微藻和污水微藻在近年来受到了广泛关注。

表 6-18　部分微藻含油量

微藻	含油量（干重）/ %
布朗葡萄藻（*Botryococcus braunii*）	25~75
小球藻（*Chlorella* sp.）	28~32
等鞭金藻（*Isochrysis* sp.）	25~33
微拟球藻（*Nannochloropsis* sp.）	31~68
菱形藻（*Nitzschia* sp.）	45~47
三角褐指藻（*Phacodactylum tricomutum*）	20~30
裂壶藻（*Schizochytrium* sp.）	50~77
隐甲藻（*Crypthecodinium cohnii*）	20
细柱藻（*Cylindrotheca* sp.）	16~37
杜氏盐藻（*Dunaliella primolecta*）	23
单肠藻（*Monallanthus salina*）	>20
小球形绿色藻（*Nannochloris* sp.）	20~35
南极冰藻（*Neochloris oleoabundans*）	35~54
融合微藻（*Tetraselmis sueica*）	15~23

微藻生物柴油的生产包括藻种筛选——微藻培养——藻体收集与干燥——油脂提取——油脂酯交换——生物柴油精制——甘油的回收利用。藻体收集与干燥、油脂酯交换、生物柴油精制和甘油的回收利用与其他原料制生物柴油差别不大，因此本节主要介绍藻种筛选、微藻培养和油脂提取等部分内容。

一、藻种筛选

优质的含油微藻是发展能源微藻技术的基础，优良的微藻要满足生长快、油脂含量高、油脂组成好的条件，还要易于培养、采集和加工，对营养的要求较低，有较强的抗污染能力。目前在国内外已有报道的能源微藻主要为硅藻、绿藻和部分蓝藻。

制备生物柴油对优势藻种要求更高，同时要大量积累油脂及藻类生物质，目前缺乏优势藻种，需要进一步驯化筛选。通常微藻种类的筛选需要考察其在环境条件改变情况下（如营养水平、温度、CO_2 供应、pH、光和细菌污染等）的抵抗性。因此，生长速率和脂质含量是微藻筛选最主要的考察因素。高生长速率可以减少培养时间和成本；高脂质含量能带来高的生物柴油产量。另外还需考察脂质的组成情况和质量，才能够筛选出产生极性和中性脂质的种类。此外，微藻的筛选还取决于设定的目的，如油脂质量分数、脂质生长速度及 CO_2 固定率等。

Ling 等通过户外光生物反应器筛选出 3 种微藻种类分别为 *Desmodesmus* sp. NMX451、*Desmodesmus* sp. T28-1 和 *S. obtusus* XJ-15，它们具有更高的脂质生产能力和更好的生物柴油特性，其中 *S. obtusus* XJ-15 是最佳选择，其最高的生物量生产能力为 20.2 g/（m²·d），大规模培养中脂质的质量分数高达 31.7%。Thai 等通过流式细胞分选技术进行高通量筛选，得出 Nauuochloropsis 是脂质的质量分数最高的，占细胞干重的 39.4%~44.9%，相应的脂肪酸甲酯产量占细胞干重的 16%~22%。

侯李君等通过将蓝藻正反义 *pepcA* 基因导入大肠杆菌，在其脂类合成的调控研究中发现转反义 pepcA 片段 *E. coli* 中脂类合成增加了 46.9%；而转正义 pepcA 片段 *E. coli* 脂类合成减少了 49.6%；转基因菌中十八碳酸的质量明显增加。Li 等通过基因和代谢工程来选择微藻，通过改变基因组成和调控来降低捕光天线大小；通过工程途径提高生物柴油的生产；通过基因调控或敲除一些支路代谢途径提高脂质的产量。王国盼等通过改变微藻基因组成或其调控元件、加强产油代谢途径或减少产油支路代谢来构造富油微藻。Jin 等通过 UV 照射，得到 *S. obliquu*、突变体 XS-H13，生长速率比野生型的提高了 21%，脂质的质量分数高达 46.9%，在污水中生长速度达到 59.8mg/（L·d）。

二、微藻的生长

1. 生长条件的影响

（1）最佳生长条件筛选

影响微藻生长和脂质含量的主要因素包括温度、光、CO_2、营养成分、盐浓度等。不同的温藻种有不同的最适生长温度，同时，光照强度、光源、CO_2 浓度及不同碳源等都会产生明显的影响作用。

王金荣对天然湖泊中的优势藻种进行了大量筛选，得到一株含油量较高的舟形藻藻株，适宜培养条件为：温度 20℃，光照强度 3000 1x，初始 pH 为 8，尿素 50mg/L，$K_2HPO_4 \cdot 3H_2O$ 40mg/L，$Na_2SiO_3 \cdot 9H_2O$ 200mg/L、$NaHCO_3$ 10mg/L、$MgSO_4 \cdot 7H_2O$ 70mg/L。200μg/L 维生素 B_1 对该藻的增殖有显著促进作用，培养第 11 天生物量累积达 7.66g/L。

（2）营养元素缺乏的影响

营养物质对微藻细胞的生长、油脂的积累和组成有非常明显的影响。许多的营养物质诸如磷、硫、氮、硅的缺乏都被证实能促进某些微藻的脂质积累过程。

1）氮缺乏

氮缺乏被认为是绿藻中主要的"脂质触发器"，1949 年第一次发现 *Chlorella pyrenoidosa* 在氮缺乏时能积累高达 85.6%的含油量，而在氮充足时只有 4.5%。绿藻含油量经过氮缺乏刺激后可提高至原来的 2 倍，但值得注意的是，绿藻对于氮缺乏刺激含油量的反应也有种间差异。氮缺乏下对舟形藻的油脂积累有显著作用，最适油脂积累的尿素浓度为30mg/L，油脂含量由 30.60%提高到 39.29%。

2）磷缺乏

磷缺乏或限制也会导致含油量的改变。在磷限制的条件下，*Tetraselmis* sp.和 *Nannochloris atomus* 的含油量降低了，而 *P. tricornutum* 和 *Chaetoceros* sp.的含油量却升高了。在磷限制的条件下，另一种硅藻 *Stephanodiscus minutulus* 的甘油三酯积累了，而在磷缺乏的条件下，磷脂则从 8.3%降到 1.4%，中性脂从 6.5%上升到 39.3%。

储菲菲以绿藻斜生栅藻为对象研究发现，在氮缺乏磷充足的条件下，获得了最大的生物柴油产率（营养元素完全情况下的 2 倍），同时磷被大量吸收到细胞内，但是并没有发现聚磷的形成。

3）其他营养元素缺乏

硫缺乏也可使小球藻的油含量提高。硅缺乏是一个最有效的刺激硅藻含油量升高的手段，如经过6 h的硅限制后，硅藻 *Cyclotella cryptica* 的总含油量从30%升高到41%。

营养物质胁迫条件下，微藻的含油量积累很可能得到提高，然而低的生物量产率也会随之而来。因此，需要综合考虑生物量产率和油含量。

（3）优化碳氮成分

利用微藻突变体在通入高浓度 CO_2 条件下进行生长调控，明显提高了微藻生物质产量和污染物脱除效率。采用酵母提取物等有机氮源配合葡萄糖等碳源对核诱变的菱形藻突变体 *Nitzschia* ZJU2 进行兼养（即将光合作用自养与有机碳源异养相结合），葡萄糖为最佳碳源，当葡萄糖浓度为10g/L时油脂产率达到峰值。有机氮源优于无机氮源，当酵母提取物浓度达到1.5g/L时油脂产率峰值为164.50mg/（L·d），达到异养的3倍和自养的8倍。兼养油脂中C16-C19脂肪酸比例达到89.13%，高于异养和自养，不饱和脂肪酸含量较低，适合制取生物柴油。

三、微藻的生长与培养系统

微藻的培养规模和生长速率的问题是制约微藻（包括工程微藻）工业化发展的另一个瓶颈，即如何在微藻高密度大规模培养的同时不降低微藻的生长速率。对于大规模的工业生产，微藻需要采用特定的培养系统，以保证微藻油脂产生率和产油稳定性。微藻培养系统主要可以分为开放式和密闭式两种。

1. 开放式微藻培养系统

开放式培养系统就是在户外利用阳光进行微藻培养，扩大规模比较容易，成本较低。这一类培养方法是螺旋藻和小球藻等少数微藻进行商业化生产常用的方法。但易受外界环境的影响，如光照强度、光照时间、温度和天气，也容易受到其他藻种、细菌及致病微生物的污染。开放式培养系统可以分为大池型、开放式槽体、圆形培养池和跑道型培养池（图6-3）四种形态。美国在位于加利福尼亚州的卡利帕特里亚（Calipatria）建立了

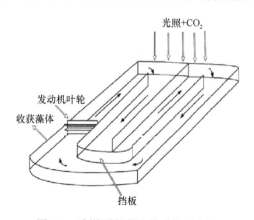

图6-3　跑道型微藻培养系统示意图

世界最大的生产螺旋藻的跑道型培养池,占地约 440 000m²。美国纽约新能源研究所在海湾地域专门建池养殖海藻,每平方米水面平均每天可获 500 多克的藻体,含类脂物量 67%以上,每年可从藻体中提取燃料油 122L。

2. 密闭式微藻培养系统

密闭式培养系统是指利用培养基在密闭的容器内进行微藻培养。密闭式培养系统可分为发酵槽型(图 6-4)、培养袋型、平板型光生化反应器和管型光生化反应器。这种培养系统可以提高产量 60%~300%,产率较高,适用各种藻种,微藻品质稳定,后续分离纯化成本也可以减少,且该系统不易被杂菌污染。但是该系统设备成本及运行成本较高,不易扩大培养规模,多用于生产一些高附加值产品的藻类培养中。

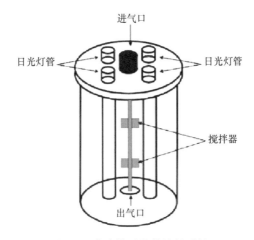

图 6-4 发酵槽型微藻培养系统

美国 Solix 公司正在开发一种间隔排列板的膜封闭池(encosed chambers)系统,该装置可完全避免冒泡供氧,而改用透气膜来进行气体交换,使微藻生长速率和产量大大提高。Wei 等利用密闭式微藻培养系统可使原始小球藻(*Chlorella protothecoides*)从培养 184h 产量为 16.8g/L,提高到培养 167h 产量为 51.2g/L。

2012 年 7 月,中国首个以炼厂 CO_2 废气为碳源的“微藻养殖示范装置”在石家庄炼化建成并投入运行。微藻养殖示范基地占地 500m²,可以很好地满足微藻养殖的环境条件,保证 CO_2 减排与微藻养殖试验的开展。目前,示范基地有小球藻、栅藻、雨生红球藻 3 类国内品种,养殖总体积超过 40 000L。示范基地微藻养殖必需的 CO_2 来自炼厂烟气,其经过冷却、加压直接引入微藻养殖光生物反应器。

四、微藻脂质的提取

微藻脂质的提取主要有氯仿-甲醇法、超声辅助法、冻融法和索式提取法。这些方法都需要用到大量的有机溶剂,提取的油脂得率与溶剂配比、提取时间和温度等相关。除了使用有机溶剂溶解细胞中的油脂外,还可以使用高压灭菌、球磨法、微波辅助、声波降解和添加 10%NaCl 溶液等方法裂解细胞形成液体燃料直接用于酯交换。

王雪青等采用反复冻融法对 17 种微藻 2 次冻融，细胞破碎率在 30%～90%，其中 10 种微藻的破碎率在 95%以上，4 种微藻在 60%～80%，而紫球藻、小球藻和扁藻的细胞破碎率小于 40%，因此需增加反复冻融的次数或者采用超声波等其他辅助方法。

Byreddy 等利用渗透压冲击法，即先将细胞置于高渗溶液中，细胞发生收缩，然后将介质快速稀释或将细胞转入水（或缓冲液）中，细胞快速膨胀以致破裂，从而使产物释放到溶液中。相比于球磨法等机械破碎方法，渗透压冲击法的油脂得率是其他方法的 2 倍，分别为 48.7%和 29.1%。相比于机械方法，渗透压冲击法耗能低得多且易于扩大化，但弊端在于破碎耗时较长，废弃盐水处理困难。

五、微藻生物柴油的经济分析

微藻生物柴油生产成本过高是制约微藻生物柴油技术产业化的根本所在。美国微藻能源技术路线图指出微藻能源目前成本大多在 10 美元/加仑以上。R. Davis 等研究表明开放池培养微藻生产物柴油成本约为 8.86 美元/加仑，光反应器培养微藻生产生物柴油成本可达 18.46 美元/加仑，均远高出石化柴油生产成本。

杨艳丽依据中国市场行情对基于开放池培养的微藻生物柴油经济成本进行估算分析发现，中国基于放池培养的微藻生物柴油理论成本可达 4.25.9 万元/t，其中土地、营养盐、碳源以及设备折旧占较高比例，分别为 25.50%、19.29%～27.04%、14.01%～19.65%和 9.96%～14.13%。从技术环节看，79.44%～85.16%的经济成本集中于养殖环节。提高微藻生长率、油脂含量和碳吸收率，增强其对环境的适应能力以及寻找低成本的碳源和营养盐源是降低微藻生物柴油经济成本的主要途径。李斐等分析发现，按照占总体成本比重排列，微藻培养>微藻采收>脂质提取，3 个环节占据微藻生物柴油生产的主要成本，同时三者相互之间密切相关，因此开发成本控制技术既要侧重主要环节，又要综合考虑不同环节间的耦合，有必要建立技术经济分析和生命周期分析等系统分析体系对成本进行整体性评估。

六、微藻制备生物柴油的现状与前景

1. 研究现状

（1）国外微藻生物柴油发展情况

微藻生物柴油作为新型清洁能源，已有一定的发展历史。早在 1978 年，美国能源部可再生能源国家实验室就制订了微藻养殖生产生物柴油的计划，研究内容包括藻种筛选、工程微藻制备、微藻生化机理分析及中试放大试验。目前美国的微藻能源公司已经占到世界的 78%。2006 年 11 月，美国绿色能源科技公司和亚利桑那公众服务公司在亚利桑那州建立了可与 1040 兆瓦电厂烟道气相连接的商业化系统，成功地利用烟道气的 CO_2，大规模光合成培养微藻，并将微藻转化为生物"原油"，每年每英亩可提供 5000～10 000 加仑生物柴油。自从 2007 年，美国国际能源部推出"微型曼哈顿计划"，即微藻能源计划，美国十几家科研机构参与了这一宏伟工程，同时也得到了多家石油和生物燃料公司的支持。2010 年 6 月 29 日美国能源部向 3 个研究团队资助 2400 万美元，以解决微藻可再生能源商业化规模生产各环节中的关键问题。

欧洲微藻生物柴油的发展仅次于美国。欧洲最大的藻类研究项目由英国碳基金公司（Carbon Trust）资助，Carbon Trust 在 2009 年启动了挑战藻类生物燃料（ABC Algae Biofuels Challenge）的项目，目前 ABC 项目由来自 11 个机构的科研人员组成的研究小组领导，发展相关技术和设施，目标是到 2020 年实现微藻生物柴油的商业化。

2007 年 3 月，以色列一家公司在电厂烟囱附近的跑道池中对海藻进行规模培养，利用海藻吸收 CO_2，转化太阳能为生物质能，每 5kg 海藻可产 1L 燃料。西班牙生物燃料系统公司利用绿藻研制出可再生的"生态石油"，能不断循环吸收 CO_2，并且每天能从 $2m^3$ 的水中生产 6kg 的生态石油。

（2）中国微藻生物柴油发展情况

与国外相比，我国的生物柴油研究起步较晚，但国内已有很多学者认定生物柴油的发展前景，并投入大量的人力和物力资源，因此国内生物柴油研究的发展速度很快，并取得了较好的成果。近年来，微藻生物柴油技术也引起了我国政府、科研机构和企业的重视，被列为科技部 863 计划的重点项目之一。如新奥科技发展有限公司的"CO_2-微藻-生物柴油关键技术研究"项目获得 863 计划支持。

近年来，中国科学院海洋研究所、暨南大学、中国海洋大学等一些科研单位和大专院校也在积极开展微藻生物柴油的研究，并在微藻筛选和培养方面已取得一定的成果。国家海洋局第一研究所郑力课题组、暨南大学张成武课题组、中国海洋大学的潘克厚课题组等都从事从各种微藻中筛选高油脂含量的藻种和对某些藻种进行分子生物学改造方面的研究。华东理工大学李元广课题组自 1995 年以来一直开展微藻高密度、高产率培养技术和新型光生物反应器开发与产业化研究。中国科学院大连化学物理研究所张卫课题组开拓了微藻生物能源的发展方向，主要从事微藻产氢和微藻培养技术方面的研究。上海交通大学的缪晓玲教授和清华大学吴庆余教授的研究团队主要从事微藻异养培养、油脂提取和生物柴油加工方面的研究。通过异养培养技术获得高脂质的小球藻，脂类化合物占细胞干重的 55%（质量分数），而自养培养的小球藻脂类化合物仅为细胞干重的 14.57%，酸催化制备的微藻生物柴油品质达到 ASTM 标准。北京化工大学谭天伟教授利用微藻与微生物联合培养产生的脂肪酶，开发的反应和分离耦合的连续酶法转化油脂合成生物柴油新工艺，生物柴油转化率达 96%以上，品质达到欧洲标准。清华大学的刘德华团队利用酸热法提取了一株高产油脂圆红冬孢酵母菌干菌粉中的油脂，并利用该酵母油脂为原料合成生物柴油，在优化反应条件下的转化率达 90%。

2011 年，我国启动了名为"微藻能源规模化制备的科学基础"的 973 项目。该项目由华东理工大学、中国海洋大学、南京工业大学、北京化工大学、中国科学院海洋研究所、中国石油大学（北京）等十几家单位联合组织实施。该 973 项目以推动微藻能源规模化制备中核心技术的重大突破为目标，以能源微藻户外大规模培养的实际条件为背景，研究从藻种选育到微藻能源规模化制备系统构建过程中急需解决的生物学及工程学方面的三个关键科学问题："能源微藻胞内代谢及油脂合成与积累的系统生物学机制"、"能源微藻规模化光自养培养的物质和能量转化及环境调控规律"和"微藻能源规模化加工及系统集成优化原理"。

总体来说，我国关于微藻制备生物柴油等生物燃料的研究还处于起步阶段，仍需要进一步深入细致地开展实验和理论研究。

2. 发展前景

欧美等国家的微藻生物柴油产业起步早，已经开始进入从实验室走向中试和工业生产的阶段。而其他如巴西、印度、日本、韩国、泰国等国家的政府都制订了生物柴油研发计划，对生物柴油给予强有力的政策支持和资金投入。世界上的大部分能源科研机构和石油公司对微藻生物柴油研发的人力和资金投入也在不断加大。

我国水资源丰富，海洋国土面积约 300 万 km^2，微藻种类繁多，规模养殖的微藻有螺旋藻、小球藻、盐藻及栅藻等，在原料资源方面位于世界前列，若将这些海域充分利用起来大量培养海洋微藻，可以带来十分巨大的经济利益和生态效益，对于缓解我国石油紧缺现状，保障我国能源安全、保护生态环境都有十分重要的意义。

为了进一步实现其商业化应用，未来微藻生物柴油研究应着重加强三方面研究：一是微藻的生物学研究，包括筛选和收集藻种，以获得高油脂的微藻种类；研究微藻的生理学和生物化学特性，通过分子生物学和基因工程技术提高微藻的产油率；二是微藻培养系统的发展研究，将实验室规模的培养系统扩展到工业生产还有很多问题需要解决；三是资源可利用性的分析研究，包括下游副产物的回收利用，如藻体残渣的利用、甘油的回收精制等，以最大限度地增加产值，降低微藻生物柴油的生产成本。

第六节　生物柴油的商业化应用

生物柴油的商业化和规模化应用是一项系统工程，牵涉原料的规模生产、收集、原料运输与加工；生物柴油制取、运输、销售；产品安全、产品生产质量和使用中的安全问题；环境保护中的污染物排放等问题，这些都是重要的环节。中国要实现生物柴油产业化，需要农业、林业、油脂加工业、石油化工行业等相互配合并实现技术相互支撑。

生物柴油的规模化生产应用可以推动调整农林结构，优化能源结构，提高能源质量，并带动相关产业的发展。因此，发展生物柴油是一项重大的战略举措，要在战略层面上对生物柴油进行研究，并对生物柴油在保障国家能源安全，控制环境污染，恢复生态系统，促进国民经济发展实现可持续发展，解决农业、农村、农民"三农"问题等方面进行全面评价。

一、生物柴油与生态环境

生物柴油是唯一一种通过美国环保局（EPA）有关排放指标和潜在的健康影响评价的可替代燃料。生物柴油还是第一个满足"1990 清洁空气法案"健康测试要求的替代燃料品种。按照美国国家生物柴油委员会（NBB）的结论，在常规发动机中使用生物柴油可明显降低未燃尽烃、一氧化碳和颗粒物含量。

从生物柴油的理化性质可以看出，生物柴油对生态环境是友好的。生物柴油的碳链一般为 14～18 个碳，具有较高的沸点或闪点，有利于安全储存、运输和使用；生物柴油分子中所含的双键数目少，分子中含氧量较高，含碳支链数目少或没有，这使得生物柴油有较好的燃烧特性，燃烧比较完全。烟尘颗粒、SO_x、CO、HC 及 NO_x 是目前大气中主要的污染物，其来源比例如表 6-19 所示。矿物燃料在燃烧过程中产生的主要污染物是烟尘颗粒、SO_x、CO、HC 及 NO_x 等。与矿物燃料相比，生物柴油的燃烧尾气中除了 NO_x 的浓度稍有升高外，烟尘颗粒、SO_x、CO、HC 的排放均有明显的下降。此外，生物柴油中不含芳香烃，燃烧后不会产生芳香烃和多环芳烃（PAH）。另外，生物柴油还具有无毒、可生物降解等优点。生物柴油对环境友好主要是指生物柴油有利于缓解温室效应、有利于酸雨的控制、有助于颗粒物质（TPM）的控制、具有生物可降解性、有助于光化学烟雾的控制等。

表 6-19　几种主要大气污染物的来源比例/%

污染物来源	粉尘	SO_x	NO_x	CO	HC
矿物燃料	42	73.4	43.2	2.0	2.4
交通运输（内燃机燃料）	5.5	1.3	49.1	68.4	60.0
工业过程	34.8	23.0	1.3	11.3	12.0
固体物质处理	4.5	0.3	5.1	8.1	5.2
其他	13.2	2.0	3.2	10.2	20.5

1. 有利于缓解温室效应

在自然界的碳循环中，空气中的 CO_2 经植物的光合作用合成有机碳，转化为固态的有机碳。固态的有机碳一部分经植物的呼吸作用、细菌的分解作用重新被分解为 CO_2 排放到大气中。另一部分固态有机碳炭被动物或人体吸收，转化为自身的组成部分，并经过新陈代谢作用形成 CO_2 排放到大气中。其余的有机碳以植物的形式沉积于地下，经历千万年的高温、高压，形成石油和煤炭等化石燃料。化石燃料经过燃烧重新排放到大气中，从而构成完整的碳循环。过量使用化石燃料会造成空气中 CO_2 浓度升高，从而加剧温室效应。这是因为化石燃料中的碳是经过千万年形成的固态碳，其生命周期长。经燃烧后，化石燃料中的固态有机碳形成 CO_2 排放于大气中，等于将地下沉积的固态碳转化为 CO_2 并释放到大气中。而每年太阳输送给地球的能量基本上是恒定的，地球上植物生长固定 CO_2 并将其进一步转化为石油和煤炭的速度远远比不上人类开采化石燃料的速度，因而导致 CO_2 在大气中积累，增加了大气中 CO_2 的浓度。目前，全球气温上升与化石燃料的使用有密切的关系。

生物柴油来自于生命周期短的植物油、动物油或工程微藻，对大气中 CO_2 浓度上升的贡献很小，可大大缓解温室效应。据报道，使用生物柴油对温室效应的贡献是矿物柴油的 1/5。美国能源部和农业部对生物柴油和矿物柴油燃烧后产生的 CO_2 对温室效应的贡献进行了研究。结果表明，使用纯生物柴油可以减少 78.5% 的 CO_2 排放，而使用 20% 的生物柴油也可以减少 15.7% 的 CO_2 排放。菜油生物柴油温室气体、酸性气体和颗粒物排放量分别是石化柴油的 0.71 倍、1.61 倍和 5.87 倍。生物柴油温室气体排放以 CO_2 为主，排放量占温室气体总量的 93.42%，酸性气体以 NO_x 为主，排放量占酸性气体总量的 74.08%。而以麻风树和光皮树为原料的木本生物柴油在减少温室气体排放方面更加有效，在其生命周期内温室气体排放下降幅度大于以大豆和油菜籽为原料的生物柴油。因此，使用生物柴油对控制全球 CO_2 浓度升高、缓解温室效应有极其重要的意义。

2. 有利于酸雨的控制

酸雨的形成与 SO_x 和 NO_x 的排放有很大的关系。SO_x 的主要来源是煤炭和石油燃料燃烧后尾气的排放。一般的矿物柴油均含有 1%的硫，有的甚至高达 2%~3%。因此，柴油的燃烧往往成为 SO_2 的重要来源之一。生物柴油来源于天然植物资源或动物资源，其中硫的含量极少，一般低于 0.005%，产生造成酸雨的气体也较少，二氧化硫和硫化物的排放量减少约 30%（有催化剂时为 70%）。例如，木本生物柴油含硫量低，燃烧过程中排放的二氧化硫和硫化物能够减少 70%左右，对酸雨的控制具有很大效果；同时，木本生物柴油的生物降解性高达 98%，降解速率是传统化石柴油的 2 倍，可大大减轻意外泄漏时对环境的污染。在其他有害气体方面，使用木本生物柴油所产生的尾气中，颗粒物排放仅为传统石化柴油的 20%，提高了大气环境的清洁度，有利于居民的健康。另外，木本生物柴油中不含会对环境造成污染的芳香族烷烃，因而其不具有致癌性，有利于降低居民的癌症发生率。因此，采用生物柴油可有效地降低尾气中 SO_x 的排放量，从而有利于酸雨的控制。

3. 有助于 PM 的控制

美国密歇根理工大学（Michigan Technological University）对生物柴油在引擎中燃烧后排出尾气中固体颗粒的粒径分布进行了分析测试。结果表明：生物柴油燃烧后产生的颗粒物的粒径集中在 0.12~0.15μm，略小于矿物柴油燃烧后产生的颗粒物。但是使用生物柴油所形成的 TPM 质量浓度小很多，为 2#柴油的 30%~34%。2002 年，美国环保局（ZVQ）收集了大量使用生物柴油与 PM 排放的数据，得到一个估算 PM 排放的计算公式。

$$PM/PM_D=e^{-0.006\,384\%B} \tag{6-15}$$

式中，PM——使用生物柴油调和燃料的 PM 排放值；

　　　PM_D——使用石化柴油调和燃料的 PM 排放值；

　　　B——调和燃料中生物柴油所占的体积比，%。

这一计算公司适用于 95%的情况，通过式 6-15 可以预测出：使用生物柴油可以降低的 PM 排放最多接近 50%，如图 6-5 所示。

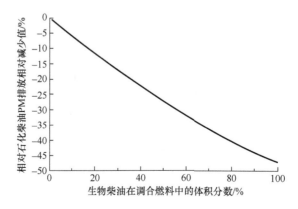

图 6-5　生物柴油调和燃料中生物柴油使用量与 PM 排放的预测减少量关系图

通过式 6-15 可以看出，无论是单独使用生物柴油还是生物柴油与传统石化柴油调和后使用，均可以有效减少 PM 排放。因此，使用生物柴油来代替矿物柴油，对降低总颗粒的污染水平、改善城市大气环境质量有重要的意义。

4. 生物可降解性

由于生物柴油来源于可再生的生物资源，因此是一种无毒、生物可降解的燃料，当选择了合适的微生物，生物柴油几乎可完全被生物降解。而矿物柴油来源于石油裂解，几乎不可能降解。根据 M. H. Knoflacher 等的研究，水中的生物柴油在 23 天内可以降解 90%以上；而相同条件下，矿物柴油仅有 23%的部分被降解。因此，使用生物柴油不会对水体，尤其是地下水体产生污染，运输生物柴油也不会对海洋环境有很大的污染。即使在运输过程中出现生物柴油泄漏事故，其也能在较短的时间内被生物降解，对海洋环境的污染比起矿物石油来说小得多。这对控制由石油溢漏造成的水体污染具有积极的意义。

5. 有助于光化学烟雾的控制

光化学烟雾的形成主要与机动车尾气的排放有关。机动车尾气中所排放出的 CO、HC、NO_x 是形成光化学烟雾的主要物质。根据美国环保局研究，城市大气中有 40%的 HC 来源于机动车尾气的排放。在合适的发动机转速下，使用生物柴油可以使机动车尾气排放的 HC 较 2#柴油减少 60%左右，而 CO 的排放量可以减少 40%左右，只是 NO_x 的浓度稍有升高。因此，使用生物柴油作为燃料可有效地减少机动车尾气中 CO、HC 的排放，从而减少大气中光化学烟雾的形成概率，对城市大气环境质量进行有效控制。江苏大学的袁银南等对生物柴油与石化柴油混合使用后内燃机的排放特性进行了研究，发现使用生物柴油可以在任何引擎转速下对 CO、HC 的排放进行有效控制，从而抑制大气中光化学烟雾的形成。

（1）CO 的排放

在低负荷时，生物柴油、石化柴油与 40%混合柴油 3 种燃料的 CO 排放浓度相差不明显，但在高负荷下燃烧生物柴油的 CO 排放浓度大大降低。另外，生物柴油比普通柴油各工况下 CO 的加权比排放量降低了 29%。根据 CO 形成的机理可知道，这主要是因为以下两方面的作用：第一，生物柴油是含氧燃料，含氧量达 10%，所以它对燃油完全燃烧，特别是在高负荷时有利；第二，生物柴油的十六烷值比柴油高，十六烷值是柴油着火性质的量度，十六烷值高，其燃油的着火燃烧性能好，有利于柴油机启动。研究结果表明，十六烷值每提高 10 个单位，在冷启动、热启动和其他工况下，CO 排放分别减少了 0.496/（kW·h）、0.590/（kW·h）和 0.576/（kW·h）。

另外，CO 排放随生物柴油在混合燃料中的比例增加呈线性关系（$y=-0.2908x$）减少。这说明使用柴油和生物柴油混合燃烧时不会改变它们各自的排放性质，因此可以将生物柴油和柴油以任意比例混合使用。

（2）HC 排放

燃烧生物柴油时，HC 排放浓度比普通柴油低（降低了 24.98%）。这主要因为生物柴油芳香烃含量很少，十六烷值较高。一般来说芳香烃含量越少，其滞燃期越短，HC 排放越少；十六烷值较高时，燃油着火性能好，滞燃期短，其未燃碳氢和裂解碳氢均少。另外，生物柴油含氧也有利于减少 HC 排放。

同样，当生物柴油和柴油混合使用时，HC 排放随生物柴油在混合燃料中的百分比增加呈线性关系（$y = -0.2498x$）下降。

（3）NO$_x$ 排放

3 种燃料的 NO$_x$ 排放在低负荷时基本一致，在高负荷时浓度略有不同。在 2200r/min 高负荷时，生物柴油的 NO$_x$ 排放浓度比普通柴油有所升高，但在 1600r/min 高负荷时 NO$_x$ 排放浓度比普通柴油反而降低；3 种燃料的各工况 NO$_x$ 加权比排放量变化不明显。生物柴油是含氧燃料，氧原子在燃料燃烧过程中起到了助燃作用，在柴油机结构不改变的情况下，燃烧时的富氧增加了 NO$_x$ 排放。根据国外的报道，生物柴油的 NO$_x$ 排放应该比柴油高 8.89%。本试验中的 NO$_x$ 没有多大变化，可能是由所用生物柴油在制取过程中过量的乙醇没有完全清洗干净造成的。醇在发动机中燃烧可以使 NO$_x$ 降低。综合两方面考虑，这个结果是合理的。

（4）炭烟的排放

纯生物柴油的炭烟排放比纯柴油降低了近 50%。这主要有两方面原因：第一，生物柴油中含芳香烃的量比较少。一般芳香烃含量越高的油，其烟度越大，而烷烃含量越多的油，其烟度越小，因为芳香烃的炭氢质量比（C/H）远大于烷烃，故纯生物柴油的炭烟排放比纯柴油低；第二，生物柴油是含氧燃料（含氧量达 10%），氧原子在燃料燃烧过程中起到了助燃作用，特别是在喷雾核心等燃料浓度高的区域，燃料含氧后，减少了燃料的缺氧燃烧，使燃料能够比较完全地燃烧，从而降低了炭烟排放。同样，炭烟排放随生物柴油在混合燃料中的比例增加呈线性关系（$y = -0.4316x$）下降。

通过以豆油为原料油、乙醇为反应醇制取的生物柴油在 ZH1110 柴油机上所做的排放对比试验，可知含氧的生物柴油（含氧大约 10%）在 CO、HC 和炭烟排放方面大大优于普通的柴油。

此外，由于生物柴油中不含芳香烃，因此可以有效地减少尾气中 PAH 及芳香烃的排放。据 Bagley 等的研究，使用生物柴油可以使机动车尾气中排放的芳香烃类物质比矿物柴油减少 96% 左右，尾气中有毒有机物排放量仅为 1/10。检测表明，使用生物柴油可降低 90% 的空气毒性，降低 94% 患癌率。

二、生物柴油的储运

生物柴油与燃料乙醇的相同之处是均为非石化燃料，但与燃料乙醇不同的是现有的石油类运输柴油的基础设施也可用于生物柴油的运输，乙醇运输则由于其易溶于水而不能使用管道输送，炼油厂使用乙醇调和汽油时必须使用罐车将乙醇装运至调和罐，从而使生产成本大幅增加。生物柴油与其他替代燃料相比，其优点很明显，不需要专用的储油和加油设施，且可适于现在的柴油发动机使用。

生物柴油闪点高达 200℃（石化柴油闪点为 70℃），因此生物柴油的储运十分安全。

三、生物柴油作燃料油台架运行

植物油与石化柴油直接混合作燃料油台架运行为生物柴油台架运行奠定了良好的研究基础。

植物油与石化柴油直接混合作燃料油使用运行试验始于 20 世纪 80 年代。1983 年 Amans 等将脱胶的大豆油与 2#柴油混合，当两种油品以 1∶2 的比例混合时可作为农用机械的替代燃料。由于石油进口的限制，南非人 Caterpillar Brazil 用 10%的向日葵油与石化柴油混合使用，在未改变或调整发动机的前提下获得成功。在进一步加大混合比例的时候，出现了以下问题：①火花塞孔堵塞；②积炭；③油黏度大，雾化不良；④植物油污染，产生胶凝化作用破坏润滑系统。

20 世纪 90 年代初，德国 TMW 公司开始生产 P13.5 系列植物油发动机，有四缸和六缸几种形式。该系列植物油发动机采用德国埃斯贝特内燃机研究所的直喷式燃烧系统，喷油嘴为单孔轴针式，活塞材料顶部为铸铁（与缸盖组合成双曲线燃料室），裙部为铝合金。此燃烧系统热效率高、耗油量低、噪声小、启动性能好，已向国外转让。P13.5 系列发动机可直接燃用冷榨、过滤、去黏液、不需化学处理的植物油。

生物柴油在美国也有行车 300 万英里的成功记录。在美国通常是以 20%生化柴油与 80%石化柴油的混合油作为柴油引擎替代燃料，称为 B20，实践证明是经济有效的替代燃料油配方。

值得注意的是，生物柴油对某些有弹性的天然橡胶有降解作用。高比例生物柴油与石化柴油混合影响燃料油油路元件。如果用户想使用高比例的生物柴油，必须更换成相应耐降解的橡胶油路元件。2013 年 10 月，斯堪尼亚推出两款基于新一代全球发动机平台打造而成的欧Ⅵ 13L 6 缸生物柴油发动机，最大功率分别可达 450 马力和 490 马力。该发动机能够以任意比例的普通柴油和生物柴油混合油或 100%的纯生物柴油作为燃料。当发动机使用 100%纯生物燃油时，最大输出功率仅下降 8%（由于生物柴油蕴含能量较低）。

生物柴油可以作为燃料油在所有未经改造的柴油机动力上运行，其功率、扭矩和做功的消耗量都非常接近低含硫的石化柴油。生物柴油十六烷值稍高于石化柴油。生物柴油与石化柴油混合使用，大大改进了燃油的润滑性。试验表明，燃料油中掺入 1%的生物柴油，燃油的润滑性能提高 30%。

石化柴油在低温气候条件下凝结，柴油动力启动困难。生物柴油同样也面临这样的难题。

表 6-20 显示了矿物柴油与生物柴油性能的比较结果。酯燃料在柴油机上燃用，其发出的功率与燃用柴油相当，积炭情况也与柴油差不多。酯燃料在使用中一个有待解决的比较突出的问题是：酯的脂肪酸组成中未饱和的碳氢化合物比例高，易氧化形成胶质（不易长期储存）。生产生物柴油的原料不同导致其物理性能有所不同。在植物油脂原料制成的生物柴油作燃料油在柴油机上应用时，关键问题在于制造时的酯交换反应必须完全而且彻底地去除其反应副产物——甘油。当交换反应不完全而导致其甲酯的精制不佳，使得燃料油甲酯含有各项残留杂质，则会产生引擎不正常运转现象，而且排放气成分不良。若甲酯受氧化，易改变燃料性质而产生胶质或油渣，可能阻塞过滤器，因此生物柴油的

表 6-20　生物柴油和矿物柴油的性能比较

特性	生物柴油	矿物柴油
冷滤点（CFPP）夏季产品/℃	−10	0
冷滤点（CFPP）冬季产品/℃	−20	−20
20℃的密度/（g·mL）	0.88	0.83
40℃动力黏度/（mm²·S）	4～6	2～4
闭口闪点/℃	＞100	60
十六烷值	≥56	≥49
热值/（MJ/L）	32	35
燃烧功效（柴油=100%）/%	104	100
硫含量（质量分数）/%	＜0.001	＜0.2
氧含量（体积分数）/%	10	0
燃烧1kg燃料按化学计算法的最小空气耗量/kg	12.5	14.5
水危害等级		2

氧化稳定性为其关键。以大豆油或菜籽油的不饱和脂肪酸所合成的甲酯，尤需注意其氧化稳定性，以确保生化柴油品质。

"八五"期间，辽宁省能源研究所完成了"以植物油为动力实现农业机械化和农村电气化"项目（中国-殴共体合作研究项目）。研究过程中，利用意大利和德国提供的设备，将湖南省产的光皮树油进行酯交换处理，得到的酯燃料于高尔夫柴油轿车（德国大众汽车公司）、40马力轮式拖拉机（意大利Same公司）、30KVa柴油发电机组（意大利Tessari公司）等设备上燃用，证实了光皮树油酯化燃料的适用性。通过对光皮树油进行酯交换，改变了光皮树油的燃料特性，其黏度、闪点等技术指标得到改善。常温下光皮树油甲酯燃料特性与0#柴油接近。结果表明，汽车行驶速度均为120km/h，动力性能与燃用柴油基本相同；内燃机启动性能良好，运转平稳。

中国农业大学研究了柴油机燃用乙醇-生物柴油-柴油混合燃料（EBD）后的动力特性、经济特性和常规排放特性的变化。研究结果表明：柴油机燃用EBD的功率和转矩相对石化柴油（D）有0%～2.84%的小幅度上升；在负荷特性下，EBD的油耗量和油耗率相对D有较大幅度的上升，在2000r/min转速时，增幅分别为11.26%～12.14%和7.69%～34.69%，在1700r/min转速时，增幅分别为11.86%～12.48%和5.18%～19.28%；在发动机6工况循环下的常规排放中，EBD在CO、HC和碳烟减排方面的优势要体现在中高负荷下，而在NO减排方面的优势主要体现在中小负荷情况下。

四、生物柴油商业化应用经济评价

目前生物柴油应用范围有限，最主要的原因是生产生物柴油的成本过高，生物柴油市场价格居高不下。中国是全球最大的发展中国家，能源资源问题是关系到国家安全和发展的全局性问题。生物柴油在中国规模化应用，其经济评价是一项重要的基础工作。

学者的调查研究表明，生物柴油的成本基本由以下几个因素确定。

1. 生物柴油原料油成本核算

生物柴油原料油成本占生物柴油总成本的 75%，原料成本构成与下列因素有关：原料成本；原料精制成本。原料价格对生物柴油的经济性起着第一位的作用。因此，在开发利用生物柴油时，首先考虑规模种植建立生物柴油原料基地；因地制宜地选择厂址，合理确定原料采购经济半径，尽可能地减少原料集中、运输和储存费用。

2. 生物柴油建厂固定资产投入

固定资产投入大，生产的规模大，生物柴油的成本将会相应降低。

3. 酯交换所发生的成本

包括能源开支、反应物，如甲醇成本、催化剂成本等。

4. 生物柴油生产副产品收益

与一般的工业产品不同的是，生物柴油在生产过程中将产生副产物甘油。甘油作为重要的医药和工业原料市场售价较高。制取生物柴油与甘油联产，将获得理想的经济效益。

湖南省林业科学院结合植物燃料油课题研究，将几种已规模使用和拟用的草本作物和木本植物油每制取 1L 生物柴油的税前主要项目成本进行了分析比较（表 6-21）。

表 6-21　油料作物制取生物柴油成本分析

项目类别		支出项目						收益项目		总支出/元	总收益/元	总成本/元
		原料及成本				固定资产/元	制油/元	酯交换/元	甘油/元	其他/元			
		含油率/%	数量/kg	价格/（元/kg）	房用费/元								
草本作物	大豆	21.1	8.60	1.50	12.9	1.57	2.32	0.17	1.52	10.76	16.96	12.28	4.68
	油菜籽	36.9	4.90	2.00	9.80	0.90	1.33	0.10	1.30	7.52	12.13	8.82	3.31
木本植物	麻风树	54.2	3.40	1.00	3.40	0.61	0.97	0.07	0.95	1.80	5.05	2.75	2.30
	光皮树	31.8	5.70	1.20	6.84	1.04	1.54	0.11	1.33	5.18	9.53	6.51	3.02

注：原料的含油率均指平均含油率；制取每升油所需的原料数量、制油成本、酯化成本和固定资产费用及相关收益均参照 economic feasibility review for community-scale farmer cooperatives for biodiesel（Martin Bender，1999）和"九五"国家攻关项目"植物油能源利用技术"的部分研究成果；原料价格来自于湖南省林业科学院 2001 年的市场调查数据；大豆、油菜籽、麻风树的原料为种子，光皮树的原料为果实；每升油的总成本=总支出−总收益，其中总支出=原料费用+制油成本＋酯化成本+固定资产费用，原料费用=原料数量×原料价格，总收益=甘油＋其他

一般而论，1t 油菜籽可制取约 160kg 生物柴油，同时可副产 16kg 甘油。纯度高达99.7%的特级甘油价格为 2000 美元/t。因此，制取生物柴油与精制甘油工艺联产，将能取得较为理想的经济效益。若能建年产 10 万 t、具有一定工业化生产规模的生物柴油装置，其经济效益更为可观。近几年来，国外很多大公司纷纷开拓这一业务，期望在开始时就能占领市场。

生物柴油能否成为矿物燃料的替代能源，成为我国未来持续能源的重要组成部分，关键在于其技术是否先进，经济是否合理，能否达到工业化生产的水平。在我国特别是南方地区，利用一些木本油料植物发展生物柴油从经济上来讲是完全可行的。

5. 生物柴油产出规模与生物柴油生产成本相关

目前已有纯态形式的生物柴油燃料和混合生物柴油燃料。纯态生物柴油又称为净生物柴油，已经被美国能源政策法正式列为一种汽车替代燃料。依据原料和生产商的不同，目前美国净生物柴油的价格为 0.515～0.793 美元/L；含 80%生物柴油成分的混合生物柴油的市场价格，每升比石化柴油要贵 7.93～10.57 美分。

五、生物柴油应用存在的问题

开发利用生物柴油是一项远有前景、近有实效的事业。它使人们减少对石化能源的依赖，在环境保护、经济增长、社会稳定、自然资源利用的可持续发展中起着重要的作用。但由于尚处在发展初期，还存在许多急需研究解决的问题。

1）我国对生物柴油缺乏长期、系统、深入的研究，因此获得自主知识产权的项目较少。

2）能源作物种类资源十分丰富，但作为生物柴油原料油规模利用的资源量少，分布稀散，要收集起大量的原料作商业能源利用比较困难且费用较高。

3）科研机构投入人力、物力进行研究取得的初步成果，未得到企业界的广泛响应，因此很难形成规模效益。

4）中国人口众多，食用油供不应求状态还会持续相当长一段时间。

5）生物柴油自身存在的缺点，限制了其应用程度。首先，因其油脂的分子较大（约为石化柴油的 4 倍），黏度较高（为 2#石化柴油的 1～2 倍），影响喷射时程，导致喷射效果不佳。其次，由于生物柴油的低挥发性，其在发动机内不易雾化，与空气的混合效果差，造成燃烧不完全，形成燃烧积炭，易使油脂黏在喷射器头或蓄积在引擎汽缸内而影响其运转效率，易产生冷车不易启动，以及点火迟延等问题。另外，因生物柴油的存在，易使发动机的润滑油变厚变浓。

6）生物柴油价格高，应用领域有限。目前生物柴油（B100）的税前平均价格约为 4.5 元/L，而 0#石化柴油零售价约为 5 元/L。生物柴油的使用主要集中在城市公车、空调设备、柴油引擎、柴油发电厂、农林业设施等，应用范围较为有限。成本问题是限制生物柴油使用的最主要问题，只有降低成本，才能有广阔的商业化应用前景。

7）许多与生物柴油商业化应用相关的问题亟待解决，如减税或免税的优惠政策；生产工艺改进和产品技术标准；推广和宣传网络建立等。

六、生物柴油发展的前景展望

生产和推广应用生物柴油的优越性是显而易见的：原料易得且价廉；有利于土壤优化；副产品具有经济价值；环保效益显著。随着生物柴油的竞争力不断提高，政府扶持和世界范围内汽车车型柴油化的趋势加快，生物柴油的应用前景将更加广阔。三个方面的变化显示了生物柴油具有广阔的发展前景：一是随着生物柴油与石油柴油价格差的不断缩小，生物柴油的竞争力不断提高；二是为鼓励进一步使用生物柴油，许多国家相继出台了税收优惠政策；三是世界范围内出现汽车车型柴油化和柴油供应严重不足的趋势，为生物柴油的发展留下了广阔的空间。就我国而言，柴汽比的矛盾日益突出，而开发生物柴油有一定的原料基础，因此意义深远。

目前世界上含硫原油（含硫量 0.5%～2.0%）和高硫原油（含硫量在 2.0%以上）的产量已占原油总产量的 75%以上,其中含硫量在 1%以上的原油占世界原油总产量的 55%以上，含硫量在 2%以上的原油也占 30%以上。全球炼油厂所加工原油的平均相对密度为 0.8514，平均含硫量为 0.9%；原油的平均相对密度、含硫量和重金属铁、钒、镍的含量都有上升的趋势。同时，环境保护和汽车等机械设备对柴油的要求却越来越高，为生产清洁柴油，炼油行业不得不投入更多的资金来增加设备，改进工艺，以致生产成本提高，炼油行业的平均效益处于微利或保本的水平。

从燃料的使用来看，柴油机与汽油机相比具有热效率高、燃油经济性好、使用寿命长和燃油效率高等优点。同时，现代柴油机由于采用了电控发动机控制系统、高压燃油直喷式燃烧系统及废气排放装置，传统柴油机的缺点已经克服。

与国外相比，我国在发展生物柴油方面与其还有相当大的差距，长期徘徊在初级研究阶段，未能形成生物柴油产业化；政府尚未针对生物柴油提出一套扶植、优惠和鼓励政策办法；更没有制定生物柴油统一的标准和实施产业化发展战略。因此，我国进入WTO之后，在经济高速发展和环境保护双重压力下，加快高效清洁的生物柴油产业化进程就显得更为迫切了。

按中国目前的消耗量（每年消费柴油 6000 万～7000 万 t），如果在石化柴油中添加10%体积的生物柴油，则每年应配套生产生物柴油 600 万 t。预计未来 10 年内，生化柴油产品将占领 20%～30%的市场份额。目前中国每年进口石油 7000 万～8000 万 t，预计到 2020 年将达到 2 亿 t 左右。生物柴油作为石化燃料油的补充，未来 10 年内年生产能力将达 5000 万 t。

随着改革开放的不断深入，在全球经济一体化的进程中，在中国加入 WTO 的大好形势下，中国的经济水平将进一步提高，对能源的需求只会有增无减，只要把关于生物柴油的研究成果转化为生产力，形成产业化，则生物柴油在柴油引擎、柴油发电厂、空调设备和农村燃料等方面的应用具非常广阔的前景。

七、生物柴油发展战略

中国生物质研究开发中心近期组织湖南省林业科学院等科研院校对生物柴油发展战略进行了研究。专家认为，生物柴油发展以满足国家重大战略需求为目标，以国内现有工作为基础，以国际合作和自主创新相结合的方式，倡导技术原始创新和高技术集成，开展燃料油植物研究与创新体系建立—燃料油植物资源培育—油脂加工与高效转化一体化系统的研究与示范。

中国是全球最大的发展中国家，能源资源问题是关系到国家安全和发展的全局性问题。与发达国家一样，我国也同样面临着能源短缺和环境污染的巨大挑战。同时，基于我国石化资源储量的有限性、能源需求量的巨大性，为保证国民经济的快速发展和人民生活水平的提高，必须维持经济、资源、环境的协调发展，走可持续发展道路。

我国政府极为重视发展新能源和可再生能源，并制定了一项总的方针政策：因地制宜、多能互补、综合利用、务求实效。在政府的鼓励和支持下，近20年来我国新能源和可再生能源的开发利用有了很大发展，已成为现实能源系统中不可缺少的重要组成部分。2015年1月国家能源局印发的《生物柴油产业发展政策》对我国生物柴油产业发展提出了具体的规定和要求，必将促进该产业的进一步发展。

1. 制定生物柴油中长期发展规划

国家要组织专门人员来制定生物柴油合理的中长期发展计划，每一阶段目标要从数量上给予界定，要有科学的参考指标（如产量、市场占有率、推广应用范围等），从而保证我国生物柴油产业的高速发展。

2. 加大资金投入，建立相对稳定的研发体系

1）建立相对稳定的研发体系，完善软硬件条件，建立一支具有国际水平的生物柴油科研创新人才队伍，必须得到政府的大力支持，也只有在政府的扶持下才能完成。

2）出台一些相关的优惠政策，制定生物柴油生产标准，规范生物柴油市场。

3）建立健全完善的生物柴油销售网络体系。生物柴油要在全国特别是广大农村地区推广使用，并逐步地为人民所接受、熟悉，就必须分批次有步骤地在全国建立营销网络。这样才能与石化柴油相竞争，才能真正发挥它在环境保护、经济增长、社会稳定、自然资源可持续利用等方面的作用。生物柴油通过加油站系统进入汽车燃料市场，是推进我国生物柴油产业顺利发展的一个关键问题。国家有关部门应积极协调努力促成优质生物柴油在加油站系统的销售。

4）依据区域经济理论，结合西部大开发，有计划地在东北、西北、华北、中原、南方等地新建一批10万～20万t具有经济规模的生物柴油工厂，并以此为核心建立相应的生物柴油原料基地。产品就地消费，按区域柴油消费量，从B5比例销售，直到B20接近发达国家标准。

5）开展国际合作，引进国外的先进技术。生化柴油的开发利用是当今国际上的一大热点，要抓住当前的大好时机，坚持自主开发与引进消化吸收相结合，有目的、有选择地引进先进的技术工艺和主要设备，在高起点上发展我国的生化柴油技术。

复习与思考

一、名词解释

biodiesel，酯交换，酯化反应

二、填空题

1. 国外，含20%的生物柴油大都是以＿＿＿表示。

2. 通常所说的生物柴油原料资源就是指用于酯交换的油脂，其可分为＿＿＿、＿＿＿、等。其中＿＿＿是我国最为丰富的生物柴油原料油资源。

3. 目前大气中主要的污染物是____、____、____、_____及____。

三、论述题

1. 植物油直接作为柴油机驱动燃料为什么没有得到推广？
2. 为什么说生物柴油在保证国家能源安全上有着比石油更美好的前景？
3. 试述我国生物柴油原料的发展战略。

参 考 文 献

白海玉. 2013. 生物柴油与 PM2.5. 精细与专用化学品, 21(4): 7-9

储菲菲. 2014. 元素磷在氮缺乏刺激微藻生物柴油产率提高方面的作用研究. 合肥: 中国科技大学博士毕业论文

邓利, 谭天伟, 王芳. 2003. 脂肪酶催化合成生物柴油的研究. 生物工程学报, 19(1): 98-102

丁丽芹, 郝平. 2002. 国外生物燃料的发展及现状. 现代化工, 22(1): 55-61

董英, 林琳, 徐自明, 等. 2007. 米糠油制备生物柴油的工艺优化和燃料特性. 农业机械学报, 38(10): 80-84

杜丽娟, 李建芬, 肖波, 等. 2008. 生物质催化裂解制合成气的研究. 化学工程师, 153(6): 3-5

高德健, 张彩虹. 2014. 发展木本生物柴油的环境效益及路径分析. 环境保护, 5: 47-48

工国盼, 苏宏吃, 苏辉兰, 等. 2014. 微藻生产生物柴油的研究进展. 现代化工, 34(6): 41-45

郭俊宝, 杨光, 彭庆涛, 等. 2008. 麻风树油制备生物柴油的试验研究. 可再生能源, 26(1): 27-29

国家林业局国有林场和林木种苗工作总站. 2001. 中国木本植物种子. 北京: 中国林业出版社

何东平, 张世宏, 齐玉堂, 等. 2003b. 生物柴油生产技术研究. 武汉工业大学学报, 23(4): 52-54

何东平, 张世宏, 齐玉堂. 2003a. 生物柴油生产技术研究. 武汉工业大学学报, 22(4): 72-74

侯李君, 施定基, 蔡泽富, 等. 2008. 蓝藻正反义 pepc A 基因导入对人肠杆菌中脂质合成的调控. 中国生物工程杂志, 28(5): 52-58

胡凤庆, 侯潇, 吴庆余. 1999. 利用微藻热解成烃制备可再生生物能源进展. 辽宁大学学报, 26(2): 182-187

胡洪营, 李鑫. 2010. 利用污水资源生产微藻生物柴油的关键技术及潜力分析. 生环境学报, 19(3): 739-744

胡志远, 谭丕强, 楼狄明, 等. 2006. 不同原料制备生物柴油生命周期能耗和排放评价. 农业工程学报, 22(11): 141-146

黄凤洪, 黄庆德. 2009. 生物柴油制造技术. 北京: 化学工业出版社

黄凤洪. 2001. 特种油料加工与综合利用. 北京: 中国农业科技出版社

黄雄超, 牛荣丽. 2012. 利用海洋微藻制备生物柴油的研究进展. 海洋科学, 36(1): 108-106

黄英明, 王伟良, 李元广, 等. 2010. 微藻能源技术开发和产业化的发展思路与策略. 生物工程学报, 26(7): 907-913

冀星, 王璇. 2002. 世界各国生物柴油应用情况. 国际化工信息, (9): 1-4

江清阳, 孙平. 2002. 生物柴油对能源和环境影响的研究. 江苏大学学报(自然科学版), 23(4): 8-11

解庆龙, 孔丝纺, 刘阳生, 等. 2011. 生物质气化制合成气技术研究进展. 现代化工, 31(7): 16-20

金付强, 张建春, 杨儒, 等. 2007. 大麻籽油合成生物柴油. 应用化学, 24(1): 100-104

孔维利, 陈剑佩, 李元广. 2010. 能源微藻敞开式光生物反应器增设内构件 CFD 研究. 化工进展, 29: 107-112

李斐, 白净, 常春, 等. 2015. 微藻生物柴油成本控制技术进展. 现代化工, 35(5): 16-20

李吉焱, 周福庆, 单玄龙, 等. 2013. 大庆地区年产 5 万 t 生物柴油工程设计与效益评价. 可再生能源, 31(8): 109-114

李乃胜. 2009. 立足自主创新, 发展新型海藻能源产业——关于实施中国"微型曼哈顿计划"的认识与建议. 红旗文稿, 16: 26-28

李涛, 李爱芬, 桑敏, 等. 2011. 富油能源微藻的筛选及产油性能评价. 中国生物工程杂志, 31(4): 98-105

李为民, 章文峰, 邬国英. 2003. 菜籽油油脚制备生物柴油. 江苏工业学院学报, 15(1): 7-10

李云峰. 2009. 美国生物燃料发展状况及其展望. 农业展望, 5(6): 39-43

里伟, 杜伟, 李永红, 等. 2007. 生物酶法转化酵母油脂合成生物柴油. 生物加工过程, 7(1): 137-140

刘大川, 苏望越. 2001. 食用植物油与植物蛋白. 北京: 化学工业出版社

刘军锋. 2013. 第三代生物柴油的开发研究. 北京化工大学博士毕业论文

刘立华. 2002. 生物质能源的开发利用与前景. 唐山师范学院学报, 24(2): 36-38

刘士涛, 刘玉环, 阮榕生, 等. 2013. 固体碱催化剂生产生物柴油的研究进展. 现代化工, 33(7): 30-34

刘伟伟, 苏有勇, 张无敌, 等. 2005. 橡胶籽油制备生物柴油的研究. 中国油脂, 30(10): 63-66

刘文凤. 2008. 酯交换法制备生物柴油的工艺条件与基础物性的研究. 中国石油大学硕士学位论文

路明, 王思强. 2010. 中国生物质能源可持续发展战略研究//黄凤洪, 郭萍梅. 生物柴油发展现状与建议. 北京: 中国
　　农业科学技术出版社

吕丹, 杜伟, 刘德华, 等. 2010. 游离脂肪酶 NS81006 催化含酸油脂制备生物柴油的应用研究. 高校化学工程学报,
　　24(1): 82-86

罗艳, 刘梅. 2007. 开发木本油料植物作为生物柴油原料的研究. 中国生物工程杂志, 27(7): 68-74

马传国, 司耀彬, 侯华锋. 2006. 皂脚制备生物柴油的研究. 中国油脂, 31(4): 59-61

马传国. 2002. 油脂深加工与制品. 北京: 中国商业出版社

马俊林, 郭俊宝, 徐一辉, 等. 2006. 大豆油制备生物柴油的工艺探索. 可再生能源, 2: 34-36

闵恩泽, 吴巍. 2002. 绿色化学与化工. 北京: 化学工业出版社

闵恩泽, 张利雄. 2006. 生物柴油产业链的开拓. 北京: 中国石化出版社

缪晓玲, 吴庆余. 2004. 藻类异养转化制备生物油燃料技术. 可再生能源, 4: 41-44

缪晓玲, 吴庆余. 2007. 微藻油脂制备生物柴油的研究. 太阳能学报, 28(2): 2019-222

倪培德. 2003. 油脂加工技术. 北京: 化学工业出版社

聂开立, 王芳, 谭天伟. 2003. 固定酶法生产生物柴油. 现代化工, 23(9): 35-38

裴培, 郑风田, 崔海兴. 2009. 中国生物柴油发展的现状、潜力与障碍分析. 林业经济, (3): 65

彭萌来, 杨帆. 2001. 利用餐饮业废油脂制造生物柴油. 城市环境与城市生态, 14(4): 54-58

齐洋仑, 张国静, 曹亦农, 等. 2009. 中国生物柴油大规模发展应首先解决的问题. 化工中间体, (7): 6-11

生物柴油发展的喜与忧. 2014. http://www. sinopecnews. com. cn/news /content/2014-07/22/content_ 1426849. shtml

盛梅, 郭登峰, 张大华, 等. 2002. 大豆油制备生物柴油的研究. 中国油脂, 27(1): 70-72

施安辉, 周波. 2003. 粘红酵母 GLR513 生产油脂最佳小型工艺发酵条件的探讨. 食品科学, 1: 48-51

苏有勇, 刘士清, 张无敌, 等. 2006. 小桐油制备生物柴油的研究. 新能源及工艺, 1: 22-26

谭天伟, 王芳, 邓利. 2003a. 能源生物技术. 生物加工过程, 1(1): 32-36

谭天伟, 王芳, 邓利. 2003b. 生物能源的研究现状及展望. 现代化工, 23(9): 8-12

谭天伟, 王丽娟, 邓利, 等. 2002. 生物柴油的生产和应用. 现代化工, 22(2): 4-6

陶平, 许庆陵, 姚俊刚, 等. 2001. 大连沿海 13 种食用海藻的营养组成分析. 辽宁师范大学学报(自然科学版), 24 (4):
　　406-410

田兴国, 杜伟, 刘德华. 2016. 微藻油脂制备生物柴油上游工艺的研究现状及展望. 生物产业技术, 2: 22-29

童牧, 周志刚. 2009. 新一代生物柴油原料——微藻. 全国可再生能源——生物质能利用技术研讨会, 131-140.

王存文. 2009. 生物柴油制备技术及实例. 北京: 化学工业出版社

王赫麟, 张无敌, 刘士清, 等. 2007. 蓖麻油制备生物柴油的研究. 能源工程, 3: 24-26

王建昕, 于超. 2009. 用含氧生物燃料降低柴油机排放的研究——生物柴油在汽车中的应用. 南京: 2009 年中国生物
　　柴油行业发展研讨会

王建勋, 李鹏. 2009. 美国和加拿大动物油脂及回收油脂资源及其在本土生物柴油行业中的应用. 南京: 2009 年中国
　　生物柴油行业发展研讨会

王健, 常青, 田秉晖, 等. 2013. 油菜籽制生物柴油生命周期的化学污染物排放风险评价. 生物质化学工程, 47(3):
　　17-22

王金荣. 2011. 富油微藻的筛选及藻油制备生物柴油的研究. 内蒙古科技大学硕士毕业论文

王蓉辉, 曹祖宾, 王亮, 等. 2006. 葵花籽油制备生物柴油的研究. 广州化工, 36(1): 35-37

王雪青, 苗惠, 翟燕. 2007. 微藻细胞破碎方法的研究. 天津科技大学学报, 1: 21-25

王一平, 翟怡, 张金利. 2003. 生物柴油制备方法研究进展. 化工进展, 22(1): 8-12

韦公远. 2006. 用米糠油制取生物柴油. 西部粮油科技, 26(1): 51-52

邬国英, 林西平, 巫淼鑫, 等. 2003a. 棉籽油甲酯化联产生物柴油和甘油. 中国油脂, 28(4): 70-73

邬国英, 林西平, 巫淼鑫, 等. 2003b. 棉籽油间歇式酯交换反应动力学的研究. 高校化学工程学报, 17(3): 314-318

邬国英, 林西平, 巫淼鑫, 等. 2003c. 制备生物柴油的副产物甘油分离与精制工艺的研究. 江苏工业学院学报, 15(4):
　　17-19

邬国英, 巫淼鑫, 林西平, 等. 2002. 植物油制备生物柴油. 江苏石油化工学院学报, 14(3): 8-11

巫淼鑫, 邬国英, 韩瑛, 等. 2003b. 6 种食用植物油及其生物柴油中脂肪酸成分的比较研究. 中国油脂, 28(12): 65-67

巫淼鑫, 邬国英, 李伟. 2003a. 生物柴油及其原料中水分含量的测定. 江苏工业学院学报, 15(4): 20-21

吴谋成. 2008. 生物柴油. 北京: 化学工业出版社

谢文磊 1998. 粮油化工产品化学与工业学. 北京: 科学出版社

忻耀年, Sondermann B. 2001. 生物柴油的生产和应用. 中国油脂, 26(5): 73-74

徐春明, 焦志亮, 王晓丹, 等. 2015. 微藻作原料生产生物柴油的研究现状和前景. 现代化工, 35(8): 1-6

徐鸽, 邬国英, 余娟. 2004. 生物柴油的氧化安定性研究. 化工新型材料, 32(2): 29-32

徐鸽, 邬国英. 2003. 生物柴油与0#柴油调和性能研究. 江苏工业学院学报, 15(2): 16-18

徐华顺, 罗玉萍, 李思光. 1999. 微生物发酵产油脂的研究进展. 中国油脂, 24(2): 34-37

许娇. 2015. 微藻净化厌氧发酵废液制取生物柴油的研究. 杭州: 浙江大学硕士毕业论文

薛飞燕, 张栩, 谭天伟. 2005. 微生物油脂的研究进展及展望. 生物加工过程, 3(1): 23-27

杨伟华, 许红霞, 王延琴, 等. 2007. 应用棉籽油生产生物柴油的可行性分析. 中国棉花·棉区瞭望, 34(1): 41-42

杨艳, 卢滇楠, 李春, 等. 2002. 面向21世纪的生物能源. 化工进展, 21(5): 299-303

杨艳丽. 2015. 基于开放池培养的微藻生物柴油经济成本分析. 太阳能学报, 36(2): 295-304

杨志斌, 李德安. 2009. 能源植物制备生物柴油的研究现状及发展趋势. 湖北林业科技, 158: 40-42

姚茹, 程丽华, 徐新华, 等. 2010. 微藻的高油脂化技术研究进展. 化学进展, 6: 1221-1232

翟秀静, 刘奎仁, 韩庆. 2005. 新能源技术. 北京: 化学工业出版社

张福建. 2011. 固体酸碱催化剂的制备表征及其在两步法制备生物柴油中的应用. 合肥工业大学博士学位论文

张红云, 郭和军, 郑利, 等. 2006. 新型生物柴油的制备. 西北农业学报, 15(1): 139-143

张欢, 孟永彪. 2007. 用棉籽油制备生物柴油. 化工进展, 26(1): 86-89

张纪红, 杨红健, 侯凯虎. 2006. 生物柴油研究进展. 天津化工, 2(6): 15-17

张今延. 2002. 脂肪酸及其深加工手册. 北京: 化学工业出版社

张璐瑶, 李雪静. 2009. 利用微藻制备生物燃料现状及应用前景. 润滑油与燃料, 19(90): 15-18

张振乾, 官春云. 2009a. 可催化合成生物柴油脂肪酶的筛选及其性质研究. 中国油脂, 34(1): 41-54

张振乾, 官春云. 2009b. 脂肪酶产生菌培养条件优化及应用研究. 食品与发酵工业, 35(3): 114-118

张振乾, 官春云. 2010a. 固定化 *Enterobacter aerogene* 脂肪酶生产脂肪酸乙酯的研究. 中国粮油学报, 7: 71-76

张振乾, 官春云. 2010b. 固定化 *Enterobacter agglomerans* 生产菜油生物柴油的研究. 中国油脂, 35(2): 46-50

张振乾, 肖钢, 官春云. 2009. 气相色谱内标法测定生物柴油产率的研究. 中国粮油学报, 24(5): 139-142

赵丽霞, 唐丽霞. 2013. 德国生物能源发展状况. 广东农业科学, 2: 229-232

赵宗保. 2005. 加快微生物油脂研究为生物柴油产业提供廉价原料. 中国生物工程杂志, 25(2): 8-11

中国油脂植物编写委员会. 1987. 中国油脂植物. 北京: 科学出版社

周继如, 朱世安. 2015. 微藻生物柴油研究现状. 能源环境保护, 29(1): 50-53

周倩. 2003a. 欧盟积极推动生物燃料. 国际化工信息, (5): 3-4

周倩. 2003b. 欧洲扩大生物柴油生产. 国际化工信息, (7): 22-23

朱建良, 张冠杰. 2004. 国内外生物柴油研究生产现状及发展趋势. 化工时刊, 18(1): 23-27

朱明. 2006. 生物柴油的现在与未来(上). 中国石油和化工经济分析专家论坛, (16): 41-42

Antolin G, Tinaut FV, Briceno Y, et al. 2002. Optimisation of biodiesel production by sunflower oil transesterification. Bioresource Technology, 83: 111-114

Bmelv. 2012. Bioenergy in Germanv: Facts and figures. Gülzow Prüzen: Fachagentur Nachwachsende Rohstoffe e. V. (FN R)

Byreddy AR, Gupta A, Barrow CJ, et al. 2015. Comparison of cell disruption methods for improving lipid extraction from thraustochytrid strains. Marine Drugs, 13(8): 5111-5127

Davis R, Aden A, Pienkcs P. 2011. Techno-economic analysis of autctrophic microalgae for fuel production. Applied Energy, 88(10): 3524-3531

Foaum O. 2007. Process for producing a hydrocarbon component of biological origin. US: 7232935

Fritsche UR, Hennenberg K, Hünecke K, et al. 2009. EA bioenergy task 40: country report Germany. Alemania: öko-lnstitut & German Biomass Research Centre

Gransson K, Sderlind U, He J, et al. 2011. Review of syngas production via biomass DFBGs. Renewable and Sustainable Energy Reviews. 15(1): 482-492

Griffiths MJ, Harrison STL. 2009. Lipid productivity as a key characteristic for choosing algal species for biodiesel production. Journal of Applied Phycology 21(5): 493-507

Han SF, Jin WB, Tu RJ, et al. Biofuel production from microalgae as feed-stock: Current status and potential. Critical Reviews in Biotechnology, 2014: 1-14

Ho S-H, Chen W-M, Chang J-S. 2010. Scenedesmusobliquus CNW-N as a potential candidate for CO_2 mitigation and biodiesel production. Bioresour Technol, (101): 8725-8730

Ivana B, Bankovic -Die, Olivera S, et al. 2012. Biodiesel production from non-edible plant oils. Renewable and Sustainable Energy Reviews, 16: 3621-3647

Karmakar MK, Datta AB. 2011. Generation of hydrogen rich gas through fluidized bed gasification of biomass. Bioresource Technology, 102(2): 1907-1913

Khozin-Goldberg I and Cohen Z. 2006. The effect of phosphate starvation on the lipid and fatty acid composition of the fresh water eustigmatophyte Monodus subterraneus. Phytochemistry, 67(7): 696-701

Lam MK and KT Lec, 2012. Microalgac biofucls: A critical review of issues, problems and the way forward. Biotechnolorg advances, 30(3): 673-690

Lee J-Y, Yoo C, Jun S-Y, et al. 2010, Comparison of several methods for effective lipid extraction from microalgae. Bioresour Technol, 101: S75-77

Li YC, Zhou WJ, Hu B, et al. 2011. Integration of algae cultivation as biodisel production feedstock with municipal wastewater treatment: Strains screening and significance evaluation of environmental factors. Bioresources Technology, 102(23): 10861-10867

Li YG, Xu L, Hua YM, et al. Microalgal biodiesel in China: Opportunities and challenges. Applied Energy, 2011, 10 (88): 3432-3437

Lynn SG, Kilham SS, Kreeger DA, et al. 2000. Effect of nutrient availability on the biochemical and elemental stoichiometiy in the freshwater diatom Stephanodiscus minutulus (Bacillariophyceae). Journal of Phycology, 36(3): 510-522

Meng X, Yang JM, Xu X, et al. 2008. Biodiesel production from oleaginous minroorganisms. Renewable Energy, 34 (1): 1-5

Naik SN, Vaibhav VG, Prasant KR, et al. 2010. Production of first and second generation biofuels: a comprehensive review. Renewable and Sustainable Eneigy Reviews, 14(2): 578-597

Otsuka H. 1961. Changes of lipid and carbohydrate contents in Chlorella cells during sulfur starvation, as studied by technique of synchronous culture. Journal of General and Applied Microbiology, 7(1): 72-77

Papanikolaou S, Kcmiaitis M, Aggelis G. 2004. Single cell oil (SCO) production by Mortierella is abell in grown on high-sugar content media. Bioresource Techncdogy, 95: 287-291

Ratledge C, Wynn JP. 2002. The biochemistry and molecular biology of lipid accumulation in oleaginous microorganisms. Advances in Applied Microbiology, 51: 1-51

Reitan KI, Rmnnzzo JR and Olsen Y. 1994. Effect of nutrient limitation on fatty acid and lipid content of marine microalgae. Journal of Phycology, 30(6): 972-979.

Renaud SM, Thinh LV, Lambrinidis G, et al. 2002. Effect of temperature on growth, chemical composition and fatty acid composition of tropical Australian microalgae grown in batch cultures. Aquaculture, 211(1): 195-214

Rodolfi L, Zittelli GC, Niccolo B, et al. 2009. Microalgae for oil: strain selection, induction of lipid synthesis and outdoor mass cultivation in a low-cost photobioreactor. Biotechnology and Bioengineering, 102(1): 100-112

Shaine TK, Joseph B, Robert W, et al. 2004. Biomass oil analysis; research needs and Fechnmendations. National Renewable Energy Laboratory, 6(1): 68-73

Sheehan J, Dunahay T, Benemann J, et al. 1998. A look back at the US Department of Enemy's Aquatic Species Program: Biodiesel from algae, National Renewable Energy Laboratory Golden

Shifrin NS, Chisholm SW. 1981. Phytoplankton lipids interspecific differences and effects of nitrate, silicate and light-dark cycles. Journal of Phycology 17(4), 374-384

Solovchenko AE, Khozin-Goldberg I, Didi-Cohen S, et al. 2008. Effects of light intensity and nitrogen starvation on growth, total fatty acids and arachidonic acid in the green microalga Parietochlorisirrcisa. J Appl Phycol, (20): 245-251

Spoehr H, Milner HW. 1949. The chemical composition of Chlorella; effect of environmental conditions. Plant Physiology, 24(1): 120-149

Tan TW, Lu J, Nie K, et al. 2010. Biodiesel production with immobilized lipase: a review. Biotechnology Advances, 28(5): 628-634

Thi TYL, Balasubramanian S, Jeffrey PO. 2011. Screening of marine microalgae for biodiesel feedstock. Biomass and Bioenergy, (35) :2534-2544

U.S.DOE. 2010. National Algal Hicfuels Technclcgy Roadmap

Wang ST, Pan YY, Liu CC, et al. 2011. Characterization of a green microalga UTEX 2219-4: Effects of photosynthesis and osmotic stress on oil body formation. Botanical Studies, 52(3): 305-312

Wei X, Xiu FL, Jin YX, et al. 2008. High-density fermentation of microalga Chlorella protothecoldes in bioreactor for microbiodiesel production. Appl Microbiol Biotechnol, 78: 29-36

Wu LF, Chen PC, Huang AP, et al. 2012. The feasibility of biodicsel production by microalgae using industrial wastewater. Bioresources Technology, 113(SI): 14-18

Xia L, Song SX, He QN, et al. Selection of microalgae for biodiesel production in a scalable outdoor photo-bioreactor in north China. Bioresource Technology, 2014, (174): 274-280

Yeh KL, Chang JS, Chen WM. 2010. Effect of light supply and carbon source on cell growth and cellular composition of a newly isolated microalga Chlorella vulgaris ESP 31. Eng Life Sci, (10): 201-208